普通高等教育"十一五"国家级规划教材
高职高专医药院校系列教材

供中药学和药学类专业用

药用植物学

第2版

王德群　谈献和　主编

科学出版社

北　京

· 版权所有　侵权必究 ·

举报电话：010-64030229；010-64034315；13501151303（打假办）

内 容 简 介

本书是普通高等教育"十一五"国家级规划教材，为第2版高职高专医药院校系列教材（供中药学和药学类专业用）之一。全书内容共19章，15个实验。第1章绪论介绍了药用植物学的研究内容、学习方法及其与相关学科的关系；第2~6章介绍了植物器官形态，包括营养器官根、茎、叶和生殖器官花、果实、种子；第7~14章介绍了药用植物的分类，包括概述、藻类、真菌门、地衣门、苔藓植物门、蕨类植物门、裸子植物门和被子植物门；第15~19章介绍了植物的显微结构，包括了植物的细胞、组织及器官（根、茎、叶）的内部构造。书后附有本学科教学基本要求及课时安排。本书的编写突出了高等职业技术教育的特点，坚持体现"三基"（基本理论、基本知识、基本技能）教学，注重教学内容的科学性和实用性。

本书可供中医药院校高等职业技术教育、成人教育、函授中药学和药学类专业学生使用，也可作为临床药师及自学中医者的学习参考书。

图书在版编目（CIP）数据

药用植物学／王德群，谈献和主编．—2版．—北京：科学出版社，2011.12
ISBN 978-7-03-032483-2

Ⅰ．药… Ⅱ．①王… ②谈… Ⅲ．药用植物学-高等职业教育-教材
Ⅳ．Q949.95

中国版本图书馆CIP数据核字（2011）第203657号

责任编辑：郭海燕／责任校对：陈玉凤
责任印制：徐晓晨／封面设计：范璧合

版权所有，违者必究。未经本社许可，数字图书馆不得使用

科学出版社 出版
北京东黄城根北街16号
邮政编码：100717
http://www.sciencep.com

北京市金木堂数码科技有限公司印刷
科学出版社发行　各地新华书店经销

*

2005年8月第 一 版　　开本：787×1092　1/16
2011年12月第 二 版　　印张：18
2025年7月第十五次印刷　　字数：423 000

定价：39.00元
（如有印装质量问题，我社负责调换）

《药用植物学》(第2版)编委会

主　编　王德群　谈献和
副主编　潘超美　韦松基　卢　伟　刘春生　葛　菲
编　委（以姓氏笔画为序）

　　　　王德群　（安徽中医学院）
　　　　韦松基　（广西中医学院）
　　　　卢　伟　（福建中医药大学）
　　　　白吉庆　（陕西中医学院）
　　　　刘春生　（北京中医药大学）
　　　　庆　兆　（安徽新华学院）
　　　　汪荣斌　（安徽中医药高等专科学校）
　　　　张　珂　（安徽中医学院）
　　　　张　瑜　（南京中医药大学）
　　　　俞　冰　（浙江中医药大学）
　　　　敖冬梅　（北京城市学院）
　　　　谈献和　（南京中医药大学）
　　　　葛　菲　（江西中医学院）
　　　　韩邦兴　（江苏大学）
　　　　潘超美　（广州中医药大学）

第 2 版前言

本教材是普通高等教育"十一五"国家级规划教材,为第2版高职高专医药院校系列教材(供中药学和药学类专业用)之一。第1版是2005年由科学出版社组织编写的,在编写过程中力求适应我国高等职业教育的发展需要,根据高等职业教育和专科教育在培养目标、知识结构、能力要求方面的区别来组织内容,尽可能体现教材内容的科学性、适用性、实用性和创新性,以适应21世纪医疗卫生事业的发展和社会的需要。

教材内容共19章,15个实验。第1章绪论介绍了药用植物学的研究内容、学习方法及与其相关学科的关系;第2~6章介绍了植物器官形态,包括营养器官根、茎、叶和生殖器官花、果实、种子;第7~14章介绍了药用植物的分类,包括概述、藻类、真菌门、地衣门、苔藓植物门、蕨类植物门、裸子植物门和被子植物门;第15~19章介绍了植物的显微结构,包括了植物的细胞、组织及器官(根、茎、叶)的内部构造。在药用植物的分类内容编写中,考虑到常用药用植物分散在众多的分类群中,如只编写少数分类群,不利教学,因此,除详述最常用的35科被子植物外,还精心选择和简述109科,采用小号字体编排,供自学选用,以扩大知识面。另外,编有15个实验,以锻炼学生的动手能力,书末附有本学科教学基本要求和课时安排,供自学参考。在编排上,每章设有学习目标、小结及目标检测,以利于学生自学使用。另外,在第14章被子植物门每节下均设有学习目标、小结及目标检测,目的是为了体现本章内容的重要性。

在编写过程中,曾得到了安徽中医学院、南京中医药大学、广州中医药大学、广西中医学院、北京中医药大学、江西中医学院、福建中医药大学、浙江中医药大学、安徽中医药高等专科学校、北京城市学院、安徽新华学院、江苏大学等院校的大力支持。在教材编校过程中得到刘浩、王星星的帮助,安徽中医学院药学院和成教学院对教材的编写给予了很大的关心和支持,在此深表谢意!

教材自2005年出版以来,深得读者厚爱,先后印刷了八次。这次再版,对全书再次进行了完善,并根据读者建议,增加了我们编制的药用植物分科检索表,附于书后,供学习和使用。另外,我们为了帮助学生学习,还编著了一本彩图版的《药用植物学》教材,已由科学出版社2010年12月出版,也可以作为喜好药用植物者参考使用。

恳请读者在使用过程中提出宝贵意见。

编 者
2011年10月16日

目　　录

第 2 版前言
第 1 章　绪论 ··· (1)

第一篇　植物器官的形态

第 2 章　根的形态 ·············· (7)
　　第 1 节　根的形态 ·············· (7)
　　第 2 节　根的变态 ·············· (8)
第 3 章　茎的形态 ·············· (10)
　　第 1 节　茎的外形 ·············· (10)
　　第 2 节　芽的类型 ·············· (11)
　　第 3 节　茎的类型 ·············· (11)
　　第 4 节　茎的变态 ·············· (12)
第 4 章　叶的形态 ·············· (15)
　　第 1 节　叶的组成 ·············· (15)
　　第 2 节　叶的类型 ·············· (19)

　　第 3 节　叶序 ·············· (20)
　　第 4 节　叶的变化 ·············· (21)
第 5 章　花的形态 ·············· (23)
　　第 1 节　花的组成和形态 ·············· (23)
　　第 2 节　花的类型 ·············· (29)
　　第 3 节　花程式和花图式 ·············· (29)
　　第 4 节　花序 ·············· (31)
　　第 5 节　开花、传粉和受精 ·············· (32)
第 6 章　果实和种子的形态 ·············· (34)
　　第 1 节　果实的形态 ·············· (34)
　　第 2 节　种子的形态 ·············· (37)

第二篇　药用植物的分类

第 7 章　药用植物分类概述 ·············· (43)
　　第 1 节　植物的分类单位 ·············· (43)
　　第 2 节　植物的命名 ·············· (44)
　　第 3 节　植物界的类别 ·············· (46)
　　第 4 节　植物分类检索表 ·············· (46)
第 8 章　藻类 ·············· (50)
　　第 1 节　藻类的特征 ·············· (50)
　　第 2 节　藻类的常用药用植物 ·············· (51)
第 9 章　真菌门 ·············· (56)
　　第 1 节　真菌门的特征 ·············· (56)
　　第 2 节　真菌门的常用药用植物
　　　　　　 ·············· (57)
第 10 章　地衣门 ·············· (64)
　　第 1 节　地衣门的特征 ·············· (64)
　　第 2 节　地衣门的常用药用植物
　　　　　　 ·············· (65)
第 11 章　苔藓植物门 ·············· (68)
　　第 1 节　苔藓植物门的特征 ·············· (68)

　　第 2 节　苔藓植物门的常用药用
　　　　　　植物 ·············· (69)
第 12 章　蕨类植物门 ·············· (73)
　　第 1 节　蕨类植物门的特征 ·············· (73)
　　第 2 节　蕨类植物门的常用药用植物
　　　　　　 ·············· (74)
第 13 章　裸子植物门 ·············· (83)
　　第 1 节　裸子植物门的特征 ·············· (83)
　　第 2 节　裸子植物门的分类 ·············· (83)
　　第 3 节　裸子植物门的常用药用植物
　　　　　　 ·············· (84)
第 14 章　被子植物门 ·············· (89)
　　第 1 节　被子植物门的分类概述
　　　　　　 ·············· (89)
　　第 2 节　双子叶植物纲离瓣花亚纲
　　　　　　的分类和常用药用植物 ·············· (91)
　　第 3 节　双子叶植物纲合瓣花亚纲的
　　　　　　分类和常用药用植物 ·············· (144)

第 4 节　单子叶植物纲的分类和常用药用植物 …………(168)

第三篇　植物的显微结构

第 15 章　植物的细胞 …………(189)
 第 1 节　植物细胞的基本结构 …(189)
 第 2 节　植物细胞的分裂 ………(196)
第 16 章　植物的组织 …………(199)
 第 1 节　植物组织的类型 ………(199)
 第 2 节　维管束及其类型 ………(207)
第 17 章　根的内部构造 …………(209)
 第 1 节　根尖的构造 ……………(209)
 第 2 节　根的初生构造 …………(209)
 第 3 节　根的次生构造 …………(210)
 第 4 节　根的异常构造 …………(211)

第 18 章　茎的内部构造 …………(213)
 第 1 节　茎尖的构造 ……………(213)
 第 2 节　双子叶植物茎的构造 …(213)
 第 3 节　单子叶植物茎和根状茎的构造 …………………………(216)
第 19 章　叶的内部构造 …………(219)
 第 1 节　双子叶植物叶片的构造 …………………………………(219)
 第 2 节　单子叶植物叶片的构造 …………………………………(220)

第四篇　药用植物学实验指导

实验 1　根、茎、叶的形态 ………(225)
实验 2　花的形态 …………………(227)
实验 3　果实和种子 ………………(229)
实验 4　植物细胞的基本构造 ……(231)
实验 5　植物细胞的后含物和细胞壁 ………………………………(234)
实验 6　保护组织和机械组织 ……(236)
实验 7　输导组织和分泌组织 ……(238)

实验 8　根和叶的构造 ……………(240)
实验 9　茎的构造 …………………(243)
实验 10　孢子植物 …………………(245)
实验 11　裸子植物 …………………(248)
实验 12　离瓣花植物之一 …………(250)
实验 13　离瓣花植物之二 …………(252)
实验 14　合瓣花植物 ………………(254)
实验 15　单子叶植物 ………………(256)

附录　常见药用植物分科检索表 ……………………………………………(258)
药用植物学教学基本要求 ……………………………………………………(268)
药用植物学课时安排 …………………………………………………………(278)

第1章 绪 论

学习目标

1. 说出药用植物学的定义与研究内容
2. 了解药用植物学与相关学科的关系
3. 掌握药用植物学的学习方法

人类在大自然中生存,摄取了大量的植物作为食物,还利用植物来纠正人体的不健康状态,这就是药用植物。我国中医药有着悠久的历史,最早的中药专著《神农本草经》载药365味,植物药就有200多味;后代逐渐增多,到了明代李时珍的《本草纲目》,已载药1892味,其中植物药1094味;1999年出版的《中华本草》载药8980味,其中植物药7815味;谢宗万先生所著的《全国中草药名鉴》整理出我国药用植物共有11 470种。我国除中医药外,还有许多民族医药,如藏医、蒙医、维医、壮医等,另外,各地使用的民间药物,也涉及大量的药用植物。要认识、利用这些药用植物,就需要学习药用植物学。

一、药用植物学的研究内容

药用植物是一群能治疗、预防疾病和对人体有保健功能的植物。药用植物学(pharmaceutical botany)是利用植物学知识、方法来研究和应用药用植物的一门科学。植物学的知识非常广博,药用植物学只是根据本学科的最主要任务和特点,着重介绍植物器官形态、分类和显微结构三个方面的内容。

1. 准确识别和鉴定中药及其基原种类 药用植物种类繁多,来源十分复杂,加上各地用药历史、用药习惯差异,造成很多同名异物及同物异名现象;一些名贵中药材,在市场上往往出现各种伪品。如果缺少药用植物学知识,往往会造成药材来源不一或鉴定错误,给人们带来危害健康、资源浪费和经济损失。要准确识别和鉴别中药及其基原种类,就必须学习药用植物学。

2. 考证中药品种 大量的古代本草著作是我国重要的文化遗产,蕴藏着中医药宝贵信息。但是,由于历史条件所限,每种药物来源缺乏科学的拉丁名记载,形态描述和插图也有很多欠缺。因此,在考证古代文献时,需要有丰富的植物学知识和识别能力才能准确判断。

3. 调查药用植物资源 要合理地利用药用植物,必须对其进行资源调查。药用植物资源在自然界是处于动态之中,因此,不可能一劳永逸。人们可以针对不同的目的、要求进行不同范围和不同种类的药用植物资源调查,在深入调查的基础上,制定保护、发展和永续利用的规划。调查药用植物资源必须具备丰富的药用植物知识,包括植物形态学、植物分类学甚至植物生态学、植物生理学、土壤学等多学科的知识。

4. 寻找紧缺药材的代用品和新资源 药用植物分布有一定的规律性,不同地区有不同的物种,根据药用植物的亲缘关系在我国寻找国外药用植物的替代品,也可以在不同地区寻找有相似治疗作用的药用植物。

5. 为中药材生产服务 中药材生产涉及丰富的药用植物学知识,如种质和繁殖材料的鉴定、当地生态环境的了解、药用植物生物学特性的掌握等。学好药用植物学可以更好地为中药材生产服务。

二、药用植物学和相关学科关系

现代的药物学研究,包括中药和西药,原料绝大多数均来自药用植物,因此,药用植物学是中药学和药学类专业的基础课。药用植物学与相关学科关系非常密切。

1. 中药学 80%以上的中药来自植物,要学习中药学,掌握中药的临床功效,对中药来源的药用植物不了解犹如纸上谈兵。因为中药的临床功效是由药用植物体内化学物质作用于人体而产生的结果,这些化学物质是由于植物在生长过程中,其遗传因子在环境作用下而产生的。认识了药用植物,了解了它们的生长环境,会给我们进一步理解中药临床功效带来很多启发,增加学习中药的兴趣。

2. 中药鉴定学与生药学 这两门学科均是研究药物来源的药材或原料的真伪和质量优劣,其中的原植物鉴定、性状鉴定和显微鉴定必须具有植物形态、植物分类和植物解剖等方面的基础知识和技能。因此,药用植物学是中药鉴定学和生药学研究的主要基础。

3. 中药化学与天然药物化学 研究中药和天然药物体内的化学成分,必须对所研究的对象药用植物进行准确的鉴定;植物的亲缘关系与化学成分有一定的联系,亲缘关系相近的种类往往含有相似的化学成分,根据这种规律,有助于寻找新的药物资源;另外同种植物,不同的生长期和不同的生态环境,体内的化学物质也处于动态变化之中,这些均与药用植物有着密切的关系。

药用植物学还与中药资源学、药用植物生态学、药用植物栽培学、中药药理学等学科有着密切关系。

三、学习药用植物学的方法

1. 善于利用大自然的课堂 学习药用植物学,除了在课堂上学习理论知识外,首先要认识药用植物,认识植物就必须接触植物。大自然是学习药用植物学的最好课堂,在校园、公园、郊外、药用植物园均有很多植物,通过对这些植物的观察、比较,就可以把理论与实践有机地结合起来,这是学习药用植物学最好的方法。

2. 阅览药用植物图片 充分利用图书馆及信息网的优越条件,浏览大量的药用植物图片,通过反复观察,就会逐渐加深印象。当有机会接触实物时,很容易联想到曾见过的照片或图片,这就是熟能生巧。

3. 培养学习兴趣 培养学习药用植物的兴趣,首先是多接触实践,如在大自然中观察植物、在图书资料中浏览植物;进一步还可以阅读关于植物学和中药学的奇闻趣事,探索植物界秘密的图书,增加学习的兴趣;有机会可到中药材市场、中药饮片厂及中药房去观摩、参观,了解药用植物经采集、加工、炮制后的产品中药材和中药饮片的性状,将药用植物与中药材及治病联系起来。当产生学习兴趣后,就会变被动学习为主动学习,有效地提高学习效果。

4. 重视实验技能培养 药用植物的内部构造需要通过显微镜去观察,植物的内部构造也是一个广阔的天地,通过对它的学习、研究,可以打开中药鉴定和生药研究之门。学习植物内部构造,需要在实验室内完成,我们必须重视实验技能的培养。

将课堂与大自然、图书馆、实验室等多种学习场所有机结合起来,将理论与实践有机结合起来,这是学习药用植物必需的,也是最好的方法。

目标检测

一、名词解释
　　1. 药用植物　　2. 药用植物学

二、思考题
　　1. 阐述药用植物学与其他学科的关系。
　　2. 如何学好药用植物学?

（王德群）

第一篇
植物器官的形态

  自然界的植物种类繁多,形态各异,在长期演化过程中,由简单趋于复杂,由不分化到高度分化,至高等植物开始出现了复杂的器官。器官是由多种组织构成的,具有一定的外部形态和内部构造,并执行一定功能的植物体的组成部分。

  被子植物的器官通常分为根、茎、叶、花、果实、种子等六个部分。根据它们的生理功能,可分为营养器官和繁殖器官两类,其中营养器官起着吸收、制造和供给植物体所需营养物质的作用,包括根、茎和叶;繁殖器官起着繁衍后代延续种族的作用,包括花、果实和种子。植物的各种器官相互依存、密切联系,共同完成植物体的生长、繁殖等生命活动。

第2章 根的形态

学习目标

1. 说出根的功能
2. 比较根的类型
3. 记住根系的类型
4. 辨认根的变态类型

根是植物重要的营养器官,通常生长在土壤中,无节和节间,一般不生芽和叶,具有向地性、向湿性和背光性。

根有吸收、输导、固着、支持、储藏及繁殖等功能。植物生活所需要的水分及无机盐,主要由根从土壤中吸收,并通过输导组织运送到地上部分。

根类药材是中药材的重要组成部分,人参、丹参、党参、黄芪、板蓝根等许多药材都是来源于植物的根。

第1节 根的形态

多数植物只有一个主根,主根是植物最初生长出来的根,由种子的胚根直接发育而来,不断向下生长。在主根上通常能形成若干分枝,称为侧根。在主根或侧根上还能形成更细小的根,称为纤维根。

在有些土壤条件情况下可以引起根系形态的变化

如大麻在沙质土壤中发展成直根系,在黏性土壤中则形成须根系;萹蓄在小溪边形成直根系,在干旱的山路旁则形成须根系。由于环境条件的改变,直根系可以分布在土壤浅层,须根系亦可以深入到土壤深处,如小麦的须根系在雨量多的情况下,根入土较深,雨量少的情况下,根主要分布在浅层土壤中。

主根、侧根、纤维根,都是直接或间接地由胚根发育而来的,具有一定的生长部位,所以称为定根。还有些植物的根,不是由胚根所形成的,而是从茎、叶或其他部位生长出来的,它的产生没有一定的位置,称为不定根。

根形成植物体复杂的地下系统,一株植物所有根的总称为根系。植物的根系可分为直根系和须根系两类(图2-1)。

(1) **直根系** 主根和侧根的界限非常明显的根系称为直根系。它的主根通常较粗大,一般垂直向下生长,而主根上产生的侧根则较小,如桔梗、人参、蒲公英等。

(2) **须根系** 主根不发达或早期死亡,从茎的基部节上长出许多粗细长短相仿的根,没有主次之分,簇生成

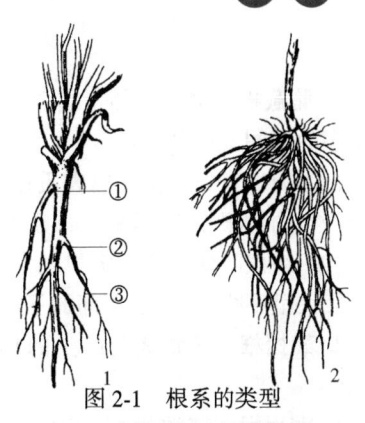

图2-1 根系的类型
1. 直根系 2. 须根系
①主根 ②侧根 ③纤维根

胡须状,这种根系称为须根系,如白薇、徐长卿、龙胆等。

第 2 节 根 的 变 态

根在长期的发展过程中,为了适应环境的变化,形态构造产生了许多变态,常见的有下列几种(图 2-2、图 2-3):

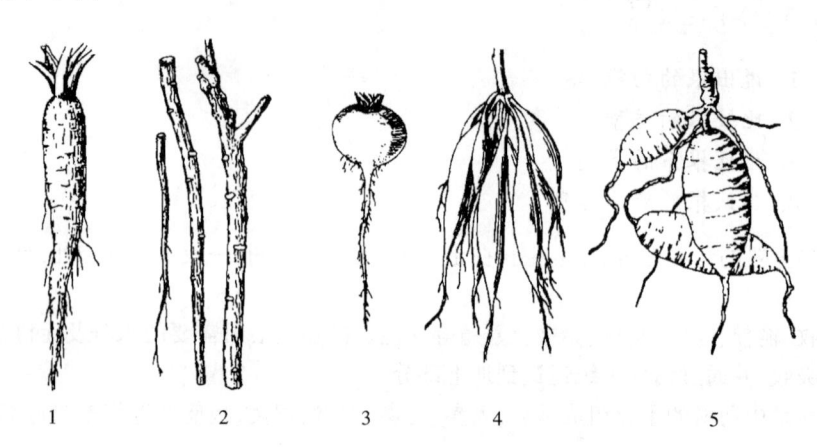

图 2-2 根的变态(储藏根)
1. 圆锥状根 2. 圆柱状根 3. 圆球状根 4~5. 块根

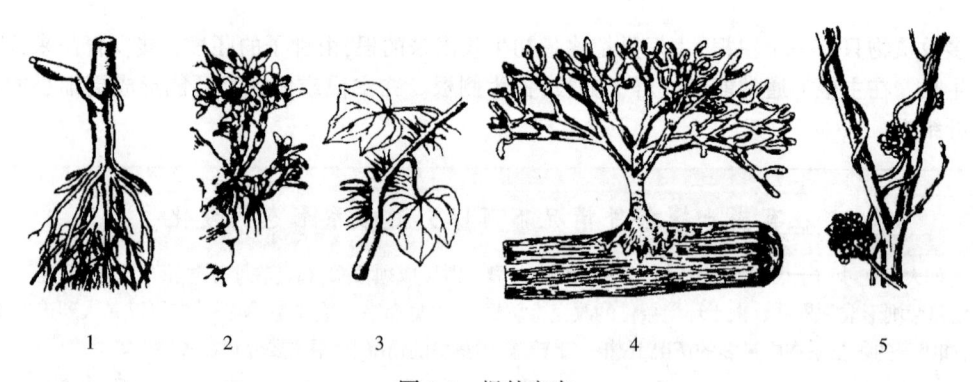

图 2-3 根的变态
1. 支持根 2. 气生根 3. 攀援根 4~5. 寄生根

1. 储藏根 根的一部分或全部肥厚肉质,储藏有丰富的营养物质,这种根称为储藏根。根据形态的不同又可分为:

(1) 肉质直根 由肥厚肉质化的主根发育形成,其上部具有胚轴和节间很短的茎,肉质直根上产生的侧根较细、较短。肉质直根可呈圆锥状、圆柱状或圆球状。

(2) 块根 侧根或不定根肥大或肉质直根肥大,形成纺锤形或块状,称为块根,如何首乌的侧根肥大呈不规则块状,百部的不定根肥大呈纺锤形等。

2. 攀援根 植物茎上产生的具有攀附作用的不定根称为攀援根,如络石、常春藤等攀援植物。

3. 寄生根 植物茎上产生的起寄生作用的不定根称为寄生根,具有寄生根的植物,称为寄生植物。寄生植物又可分为两种类型:一类如菟丝子、列当等,植物体本身不含叶绿素,不能制造养料而完全依靠吸收寄主体内的养分维持生活,这类植物称为全寄生植物;另一类如桑寄生、槲寄生等,一方面由寄生根吸收寄主体内的养分,同时自身所含的叶绿素可以制造一部分养料,这类植物称为半寄生植物。

4. 支持根　茎的基部节上产生不定根,深入土中,以增强支持茎干的力量,这种根称为支持根,如薏苡等。

5. 气生根　茎上产生不定根,悬垂于空气中,具有在潮湿空气中吸收和储藏水分的能力,称为气生根,如石斛、吊兰等。

6. 水生根　根漂浮在水中,呈须状,称为水生根,如浮萍等。

> **小结**
>
> 根通常生长于土壤中,无节和节间,一般不生芽和叶,具有吸收、输导、固着、支持、储藏及繁殖等功能。
>
> 主根由植物种子中的胚根直接发育形成,主根分枝形成侧根和纤维根,这些根都具有固定的生长位置,称为定根;由茎、叶上产生的根称为不定根。
>
> 定根构成直根系,不定根构成须根系。
>
> 根的变态包括储藏根(肉质直根和块根)、攀援根、寄生根、支持根、气生根和水生根。

目标检测

一、名词解释
1. 定根和不定根　　2. 肉质直根和块根　　3. 直根系和须根系　　4. 攀援根和寄生根

二、简答题
1. 萝卜、胡萝卜、大葱、大蒜的根各为何种类型的根?它们的根属于何种类型的根系?为什么?
2. 中药材太子参、附子、麦冬均为植物的块根,它们的来源是什么?

三、思考题
为什么有的植物的根和地上部分所含的化学成分完全不同?

(刘春生)

第3章 茎的形态

学习目标

1. 说出茎的功能
2. 比较芽的不同类型
3. 列出茎的各种类型
4. 辨认出地上茎变态的各种类型
5. 记住地下茎变态的不同类型

种子萌发时,胚芽连同胚轴发育成茎,经重复分枝发展成植物体整个地上部分。茎通常生长在地面以上,地上茎有的很长,有的很短,当地上茎极短时,叶呈莲座状,如蒲公英、车前等。也有些植物的茎生长在地下,如黄精、半夏等。

茎有输导、支持、储藏和繁殖的功能。茎输送根吸收的水分和无机盐以及叶制造的有机物质;支撑叶、花和果实;有些茎还有储藏水分和营养物质的作用;还有的茎能产生不定根和不定芽,起繁殖作用。

茎和茎皮是药材来源之一,如木通、桂枝、钩藤、鸡血藤、忍冬藤等为茎木类药材,厚朴、杜仲、肉桂、黄柏等为皮类药材。

第1节 茎的外形

茎多呈圆柱形,也有方形、三角形、扁圆形。茎多为实心,也有空心,而稻、麦、竹等禾本科植物的茎的节间中空,节实心,有明显的节和节间,特称为秆。

茎的顶端有顶芽,叶腋有腋芽。茎上着生叶和腋芽的部位称节,节与节之间称节间。根无节和节间之分,也不生叶,这是根和茎在外形上的区别要点。叶柄和茎之间的夹角处称叶腋;叶从茎上脱落后留下的痕迹称叶痕;托叶脱落后留下的痕迹称托叶痕;包被芽的鳞片脱落后留下的痕迹称芽鳞痕;茎枝表面隆起呈裂隙状的小孔称皮孔(图3-1)。

植物的茎节在叶着生处稍膨大,有些植物茎节膨大成环,如牛膝、石竹等;有些植物茎节处特别细缩,如藕。着生有叶和芽的茎称为枝条。有些植物具有两种枝条,一种节间较长,称长枝;另一种节间很短,称短枝,短枝能生花结果,又称果枝。

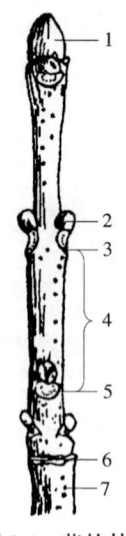

图3-1 茎的外形
1. 顶芽 2. 腋芽 3. 节 4. 节间
5. 叶痕 6. 芽鳞痕 7. 皮孔

第 2 节　芽 的 类 型

芽是尚未发育的枝条、花或花序。芽有以下类型：

1. 芽的位置类型

（1）定芽　芽在茎上生长有一定的位置。根据生长部位可分为：顶芽（生于茎枝顶端）、腋芽（生于叶腋）、副芽（在顶芽或腋芽旁边又生出的较小的芽）。

（2）不定芽　芽无固定位置，是生在茎的节间、根、叶及其他部位上的芽。

2. 芽的性质类型

（1）叶芽　发育成枝与叶的芽，又称枝芽。

（2）花芽　发育成花和花序的芽。

（3）混合芽　能同时发育成枝叶和花或花序的芽。

3. 芽的鳞片类型

（1）鳞芽　芽外有鳞片包被，如杨、柳、樟等。

（2）裸芽　芽外无鳞片包被，多见于草本植物，如茄、薄荷；木本植物的枫杨、吴茱萸。

4. 芽的活动类型

（1）活动芽　正常发育的芽，即当年形成，当年萌发或第二年春天萌发。

（2）休眠芽（潜伏芽）　长期保持休眠状态而不萌发。休眠芽在一定的条件下可以萌发，如树木砍伐后，树桩上往往由休眠芽萌发出新的枝条。

第 3 节　茎 的 类 型

一、茎的质地类型

（1）木质茎　茎质地坚硬，木质部发达。具木质茎的植物称木本植物。可分为：①乔木：植株高大，具明显主干，下部少分枝，如厚朴、杜仲等；②灌木：主干不明显，植株矮小，在近基部处发生出数个丛生的植株，如夹竹桃、木芙蓉等；③半灌木（亚灌木）：介于木本和草本之间，仅在基部木质化，如草麻黄、牡丹等。

（2）草质茎　茎质地柔软，木质部不发达。具草质茎的植物称草本植物。可分为：①1年生草本：在1年内完成其生长发育过程，如红花、马齿苋等；②2年生草本：在第2年完成其生长发育过程，如菘蓝、萝卜等；③多年生草本：生长发育过程超过2年，如桔梗、麦冬等。

（3）肉质茎　茎质地柔软多汁，肉质肥厚，如芦荟、仙人掌、垂盆草等（图3-2）。

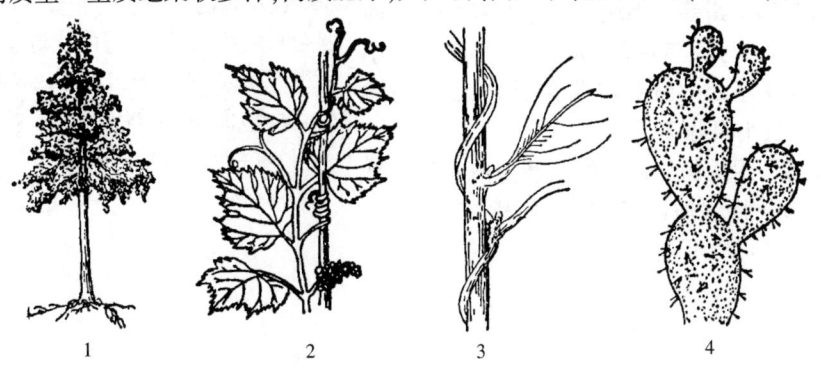

图 3-2　茎的类型

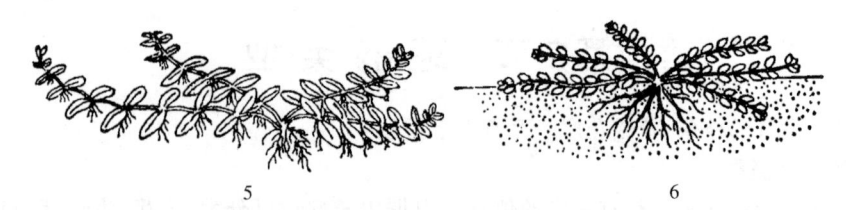

图 3-2(续)　茎的类型
1. 直立茎　2. 攀援茎　3. 缠绕茎　4. 肉质茎　5. 匍匐茎　6. 平卧茎

二、茎的生长习性类型

> **缠绕茎的缠绕方向是一个有趣的现象**
> 按植物茎由下向上生长的曲线，葎草茎缠绕方向为右旋，马兜铃茎缠绕方向则为左旋。另外还有一些植物茎旋向不固定，如何首乌、天冬。
> **链接**

（1）直立茎　茎直立生长于地面，如紫苏、松等。

（2）缠绕茎　茎细长，不能直立，缠绕他物螺旋上升，如五味子、牵牛等藤本植物。

（3）攀援茎　茎细长，不能直立，依靠攀援结构攀附他物上升，如栝楼、常春藤等藤本植物。

（4）匍匐茎　茎细长平卧地面，沿地表蔓延生长，节上生有不定根，如连钱草、积雪草等；如节上不产生不定根称为平卧茎，如蒺藜、地锦等（图 3-2）。

第 4 节　茎的变态

一、地上茎变态

1. 叶状茎或叶状枝　茎变为绿色的扁平状或针叶状，如仙人掌、天门冬等。

2. 刺状茎（枝刺或棘刺）　茎变为刺状，常粗短坚硬，分枝或不分枝，如山楂、皂荚等。

3. 钩状茎　通常钩状，粗短，坚硬，无分枝，位于叶腋，由茎的侧轴变态而成，如钩藤。

4. 茎卷须　茎变为卷须状，柔软卷曲，如栝楼、葡萄等。

5. 小块茎和小鳞茎　小块茎由腋芽或叶柄上的不定芽形成，形态与块茎相似，如山药、半夏等。小鳞茎由叶腋或花序处的腋芽或花芽形成，形态与鳞茎相似，如卷丹、小根蒜等。

6. 假鳞茎　附生的兰科植物茎基部肉质膨大呈块状或球状部分特称假鳞茎，如石仙桃、石豆兰等（图 3-3）。

> 植物利用刺来保护自己，有的生长在树干上、枝条上，也有生于叶上，甚至花和果实上。这些刺形态上相似，但来源却不同。山楂等的枝刺生于叶腋，位置相当于枝生长之处；小檗、枣等的叶刺是由叶或托叶变态而成，位置相当于叶或托叶着生之处；金樱子、花椒等的皮刺则是表皮细胞突起而成，无固定生长位置，易剥落。
> **链接**

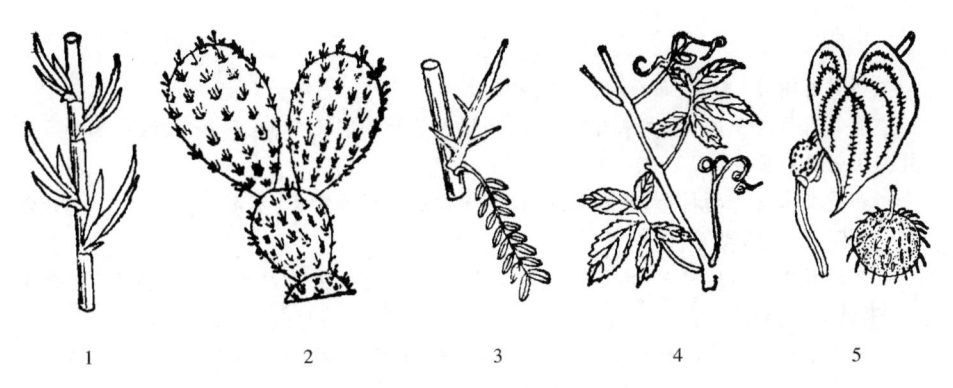

图 3-3　地上茎的变态
1. 叶状枝(天门冬)　2. 叶状茎(仙人掌)　3. 刺状茎(皂荚)
4. 茎卷须(乌蔹莓)　5. 小块茎(山药)

二、地下茎变态

（1）根状茎（根茎）　常横卧地下，有的也直立生长，节和节间明显，节上有退化的鳞片叶，具顶芽和腋芽，如白茅、苍术等。

（2）块茎　肉质肥大呈不规则块状，与块根相似，但有很短的节间，节上具芽及鳞片状退化叶或早期枯萎脱落，如天南星、半夏等。

（3）球茎　肉质肥大呈球形或扁球形，具明显的节和缩短的节间，节上有较大的膜质鳞片，顶芽发达，腋芽常生于上半部，基部具不定根，如慈姑、荸荠等。

（4）鳞茎　球形或扁球形，茎极度缩短称鳞茎盘，被肉质肥厚的鳞叶包围，顶端有顶芽，叶腋有腋芽，基部生不定根，如百合、贝母、洋葱等（图3-4）。

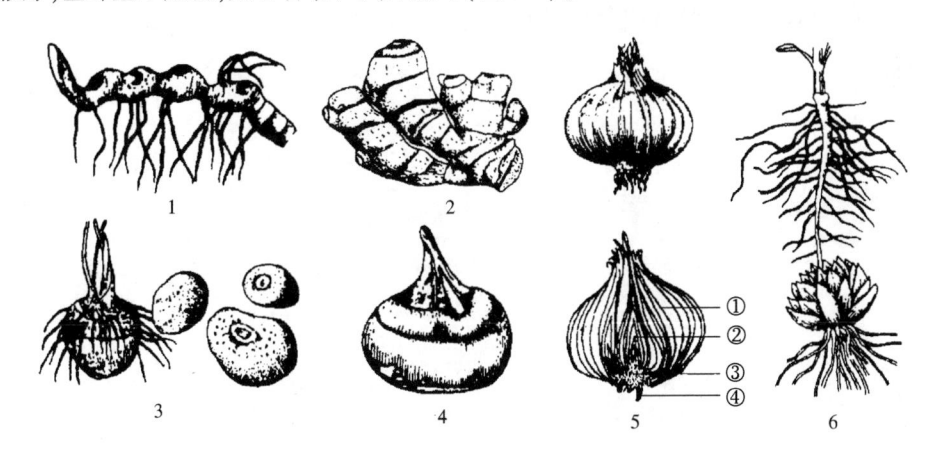

图 3-4　地下茎的变态
1. 根茎(黄精)　2. 根茎(姜)　3. 块茎(半夏)　4. 球茎(荸荠)　5. 鳞茎(洋葱)　6. 鳞茎(百合)
①鳞片叶　②顶芽　③鳞茎盘　④不定根

小结

茎具有输导、支持、储藏和繁殖的功能。

茎具有节与节间,节上生有叶和芽,而根无节和节间之分,也不生叶,这是根和茎在外形上的区别要点。

芽是尚未发育的枝条、花或花序,按不同方法可分为定芽、不定芽;叶芽、花芽、混合芽;鳞芽、裸芽;活动芽、休眠芽。

茎的类型按质地可分为木质茎、草质茎、肉质茎;按生长习性可分为直立茎、缠绕茎、攀援茎、匍匐茎。

地上茎变态类型有叶状茎、刺状茎、钩状茎、茎卷须、小块茎、小鳞茎、假鳞茎等;地下茎变态类型有根状茎、块茎、球茎、鳞茎。

目标检测

一、名词解释

1. 定芽　　　2. 混合芽　　　3. 小块茎　　　4. 根状茎
5. 块茎　　　6. 鳞茎　　　　7. 球茎　　　　8. 假鳞茎

二、简答题

1. 说出茎与根的最主要区别。
2. 区分出乔木、灌木与亚灌木,并举例。
3. 比较缠绕茎与攀援茎,并举例。
4. 简述地下茎变态的几种类型的特征。

三、思考题

1. 列出所知道的茎类药材名称,并指出其中属于茎的变态类型的中药材。
2. 食用的藕、马铃薯、山药是茎的何种变态?

(刘春生)

第4章 叶的形态

学习目标

1. 说出叶的组成
2. 记住叶序和脉序的类型
3. 区别单叶和复叶,记住复叶的类型
4. 辨认各种类型的叶
5. 学会描述叶片的形态

叶是植物重要的营养器官,是生长在茎上的最易观察的部分。叶一般为绿色扁平体,具有向光性。

叶的主要生理功能是进行光合作用、气体交换和蒸腾作用。由光合作用制造出来的营养物质,一部分供应植物体生长发育之用,一部分储藏在根、茎等器官中;气体交换产生的能量,使植物体能维持正常的生命活动;通过蒸腾作用使植物体能调节体内温度免受强光灼伤并可促进水和无机盐的吸收。此外,有些植物的叶还具有储藏、繁殖等作用。

叶是药材的重要来源之一,如大青叶、桑叶、番泻叶等。

第1节 叶的组成

叶起源于茎尖周围的叶原基。发育成熟的叶一般由叶片、叶柄、托叶三部分组成。三者俱全的叶称完全叶,如桃、桑等。缺少其中一部分或两部分的叶,称不完全叶,有的叶缺少叶柄和托叶,如石竹等;有的缺少托叶,如女贞等(图4-1)。

图4-1 叶的组成部分
1. 叶片 2. 叶柄 3. 托叶

一、叶 片

叶片是叶的主要部分,一般为绿色而薄的扁平体。叶片的顶端称叶端或叶尖,边缘称叶缘,基部称叶基,全形称叶形。叶片表面常可以看见许多清晰而隆起的叶脉。

1. 叶片的全形　叶片的形状随植物种类而异,甚至在同一植株上,其形状也不一样。叶片的形状主要根据它的长度和宽度的比例以及最宽处的位置来确定,常见的叶片形状有针形、线形、披针形、椭圆形、卵形、心形、肾形、菱形、匙形、镰形、箭形、三角形、盾形、扇形等(图4-2)。

植物叶片的形状多种多样,为准确描述,也常使用"广"、"长"、"倒"等字样放在基本形状的前面,如广卵形、长椭圆形、倒心形等。

2. 叶端　又称为叶尖。叶端常见的形状有:芒尖、尾状、渐尖、急尖、骤尖、钝尖、微凸、微凹、微缺和倒心形等(图4-3)。

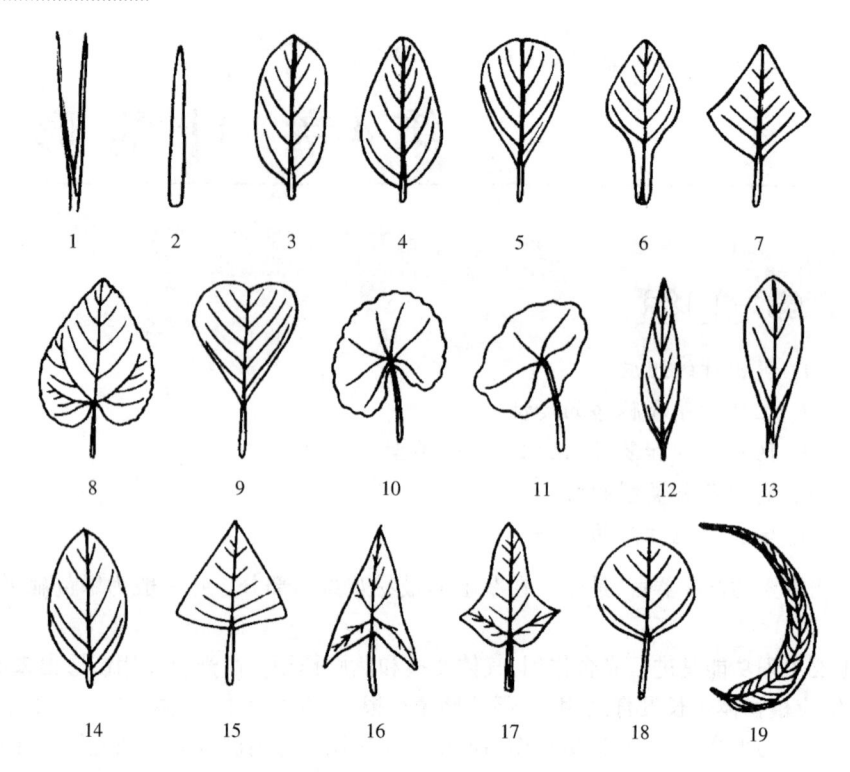

图 4-2 叶片的形状

1. 针形 2. 条形 3. 矩圆形 4. 卵形 5. 楔形 6. 匙形 7. 菱形 8. 心形 9. 倒心形 10. 肾形 11. 盾形
12. 披针形 13. 倒披针形 14. 椭圆形 15. 三角形 16. 箭形 17. 戟形 18. 圆形 19. 镰形

3. 叶缘 常见的形状有：全缘、波状、圆齿状、牙齿状、锯齿状、重锯齿状、钝齿状等(图 4-4)。

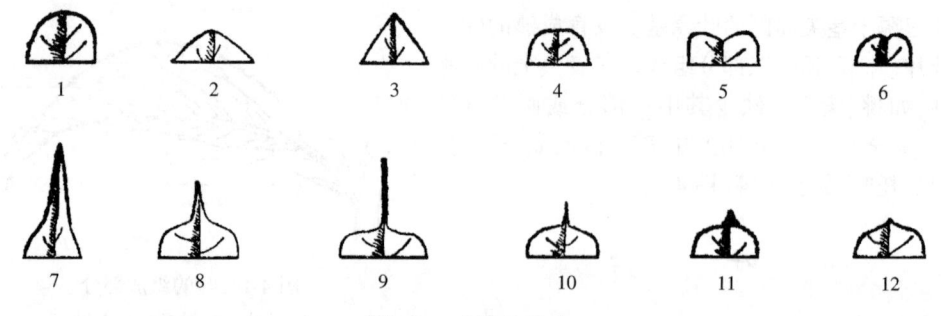

图 4-3 叶端的形状

1. 圆形 2. 钝形 3. 急尖 4. 截形 5. 微缺 6. 微凹 7. 渐狭 8. 渐尖 9. 芒尖
10. 刺凸 11. 锐尖 12. 凸尖

4. 叶基 常见的形状有：心形、耳形、箭形、戟形、楔形、渐狭、偏斜等(图 4-5)。

5. 叶脉和脉序 叶脉是叶片中的维管束，具有输导和支持作用。其中最粗大的为主脉，主脉的分枝为侧脉，侧脉的分枝为细脉。许多植物的叶脉通常在背面隆起。叶脉在叶片中的分布形式称脉序，主要有网状脉序和平行脉序两大类(图 4-6)。

(1) 网状脉序　具有明显的主脉，主脉、侧脉、细脉互相连接，交织成网状。大多数双子叶植物具网状脉序。网状脉序又可分为羽状网脉和掌状网脉。

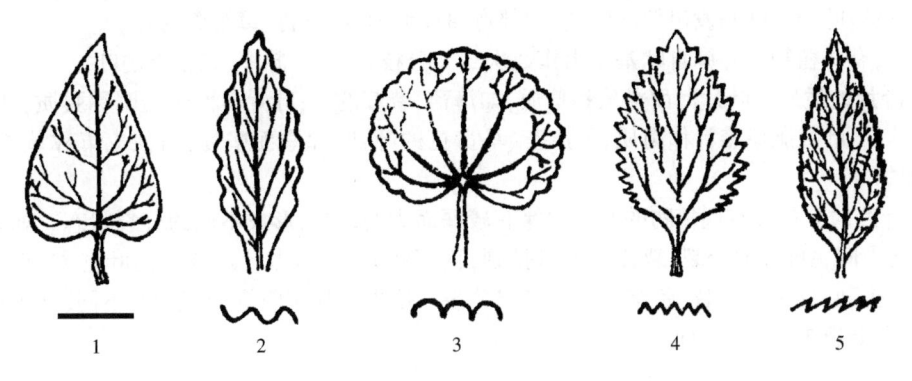

图 4-4 叶缘的形状
1. 全缘 2. 波状 3. 圆齿状 4. 牙齿状 5. 锯齿状

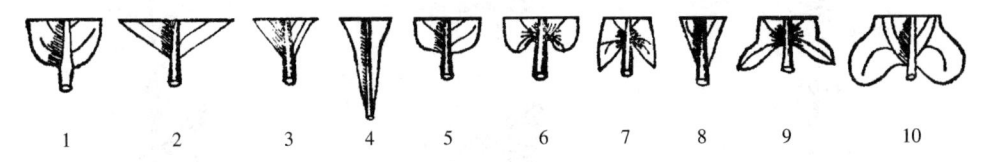

图 4-5 叶基的形状
1. 圆形 2. 钝形 3. 急尖 4. 渐狭 5. 截形 6. 心形 7. 箭形 8. 楔形 9. 戟形 10. 耳形

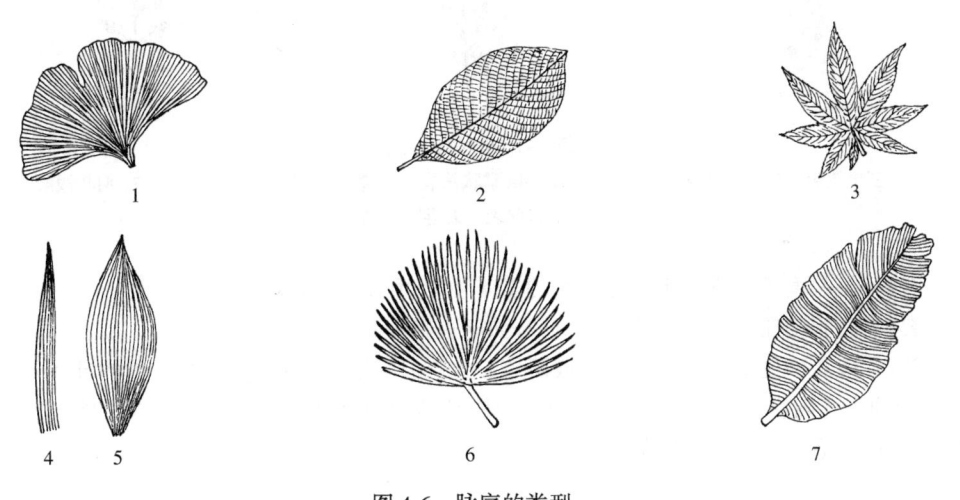

图 4-6 脉序的类型
1. 分叉状脉 2. 羽状网脉 3. 掌状网脉 4. 直出平行脉 5. 弧行脉 6. 射出平行脉 7. 横出平行脉

羽状网脉:主脉仅1条,主脉两侧分枝出许多侧脉呈羽状排列,侧脉再分枝出细脉并交织成网状,如桂花、桃的叶。

掌状网脉:主脉多条,全部从叶基分出呈辐射状伸向叶缘,再分枝出侧脉和细脉交织成网状,如南瓜、葡萄的叶。

(2) 平行脉序 主脉和侧脉自叶基发出,大致互相平行直达叶端,大多数单子叶植物的叶具平行脉序。常见的平行脉序可分为4种类型:

射出平行脉:各叶脉从叶基向叶端呈辐射状伸出,如棕榈、蒲葵的叶。

直出平行脉:各叶脉从叶基发出,平行直达叶端,如淡竹叶、麦冬的叶。

横出平行脉:中央主脉明显,侧脉自主脉两侧横出,彼此平行直达叶缘,如芭蕉、美人蕉的叶。

弧行脉：叶脉从叶基发出伸向叶端，中部弯曲成弧形，如玉竹、黄精等的叶。

另外，有些植物的叶脉自叶基发出作数次二叉分枝，称分叉脉序，如银杏的叶。

6. 叶片的质地 叶片薄而柔软称草质，如薄荷、紫苏的叶；叶片薄而半透明称膜质，如半夏、草麻黄的叶；叶片肥厚多汁称肉质，如芦荟、马齿苋的叶；叶片厚而坚韧，略似皮革称革质，如枸骨、枇杷的叶。

7. 叶片的分裂 有些植物的叶片边缘有较深而大的缺刻，形成不同的分裂状态。如果由叶片两侧向中间主脉方向分裂，裂片呈羽状排列，称羽状分裂；如由叶片四周向叶基方向分裂，裂片呈掌状排列，称掌状分裂；还有一种为三出分裂。依据叶片裂隙深浅程度的不同，又可分为浅裂、深裂和全裂3种(图4-7)。

图4-7 叶片的分裂
1. 三出浅裂 2. 三出深裂 3. 三出全裂 4. 掌状浅裂 5. 掌状深裂 6. 掌状全裂 7. 羽状浅裂 8. 羽状深裂 9. 羽状全裂

浅裂：叶裂深度等于或小于叶片宽度的1/4，如药用大黄、南瓜的叶。

深裂：叶裂深度在叶片宽度的1/4～1/2，如唐古特大黄、荆芥的叶。

全裂：叶裂几乎达到叶的主脉基部或两侧，形成数个全裂片，如大麻、白头翁的叶。

8. 叶的表面附属物 叶表面有的光滑，如枸骨等；有的被粉，如芸香的叶；有的粗糙，如紫草的叶；有的被有毛茸，如枇杷、蜀葵的叶。

二、叶　柄

叶柄是叶片和茎枝连接的部分，主要具有支持作用。叶柄一般呈圆柱形或稍扁平，腹面多有沟槽。其形状随植物的种类不同而异，有的叶柄扩大成叶鞘，如水稻、小麦等；有的叶柄膨胀成气囊，如菱、水浮莲等；含羞草等植物叶柄基部具膨大的关节，能调节叶片的位置和运动，称为叶枕。叶柄通常着生在叶片的基部，有些植物的叶柄却着生在叶片背面的中央，如莲、蝙蝠葛、旱金莲等。

三、托　叶

托叶常成对着生在叶柄基部的两侧，具有保护幼叶的作用。托叶形状多种多样，有的托叶很大，呈叶片状，如豌豆、皱皮木瓜等；有的托叶与叶柄愈合成翅状，如金樱子、蔷薇等；有的托叶细小呈线状，如桑、猪殃殃等；有的托叶变成卷须，如菝葜、土茯苓等；有的托叶变成刺状，如刺槐、虎刺等；有的托叶联合成鞘状，并包围于茎节的基部，称托叶鞘，如辣蓼、何首乌等（图4-8）。

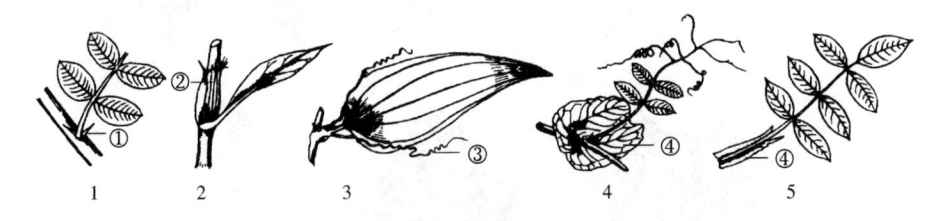

图4-8 托叶的部分变态类型
1. 刺槐 2. 辣蓼 3. 菝葜 4. 豌豆 5. 蔷薇
①托叶刺 ②托叶鞘 ③托叶卷须 ④叶片状托叶

第2节 叶的类型

一、单　　叶

1个叶柄上只生1个叶片的称单叶，如厚朴、樟的叶。

二、复　　叶

1个叶柄上生有2个或2个以上叶片的，称复叶。复叶的叶柄称总叶柄，其上着生叶片的部分称叶轴，叶轴上着生的叶片称小叶，小叶的柄称小叶柄。根据复叶的小叶数目和在叶轴上排列的方式不同，可分为4种类型（图4-9）：

（1）三出复叶　叶轴上生有3片小叶。如顶生小叶着生在总叶柄顶端，2片侧生小叶着生在总叶柄两侧，称羽状三出复叶，如葛、茅莓的叶；若3片小叶均着生在总叶柄顶端，且小叶柄均无或等长，称掌状三出复叶，如半夏、酢浆草的叶。

（2）掌状复叶　叶轴缩短，在其顶端集3片以上小叶，呈掌状展开，如人参、大麻的叶。

（3）羽状复叶　小叶在叶轴两侧呈羽毛状排列。羽状复叶顶端为1片小叶称单（奇）数羽状复叶，如苦参、刺槐的叶；复叶顶端为2片小叶，称双（偶）数羽状复叶，如落花生、决明的叶；叶轴作1次羽状分枝，形成许多侧生小叶轴，在小叶轴上又形成羽状复叶，称二回羽状复叶，如云实、合欢的叶；叶轴作2次羽状分枝，在最后1次分枝上又形成羽状复叶，称三回羽状复叶，如南天竹、苦楝的叶。

（4）单身复叶　总叶柄顶端只有一片发达的小叶，两侧小叶已退化成翼状，附着于总叶柄两侧，顶生小叶与总叶柄有关节相连，如酸橙、柑橘的叶。

> 复叶易和生有单叶的小枝相混淆，识别时首先要弄清叶轴和小枝的区别：第一，叶轴的先端没有顶芽，而小枝常具顶芽；第二，小叶腋内无侧芽，总叶柄基部才有芽，而小枝的每一单叶腋内均有芽；第三，通常复叶上的小叶在叶轴上排列在同一平面上，而小枝上的叶与小枝常成一定的角度；第四，复叶脱落时，整个复叶由总叶柄处脱落或小叶先脱落，然后叶轴连同总叶柄一起脱落，而小枝不脱落，只有叶脱落。
>
> 链　接

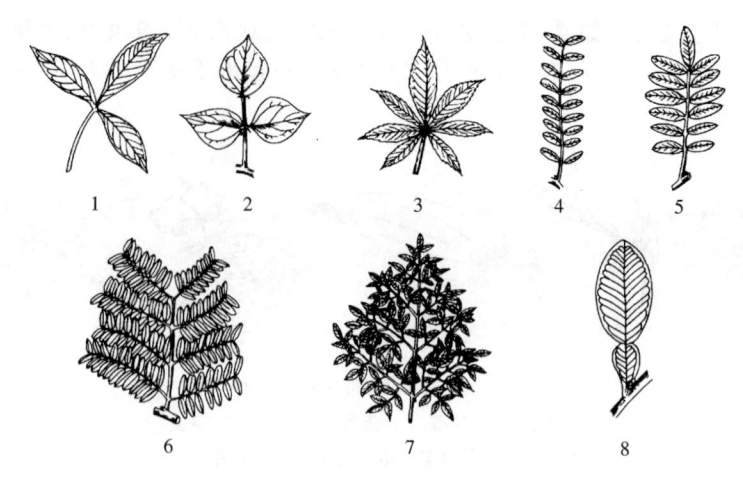

图 4-9 复叶的类型

1. 掌状三出复叶　2. 羽状三出复叶　3. 掌状复叶　4. 双数羽状复叶
5. 单数羽状复叶　6. 二回羽状复叶　7. 三回羽状复叶　8. 单身复叶

第3节 叶　序

叶在茎枝上排列的次序或方式称叶序。常见的有下列几种(图4-10):

1. 互生　在茎枝的每一节上只生1片叶,各叶交互而生,它们常沿着茎枝作螺旋状排列,称互生叶序,如桑、桃等。

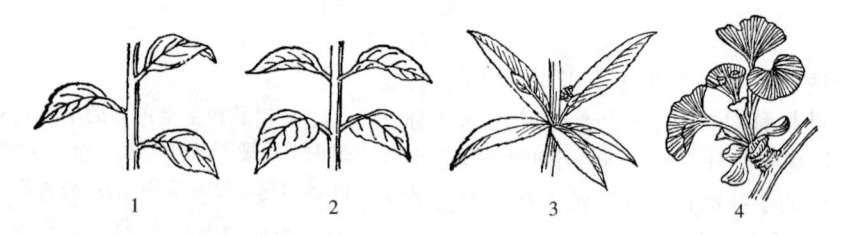

图 4-10 叶序

1. 互生　2. 对生　3. 轮生　4. 簇生

2. 对生　在茎枝的每一节上相对着生2片叶,称对生叶序。如相邻的两对叶成十字排列,称交互对生,如薄荷、桂花等;如对生叶排列于茎的两侧,称二列状对生,如女贞、水杉等。

3. 轮生　在茎枝的每个节上轮生3片或3片以上的叶,称轮生叶序,如夹竹桃、轮叶沙参的叶序。

4. 簇生　2片或2片以上的叶子着生在节间极短的茎枝上成簇状,如银杏、落叶松的叶序。有些植物的茎极为短缩,节间不明显,其叶恰如从根上生出,称基生叶,基生叶常集生而成莲座状称莲座状叶丛,如车前、蒲公英等。

无论哪一种叶序,相邻两节的叶子都不重叠,总是按一定的角度彼此镶嵌着生,称叶镶嵌。叶镶嵌使叶片不致互相遮盖,有利于进行光合作用。

> 各种植物同一植株上的叶序一般是同一种类型,但是也有一些植物在同一植株上却有着不同的叶序,如桔梗,有时可看到同一植株茎的下部为轮生叶序,中部为对生叶序,上部为互生叶序。另外,具有长短枝的植物,长枝和短枝上的叶序也不相同,一般长枝上为螺旋状着生,短枝上为簇生,如银杏、马尾松等。

第4节 叶的变化

通常每种植物的叶具有一定的形态和着生方式,但有些植物的叶在生长发育过程中出现各种变化。

一、异形叶性

同一种植物或同一株植物具有不同类型、不同形状的叶或具有不同叶序,称异形叶性。有的植物由于生长年限不同,会出现不同类型的叶,如人参,一年生的只有1枚由3片小叶组成的复叶,二年生的为1枚掌状复叶(5小叶),三年生的有2枚掌状复叶,以后每年递增1叶,最多可达6枚复叶;半夏幼苗期为单叶,第二年以后的为三出复叶。有的植物同一植株上具有不同叶形的叶,如益母草基生叶略呈圆形,中部叶椭圆形,掌状分裂,顶生叶不分裂而呈线形近无柄;茅苍术茎中部和上部的叶不裂,下部的叶常3裂。

二、叶的变态

叶的变态类型很多,常见的有下列几种:

(1) 苞片、小苞片和总苞片 生于花序或花柄下面的变态叶称苞片;花序中每朵小花的花柄上或花的花萼下较小的苞片称小苞片;围于花序基部1至多层的苞片合称总苞片。苞片常较小,绿色,也有形大而呈各种颜色的,如向日葵花序下的总苞是由多数绿色的苞片组成;鱼腥草花序下的总苞是由4片白色的花瓣状苞片组成;天南星花序外面常围有1片大形、色彩鲜艳的总苞,称佛焰苞。总苞、苞片及小苞片的形状和轮数的多少,常为一些属种鉴别的特征。

(2) 鳞叶 叶特化或退化成鳞片状,称鳞叶。分为肉质和膜质2种。膜质鳞叶菲薄,一般呈褐色干膜状,如麻黄的叶、姜、荸荠等地下茎的鳞叶;肉质鳞叶肥厚,能储藏营养物质,如百合、洋葱等鳞茎上肥厚鳞叶。

(3) 刺状叶 叶片变成坚硬的刺状,如小檗的叶变成三枚刺状,习称"三棵针";仙人掌的叶退化成针刺状。有些植物叶的一部分发生变化,如枸骨叶的叶缘变为刺状。

(4) 叶卷须 叶的全部或一部分变为卷须,借以攀援他物,如豌豆的卷须是由顶端的小叶变成的。

小结

叶是植物的重要营养器官。一般为绿色扁平体,具有向光性。叶的主要生理功能是进行光合作用、气体交换和蒸腾作用。

具有叶片、叶柄、托叶3部分的叶称完全叶,缺少其中一部分或两部分的叶称不完全叶。

叶脉可分为网状脉序、平行脉序和叉状脉序。网状脉序是双子叶植物的主要脉序;平行脉序是单子叶植物的主要脉序。

常见的叶片分裂状态有羽状分裂、掌状分裂,依据叶片裂隙的深浅不同,又可分为浅裂、深裂和全裂3类。

复叶分为三出复叶、掌状复叶、羽状复叶、单身复叶4种类型。其中三出复叶根据顶生小叶是否具柄又分为羽状三出复叶和掌状三出复叶;羽状复叶根据顶端小叶数目分为单(奇)数羽状复叶和双(偶)数羽状复叶,根据羽状复叶叶轴分枝次数又可分为二回羽状复叶和三回羽状复叶。

叶序有互生、对生、簇生和轮生4种类型。

目标检测

一、名词解释
1. 完全叶　　2. 网状脉序　　3. 托叶鞘　　4. 二回羽状复叶
5. 苞片　　　6. 交互对生　　7. 叶镶嵌　　8. 佛焰苞

二、简答题
1. 说出脉序、叶序的主要类型。
2. 区分单叶和复叶，并说出复叶常见的几种类型。
3. 简述叶的变态的几种类型特征。

三、思考题
1. 列出所知道的叶类中药名称，并标出其叶片分裂类型。
2. 举出三出复叶、掌状复叶、羽状复叶的植物各两种。

(敖冬梅)

第5章 花的形态

学习目标

1. 说出花的组成部分及其主要特征
2. 比较各种类型的花冠
3. 列出雄蕊、雌蕊、子房位置、胎座的各种类型
4. 辨认出各种类型的花序
5. 记住花的生殖过程及被子植物的双受精现象

花是种子植物特有的繁殖器官,所以种子植物又称为显花植物。其中裸子植物的花构造简单,被子植物的花构造复杂。本章主要介绍被子植物花的形态。

花是由花芽发育而成的一种适应繁殖的变态短枝,其中花梗和花托相当于不分枝、节间极缩短的茎,而花萼、花冠、雄蕊、雌蕊则是着生在花托上的变态叶。通过开花、传粉、受精的过程,产生果实和种子,繁衍后代。

> **链接**
> 被子植物的花大多非常显著,但也有些植物的花常被人们忽略,如无花果的许多小花聚生在凹陷的肉质花序轴内,外部似乎看不到有花的形成;而有些植物色彩鲜艳的部分被人们认为是花其实非花,如一品红的苞片常呈鲜艳的红色,常被误认为花瓣。

被子植物的花通常颜色鲜艳、形态多样,但其特征稳定、变异较少,常能反映植物在长期演化过程中所发生的变化,所以花常常被作为植物分类和鉴定的主要依据。

许多植物的花和花序可供药用,如辛夷、金银花、洋金花、菊花、红花等。

第1节 花的组成和形态

花通常由花梗、花托、花被、雄蕊群、雌蕊群5部分组成(图5-1)。

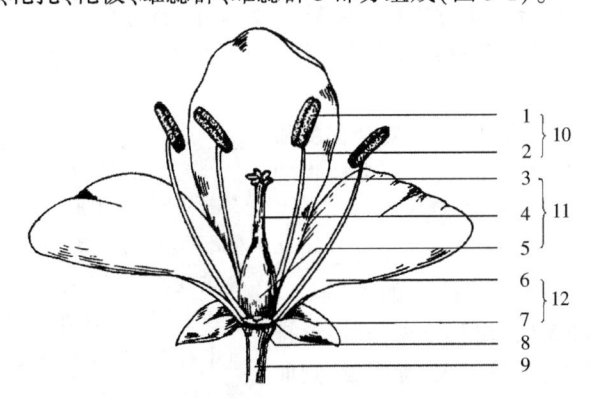

图5-1 花的组成

1. 花药 2. 花丝 3. 柱头 4. 花柱 5. 子房 6. 花冠 7. 花萼 8. 花托 9. 花梗
10. 雄蕊群 11. 雌蕊群 12. 花被

23

一、花　梗

位于花的下部，与茎相连，主要起支持作用，又称花柄。花梗的长短、有无、形状随植物种类不同而异。果实形成时，花梗成为果柄。

二、花　托

花托是花梗顶端稍膨大的部分，花被、雄蕊、雌蕊均着生于其上。花托通常平坦或稍隆起，有的呈圆锥状、圆柱状，也有凹陷呈杯状或瓶状。

三、花　被

花被是花萼和花冠的总称，具有保护花蕾和引诱昆虫传粉的作用。

> 花瓣的色彩主要是由于花瓣细胞内含有有色体或色素所致。含有色体时，花瓣常呈黄色、橙色或橙红色；含花青素时，花瓣常呈红色、蓝色或紫色等；如果两种情况同时存在，花瓣的色彩更加绚丽，两种情况都不存在时则花瓣呈白色。
>
> 链接

(一) 花萼

花萼位于花的最外轮，由若干萼片组成，一般呈绿色的小叶片状。有的萼片彼此分离，称离生萼，如毛茛、油菜等。有的萼片相互连合或部分连合，称合生萼，如桔梗、牵牛等，合生萼下部的连合部分称萼筒，上部的分离部分称萼齿。多数植物的花萼随着花的凋谢而枯萎或脱落，但有些花萼在花开前就脱落，称早落萼，如延胡索、虞美人等；有些花萼在花后不脱落或随着果实发育而增大，称宿存萼，如柿、枸杞等。花萼一般为1轮，但蜀葵、草莓等植物的花萼下方另有1轮萼片样的苞片，称副萼。

(二) 花冠

花冠位于花萼的内侧，由若干花瓣组成，通常色彩鲜艳而成为花中最为显著的部分。有的花瓣彼此分离，称离生花冠，具有离生花冠的花称离瓣花，如桃、野葛等。有的花瓣相互连合或部分连合，称合生花冠，具有合生花冠的花称合瓣花，如牵牛、益母草等，合生花冠下部的连合部分称花冠筒（管），上部的分离部分称花冠裂片。花瓣通常成1轮排列，也有些花的花瓣排列为2至数轮，称重瓣花。

花瓣的形状、颜色、大小、排列方式、离合程度随植物种类而异，形成多种花冠类型，成为某类植物的重要特征。常见的特殊花冠类型有（图5-2）：

(1) 十字形花冠　花瓣4枚，相互分离，上部外展呈十字形，如油菜、菘蓝等十字花科植物的花冠。

(2) 蝶形花冠　花瓣5枚，相互分离，呈蝶形排列，上面的一枚位于最外方，常较宽大，称旗瓣，侧面的二枚较小，称翼瓣，下方的2片下缘连接，弯曲成龙骨状，称龙骨瓣，如甘草、野葛等多数豆科植物的

> 花萼和花冠在花芽内的排列方式主要有镊合状，即花被以各片的边缘相互靠接但不重叠；旋转状，花被各片依次以一侧重叠成旋转状；覆瓦状，类似旋转状，但有1片或2片完全在外，1片或2片完全在内，其中有2片完全在外，2片完全在内的称重覆瓦状。
>
> 链接

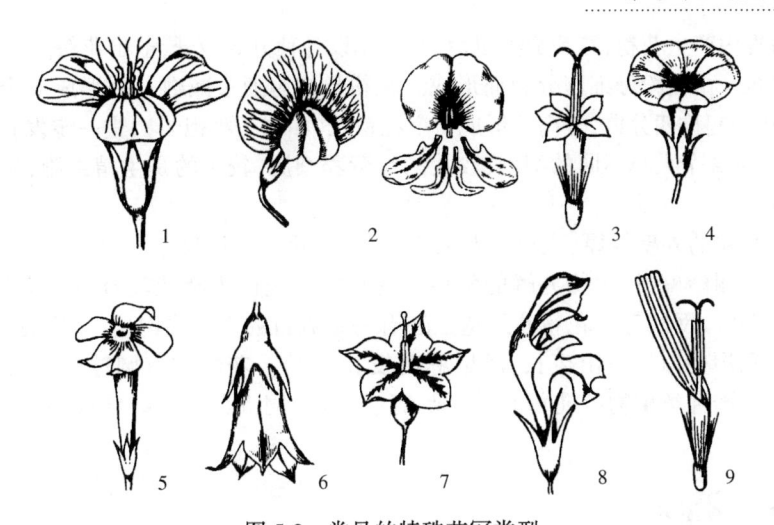

图 5-2　常见的特殊花冠类型
1. 十字形花冠　2. 蝶形花冠　3. 管状花冠　4. 漏斗状花冠　5. 高脚碟状花冠
6. 钟形花冠　7. 辐状花冠　8. 唇形花冠　9. 舌状花冠

花冠。

（3）唇形花冠　花瓣下部相互连合呈筒状，上部分为2部分，呈二唇形，上面2枚裂片合生成上唇，下面三枚裂片合生成下唇，如丹参、薄荷等唇形科植物的花冠。

（4）漏斗状花冠　花瓣相互连合并自下而上逐渐扩大，上部外展呈漏斗状，如牵牛等旋花科和曼陀罗等部分茄科植物的花冠。

（5）管状花冠　花瓣相互连合成细长管状，如苍术、红花等菊科植物的花冠。

（6）舌状花冠　花瓣基部相互连合成一短筒，上部向一侧延伸呈扁平舌状，如蒲公英、苦荬菜等菊科植物的花冠。

（7）钟形花冠　花瓣下部连合成宽而短的筒状，上部裂片扩大外展呈钟形，如桔梗、沙参等桔梗科植物的花冠。

（8）辐状花冠　花瓣下部连合成短而广展的筒状，裂片由基部向四周扩展呈车轮状，如龙葵、辣椒等茄科植物的花冠。

四、雄　蕊　群

雄蕊群是一朵花中所有雄蕊的总称。雄蕊位于花被的内方或上方，直接着生在花托上，也有的基部着生在花冠上。

（一）雄蕊的组成

绝大多数植物的雄蕊由花丝和花药两部分组成。

（1）花丝　是雄蕊下部的柄状部分，其有无、长短、粗细随植物种类不同而异。有些植物雄蕊的花丝较为特殊，如莲的花丝扁平如带状，栀子的花丝完全消失，美人蕉的花丝常变态成为花瓣状。

（2）花药　是花丝顶端膨大的囊状体，其内产生花粉粒，是雄蕊的主要部分。花药在花丝上的着生方式有多种，有的花药基部着生在花丝顶端，有的以背部中央一点着生在花丝顶端，有的则全部贴生在花丝上等。横切面上看花药呈蝶形，左右两侧各为1个或2个花粉囊，中间有药隔相连。花粉囊内产生花粉,花粉成熟以后,花粉囊以各种方式裂开,散出花粉。

(3) 花粉粒　由花粉母细胞分裂而形成。花粉母细胞通过减数分裂形成4个单倍体的子细胞,最初连在一起称四分体,分离后形成4个花粉粒(相当于小孢子),进一步发育并进行一次不均等分裂,产生2个大小不同的细胞,较大的是营养细胞,较小的是生殖细胞,生殖细胞再分裂形成2个精子。

成熟的花粉粒的外壁较厚,主要由花粉素组成,其化学性质稳定,可使花粉粒具有较好的抗高温、抗高压、耐酸碱、抗生物分解的特性。花粉粒的表面光滑或具有各种突起或花纹,如呈刺突、瘤状、凹穴、网纹等。花粉粒外壁上还有一定数目的空隙或沟槽,以后花粉萌发时,花粉管就从这些孔沟处向外突出生长,所以称萌发孔(沟)。花粉粒有圆球形、三角形、多角形等多种形状。不同种类植物的花粉有黄、绿、青、褐等不同颜色。这些特征,对鉴定花类药材有重要意义。

(二) 雄蕊的类型

花的雄蕊一般长度相等、互相分离,称离生雄蕊。但有些植物花的雄蕊在花丝长短、离合程度上有所不同,形成特殊雄蕊类型(图5-3)。

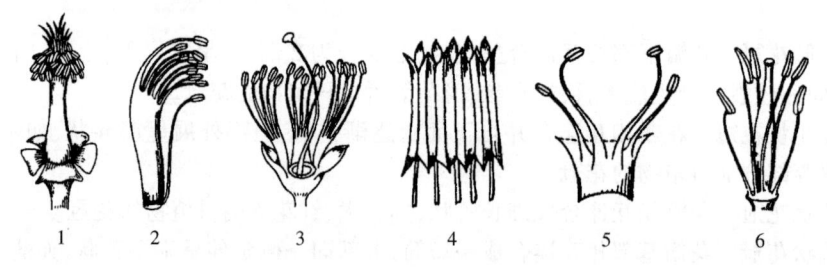

图5-3　常见的特殊雄蕊类型
1. 单体雄蕊　2. 二体雄蕊　3. 多体雄蕊　4. 聚药雄蕊　5. 二强雄蕊　6. 四强雄蕊

(1) 单体雄蕊　雄蕊多数,其花丝连合为一体,花药分离,如木槿、蜀葵等锦葵科植物的雄蕊。

(2) 二体雄蕊　雄蕊的花丝连合成2束,如野葛、扁豆等部分豆科植物的花有10枚雄蕊,其中9枚雄蕊的花丝连合为一体,1枚分离。

(3) 多体雄蕊　雄蕊多数,花丝连合成数束,如金丝桃等藤黄科植物花的雄蕊为5束,橘等部分芸香科植物花的雄蕊为多束。

(4) 聚药雄蕊　雄蕊的花药连合为筒状,花丝分离,如菊、蒲公英等菊科植物的雄蕊。

(5) 二强雄蕊　花中有4枚雄蕊,其中2枚花丝较长,2枚花丝较短,如薄荷、紫苏等唇形科植物和玄参、地黄等玄参科植物的雄蕊。

(6) 四强雄蕊　花中有6枚雄蕊,其中4枚花丝较长,2枚花丝较短,如油菜、菘蓝等十字花科植物的雄蕊。

五、雌 蕊 群

雌蕊群是一朵花中所有雌蕊的总称,位于花的中央。

(一) 雌蕊的组成

雌蕊外形似瓶状,由柱头、花柱、子房三部分组成。

(1) 柱头　位于雌蕊顶端,常稍膨大或扩展或分裂成多种形状。柱头的表皮细胞常延伸形成乳突、毛茸等,有的能分泌黏液等物质,有利于花粉的附着,并促使花粉萌发。

(2) 花柱　是介于柱头和子房之间的连接部分,也是花粉管进入子房的通道。花柱一般呈圆柱状,不同种类植物花柱的有无、长短、粗细等也各不相同。此外,唇形科植物的花柱插生于子房基部,称花柱基生。兰科和萝藦科植物的花柱与雄蕊合生成柱状体,称合蕊柱。

(3) 子房　是雌蕊基部的囊状体,常呈卵形或椭圆形。其外壁为子房壁,内部中空的部分为子房室,子房室内着生胚珠,所以子房是雌蕊最重要的部分。

雌蕊是由心皮构成的。心皮是一种具有生殖作用的变态叶,常以两侧边缘向内卷合形成雌蕊。此愈合的边缘形成一条缝线,称腹缝线,相当于心皮中肋的一条缝线称背缝线。胚珠常着生在腹缝线上。

由于心皮的数目和愈合状态的不同,不同种类植物雌蕊的子房室数也不相同,可分为单子房(1心皮形成的子房)和复子房(2至多心皮连合形成的子房),复子房又可分为单室复子房和多室复子房。

(二) 雌蕊的类型

由于构成雌蕊的心皮数目不同和离合与否,雌蕊可分为下列几种类型(图5-4):

(1) 单雌蕊　由1个心皮构成的1个雌蕊,如甘草、桃等。

(2) 复雌蕊　由2至多数心皮连合形成的1个雌蕊,如丹参(2心皮)、百合(3心皮)、桔梗(5心皮)等的雌蕊。组成雌蕊的心皮数,可通过柱头和花柱的分裂数、子房上的主脉数以及子房的室数来判断。

(3) 离生雌蕊　由2至多数互相分离的雌蕊共同着生在1个花托上而形成,其中每个雌蕊均由1个心皮组成,如乌头、毛茛等毛茛科植物和厚朴、玉兰等木兰科植物的雌蕊。

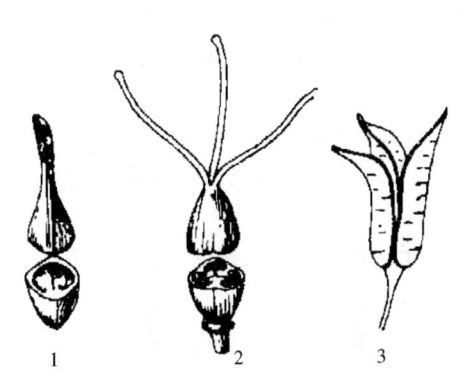

图5-4　雌蕊的类型
1. 单雌蕊　2. 复雌蕊　3. 离生雌蕊

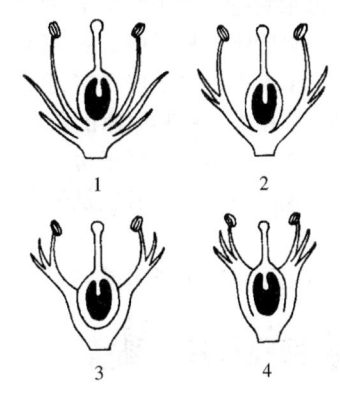

图5-5　子房的位置
1、2. 子房上位　3. 子房半下位　4. 子房下位

(三) 子房的位置

子房常以基部着生在花托上,由于花托的形状不同,花的其他部分与子房之间具有不同的

位置关系,因此形成不同的子房位置(图5-5):

(1) 子房上位　子房仅基部着生在花托上,如花托平坦或稍隆起,花被和雄蕊的着生位置均在子房下方,称子房上位下位花,如油菜、大豆、金丝桃等;如花托凹陷,花被和雄蕊着生在花托的上缘,位置在子房的周围,则称子房上位周位花,如桃、李等。

(2) 子房下位　子房着生在凹陷的花托内并与花托愈合,花被和雄蕊着生在凹陷花托的上缘,位置在子房的上方,称子房下位上位花,如南瓜、枇杷、木瓜等。

(3) 子房半下位　子房下半部着生在凹陷的花托内并与花托愈合,花被和雄蕊着生在花托的上缘,位置在子房的周围,称子房半下位周位花,如桔梗、马齿苋等。

(四) 胎座的类型

胎座是子房内壁上着生胚珠的部位,常为肉质突起。根据组成雌蕊心皮数和结合状态不同,常见的胎座有下列几种类型(图5-6):

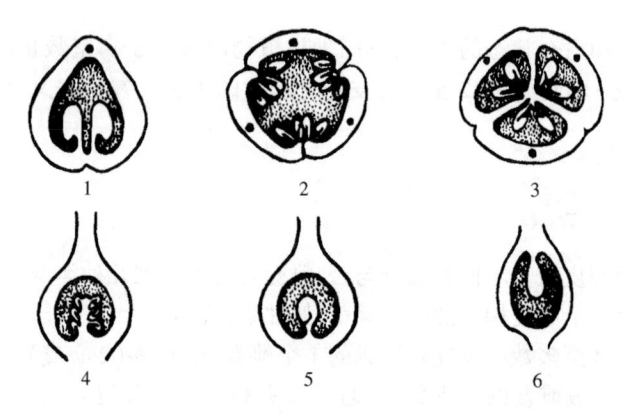

图 5-6　胎座的类型
1. 边缘胎座　2. 侧膜胎座　3. 中轴胎座　4. 特立中央胎座　5. 基生胎座　6. 顶生胎座

(1) 边缘胎座　单子房1室,胚珠沿心皮的腹缝线成纵行排列,如大豆、野葛等。
(2) 侧膜胎座　复子房1室,胚珠沿相邻2心皮的腹缝线排列成若干纵行,如南瓜、罂粟等。
(3) 中轴胎座　复子房多室,胚珠着生在由心皮边缘向内伸入至中央并愈合而形成的中轴上,如木瓜、桔梗。中轴胎座的子房室数往往与心皮数相同。
(4) 特立中央胎座　复子房1室,胚珠着生在消失了隔膜的中轴上,如太子参、瞿麦等。
(5) 基生胎座　单子房或复子房1室,1枚胚珠着生在子房基部,如向日葵、苍术、何首乌、虎杖等。
(6) 顶生胎座　单子房或复子房1室,1枚胚珠悬垂于子房顶部,如桑、构树等。

(五) 胚珠及其类型

(1) 胚珠的发育及其构造　胚珠是在胎座上发展起来的,最初产生的一团突起为珠心,其中央发育成胚囊,成熟的胚囊有1个卵细胞、2个助细胞、3个反足细胞和2个极核细胞等8个细胞;珠心周围的细胞层发展成珠被,多数植物具有内外2层珠被;珠被顶端留有1小孔称珠孔;胚珠基部的细胞发展成珠柄,与胎座相连。维管束通过珠柄进入胚珠,其进入点称合点,也就是珠被、珠心基部和珠柄的汇合处。

(2) 胚珠的类型　胚珠由于各部分的生长速度不同,形成以下类型(图5-7):

1) 直生胚珠　胚珠直立,珠柄在下,珠孔在上,珠柄、珠孔、珠心三者位于1条直线上,如蓼科、胡椒科等植物的胚珠。

2) 横生胚珠　胚珠一侧生长较快,使胚珠垂直于珠柄,珠孔偏向一侧。如毛茛科、锦葵科等植物的胚珠。

3) 弯生胚珠　胚珠上半部的一侧生长较快,使胚珠弯曲呈肾形,珠孔向下,如十字花科、豆科部分植物的胚珠。

4) 倒生胚珠　胚珠一侧生长极快,使胚珠呈倒悬状,珠孔下弯靠向细长的珠柄,其靠近的部分珠被与珠柄愈合,形成珠脊,以后发育成种脊,大多数被子植物的胚珠属于此种类型。

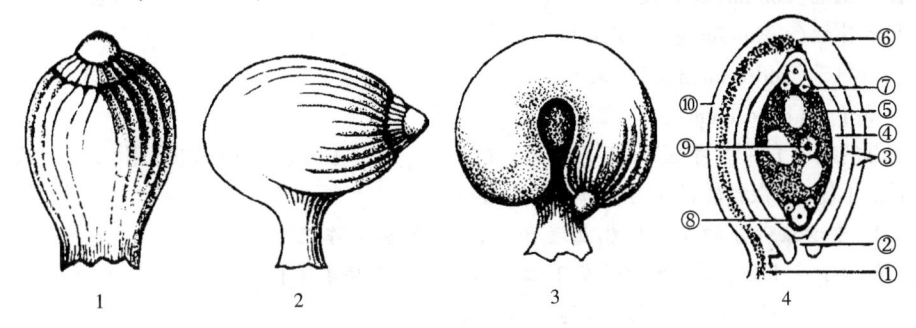

图 5-7　胚珠的类型
1. 直生胚珠　2. 横生胚珠　3. 弯生胚珠　4. 倒生胚珠
①珠柄　②珠孔　③珠被　④珠心　⑤胚囊　⑥合点　⑦反足细胞　⑧卵细胞和助细胞　⑨极核细胞　⑩珠脊

第 2 节　花的类型

1. 花完全程度的类型　一朵具有花萼、花冠、雄蕊、雌蕊四部分的花称完全花,如油菜、紫藤的花。缺少其中一部分或几部分的花称不完全花,如浙贝母、大戟的花。

2. 花被存在与否的类型　一朵既有花萼又有花冠的花称重被花,如桃、紫藤的花。仅有花萼而无花冠的花称单被花,多数单被花的花被片(萼片)常具有鲜艳的色彩而类似花瓣,如玉兰、百合的花。既无花冠又无花萼的花称无被花,如鱼腥草、大戟的花。

3. 花性别的类型　一朵既有雄蕊又有雌蕊的花称两性花,如油菜、金丝桃的花。仅有雄蕊或仅有雌蕊的花称单性花,其中仅有雄蕊而无雌蕊或雌蕊未正常发育的花称雄花,仅有雌蕊而无雄蕊或雄蕊未正常发育的花称雌花。雄蕊和雌蕊均未正常发育或均退化的花称无性花。

雄花和雌花生在同一植株上的称雌雄同株,如南瓜、半夏等。同种植物的雄花和雌花分别生于不同植株上的称雌雄异株,如桑、天南星等。

4. 花对称的类型　花的各部分在花托上的排列,常形成一定的对称面。如通过中心可以作2个或2个以上对称面的花称辐射对称花或整齐花,如油菜、桔梗的花。如通过中心只能作1个对称面的花称两侧对称花或不整齐花,如丹参、紫藤的花。极少数通过中心不能作出对称面的花称不对称花,如美人蕉的花。

第 3 节　花程式和花图式

在描述一朵花的各部分特征时,常采用花程式和花图式。

一、花 程 式

花程式是采用字母、数字和一定的符号表示花各部分的组成、数目、排列位置和相互关系的公式。

花程式中常见的字母和符号及其含义如下：

K：表示花萼（kelch，德文）

C：表示花冠（corolla，拉丁文）

P：表示花被（perianthium，拉丁文）

A：表示雄蕊（androecium，拉丁文）

G：表示子房（gynoecium，拉丁文）

在字母的右下角用数字表示该组成部分的数目，超过10或数目不定时用"∞"表示。如果某部分不止1轮，可在各轮的数字之间用"+"表示。

"（ ）"表示该部分的各单位相互连合，相互分离者不作记号。

"$\underline{G}$"表示子房上位，"$\overline{G}$"表示子房下位，"$\overline{\underline{G}}$"表示子房半下位。

"∗"表示辐射对称花；"↑"表示两侧对称花。

"♂"表示雄花；"♀"表示雌花；"☿"表示两性花。

举例如下：

桑花程式：♂ ∗ $P_4 A_4$；♀ ∗ $P_4 \underline{G}_{(2:1:1)}$

表示桑花为单性花；雄花花被片4枚，分离，雄蕊4枚，分离；雌花花被片4枚分离，雌蕊子房上位，由2心皮合生，子房1室，每室1枚胚珠。

玉兰花程式：☿ ∗ $P_{3+3+3} A_\infty \underline{G}_{\infty:1:2}$

表示玉兰花为两性花，辐射对称；单被花，花被片3轮，每轮3枚，分离；雄蕊多数，分离；雌蕊子房上位，心皮多数，分离，每室2枚胚珠。

紫藤花程式：☿ ↑ $K_{(5)} C_5 A_{(9)+1} \underline{G}_{1:1:\infty}$

表示紫藤花为两性花，两侧对称；萼片5枚，连合；花瓣5枚，分离；雄蕊10枚，9枚连合，1枚分离，即二体雄蕊；雌蕊子房上位，1心皮，子房1室，胚珠多数。

桔梗花程式：☿ ∗ $K_{(5)} C_{(5)} A_5 \overline{\underline{G}}_{(5:5:\infty)}$

表示桔梗花为两性花；辐射对称；萼片5枚，连合；花瓣5枚，连合；雄蕊5枚，分离；雌蕊子房半下位，由5心皮合生，子房5室，每室胚珠多数。

皱皮木瓜花程式：☿ ∗ $K_{(5)} C_5 A_\infty \overline{G}_{(5:5:\infty)}$

表示皱皮木瓜花为两性花；辐射对称；萼片5枚，连合；花瓣5枚，分离；雄蕊多数，分离；雌蕊子房下位，由5心皮合生，子房5室，每室胚珠多数。

二、花 图 式

花图式是采用花的横切面投影简图来表示花的各部分特征（图5-8）。

花程式和花图式各有优点和不足，应将两者配合使用。

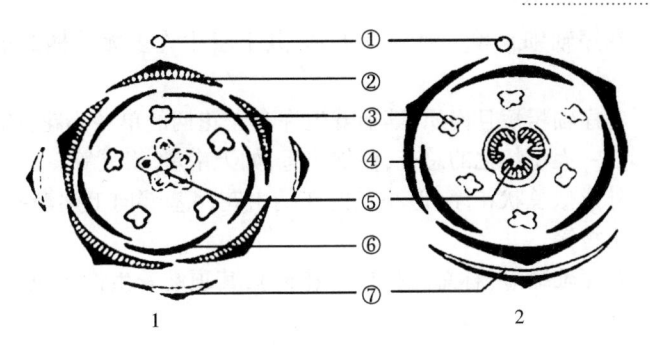

图 5-8 花图式示例
1. 双子叶植物 2. 单子叶植物
①花序轴 ②萼片 ③雄蕊 ④花被片 ⑤雌蕊 ⑥花瓣 ⑦苞片

第4节 花　序

有些植物的花是单独一朵生在茎枝顶端或叶腋，称单生花，如玉兰、牡丹、桃等。但大多数植物的花，按一定的排列方式着生在花枝上，并按一定的开花顺序依次开放，称为花序。花序的总花柄或主轴称花序轴，其上着生的花称小花。花序轴上通常不形成典型的叶片，有的小花柄基部生有苞片，花序轴基部的苞片称总苞。

根据花在花序轴上的排列方式和开放顺序，花序可分为无限花序和有限花序两类(图5-9)。

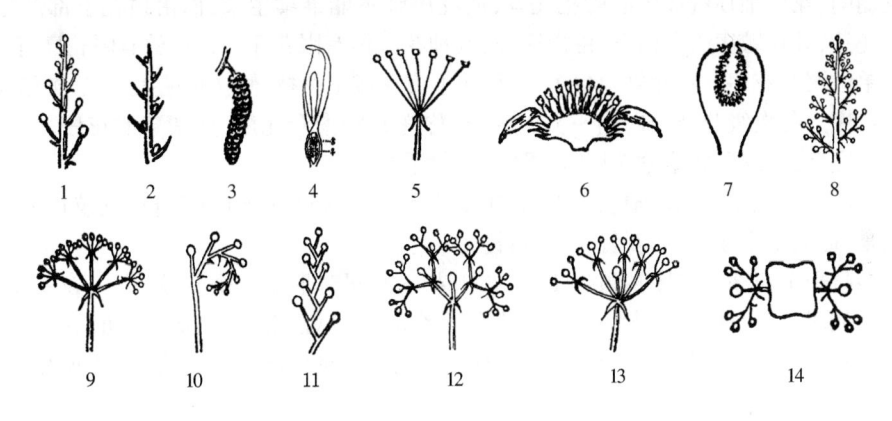

图 5-9 花序的类型
1~9. 无限花序类 1. 总状花序 2. 穗状花序 3. 葇荑花序 4. 肉穗花序 5. 伞形花序 6. 头状花序 7. 隐头花序 8. 复总状花序 9. 复伞形花序 10~14. 有限花序类 10、11. 单歧聚伞花序 12. 二歧聚伞花序 13. 多歧聚伞花序 14. 轮伞花序

一、无限花序类(总状花序类)

开花期间，花序轴可以继续向上生长，不断产生新的苞片和花芽，花由基部向顶端或由边缘向中央依次开放的花序称无限花序。无限花序可分为以下类型：

(1) 总状花序　花序轴细长单一且直立，其上着生许多花柄近等长的小花，如油菜、紫藤等。

(2) 穗状花序　与总状花序相似，但小花无花柄，如牛膝、车前等。

(3) 葇荑花序　花序轴细长单一且柔软下垂,其上着生许多无花柄的单性小花,如柳、枫杨等。

(4) 肉穗花序　花序轴粗短且肉质,其上着生许多无花柄的单性小花,如玉米等;有些植物的肉穗花序外面常形成一大型特化的总苞,称佛焰苞,如天南星、半夏等。

(5) 伞房花序　外形似总状花序,但小花的花柄由花序基部向上逐渐缩短,使小花排列在一个平面上,如苹果、山楂等。

(6) 伞形花序　花序轴缩短(称总花柄或总花梗),其顶端着生许多花柄近等长的小花,排列成伞状,如五加、菝葜等。

(7) 头状花序　花序轴极度缩短且膨大呈头状或盘状,其上集生许多无花柄的小花,如含羞草、枫香和菊科植物的花序;菊科植物的头状花序下常有1至数层苞片组成的总苞。

(8) 隐头花序　花序轴肉质肥大且凹陷,仅在顶部留下1小孔,许多无花柄的单性小花着生在凹陷的内壁上,几乎隐没不见,如无花果、榕树等。

(9) 复总状花序　花序轴产生若干分枝,每一分枝上均形成总状花序,整个花序呈圆锥状,又称圆锥花序,如女贞、南天竹等。

(10) 复伞形花序　花序轴顶端产生若干分枝,每一分枝上均形成伞形花序,如野胡萝卜、前胡等。

二、有限花序类(聚伞花序类)

开花期间,花序轴顶端或中心的花先开,使花序轴不能继续生长,而由顶花下部产生分枝,形成新的花芽,开花顺序由上向下、由内而外,这种花序称有限花序。常见的有限花序有:

(1) 单歧聚伞花序　花序轴顶生1花,顶花下方形成1侧枝,侧枝顶端生1花,再如此反复,形成整个花序。各次级分枝均向同一方向生长,称螺旋状聚伞花序,如紫草的花序。如各次级分枝成左右交互,称蝎尾状聚伞花序,如委陵菜、射干的花序。

(2) 二歧聚伞花序　花序轴顶生1花,在顶花下方向两侧各分生1侧枝,侧枝顶端生1花,再如此反复,形成整个花序,如石竹、大叶黄杨的花序。

(3) 多歧聚伞花序　花序轴顶生1花,在顶花下方同时形成数个分枝,每一分枝又形成聚伞花序。大戟属植物花序的最末一次聚伞花序下形成1杯状总苞,称杯状聚伞花序。

(4) 轮伞花序　唇形科植物的聚伞花序聚生于对生叶的叶腋而呈轮状,称轮伞花序。

第5节　开花、传粉和受精

植物的花通过开花、传粉、受精等过程来完成生殖功能。

1. 开花　当花中雄蕊的花粉粒和雌蕊的胚囊发育成熟时,花萼和花冠由包被状态逐渐开展,露出雄蕊和雌蕊,这一过程称为开花。一年生草本植物当年开花结果,当年枯死。二年生草本植物通常在生长的第二年开花并枯死。多年生植物达到开花年龄后可年年开花结果。从花被展开到枯萎凋谢称花期。不同种类植物的开花时间、花期长短各不相同。

2. 传粉　在开花的同时,成熟雄蕊的花药裂开,花粉粒通过不同媒介传播到雌蕊柱头上的过程称传粉。少数植物的花粉可自动落在同一花的柱头上,称自花传粉。大多数植物的花粉借助风或昆虫等传播媒介到达另一朵花的柱头上,称异花传粉。根据传播媒介的不同,可分为风媒花和虫媒花。异花传粉是被子植物有性生殖中极为普遍的传粉方式,是植物长期自然选择的结果。

3. 受精　成熟的花粉粒经传粉过程落到柱头上后,萌发出若干个花粉管,其中一个花粉管继续生长,通过花柱到达子房,并由珠孔或合点进入胚囊。此时花粉粒中的生殖细胞已分裂形成2个精子细胞。花粉管进入胚囊后先端破裂,精子进入胚囊,其中1个精子与卵细胞结合形成二倍体的受精卵即合子,以后发育成胚;同时另1个精子与2个极核结合并发育形成三倍体的胚乳,成为胚生长发育的营养来源。这一过程称为双受精。双受精是被子植物特有的生殖现象。由于合子既恢复了植物体原有的染色体数目,保持了物种的稳定性,又使来自父本和母本的遗传物质重组,并且在同样具有父本和母本的遗传性的胚乳中孕育,增强了后代的生活力和适应性,也为后代提供了可能出现变异的基础。

小结

花是种子植物特有的繁殖器官,是适应繁殖的变态短枝。

一朵具有花萼、花冠、雄蕊、雌蕊4部分的花称完全花。

花瓣彼此分离的称离生花冠,具有离生花冠的花称离瓣花。花瓣相互连合或部分连合的称合生花冠,具有合生花冠的花称合瓣花。

雄蕊由花丝和花药两部分组成。根据花丝长短、离合程度上的不同,可分为单体雄蕊、二体雄蕊、多体雄蕊、聚药雄蕊、二强雄蕊、四强雄蕊等类型。

雌蕊由柱头、花柱、子房三部分组成。根据构成雌蕊的心皮数目不同和离合与否,雌蕊可分为单雌蕊、离生雌蕊、复雌蕊等类型。组成雌蕊的心皮数,可通过柱头和花柱的分裂数、子房上的主脉数、子房的室数来判断。

由于花托的形状不同,花的其他部分与子房之间具有不同的位置关系,因此形成上位子房、下位子房和半下位子房。

根据组成雌蕊心皮数和结合状态不同,胎座有边缘胎座、侧膜胎座、中轴胎座、特立中央胎座、基生胎座和顶生胎座等类型。

花程式是采用字母、数字和一定的符号表示花各部分的组成、数目、排列位置和相互关系的公式。

根据花在花序轴上的排列方式和开放顺序,花序可分为无限花序和有限花序两类。

目标检测

一、名词解释

1. 完全花　　2. 心皮　　3. 聚药雄蕊　　4. 离生雌蕊
5. 腹缝线　　6. 合蕊柱　　7. 中轴胎座　　8. 总状花序
9. 双受精　　10. 子房上位

二、简答题

1. 说出完全花的组成部分。
2. 区分各种花的类型,并举例。
3. 比较各种雄蕊类型、雌蕊类型、子房位置、胎座类型。
4. 简述无限花序类型和有限花序类型特征。

三、思考题

1. 如何判断组成雌蕊的心皮数?
2. 观察校园内的花,试述其各组成部分的特征。

(谈献和)

第6章　果实和种子的形态

学习目标

1. 理解果实和种子的形成
2. 辨认不同类型果实和种子的组成
3. 列出肉质果和干果的类型
4. 记住有胚乳种子和无胚乳种子特征
5. 比较单果、聚合果、聚花果的来源

第1节　果实的形态

果实由受精后的子房或连同花的其他部分共同发育形成,是被子植物特有的繁殖器官。果实外被果皮,内含种子,具有保护种子和散布种子的作用。

一、果实的发育与组成

链接

单性结实是指植物只经过传粉而未经过受精作用,发育形成无子果实。如是自发形成的称自发单性结实,如葡萄、柑、橘、瓜类等一些植物的果实。如是通过人为的某种诱导,使一些具有食用价值的植物形成无子果实,称诱导单性结实,如园艺上使瓜类通过诱导,达到单性结实。也有的无子果实是在植物受精后,胚株的发育遭受阻碍而形成的。

经过传粉与受精以后,花的各部分变化很大。花萼、花冠一般脱落,雄蕊和雌蕊的柱头及花柱枯萎,胚珠发育成种子,子房逐渐增大,发育成果实。大多数植物的果实完全由子房发育形成,称为真果,如枸杞、梅、连翘等。有些植物除了子房,花的其他部分如花被、花托等也参与果实的形成,称为假果,如皱皮木瓜、黄瓜等。果实由果皮与种子组成。果皮可分为外果皮、中果皮、内果皮三部分。有的果实可明显观察到3层果皮,如桃、橘等;有些果实的果皮分层不明显,如向日葵、扁豆等。

(1) 外果皮　是果实的最外层,通常较薄,一般由1列表皮细胞和其下相邻组织构成。外面常有角质层、蜡被、毛茸、刺、瘤突、翅等附属物。有的果实表皮细胞间嵌有油细胞。

(2) 中果皮　位于果实的中层,占整个果实的大部分,一般由基本薄壁组织构成,维管束贯穿于中果皮中。有的含石细胞、纤维、油细胞、油室及油管。

(3) 内果皮　位于果实的内层,通常由1层薄壁细胞构成,多呈膜质。也有的果实内果皮由1至多层石细胞组成。

二、果实的类型

果实根据来源的不同,可分为单果、聚合果和聚花果三大类。

（一）单果

由单雌蕊或复雌蕊发育形成1个果实，称单果。根据果皮质地的不同，单果分为肉质果和干果。

1. 肉质果 果实成熟时果皮肉质多浆，不开裂，又分为（图6-1）：

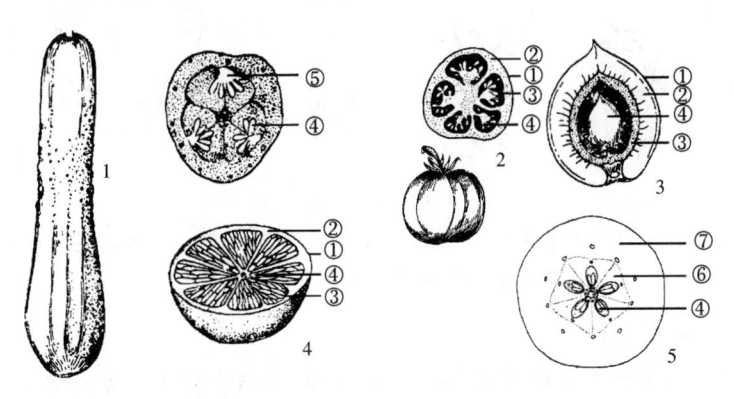

图6-1 肉质果

1. 瓠果 2. 浆果 3. 核果 4. 柑果 5. 梨果
①外果皮 ②中果皮 ③内果皮 ④种子 ⑤胎座 ⑥果皮部分 ⑦花筒

（1）浆果 由单雌蕊或复雌蕊的上位或下位子房发育而成，外果皮薄，中果皮和内果皮肉质肥厚，内有种子1至多数，如番茄、葡萄、枸杞的果实。

（2）柑果 由复雌蕊的上位子房发育而成，外果皮较厚，革质，内含多数油室；中果皮与外果皮结合，界限不明显，常疏松呈海绵状，内有多数分支状的维管束（称橘络）；内果皮膜质状，分隔为多室，内壁上生有许多肉质多汁的囊状毛，是芸香科柑橘属特有的果实，如橙、橘、柚、柑的果实。

（3）核果 由单雌蕊的上位子房发育而成，外果皮薄，中果皮肉质肥厚，内果皮木质化，形成坚硬的果核，内含种子1枚，如桃、李、梅、杏的果实。核果有时也泛指有坚硬果核的果实，如人参、三七、胡桃、苦楝的果实。

（4）梨果 由5心皮复雌蕊的下位子房与花被筒共同发育而成的假果，肉质可食部分主要由花筒和花托发育而来，外、中果皮的界限不明显，内果皮坚韧，革质或木质，是蔷薇科梨亚科特有的果实，如苹果、梨、山楂、枇杷的果实。

（5）瓠果 由3心皮、复雌蕊、具侧膜胎座的下位子房与花托共同发育而成的假果，花托与外果皮形成坚韧的果实外层，中、内果皮与胎座肉质，为果实的食用部分，是葫芦科特有的果实，如黄瓜、栝楼的果实。

2. 干果 果实成熟时，果皮干燥。根据果实成熟时开裂与否，分为裂果与不裂果（图6-2）。

（1）裂果 果实成熟后果皮自行开裂，根据开裂方式不同分为：

蓇葖果：由单雌蕊发育而成，成熟时沿腹缝线或背缝线一侧开裂，如淫羊藿的果实。

荚果：由单雌蕊发育而成，成熟时沿背缝线和腹缝线两侧同时开裂，是豆科植物特有的果实，如扁豆、野葛的果实。少数荚果成熟时不开裂，如紫荆、落花生的果实；有的荚果成熟时在节荚处节节脱落，如含羞草、山蚂蟥的果实；有的荚果在种子间缢缩成串珠状，如槐的果实。

角果：由2心皮复雌蕊发育而成，子房1室，后由心皮边缘结合处向中央生出假隔膜，将子房分隔成2室。果实成熟时沿两侧腹缝线开裂，成2片脱落，仅留下假隔膜，种子附于假隔膜上，是十字花科特有的果实。角果分为长角果和短角果。长角果细长，如萝卜、印度蔊菜的果实；短角

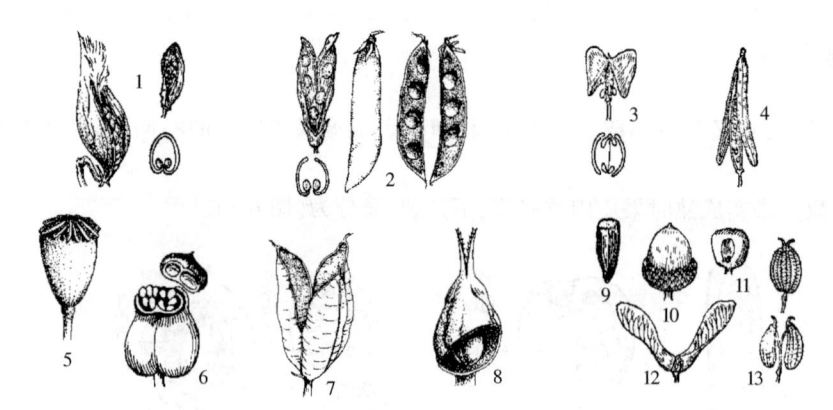

图 6-2　干果

1. 蓇葖果　2. 荚果　3. 短角果　4. 长角果　5. 蒴果(孔裂)　6. 蒴果(盖裂)　7. 蒴果(纵裂)　8. 胞果　9. 瘦果　10. 坚果　11. 颖果　12. 翅果　13. 双悬果

果宽短,如菘蓝、荠菜的果实。

蒴果:由合生心皮复雌蕊发育而成,子房1至多室,每室含种子多数,成熟后有多种开裂方式。常分为:

纵裂:果实开裂时沿心皮纵轴开裂。其中沿背缝线开裂的称为室背开裂,如百合、鸢尾的蒴果;沿腹缝线开裂的称为室间开裂,如马兜铃、蓖麻的蒴果;沿背、腹缝线同时开裂,但子房间隔膜仍与中轴相连的称为室轴开裂,如牵牛、曼陀罗的蒴果。

孔裂:果实顶端呈小孔状开裂,种子由小孔散出。如罂粟、虞美人、桔梗的蒴果。

盖裂:果实中部环状横裂,上部呈帽状脱落。如车前、马齿苋、莨菪的蒴果。

齿裂:果实顶端呈齿状开裂。如石竹、王不留行的蒴果。

(2) 不裂果　果实成熟后,果皮干燥而不开裂,或分离成几部分,但种子仍被果皮包被。常分为:

瘦果:果皮薄,内含1粒种子,成熟时果皮与种皮易分离,如何首乌、虎杖和菊科的果实。菊科植物的瘦果由2心皮下位子房与花萼筒共同形成,特称连萼瘦果,如蒲公英、向日葵的果实。

颖果:果皮与种皮愈合不易分开,种子1枚,是禾本科植物特有的果实,如小麦、玉米、薏苡的果实。

坚果:果皮坚硬,内含1枚种子,成熟时果皮与种子分离。有的坚果成熟时基部附有原花序的总苞,称为壳斗,如板栗、榛的果实。有的坚果形小,称小坚果,如益母草、紫苏的果实。

翅果:果皮一端或周边向外延伸成翅状,内含1枚种子,如杜仲、榆的果实。

胞果:也称囊果,果皮薄,膨胀疏松地包围种子,与种皮极易分离,如藜、青葙的果实。

双悬果:果实成熟后,分离成2个分果,悬挂在心皮柄上端,心皮柄基部与果柄相连,每个分果含种子1枚,是伞形科特有的果实,如当归、小茴香的果实。

(二) 聚合果

由离生心皮雌蕊形成,每个雌蕊形成1个单果,聚生于同一花托上,称聚合果。聚合果的花托常成为果实的一部分。根据聚合果的单果类型不同而分为聚合蓇葖果,如八角茴香、芍药的果实;聚合瘦果,如毛茛、白头翁的果实;聚合核果,如悬钩子的果实;聚合坚果,如莲的果实;聚合浆果,如五味子的果实(图6-3)。

图 6-3　聚合果
1. 聚合坚果　2、3. 聚合核果　4. 聚合浆果　5~7. 聚合瘦果　8. 聚合瘦果(蔷薇果)　9. 聚合蓇葖果

(三) 聚花果(复果)

由整个花序发育而成的果实,称聚花果。其中每朵花发育成一个小果,聚生于花序轴上,成熟后从花序轴基部整体脱落。如无花果由隐头花序发育而成,称为隐花果,其花序轴肉质内陷成囊,囊的内壁上着生许多小瘦果,肉质花序轴为可食部分;桑椹由雌花序发育而成,每朵花的子房各发育成一个小瘦果,包藏于肥厚多汁的肉质花被中;凤梨由多数不孕的花着生于肥大肉质的花序轴上,肉质多汁的花序轴为可食部分(图6-4)。

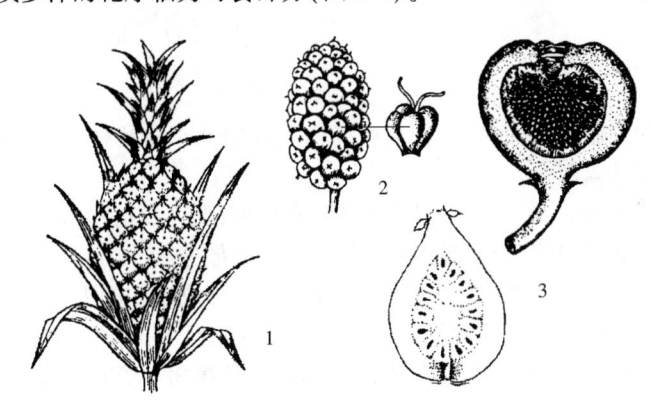

图 6-4　聚花果
1. 凤梨　2. 桑椹(带有花被的桑椹的一个小果实)　3. 无花果

第2节　种子的形态

种子由胚珠受精后发育而来,是种子植物特有的繁殖器官,多呈圆形、椭圆形、肾形、卵形、圆锥形、多角形等。种子的形状、大小、色泽、表面纹理等随植物种类不同而异,常为植物鉴定的重要依据。

一、种子的组成

种子由种皮、胚和胚乳三部分组成。

(一) 种皮

种皮由胚珠的珠被发育而来,包被于种子的外面,起保护作用。种皮通常有两层,外种皮常较坚韧,内种皮较薄。在种皮上常可看到以下结构:

> **链接**
> 日常所说的"种"和"子",并非都是指植物学的种子概念,而是指果实。如农业生产上习惯将禾本科植物的颖果称为"种子"。药材中的很多"子",如枸杞子、五味子等,实为这些植物的果实。

(1) 种脐 是种子成熟后从种柄或胎座上脱落后留下的瘢痕,通常呈圆形或椭圆形。

(2) 种孔 来源于胚珠的珠孔,是种子萌发时吸收水分和胚根伸出的部位。

(3) 合点 来源于胚珠的合点,种皮的维管束汇于此点。

(4) 种脊 来源于胚珠的珠脊,种脐至合点之间的隆起线,内含维管束。

(5) 种阜 有些植物的外种皮,在珠孔处由珠被扩展成海绵状突起物,称种阜。种阜掩盖种孔,帮助吸收水分,有利于种子萌发,如蓖麻、巴豆的种子。

(二) 胚乳

胚乳由受精极核发育而来,位于胚的周围,呈白色,细胞中含有淀粉、蛋白质、脂肪等丰富的营养物质,一般较胚发育早,供胚发育时所需要的养料。少数植物种子的珠心或珠被,在种子发育过程中未被完全吸收而形成营养组织包围在胚乳和胚的外部,称外胚乳,如肉豆蔻、槟榔、胡椒的种子。

(三) 胚

胚由受精后的卵细胞发育而来,是种子中尚未发育的幼小植物体。种子成熟时,胚分化成胚根、胚茎、胚芽和子叶4部分。

(1) 胚根 正对着种孔,种子萌发时首先从种孔伸出,发育成植物的主根。

(2) 胚茎 又称胚轴或下胚轴,是连接胚根与胚芽的部分。

(3) 胚芽 胚的顶端未发育的地上茎,种子萌发后发育成植物的主茎。

(4) 子叶 胚吸收和储藏养料的器官,占胚的较大部分,出土后变绿,可以进行光合作用。一般单子叶植物具子叶1枚,双子叶植物具子叶2枚,裸子植物具子叶多枚。

二、种子的类型

被子植物的种子依据胚乳的有无分为两类:

(一) 有胚乳种子

种子成熟时仍有发达的胚乳,而胚占较小体积,子叶较薄,如蓖麻、小麦、玉米的种子(图6-5)。

(二) 无胚乳种子

胚乳的营养物质在发育过程中全部被胚吸收,并被储存在肥厚的子叶中,种子成熟后胚乳不存在或仅存一薄层,如大豆、泽泻的种子(图6-6)。

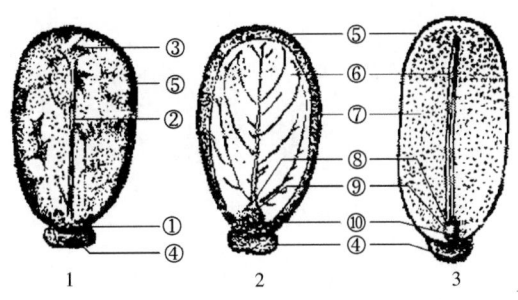

图 6-5　有胚乳种子(蓖麻)
1. 外形　2、3. 与子叶垂直面纵切
①种脐　②种脊　③合点　④种阜　⑤种皮
⑥子叶　⑦胚乳　⑧胚芽　⑨胚茎　⑩胚根

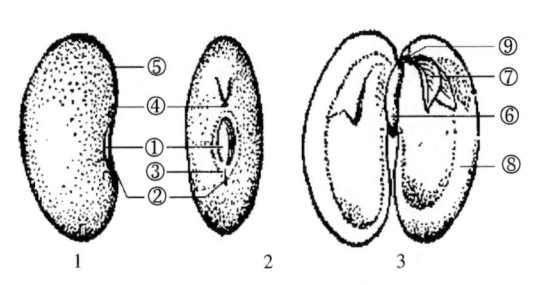

图 6-6　无胚乳种子(菜豆)
1、2. 外形　3. 已除去种皮的构造剖面
①种脐　②合点　③种脊　④种孔　⑤种皮
⑥胚根　⑦胚芽　⑧子叶　⑨胚轴

小结

果实是被子植物特有的繁殖器官,具有保护种子和散布种子的作用。

果实由果皮和种子构成。果皮分为外果皮、中果皮、内果皮三层。

依据参加果实形成的部分不同可分为真果和假果。依据果实的来源、结构和果皮性质的不同可分为单果、聚合果和聚花果三大类。

单果根据果皮质地不同,分为肉质果和干果。肉质果有浆果、柑果、核果、梨果、瓠果;干果有裂果和不裂果,裂果有蓇葖果、荚果、角果、蒴果,不裂果有瘦果、颖果、坚果、翅果、胞果、双悬果。

聚合果根据单果类型不同有聚合蓇葖果、聚合瘦果、聚合核果、聚合浆果、聚合坚果等。

种子由种皮、胚、胚乳三部分组成。

种皮上可见种脐、种孔、合点、种脊、种阜。

胚是种子中尚未发育的幼小植物体,由胚根、胚茎、胚芽、子叶四部分组成。

被子植物的种子可分为有胚乳种子和无胚乳种子两种类型。

目标检测

一、名词解释

1. 真果　　2. 假果　　3. 单果　　4. 聚合果
5. 聚花果　6. 胚　　　7. 无胚乳种子

二、简答题

1. 简述果实和种子的组成及各部分的特征。
2. 简述肉质果与干果的区别、裂果与不裂果的区别。
3. 列出干果的类型并举例。
4. 说明种子的组成及其类型。

三、思考题

1. 常用的果实类药材有哪些？分类属于何种果实类型？
2. 日常食用的水果是属于哪种类型的果实？其食用部分是属于何种结构？

(张　瑜)

第二篇
药用植物的分类

第二篇

经理的内部决策

第7章 药用植物分类概述

学习目标

1. 简述植物分类学的研究内容
2. 简述植物种名的组成
3. 说出植物界的分类等级
4. 说出植物界的类别
5. 叙述种下的分类单位
6. 叙述定距式检索表的编制方法

植物分类学是研究整个植物界不同类群的起源、亲缘关系和演化发展规律的学科。将植物分类学的原理和方法运用到药用植物领域，就可以将自然界各种各样的药用植物进行鉴定、分群归类、命名并按系统排列起来，便于认识、研究和利用。掌握了药用植物分类知识，可以准确鉴定药材原植物种类，保证药材生产、研究和用药的科学性；利用植物之间的亲缘关系，探寻紧缺药材的代用品和新资源；为药用植物资源调查、开发利用、保护和栽培提供依据；并有助于进行国际交流。

第1节 植物的分类单位

植物分类设立了各种单位，又称为分类等级。分类等级的高低常以植物之间亲缘关系的远近、形态相似性和构造的简繁程度来确定。

一、植物的分类单位

植物界的分类单位从大到小主要有：门、纲、目、科、属、种，门是植物界中最大的分类单位，种是植物分类的基本单位。门下分纲，纲下分目，目下分科，科下有属，属下为种。

在各分类单位之间，有时因范围过大，还增设一些单位，如亚门、亚纲、亚目、亚科、亚属、亚种等。

植物分类的各级单位，均用拉丁词表示，有的有特定的词尾。门的拉丁名词尾一般加-phyta，如蕨类植物门 Pteridophyta；纲的拉丁名词尾一般加-opsida，如百合纲 Liliopsida；目的拉丁名词尾加-ales，如芍药目 Paeoniales；科的拉丁名词尾加-aceae，如龙胆科 Gentianaceae；亚科的拉丁名词尾加-oideae，如蔷薇亚科 Rosoideae 等。

某些单位的拉丁名词尾与上述规定不同，但现在仍在使用，原因是习用已久，国际植物学会决定将其作为保留名。如双子叶植物纲 Dicotyledoneae 和单子叶植物纲 Monocotyledoneae 的词尾未用-opsida；十字花科 Cruciferae，豆科 Leguminosae，藤黄科 Guttiferae，伞形科 Umbelliferae，唇形科 Labiatae，菊科 Compositae，棕榈科 Palmae，禾本科 Gramineae 等科的词尾未用-aceae。

二、种及种下分类单位

种(species)是分类的基本单位或基本等级,具有一定的自然分布区和一定的生理、形态特征的生物群。种内个体间具有相同的遗传性状并可彼此交配产生后代,种间存在生殖隔离。

随着环境因素和遗传基因的变化,种内各居群会产生比较大的变异,因此人们又进行一些种下等级的划分。

亚种(subspecies,缩写为subsp.或ssp.)是一个种内的居群在形态上多少有变异,并具有地理分布、生态或季节上的隔离,这样的居群即是亚种。

变种(varietas,缩写为var.)是一个种内的居群在形态上多少有变异,变异比较稳定,它的分布范围(或地区)比亚种小,并与种内其他变种有共同的分布区。

变型(forma,缩写为f.)是一个种内有细小变异,但无一定分布区的居群。变型是植物最小的分类单位。

品种(cultivar)是人工栽培植物的种内变异居群。通常在形态或经济价值上有差异,如药用菊花的栽培品种有亳菊、滁菊、贡菊、湖菊(杭白菊之一)等。人工栽培形成的品种,当其失去经济价值,就没有了品种的实际意义,它将被淘汰。

第2节 植物的命名

不同的国家、民族、地区有不同的语言、文字和生活习惯,在对同一种植物的利用时,往往会出现不同的名称,这种同物异名导致名称上的混乱,给植物的分类、利用和国内外交流造成了很大的困难,为此,国际上制定了《国际植物命名法规》,给每一个植物分类群制定世界各国可以统一使用的科学名称,即学名(scientific name)。

一、植物种名的组成

《国际植物命名法规》规定了植物学名必须用拉丁文或其他文字加以拉丁化来书写。植物种的名称采用了林奈(Linneaus)倡导的"双名法",由两个拉丁词组成,前者是"属名",第二个是"种加词",后附以命名人的姓名缩写。种的完整的学名包括三部分:属名、种加词和命名人。

(一)属名

植物的属名既是科级名称构成的基础,也是种加词依附的支柱,还是一些化学成分名称的构成部分,如蔷薇属的学名为 *Rosa*,蔷薇科的学名 Rosaceae 是由蔷薇属 *Rosa* 加上科的拉丁词尾-aceae 组合而成;植物玫瑰的学名 *Rosa rugosa* Thunb. 是由属名 *Rosa* 加上种加词 *rugosa* 和命名人 Thunb. 组成;化学成分玫瑰螺烯醇 rosacorenol、野蔷薇葡糖酯 rosamultin 等都是由蔷薇属名 *Rosa* 加上特定的拉丁词尾组合而成。

属名使用拉丁名词的单数主格,首字母必须大写。如人参属 *Panax*,芍药属 *Paeonia*,黄连属 *Coptis*,乌头属 *Aconitum* 等。

(二) 种加词

植物的种加词用于区别同属不同种,多数为形容词,也有的是名词。种加词的字母全部小写。

形容词作为种加词时,性、数、格必须与属名一致,如掌叶大黄 *Rheum palmatum* L.、黄花蒿 *Artemisia annua* L.、当归 *Angelica sinensis*(Oliv.)Diels 等。

名词作为种加词时,有同格名词和属格名词两类,同格名词如薄荷 *Mentha haplocalyx* Briq.、樟树 *Cinnamomum camphora*(L.)Presl 等,属格名词如掌叶覆盆子 *Rubus chingii* Hu、高良姜 *Alpinia officinarum* Hance 等。

(三) 命名人

在植物学名中,命名者的引证,一般只用其姓。如同姓者研究同一门类植物,为便于区分,则加注名字的缩写词以便区分。引证的命名人姓名,要用拉丁字母拼写,每个词的首字母大写。我国的人名姓氏,现统一用汉语拼音拼写。命名者姓氏较长时,可以缩写,缩写之后加缩略点".。"。共同命名的植物,用 et 连接不同作者。如某研究者创建了一个植物名称未合格发表,后来的特征描述者在发表该名称时,仍把原提出该名称的作者作为命名者,引证时在两作者之间用 ex 连接。如银杏 *Ginkgo biloba* L. 学名的命名者为 Carolus Linnaeus,"L."是姓氏缩写;紫草 *Lithospermum erythrorhizon* Sieb. et Zucc. 学名的命名者是 P. F. von Siebold 和 J. G. Zuccarini 两人;延胡索 *Corydalis yanhusuo* W. T. Wang ex Z. Y. Su et C. Y. Wu 学名是王文采(Wang Wen Tsai)创建,后由苏志云(Su Zhi Yun)和吴征镒(Wu Zheng Yi)描记了特征并合格发表。

二、植物种下等级的名称

植物种下分类群有亚种、变种和变型。如:

鹿蹄草 *Pyrola rotundifolia* L. subsp. *chinensis* H. Andces. 是圆叶鹿蹄草 *Pyrola rotundifolia* L. 的亚种,学名由鹿蹄草的学名再加上 subsp.、亚种加词(*chinensis*)和亚种命名人(H. Andces.)共同组成。

山里红 *Crataegus pinnatifida* Bge. var. *major* N. E. Br. 是山楂 *Crataegus pinnatifida* Bge. 的变种,学名由山楂的学名再加上 var.、变种加词(*major*)和变种命名人(N. E. Br.)共同组成。

重瓣玫瑰 *Rosa rugosa* Thunb. f. *plena*(Regel)Byhouwer 是玫瑰 *Rosa rugosa* Thunb. 的变型,学名由玫瑰的学名再加上 f.、变型加词(*plena*)和命名人(Byhouwer)共同组成。

三、栽培植物的名称

药用植物在栽培过程上发生很多变异,形成了不同的品种。《国际栽培植物命名法规》对栽培植物制定了相关法规。栽培植物的品种名称是在种加词之后加栽培品种加词,首字母大写,外加单引号,后面不加命名人。如药用菊花通过长期人工栽培,在不同产区形成了颇具特色的地道药材,其形态也发生了较明显的差异,根据不同特征分别将其命名为亳菊 *Dendranthema morifolium* 'Boju'、滁菊 *Dendranthema morifolium* 'Chuju'、贡菊 *Dendranthema morifolium* 'Gongju'、湖菊 *Dendranthema morifolium* 'Huju'(药材杭白菊的品种之一)及小黄菊 *Dendranthema morifolium* 'Xiaohuangju'(药材杭黄菊的品种之一)等。

四、学名的重新组合

在植物学名的加词之后有一括号,表示该学名为重新组合而成。重新组合时,保留的原命名人被置于括号之内。如紫金牛 *Ardisia japonica* (Thunb.) Bl. 的学名,括号内为原命名人,曾建立 *Bladhia japonica* Thunb. 作为紫金牛的学名,后来 Karl Ludwig von Blume 将紫金牛列入 *Ardisia* 属中,经重新组合而成现在的学名。

第3节 植物界的类别

在植物界,通常被分为16门,蓝藻门、裸藻门、绿藻门、轮藻门、金藻门、甲藻门、红藻门、褐藻门、细菌门、黏菌门、真菌门、地衣门、苔藓植物门、蕨类植物门、裸子植物门、被子植物门。人们还习惯于将具有某种共同特征的门归成更大的类别,如:

藻类植物:包括蓝藻门、裸藻门、绿藻门、轮藻门、金藻门、甲藻门、红藻门、褐藻门等8个门,与药用关系密切的为褐藻门、红藻门、绿藻门和蓝藻门。

菌类植物:包括细菌门、黏菌门、真菌门等3个门,其中真菌门具有很多大型个体,作为药用植物使用的种类较多。

低等植物与高等植物:低等植物,又称无胚植物,包括藻类植物、菌类植物和藻菌共生体的地衣门。高等植物又称有胚植物,则包括剩下的苔藓植物门、蕨类植物门、裸子植物门和被子植物门。

孢子植物(隐花植物)与种子植物(显花植物):种子植物包括裸子植物门和被子植物门,剩下的14个门植物均为孢子植物。

颈卵器植物:在植物界,只有苔藓植物门、蕨类植物门在有性生殖过程中产生颈卵器,称之为颈卵器植物。

维管植物和无维管植物:在植物界,蕨类植物门、裸子植物门和被子植物门的植物体内有维管系统,称之维管植物;而其他门植物体内均不具有维管系统,称之无维管植物。

第4节 植物分类检索表

植物分类检索表是鉴定植物的重要工具,在植物志和植物分类学专著中都列为重要内容之一。学会使用和编制会给学习和工作带来很大的方便。

一、植物分类检索表的编制

植物分类检索表采用二歧归类方法进行编制,在充分了解植物分类群的形态特征基础上,选择某些类群与另一类群的主要区别特征编成相对的序号,然后又分别在所属项下再选择主要区别特征列成相对应的序号,如此类推直至一定的分类等级。植物分类检索表的编排方式常见的有3种:定距式、平行式和连续平行式。

(一)定距式检索表

将每一对相区别的特征分开编排在一定的距离处,标以相同的序号,每下一序号后缩一格排列。定距式检索表是最常用的检索表。

植物界部分植物分门检索表(定距式)

1. 植物体无根、茎、叶的分化,无胚。
　2. 植物体不为藻类和菌类的共生体。
　　3. 植物体内含叶绿素,自养式生活。
　　　4. 植物体的细胞无细胞核 ································· 蓝藻门
　　　4. 植物体的细胞有细胞核。
　　　　5. 植物体绿色,储藏营养物质是淀粉················· 绿藻门
　　　　5. 植物体红色或褐色,储藏营养物质为红藻淀粉或褐藻淀粉。
　　　　　6. 植物体红色,储藏营养物质是红藻淀粉············ 红藻门
　　　　　6. 植物体褐色,储藏营养物质是褐藻淀粉············ 褐藻门
　　3. 植物体无叶绿素,异养式生活。
　　　7. 植物体细胞无细胞核 ································· 细菌门
　　　7. 植物体细胞有细胞核。
　　　　8. 营养体细胞无细胞壁 ······························ 黏菌门
　　　　8. 营养体细胞有细胞壁 ······························ 真菌门
　2. 植物体为藻类和菌类的共生体 ································· 地衣门
1. 植物体有根、茎、叶的分化,有胚。
　9. 植物体内无维管组织,在生活史中,配子体占优势 ············· 苔藓植物门
　9. 植物体内有维管组织,在生活史中,孢子体占优势。
　　10. 无花,用孢子进行繁殖 ····························· 蕨类植物门
　　10. 有花,用种子进行繁殖。
　　　11. 胚珠裸露,无果实 ································ 裸子植物门
　　　11. 胚珠被心皮包被,形成果实 ······················· 被子植物门

(二) 平行式检索表

将每一对相区别的特征编以同样的序号,并紧接并列,不同的序号排列不退格,每条之后标明应查的下序号或已查到的分类群。

高等植物分门检索表(平行式)

1. 植物体有茎、叶,而无真根 ································· 苔藓植物门
1. 植物体有茎、叶和真根 ··· 2
2. 植物以孢子繁殖 ··· 蕨类植物门
2. 植物以种子繁殖 ··· 3
3. 胚珠裸露,不为心皮包被 ································· 裸子植物门
3. 胚珠被心皮构成的子房包被 ······························ 被子植物门

(三) 连续平行式检索表

将一对互相区别的特征用两个不同的序号表示,其中后一序号加括号,以表示是相互对应关系。

高等植物分门检索表(连续平行式)

1.(2) 植物体有茎、叶,而无真根 ··· 苔藓植物门
2.(1) 植物体有茎、叶和真根。
3.(4) 植物以孢子繁殖 ··· 蕨类植物门
4.(3) 植物以种子繁殖。
5.(6) 胚珠裸露,无果实 ··· 裸子植物门
6.(5) 胚珠包被于子房内,有果实 ··· 被子植物门

二、植物分类检索表的应用

当遇到未知植物需要鉴定时,植物分类检索表能使我们较快而准确地鉴定出名称。应用植物分类检索表要注意以下几点:

1. 选择适合鉴定要求的检索表 针对所需鉴定的未知植物类群,要选择不同的植物分类检索表。如鉴别较大的植物分类等级要选用植物分门、分纲、分目和分科检索表;鉴别种级分类等级,需查阅分种检索表;鉴别不同地区的植物类群,需选择不同地区的植物分类检索表;研究已知科、属的植物分类群,可查阅分科、分属植物专著,如《中国植物志》等工具书。

2. 全面观察标本 在使用分类检索表之前,必须对所需要鉴定的植物分类群进行全面观察,包括植物的营养器官和生殖器官,种子植物尤其注重生殖器官,花的结构最为重要。经过细心解剖,认真观察,然后再查阅检索表。查阅过程仍需核对标本特征。查阅过程中,根据标本的特征与检索表上所记载的特征进行比较;若标本特征与记载相符合,则按序号逐次查阅,如其特征不符,则查阅同序号的另一项,如此逐条查阅,直至查出该分类等级的名称。当查阅到某一分类等级名称时,还要将标本特征与该分类等级的特征进行全面核对,若两者相符合,才表示所查阅的结果是正确的。

小结

植物界的分类单位主要有门、纲、目、科、属、种。在种下尚有亚种、变种、变型等单位。种是植物分类的基本单位,变型是植物分类的最小单位。

植物学名的种名由属名和种加词组成。属名使用拉丁名词,第一个字母大写;种加词多数是形容词,字母全部小写。在种名之后,再加上命名者的引证,一般只用其姓。

植物界通常分为16门,其中藻类植物8个门,菌类植物3个门,低等植物包括藻类植物、菌类植物和地衣门植物,高等植物包括苔藓植物门、蕨类植物门、裸子植物门和被子植物门。

植物分类检索表是鉴定植物的重要工具,采用二歧归类方法进行编制,定距式检索表是最常用的检索表。

目 标 检 测

一、名词解释

1. 种　　　2.亚种　　　3.变种　　　4.变型

5.品种　　　　6.孢子植物　　　7.种子植物　　　　8.维管植物
9.高等植物　　　10.低等植物

二、简答题

1. 为什么要学习药用植物分类？
2. 何谓双名法？
3. 植物种名如何组成？
4. 说出 8 个保留科名。
5. 植物分类的最小单位和基本单位各是什么？

三、思考题

1. 如何编制和使用定距式检索表？
2. 植物界 16 门之间各有什么关系？

（王德群）

第8章 藻 类

学习目标

1. 简述藻类特征
2. 比较蓝藻门、绿藻门、红藻门、褐藻门的特征
3. 说出常用药用藻类植物各属于藻类哪一个门

在植物界,蓝藻门、裸藻门、绿藻门、轮藻门、金藻门、甲藻门、红藻门和褐藻门8个门植物被统称为藻类(Algae),其中的蓝藻门、绿藻门、红藻门和褐藻门与药用关系较为密切。

第1节 藻类的特征

藻类是一群古老的自养植物。植物体多样,既有单细胞的原核生物蓝藻,又有具备简单组织分化的真核生物红藻和褐藻;小的藻体只有在显微镜下才能观察到,如蓝藻门的螺旋藻,而大的藻体可长达100m以上,如生长在太平洋东岸的巨藻。

一、藻体形态构造与繁殖

植物体构造简单:藻类植物体为单细胞、多细胞群体、丝状体、叶状体和枝状体等,少数具有简单的组织分化,但没有根、茎、叶的分化。蓝藻门植物没有真正的细胞核,属于原核生物;其他门的藻类具有细胞核,为真核生物。

自养植物:藻类是一群自养植物,体内含有各种光合色素。不同的藻类体内所含的光合色素种类和比例不同,呈现出不同的颜色,如绿藻门植物体内含叶绿素为主,藻体呈绿色;蓝藻门植物体含藻蓝素为主,藻体呈蓝绿色;红藻门植物体含藻红素为主,藻体呈红色;褐藻门植物体含墨角藻黄素为主,藻体呈褐色。

色素体形态多样:在大多数藻类的藻体细胞中,各种光合色素构成了特有的形态,称为色素体,也叫载色体。色素体有盘状、杯状、网状、星状、带状等多种形态,大小也各不相同。

三种繁殖方式:藻类有营养繁殖、无性生殖和有性生殖三种繁殖方式。藻体的一部分由母体分离形成新个体的过程为营养繁殖;藻类产生孢子囊和孢子,由孢子发育成新个体的过程为无性生殖;藻类产生配子囊和配子,雌雄配子结合形成合子,由合子萌发成新个体的过程为有性生殖。

二、藻类生态习性与分布

水生藻类:藻类绝大多数为水生,根据水中含盐情况分为淡水藻、半咸水藻和海藻。淡水藻生于陆地上有水体的地方,如水绵、轮藻等;海藻则生长在海洋中,如海带、石莼、石花菜等。

气生藻类:有部分藻类生长在土壤、墙壁、岩石、树皮、树叶等表面不被水浸泡的地方,称为

气生藻类,它们一般有厚壁或胶鞘以适应干旱,在湿润条件下则旺盛地生长繁殖,如蓝藻门的葛仙米,生长在浅草地上,雨天迅速生长,晴天则失水休眠。

内生与共生藻类:有些藻类生于活的动植物体内,称为内生藻类。有的藻类和其他生物形成互利关系,称为共生藻类,如藻类和真菌共生而形成地衣。

分布:藻类约有3万种,广布全球。大多数藻类生活在水中,如海洋、湖泊、河流、池塘、溪流等处,水生藻类在温度适宜情况下可以连续生长;部分气生藻类,它们生活在陆地的地表、墙壁、岩面、树干等处,由于干湿不匀则采用不连续生长方式去适应环境。藻类对温度适应幅度较宽,既可在常温下生活,

> **链接**
> 雨后,有些地表或岩面上呈现一层蓝绿色,人行其上,稍不留心就会摔跟头,人们往往误认为是苔藓所致,其实是藻类。藻类在雨后快速生长,细胞表面有层胶质,被雨水浸润后很滑,是导致摔跤之因。制作藻类标本,利用细胞表面具有的胶质,趁鲜置于台纸表面,就可牢固地粘贴其上,不需另用胶水等固定。

又可在极端温度下生活,如有的蓝藻可以生活在80℃左右的温泉中,而冰雪藻则可以生活在摄氏零下数十度的高山积雪之上,使雪呈现出红、黄、绿等不同的颜色。

第2节 藻类的常用药用植物

藻类共有8个门,绿藻门、红藻门、褐藻门药用植物较多,蓝藻门在演化上比较特殊,裸藻门、金藻门、甲藻门和轮藻门无常用药用植物。

一、藻类的分类

(一) 蓝藻门

> **链接**
> 蓝藻门有一种植物细如毛发,称为"发菜",生长在干旱的沙漠之中,是名贵的山珍。广东、香港等地习惯在过年时互赠发菜,以互祝"发财"。发菜生态环境非常脆弱,经历年来的过度采集已濒临灭绝,现已被保护,提示我们发财也要与自然和谐。

蓝藻门Cyanophyta的藻体为单细胞、多细胞群体或线状体。细胞无真正的细胞核,原生质体分化为中质和周质,为原核生物。藻体多呈蓝绿色,含有叶绿素a、藻蓝素等光合色素,但不形成载色体。光合作用产物是蓝藻淀粉和蓝藻颗粒体。繁殖方式主要是营养繁殖,极少数种类能产生孢子,进行无性生殖。分布很广,海水、淡水、土壤表层、岩石、树干或温泉中均可生长,还有的与真菌共生形成地衣。蓝藻门约有150属,1500种。

可供药用的有:螺旋藻 *Spirulina platensis* (Nordst.) Geitl.、葛仙米 *Nostoc commune* Vauch、发菜 *Nostoc flagilliforme* Born. et Flah.、海雹菜 *Brachytrichia quoyi* (C. Ag.) Born. et Flah.等。

(二) 绿藻门

绿藻门Chlorophyta藻体多样,有单细胞、群体、丝状体和叶状体。细胞具有真核和细胞壁,壁分两层,内层为纤维素,外层是果胶质,常黏液化。藻体多呈绿色,含有叶绿素a、叶绿素b、α-胡萝卜素、β-胡萝卜素及叶黄素等光合色素,载色体有杯状、环带状、星状、螺旋带状、网状等各种形状。光合作用产物为淀粉。繁殖方式有营养繁殖、无性生殖和有性生殖3种。分布很广,

海水、淡水、土壤表层、岩石、树干均可生长，有的可寄生于动物体内或与真菌共生成地衣。绿藻门是藻类种类最多的门，约有 350 属，5000~8000 种。

可供药用的有：蛋白核小球藻 *Chlorella pyrenoidosa* Chick.、石莼 *Ulva lactuca* L.、水绵 *Spirogyra nitida*（Dillow.）Link.、浒苔 *Enteromorpha prolifera*（Muell）J. Ag.、刺海松 *Codium fragile*（Sur.）Hariot 等。

（三）红藻门

红藻门 Rhodophyta 藻体绝大多数是多细胞的丝状体、片状体、树枝状等，少数为单细胞或群体。细胞具真核、细胞壁两层，内层为纤维素，外层为果胶质。藻体呈紫色或玫瑰红色，含有藻红素、叶绿素 a、叶绿素 b、β-胡萝卜素等光合色素，以藻红素为主，有载色体。光合作用产物为红藻淀粉和红藻糖。繁殖方式有营养繁殖、无性生殖和有性生殖 3 种。分布于海洋中，固着生活；少数种生长在淡水中。红藻门约 558 属，3740 种。

可供药用的有：石花菜 *Gelidium amansii* Lamouroux、甘紫菜 *Porphyra tenera* Kjellm.、海人草 *Digenea simplex*（Wulf.）C. Ag.、鹧鸪菜 *Caloglossa leprieurii*（Mont.）J. Ag.、琼枝 *Eucheuma gelatiane*（Esp.）J. Ag.、江蓠 *Gracilaria verrucosa*（Huds.）Papenfuss、海膜 *Halymenia sinensis* Tseng et C. F. Chang、蜈蚣藻 *Grateloupia filicina* C. Ag. 等。

（四）褐藻门

褐藻门 Phaeophyta 藻体为多细胞的丝状、叶状或树枝状，有的种类形态有类似于高等植物根、茎、叶的固着器、柄和叶状片。细胞具真核、细胞壁两层，内层为纤维素，外层为褐藻胶。藻体呈绿褐色至深褐色，含有 β-胡萝卜素、多种叶黄素及叶绿素 a、叶绿素 c 等光合色素，有载色体。光合作用产物为褐藻淀粉、甘露糖。繁殖方式有营养繁殖、无性生殖和有性生殖。分布于海洋中，固着生活，少数种类漂浮海面；另有少数种类生活在淡水中。褐藻门约 250 属，1 500 种。

可供药用的有：海带 *Laminaria japonica* Aresch、黑昆布 *Ecklonia kurome* Okam.、裙带菜 *Undaria pinnatifida*（Harv.）Suringar、海蒿子 *Sargassum pallidum*（Turn.）C. Ag.、羊栖菜 *S. fusiforme*（Harv.）Setch.、鹿角菜 *Pelvetia silepuosa* Tseng C. F. Chang 等。

二、藻类的常用药用植物

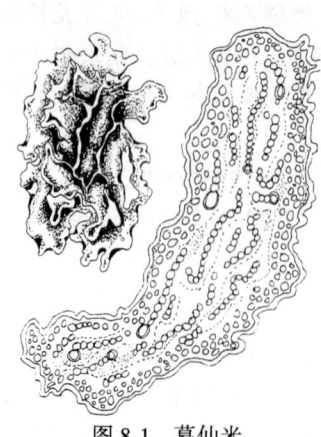

（1）葛仙米 *Nostoc commune* Vauch（图 8-1） 蓝藻门念珠藻科。藻体黄褐色，块状，由圆球形细胞组成单列的丝状体，形如念珠。丝状体外面有胶质鞘。丝状体上有异型胞，异型胞壁厚。异型胞之间的营养细胞断开将丝状体分开形成许多藻殖段。分布全国各地。生长于潮湿土壤或地下水位较高的草地上。中药葛仙米为其藻体，有清热、收敛、明目之功。

（2）石莼 *Ulva lactuca* L. 绿藻门石莼科。藻体黄绿色，膜状，由两层细胞构成，边缘波状，基部有多细胞的固着器。无性生殖产生具有 4 条鞭毛的游动孢子；有性生殖产生具有 2 条鞭毛的配子，配子结合成合子后直接萌发成新个体。孢子体由合子萌发而成；配子体由孢子萌发而成，两者形态构造相同，染色

图 8-1 葛仙米

体数目不同。分布我国沿海各省。生于中、低潮带的岩石或石沼中。中药石莼为其藻体,有软坚散结、清热祛痰、利水解毒之功。

(3)刺海松 *Codium fragile* (Sur.) Heriot(图 8-2) 绿藻门松藻科。藻体暗绿色或深绿色,海绵质,富汁液,高 10~30cm,粗 1.5~3mm。自基部向上叉状分枝,呈扇状,分枝圆柱状,上粗下细,先端钝圆。叶绿体小盘状。固着器由假根组成,呈盘状或皮壳状。分布我国黄海、渤海沿岸。生于中、低潮带向阳的岩石上或石沼中。中药水松为其藻体,有清暑解毒、利水消肿、驱虫之功。

(4)石花菜 *Gelidium amansii* Lamouroux(图 8-3) 红藻门石花菜科。藻体紫红色或棕红色,软骨质,丛生,高 10~20cm,主枝扁圆柱形,羽状分枝 4~5 次。藻体成熟时在末枝上生有多数四分孢子囊。藻体固着器假根状。分布我国沿海地区,生于低潮带的石沼中或水深 6~10m 的海底岩石上。中药石花菜为其藻体,有清热解毒、化瘀散结、缓下、驱蛔之功。

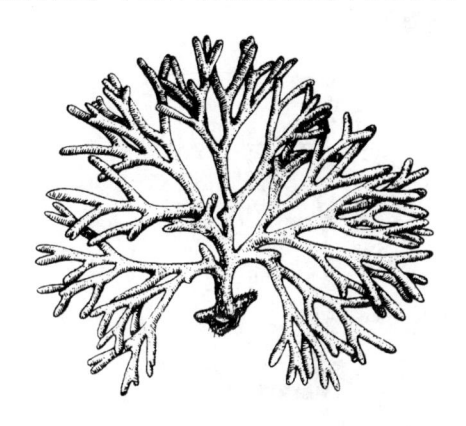

图 8-2 刺海松 　　　　　　　　　　　图 8-3 石花菜

(5)甘紫菜 *Porphyra tenera* Kjellm.(图 8-4) 红藻门红毛菜科。藻体紫、紫红或蓝紫色,膜质,片状,长椭圆形或不规则卵圆形,高 20~30cm。基部楔形、心脏形或圆形,边缘稍有波状皱褶,藻体厚 20~30μm。单层,含星状载色体,雌雄同株。分布辽宁、山东、浙江等沿海地区。生于中、低潮带岩石上或其他附着物上。中药甘紫菜为其藻体,有化痰软坚、利咽、止咳、养心除烦、利水除湿之功。

图 8-4 甘紫菜 　　　　　　　　　　　图 8-5 海带

(6)海带 *Laminaria japonica* Aresch(图 8-5) 褐藻门海带科。藻体橄榄黑色,干后暗褐色,成熟后革质,带状,长 2~6m,宽 20~50cm,在叶状体中央有两条平行纵沟,厚 2~5mm,边缘波状

皱褶,基部楔形,下有长5~15cm的柄。固着器为叉状分枝的假根组成。孢子秋季成熟。分布辽东和山东海区。生于大干潮线以下1~3m的岩礁上。中药昆布为海带、黑昆布及裙带菜等的藻体,有消痰软坚、利水退肿之功。

（7）黑昆布 *Ecklonia kurome* Okam. (图8-6)　褐藻门翅藻科。藻体暗褐色,革质,高30~100cm。叶状体扁平宽大,两侧一至二回羽状深裂,裂片长舌状,边缘具粗锯齿,柄圆柱形或略扁,长4~12cm,直径3~8mm。固着器由二叉式分枝的假根组成。孢子秋季成熟。分布浙江、福建沿海地区。生于低潮线附近或自大干潮线至7~8m深处的岩礁上。药用同海带。

（8）裙带菜 *Undaria pinnatifida* (Harv.) Sur. (图8-7)　褐藻门翅藻科。藻体黄褐色,软革质,高1~2m,宽50~100cm,叶状体扁平,中部有明显中肋,两侧渐薄柔软,形成多数羽状裂片,边缘无锯齿,叶面散生黑色小斑点。固着器为叉状分枝的假根组成。分布大连、山东、浙江沿海地区。生于海湾内大干潮线下1~5m处的岩礁上。药用同海带。

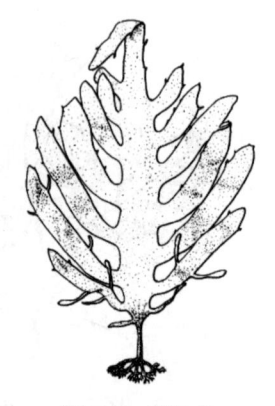

图8-6　黑昆布 　　　　图8-7　裙带菜

（9）海蒿子 *Sargassum pallidum* (Turn.) C. Ag. (图8-8)　褐藻门马尾藻科。藻体黄褐色,高30~100cm,主干直立,圆柱形,羽状分枝,幼枝生有短小刺状突起。初生叶为披针形、倒披针形或倒卵形,长5~9cm,宽3~18mm,生长不久即脱落;次生叶为线形、倒披针形、倒卵形或羽状分裂。气囊生于末枝腋间,纺锤形或球形,直径2~5mm。雌雄异株。固着器扁盘状或短圆锥状。分布我国黄海、渤海沿岸。生于低潮带的石沼中或大干潮线下1~4m深的岩石上。中药海藻为海蒿子及羊栖菜的藻体,有消痰软坚、利水退肿之功。

图8-8　海蒿子 　　　　图8-9　羊栖菜

（10）羊栖菜 S. *fusiforme* (Harv.) Setch.（图 8-9） 褐藻门马尾藻科。藻体黄褐色，肉质，高 20~50cm。主干直立，分枝，圆柱形，直径 2~4mm。叶呈线形、细匙形、卵形或棍棒状，长短不一。叶先端有时膨大成气囊，气囊球形、梨形或纺锤形。生殖托丛生叶腋，圆柱形，钝尖，长 5~15mm。雌雄异株。固着器为圆柱形假根状。分布我国沿海。生于有浪水冲击的低潮和大干潮线下的岩石上。药用同海蒿子。

小结

藻类是一群古老的自养植物，共 8 个门，与药用关系密切的是蓝藻门、绿藻门、红藻门和褐藻门。

藻类植物体构造简单，没有根、茎、叶的分化，体内含有各种光合色素，是一群自养植物，光合色素往往形成特有的形态，称为色素体，繁殖方式有营养繁殖、无性繁殖和有性繁殖。藻类绝大多数水生，也有气生、内生、共生等类型，但药用藻类多为海藻。

蓝藻门的藻体为单细胞、多细胞群体或线状体，无真正的细胞核，藻体多蓝绿色，含叶绿素 a 和藻蓝素等，无载色体，光合产物是蓝藻淀粉和蓝藻颗粒体。

绿藻门藻体多样，具有细胞核，藻体多呈绿色，含叶绿素 a、b 等光合色素，载色体多样，光合产物为淀粉。

红藻门藻体多为丝状、片状和树枝状，是真核生物，藻体呈紫色或玫瑰红色，以藻红素为主，有载色体，光合产物为红藻淀粉和红藻糖。

褐藻门为多细胞丝状、叶状和树枝状，是真核生物，藻体呈绿褐色至深褐色，含 β-胡萝卜素和多种叶黄素等光合色素，有载色体，光合产物为褐藻淀粉和甘露糖。

常用药用植物：蓝藻门有葛仙米等，绿藻门有石莼、刺海松等，红藻门有石花菜、甘紫菜等，褐藻门有海带、黑昆布、裙带菜、海蒿子、羊栖菜等。

目标检测

一、名词解释
1. 自养植物 2. 载色体

二、简答题
1. 藻类的形态构造有哪些特点？
2. 蓝藻门的常用药用植物有哪些？生长在什么环境？
3. 绿藻门的常用药用植物有哪些？生长在什么环境？
4. 红藻门的常用药用植物有哪些？生长在什么环境？
5. 褐藻门的常用药用植物有哪些？生长在什么环境？

三、思考题
1. 试比较蓝藻门、绿藻门、红藻门、褐藻门的特征。
2. 常用药用藻类植物为什么都是生长在海洋中？它们的功效有何共性？

（王德群）

第9章 真 菌 门

学习目标

1. 简述真菌门的形态特征
2. 叙述真菌门的分类及各亚门的区别
3. 说出常用药用真菌门的分类位置

菌类是具异养性的生物,包括细菌门、黏菌门和真菌门 Eumycophyta。细菌门是单细胞无核生物,与蓝藻相似,属于原核生物;黏菌是介于动物与真菌之间的生物,生长期和营养期无细胞壁,表现为多变的形体,繁殖期产生具壁的孢子;真菌除少数为单细胞外,绝大多数是由多细胞菌丝构成,很多大型真菌是常用中药。

第1节 真菌门的特征

真菌是典型的异养真核生物,细胞不含光合色素,也没有质体,营养方式主要为寄生和腐生。真菌的分布遍布全球,从空气、水域到陆地都有它们的存在,尤以土壤中最多。

一、形 态

1. 菌丝体 除典型的单细胞真菌外,绝大多数真菌是由菌丝构成。组成一个菌体的全部菌丝称菌丝体。菌丝分为无隔菌丝和有隔菌丝。无隔菌丝的细胞长管状,有的有分枝,细胞内细胞核多数。有隔菌丝是菌丝中的横隔壁将其分隔成许多细胞,每细胞内含1或2个细胞核,绝大多数真菌均有细胞壁。

2. 菌丝组织体 真菌在繁殖时,或在环境条件不良时,菌丝常互相结合,菌丝体变态成菌丝组织体。常见的菌丝组织体有根状菌索、菌核、子座和子实体。

(1) 根状菌索 真菌的菌丝互相密结,呈绳索状,外形似根。外层为皮层,颜色较深,由拟薄壁组织组成;内层为髓层,由疏丝组织组成;顶端有一个生长点。如蜜环菌。

(2) 菌核 真菌的菌丝密结成颜色深、质地硬的核状物,大小差异很大。菌核外层为拟薄壁组织,内部为疏丝组织。菌核中储有丰富的养分,对干燥和高、低温度抵抗力强,是渡过不良环境的休眠体,在条件适宜时,再萌发为菌丝体或产生子实体。如茯苓、猪苓、雷丸等。

(3) 子座 真菌在营养生长阶段向繁殖阶段过渡时,由菌丝密结形成子座,子座是容纳子实体的褥座,由拟薄壁组织和疏丝组织构成。如冬虫夏草菌体上的棒状物。

(4) 子实体 高等真菌在生殖时期往往形成有一定形状和结构,能产生孢子的菌丝组织体,称为子实体。如蘑菇的子实体为伞形,马勃的子实体为球形,猴头菌的子实体外形似猴头。

二、繁 殖

真菌的繁殖有营养繁殖、无性生殖和有性生殖三种。

（1）营养繁殖　真菌通过菌丝断裂和细胞分裂形成特殊的繁殖细胞，即芽生孢子、厚壁孢子和节孢子。芽生孢子是从营养细胞出芽形成，当芽生孢子脱离母体后，即长成一个新个体；厚壁孢子是菌丝中部分细胞膨大形成休眠孢子，其原生质浓缩，细胞壁加厚，渡过不良环境后再萌发成菌丝体；节孢子是由菌丝细胞的依次断裂形成的。

（2）无性生殖　真菌无性生殖产生游动孢子、孢囊孢子和分生孢子，由孢子形成新个体。真菌产生的游动孢子借助水流动传播，孢囊孢子借助气流传播，分生孢子借助气流或动物传播。

（3）有性生殖　真菌在有性生殖过程中，通过生殖细胞的有性结合产生休眠孢子、接合孢子、子囊孢子、担孢子等有性孢子。有性生殖为同配和异配，产生的合子为休眠孢子；有性生殖的同形配子或配子囊接合后产生的厚壁休眠孢子，为接合孢子；有性生殖形成子囊，在子囊内产生的孢子为子囊孢子；有性生殖形成担子，在担子上产生的孢子为担孢子。

第2节　真菌门的常用药用植物

一、真菌门的分类

真菌门分为鞭毛菌亚门、接合菌亚门、子囊菌亚门、担子菌亚门和半知菌亚门5个亚门，约有5 950属，64 200种。

（1）鞭毛菌亚门 Mastigomycotina　多为单细胞，少数为丝状体，菌丝无横隔壁，细胞多核，细胞壁主要由纤维素组成。无性生殖产生具鞭毛的游动孢子。有性生殖为同配、异配，产生休眠孢子。大多数种类生于水中，少数两栖和陆生，营养方式为腐生、寄生或专性寄生。116属，约600种。

常见真菌有玉蜀黍节壶菌 *Physoderma maydix*、丝壶菌 *Hyphochytrium infestans* 等。

（2）接合菌亚门 Zygomycotina　有发达的菌丝体，菌丝无隔，多核，细胞壁由几丁质组成。无性生殖产生孢囊孢子，又称为静孢子。有性生殖时配子囊接合，形成各种形状的接合孢子。大多数为腐生菌，生于土壤中或有机质丰富的基物上；少数为寄生菌，寄生于人类、动植物体内。115属，约600种。

常见真菌有匍枝根霉 *Rhizopus stolonifer* (Ehrenb. ex Fr.) Vuill、总状毛霉 *Mucor racemosus* 等。

（3）子囊菌亚门 Ascomycotina　除少数为单细胞外，绝大多数有发达的菌丝，菌丝具有横隔，并且紧密结合成一定的形状。无性生殖主要形成分生孢子。有性生殖形成子囊，合子在子囊内进行减数分裂，产生子囊孢子。有性生殖时单细胞种类子囊裸露，不形成子实体；多细胞种类形成子实体，子囊包于子实体内。子囊菌的子实体又称子囊果。子囊果通常有3种类型：子囊盘、闭囊壳和子囊壳。子囊盘的子囊果盘状、杯状或碗状，子实层暴露；闭囊壳的子囊果球形，闭合无孔口，壳破裂后孢子散出；子囊壳的子囊果瓶形，顶端有孔，子囊果多埋在子座内（图9-1）。寄生或腐生菌，生于动、植物体上，朽木、枯枝落叶及土壤中。子囊菌亚门是真菌门中种类最多的类群，约2 720属，28 650种。

可供药用的有：酿酒酵母菌 *Saccharomyces cerevisiae* Hansen、点青霉 *Penicillium notatum* Westl.、产黄青霉 *Penicillium chrysogenum* Thom、麦角菌 *Claviceps purpurea* (Fr.) Tul.、竹黄 *Shiraria bambusicola* P. Henn.、冬虫夏草 *Cordyceps sinensis* (Berk.) Sacc.、亚香棒虫草 *C. hawkesii* Gray、凉山虫草 *C. liangshanensis* Zang.Hu et Liu、蛹虫草 *C. militaris* (L.) Link、大蝉草 *C. cicadee* Shing、蝉花 *C. sobolifera* (Hill.) Berk. et Br.、羊肚菌 *Morchella esculenta* (L.) Pers.、黑柄炭角菌 *Xylaria nigrpes* (Kl.) Sacc.等。

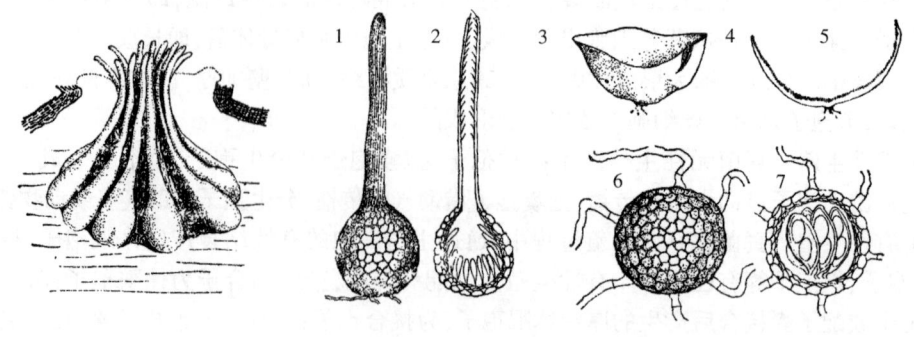

图 9-1　子囊果

1. 聚颈子囊壳　2、3. 子囊壳及其剖面　4、5. 子囊盘及其剖面　6、7. 闭囊壳及其剖面

（4）担子菌亚门 Basidiomycotina　营养体全是多细胞菌丝体。菌丝发达，常有分枝，担孢子萌发产生的菌丝，初期为无隔多核，不久产生横隔成为单核菌丝，称初生菌丝，为单倍体，组成的菌丝体称初生菌丝体。初生菌丝的两个单核细胞结合进行质配而不核配，形成双核细胞，并常直接分裂形成双核菌丝，称为次生菌丝，为双核体，所组成的菌丝体称次生菌丝体。次生菌丝双核时间相当长。三生菌丝是由次生菌丝组织化而集合成各种子实体，称为担子果，担子果的形态、大小、颜色各不相同，有伞状、扇状、球状、头状、笔状等。次生菌丝和三生菌丝具有锁状联合现象。营养繁殖可产生节孢子和厚壁孢子；无性生殖可产生分生孢子；有性生殖产生担子，在担子上产生担孢子。担子菌亚门是一群多种多样的陆生高等真菌，全世界约有 1100 属，20 000 种。

> 冬虫夏草是中药的后起之秀，清代才被记入吴仪洛的《本草从新》。它以奇特的生活习性、形态和独特的滋补功效为世人所瞩目。在青藏高原海拔 4000m 以上高寒地区，生长着一种蛾子名虫草蝙蝠蛾，它们的幼虫需食用高原地带生长的植物，并在土中越冬，非常耐寒。而相同环境下又生长着另一种真菌叫冬虫夏草菌，也不怕严寒，但却不能独立生活，必须寄生在虫草蝙蝠蛾的幼虫身体上。幼虫一旦被寄生就成了真菌的美餐，真菌利用虫体的丰富营养生长壮大自己，第 2 年 5 月高原表土化冻，真菌从虫体顶端钻出地面，就成了"草"，这种下为虫、上为草的特殊药物，实际上是虫草蝙蝠蛾幼虫之躯壳和冬虫夏草菌的复合体。

可供药用的有：木耳 *Auricularia auricula*（L. ex Hook.）Underw.、银耳 *Tremella fuciformis* Berk.、猴头菌 *Hericium erinaceus*（Bull.）Pers.、彩绒革盖菌 *Coriolus versicolor*（L. ex Fr.）Quel.、灵芝 *Ganoderma lucidum*（Leyss. ex Fr.）Karst.、紫芝 *G. sinense* Zhao, Xu et Zhang、雷丸 *Polyporus mylittae* Cooke et Mass.、猪苓 *P. umbellatus*（Pers.）Fr.、茯苓 *Poria cocos*（Schw.）Wolf.、香菇 *Lentinus edodes*（Berk.）Sing.、双孢蘑菇 *Agaricus bisporus*（Lange）Sing.、华美牛肝菌 *Boletus speciosus* Frost、竹荪 *Dictyophora indusiata*（Vent. ex Pers.）Fisch.、紫色秃马勃 *Calvatia lilacina*（Mont. et Berk.）Lloyd、脱皮马勃 *Lasiosphaera fenzlii* Reichb. 等。

（5）半知菌亚门 Deuteromycotina　是一群仅知其生活史的一半，尚未发现有性生殖阶段的真菌。为了分类上的方便，将此类型归纳为半知菌亚门。菌丝体发达，菌丝有隔。繁殖方式主要为营养繁殖，通过菌丝繁殖，或产生芽孢子，节孢子萌发成菌丝，无性生殖也较发达，形成分生孢子梗，产生分生孢子，分生孢子萌发形成菌丝。半知菌亚门约有 1000 多属，10 000 余种。

可供药用的有：黑曲霉 *Aspergillus. niger* Van Tieghen、球孢白僵菌 *Beauveria bassiana*（Bals.）Vuill. 等。

二、真菌门的常用药用植物

(1) 冬虫夏草 *Cordyceps sinensis* (Berk.) Sacc. (图9-2) 子囊菌亚门麦角菌科。冬虫夏草菌夏秋以节孢子侵入虫草蝙蝠蛾 *Hepialus armoricanus* Oberthur 的幼虫体内,发育成菌丝体。染病幼虫钻入土中越冬,菌在虫体内发展蔓延,破坏虫体内部组织,仅残留外皮,最后虫体内的菌丝体变成坚硬的菌核,度过漫长的冬天。翌年入夏,从菌核上长出子座。子座棒状,1个,少数2~3个,从寄主头部、胸中生出地面,基部埋于子座中;子囊多数,长圆筒形;子囊孢子2~3个,线形,隔多且不断。分布青藏高原。生于海拔3000~5000m之间的高山草甸和高山灌丛带。中药冬虫夏草为其子座及寄主的复合体,能补肺益肾,止血化痰。

(2) 蝉花 *Cordyceps sobolifera* (Hill.) Berk. et Br. (图9-3) 子囊菌亚门麦角菌科。子座单个或2~3个成束地从寄主前端出生。长2.5~6cm,中空;柄部呈肉桂色,干燥后呈深肉桂色,直径1.5~4mm,有时具有不孕的小分枝;头部呈棒状,肉桂色,干燥后呈浅腐叶色,长0.7~2.8cm,直径2~7mm。子囊壳埋在子囊座内,孔口稍突出,呈长卵形,子囊长圆柱状,子囊孢子线形,具有多分隔,后断裂成单细胞节段。分布江苏、安徽、浙江、福建、四川、云南、陕西、甘肃、西藏等省区。寄生于蝉 *Cryototympana pustulata* Fabr.的蛹或山蝉 *Cicada flammata* Dist 的幼虫体上。中药蝉花为其子座及寄主的复合体,能疏散风热,透疹,熄风止痉,明目退翳。

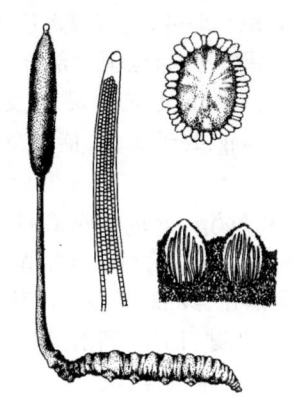

图9-2 冬虫夏草 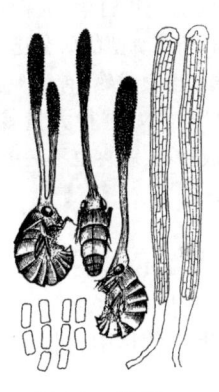 图9-3 蝉花

(3) 竹黄 *Shiraia bambusicola* P. Henn. (图9-4) 子囊菌亚门内座菌科。子座形状不规则,多呈瘤状,长1~4.5cm,宽1~2.5cm,初期表面较平滑,色淡,后期粉白色,可龟裂,内部粉红色肉质,后变为木栓质。子囊壳近球形,埋生于子座内;子囊长,圆柱形,含有6个单行排列的孢子;侧丝呈线形;子囊孢子椭圆形或纺锤形,两端稍尖,具纵横隔膜。分布江苏、安徽、浙江、江西、福建、湖北、湖南、四川、云南、贵州等省区。生于箣竹属 *Bambusa* 及刚竹属 *Phyllostachys* 的枝干上。子座称竹黄,能化痰止咳,活血祛风,利湿。

(4) 云芝 *Coriolus versicolor* (L.ex Fr.) Quel. (图9-5) 担子菌亚门多孔菌科。子实体革质至半纤维质,侧生无柄,覆瓦状叠生。菌盖半圆形至贝壳形,直径1~8cm,厚0.1~0.3cm,盖面幼时白色,渐变为深色,有密生的细绒毛,长短不等,呈灰、白、褐、蓝、紫、黑等多种颜色,并构成云纹状的同心环纹;盖缘薄而锐,波状,完整,淡色。管口面初期白色,渐变为黄褐色,赤褐色至淡灰黑色。分布全国各地。生于多种阔叶树的木桩、倒木或枯枝上。子实体称云芝,能健脾利湿,止咳平喘,清热解毒。

图9-4 竹黄 　　　　　　　　　图9-5 云芝

> 灵芝见于我国最早的本草《神农本草经》，列为上品。人们往往把灵芝视为吉祥与美好的象征，甚至认为可"起死回生，返老还童"。其实灵芝是一种担子菌亚门的真菌，它的表面有漆状光泽和云状环纹，与其他植物不同。以前全靠野生，人们难得一见。现在人们对药用真菌的研究已很深入，灵芝的种植技术也很成熟，有很多农民掌握了灵芝的栽培技术，进行大量栽培。灵芝的人工栽培成功后，就再也不稀奇了。
>
> **链 接**

（5）灵芝 *Ganoderma lucidum* (Leyss. ex Fr.) Karst.（图9-6）　担子菌亚门多孔菌科。子实体有柄，栓质。菌盖半圆形或肾形，直径10～20cm，厚1.5～2cm，盖表褐黄色或红褐色，盖边渐趋淡黄，有同心环纹，具亮漆状光泽。菌柄圆柱形，侧生或偏生，长10～19cm，粗1.5～4cm，与菌盖色泽相似。孢子褐色，卵形，双层壁。分布全国大部分省区。生于阔叶树伐木桩旁。中药灵芝为灵芝及紫芝 *G. sinense* Zhao, Xu et Zhang 的子实体，能益气血，安心神，健脾胃。

（6）雷丸 *Polyporus mylittae* Cooke et Mass.（图9-7）　担子菌亚门多孔菌科。腐生菌类，菌核为不规则球形、卵形或块状，直径0.8～5cm，表面褐色、黑褐色至黑色，具细密皱纹，内部白色至蜡白色，略带黏性。此菌很少形成子实体。分布河南、安徽、浙江、福建、四川、湖南、湖北、广西、陕西、甘肃、云南等省区。生于竹林中竹根上。中药雷丸为其菌核，能杀虫，消积。

图9-6 灵芝 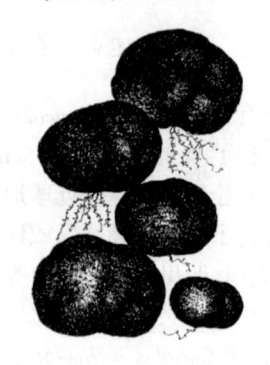　　　　　　　　　图9-7 雷丸

（7）猪苓 *Polyporus umbellatus* (Pers.) Fr.（图9-8）　担子菌亚门多孔菌科。菌核形状不规则，呈大小不一的团块状，坚实，表面紫黑色，有多数凹凸不平的皱纹，内部白色，长可达20cm。子实体有柄并多次分枝，形成一丛菌盖，菌盖圆形，直径1～4cm，中部脐状，有淡黄色的纤维状鳞片，近白色或浅褐色，无环纹，肉质。孢子无色，光滑，圆筒形。分布东北、华北及陕西、甘肃、河

南、湖北、四川、贵州、云南。生于林中树根或腐木旁。中药猪苓为其菌核,能利水渗湿。

(8) 茯苓 *Poria cocos* (Schw.) Wolf.(图9-9) 担子菌亚门多孔菌科。菌核球形,椭圆形成不规则块状,直径10~30cm或更大。外面有厚而多皱褶的皮壳,深褐色,新鲜时软,干后变硬;内部白色或淡粉红色,粉粒状。子实体生于菌核表面,全平伏,厚3~8cm,白色,肉质,老后或干后变为浅褐色。孢子长方形至圆柱形。分布安徽、浙江、福建、湖北、四川、云南等省区,安徽、湖北有大量栽培。生于松根上。中药茯苓为其菌核,能利水渗湿,健脾和胃,宁心安神。

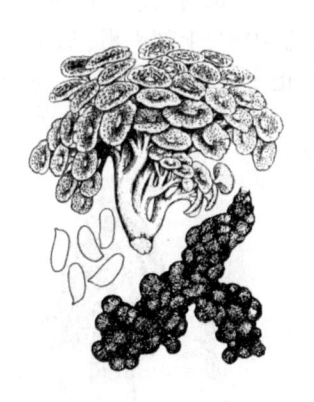

图9-8 猪苓 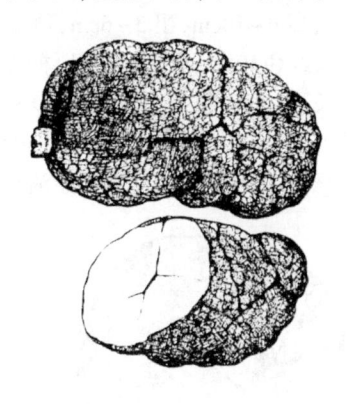　　　　　　　　　图9-9 茯苓

(9) 香菇 *Lentinus edodes* (Berk.) Sing.(图9-10) 担子菌亚门白蘑科。菌盖半肉质,宽5~12cm,扁半球形,后渐平展。浅褐色至深褐色,上有淡色鳞片,菌肉厚,白色,味美。菌褶白色,稠密,弯生。柄中生至偏生,白色,内实,常弯曲,长3~5cm,粗5~9mm,菌球以下部分往往覆有鳞片,菌环窄而易消失。孢子无色,光滑,椭圆形。分布长江以南地区。生于阔叶树倒木上,多人工栽培。中药香菇为其子实体,能扶正补虚,健脾开胃,祛风透疹,化痰理气,解毒。

(10) 竹荪 *Dictyophora indusiata* (Vent. ex Pers.) Fisch.(图9-11) 担子菌亚门鬼笔科。菌蕾球形至倒卵形,污白色,具包被,成熟时包被开裂,柄伸长外露,包被遗留柄基形成菌托。子实体高12~20cm,菌托白色,直径3~5.5cm,菌核白色,基部粗2~3cm,向上渐细,壁海绵状。菌盖钟状,高、宽各3~5cm,有明显网格,顶端平,具穿孔,上有暗绿色、微臭的黏性孢体。菌裙白色,从菌盖下垂达约10cm,具多角形网眼,直径0.5~1cm。孢子光滑,椭圆形。分布江苏、安徽、江西、福建、台湾及华南、西南。生于竹林或阔叶林下。中药竹荪为其子实体,能补气养阴,润肺止咳,清热利湿。

图9-10 香菇 　　　　　　　　　图9-11 竹荪

（11）脱皮马勃 *Lasiosphaera fenzlii* Reichb.（图9-12） 担子菌亚门灰包科。子实体近球形，直径15~20cm，无不孕基部；包被两层，薄而易于消失，外包被成熟后易与内包被分离。外包被乳白色，渐转灰褐色；内包被纸质，浅灰色，成熟后与外包被逐渐剥落，仅余一团孢体，孢体灰褐色至烟褐色。孢子球形，壁具小刺突，褐色。分布黑龙江、内蒙古、河北、甘肃、新疆、江苏、安徽、江西、湖北、湖南、贵州。生于开阔的草地上。中药马勃为其子实体，能清肺利咽，解毒止血。

（12）羊肚菌 *Morchella esculenta*(L.) Pers.（图9-13） 子囊菌亚门羊肚菌科。菌盖近球形、卵形至椭圆形，高4~10cm，粗3~6cm，顶端纯圆，表面有似羊肚状的凹坑。凹坑近圆形，灰黄色至淡黄褐色，棱纹色较浅，不规则交叉，柄近圆柱形，近白色，中空，上部平滑，基部膨大并有不规则的浅凹槽，长5~7cm，粗约为菌盖的2/3。子囊圆筒形，孢子长椭圆形，无色，每个子囊内含8个，呈单行排列。分布吉林、河北、山西、陕西、甘肃、青海、新疆、江苏、四川、云南。生于阔叶林中及林缘。中药羊肚菌为其子实体，能消食和胃，化痰理气。

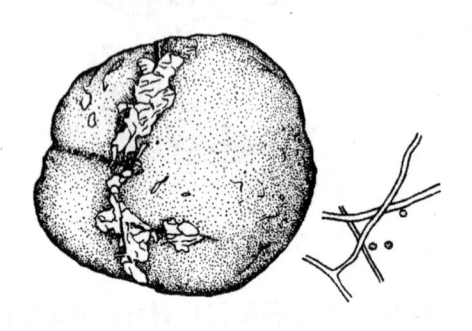

图9-12 脱皮马勃 　　　　　　　　　　　　图9-13 羊肚菌

（13）木耳 *Auricularia auricula*(L. ex Hook.) Underw.（图9-14） 担子菌亚门木耳科。子实体胶质。浅圆盘形，耳形或不规则形，宽2~12cm，新鲜时软，干后收缩。子实层生里面，光滑或略有皱纹，红褐色或棕褐色，干后变褐色或黑褐色。外面有短毛，青褐色。担子细长，柱形，有3个横隔。孢子无色，光滑，常弯曲。分布全国大多数地区。生于阔叶树的朽木上。中药木耳为其子实体，能补气养血，润肺止咳，止血，降压。

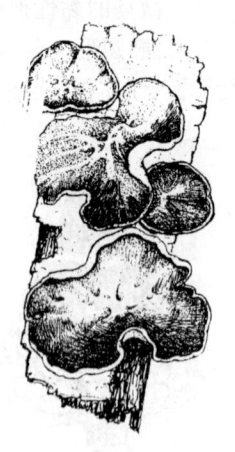

图9-14 木耳 　　　　　　　　　　　　图9-15 猴头菌

（14）猴头菌 *Hericium erinaceus*(Bull.) Pers.（图9-15） 担子菌亚门齿菌科。子实体单生，椭圆形至球形，常纵向伸长，两侧收缩。悬于树干，长径5~20cm，最初肉质，后变硬，新鲜时白

色,或带浅玫瑰色,干燥后黄色至褐色。菌刺长 2~6cm,粗 1~2mm,针形,末端渐尖,直或稍弯曲,下垂,单生于子实体表面之中、下部,上部刺退化。孢子近球形,无色,光滑。分布东北、华北、西南及甘肃、陕西、河南、安徽、浙江、湖南、广西、西藏等地。生于栎等阔叶树倒木及腐木上。中药猴头菌为其子实体,能健脾养胃,安神。

> **小结**
>
> 　　真菌是典型的异养真核生物,细胞不含光合色素,营养方式主要为寄生和腐生。绝大多数真菌是由菌丝构成,不同的真菌在不同的生长阶段和不同的环境形成了菌丝体和菌丝组织体。菌丝组织体有根状菌索、菌核、子座和子实体等。
>
> 　　子囊菌亚门真菌的子实体称子囊果,有子囊盘、闭囊壳和子囊壳3种类型,有性生殖形成子囊,产生子囊孢子。
>
> 　　担子菌亚门真菌的菌丝发达,有单核和双核阶段,子实体称担子果,担子果形态多样,有伞形、扇状、球状、头状、笔状等,有性生殖产生担子,在担子上产生担孢子。
>
> 　　常用药用植物:子囊菌亚门有冬虫夏草、蝉花、竹黄等,担子菌亚门有云芝、灵芝、雷丸、猪苓、茯苓、香菇、竹荪、脱皮马勃、羊肚菌、木耳、猴头菌等。

目标检测

一、名词解释

　　1. 菌丝体　　2. 菌丝组织体　　3. 根状菌索　　4. 菌核
　　5. 子座　　6. 子实体　　7. 双核菌丝

二、简答题

　　1. 真菌门的5个亚门有性生殖各产生何种有性孢子?
　　2. 子囊菌亚门的3种子囊果如何区别?
　　3. 子囊菌亚门有哪些常用药用植物?它们的寄主是何种生物?
　　4. 担子菌亚门有哪些常用药用植物?

三、思考题

　　1. 试叙冬虫夏草药材各部分的形成。
　　2. 说出你熟悉的食用菌类名称,并了解其归属。

(王德群)

第10章 地衣门

学习目标

1. 比较地衣形态的3种类型
2. 说出地衣构造的不同类型
3. 简述地衣门的分类

地衣是多年生植物,由一种真菌与一种藻类组合而成的共生复合有机体。构成地衣体的真菌,绝大多数属于子囊菌亚门的盘菌纲 Discomycetes 和核菌纲 Pyrenomycetes,少数属于担子菌亚门的伞菌目 Agaricales 和多孔菌目 Polyporales,还有极少数属于半知菌亚门。地衣体的藻类多属于绿藻门和蓝藻门。如绿藻门的共球藻属 *Trebouxia*、橘色藻属 *Trentepohlia* 和蓝藻门的念珠藻属 *Nostoc* 占全部地衣体藻类的 90%。

第1节 地衣门的特征

地衣体中的真菌菌丝缠绕藻细胞,并从外面包围藻类,藻类光合作用制造的有机物大部分被真菌所利用,藻类和外界环境隔绝,水分、无机盐和二氧化碳依靠真菌供给,它们是一类特殊的共生关系。这种共生关系决定了地衣门 Lichens 的形态、构造、繁殖和分布等。

1. 形态 地衣的形态由真菌的菌丝体所决定,分为三种类型:

壳状地衣:地衣体为壳状物,颜色深浅不同,菌丝与基质紧密相连接,有的还用假根伸入基质中,难以剥离。壳状地衣占全部地衣的 80%。如生于岩石上的茶渍衣属 *Lecanora*,生于树皮上的文字衣属 *Graphis*。

叶状地衣:地衣体呈叶片状,四周有瓣状裂片,常由叶片下部生出假根或脐固着于基质上,易于剥离。如生于岩石或树皮上的梅衣属 *Parmelia*,生于草地上的地卷衣属 *Peltigera*、脐衣属 *Umbilicaria*。

枝状地衣:地衣体树枝状,直立或下垂,仅基部附着于基质上。如直立于地面的石蕊属 *Cladonia*、石花属 *Ramalina*,悬垂于松杉类树枝上的松萝属 *Usnea*。

2. 构造 根据藻类细胞在地衣体中的分布情况,将地衣体分为两种类型:

异层地衣:藻类细胞形成明显的一层,即藻胞层,排列于地衣体中的上皮层和髓层之间。叶状地衣大多数为异层地衣,内部可分为四层,从上到下分别是上皮层、藻胞层、髓层和下皮层,上、下皮层是由真菌的菌丝紧密交织而成,髓层是疏松排列的真菌菌丝组成,藻胞层是由藻类细胞聚集的一层。枝状地衣也属异层地衣,内部可分为上皮层、藻胞层、髓层,有的是下皮层,但各层排列是圆球状,外层为上皮层,其下为藻胞层,内层为髓层。

同层地衣:藻类细胞分散在上皮层之下的髓层的真菌菌丝之间,没有明显的藻胞层与髓层之分。这类地衣种类较少,壳状地衣多为同层地衣,内部可分为上皮层、髓层(藻类细胞分布其中),多无下皮层,髓层与基质直接相连。

3. 繁殖 营养繁殖:地衣体最普通的繁殖方式是营养繁殖,主要是地衣体断裂,由一个地衣体分裂为数个裂片,每个裂片均可发育成新的个体。另外还有粉芽(藻胞群被菌丝缠绕成团状,散布于地衣体表面呈小粉状结构)、珊瑚芽(地衣体上突起的瘤状结构,外为皮层,内包藻胞群)等营养繁殖方式,借助水、风和动物传播。

有性生殖:地衣体中的真菌进行有性生殖,产生子囊孢子或担孢子。产生囊孢子的地衣称为子囊菌地衣,占地衣种类的绝大部分;产生担孢子的地衣为担子菌地衣,为数较少。

4. 分布　地衣为喜光植物,要求空气新鲜,不耐大气污染。地衣生长缓慢,可耐受长期干旱,耐寒性也很强。地衣可生长在峭壁、岩石、树皮或沙漠上。在高山带、冻土带,甚至南、北极,其他植物无法生存之处,却能形成一望无际的地衣群落。

第2节　地衣门的常用药用植物

一、地衣门的分类

地衣门全世界有500余属,2500余种。根据地衣体中的真菌类群将地衣门分为三纲:子囊衣纲 Ascolichens、担子衣纲 Basidiolichens 和半知衣纲 Deuterolichens。

(1) 子囊衣纲　子囊衣纲地衣体中的真菌属于子囊菌。子囊衣纲地衣的种数占地衣总数的99%。

常见的药用植物有:松萝科的长松萝 *Usnea. longissima* Ach.、环裂松萝 *U. diffracta* Vain.、粗皮松萝 *U. montis-fuji* Mot.、亚洲树发 *Alectoria asiatica* Du Rietz,石蕊科的细石蕊 *Cladonia gracilis* (L.) Willd.、鹿蕊 *C. rangiferina* (L.) Web.、雀石蕊 *C. stellaris* (Opiz) Pouzar et Vezda、多层石蕊 *C. vericillata* Hoffm.,梅衣科金丝刷 *Lethariella cladonioides* (Nyl.) Krog、金丝带 *L. zahlbruckneri* (Du Rietz) Krog、石梅衣 *Parmelia saxatilis* (L.) Ach.、梅衣 *P. tinctorum* Despr.、石耳科的石耳 *Umbilicaria esculenta* (Miyoshi) Minks、红腹石耳 *U. hypococcinea* (Jatta) Liano,皮果衣科的皮果衣 *Dermatocarpon miniatum* (L.) Mann.等。

> 地衣有其特殊的生存能力,生长在岩石上,分泌地衣酸,通过整合作用腐蚀岩石,逐渐使岩石表面变成土壤,为其他植物生长创造条件;地衣具有强的抗辐射能力,在紫外线照射很强的高山仍能繁茂生长,对核爆炸后的散落物有惊人的抗性。地衣还是香料植物,可用于配制化妆品、香水等。
>
> **链接**

(2) 担子衣纲　担子衣纲地衣体真菌多为伏革菌科 Corticiaceae,其次为口蘑科 Tricholomataceae、珊瑚菌科 Clavariaceae,组成地衣体的藻类为蓝藻。担子衣纲地衣多分布于热带,种类很少,如扇衣属 *Cora*。

(3) 半知衣纲　半知衣纲地衣体真菌未见其有性阶段,是一种无性地衣。常见的药用植物有地茶科的地茶 *Thamnolia vermicularis* (Sw.) Ach.、雪地茶 *Th. subuliformia* (Ehrh.) W. Culb.等。

二、地衣门的常用药用植物

(1) 皮果衣 *Dermatocarpon miniatum* (L.) Mann. (图10-1)　子囊衣纲皮果衣科。地衣体叶状,厚约0.5mm,不规则圆形,直径2~4cm。背面呈灰褐色,表面有粉霜状物覆盖。腹面呈深褐色、黑褐色,其成簇着生的假根与基物相贴结,分布陕西、宁夏、甘肃、青海、新疆、江西、四川、西藏等地。药用地衣体,能消食,利水,降压。

(2) 鹿蕊 *Cladonia rangiferina* (L.) Web. (图10-2)　子囊衣纲石蕊科。地衣体主轴明显,为不等长多叉假轴型分枝,枝腋间有近圆形小穿孔,枝顶端呈茶褐色,常向同一方向倾斜或下垂,分枝圆柱状,中空,高 3~12cm,粗 1~3mm,表面呈灰白色或深灰绿色,生长在光照强处,常变为污黑色,无光泽。子囊盘褐色,小型顶生。分布东北及内蒙古、陕西、福建、湖北、四川、贵州、云南、西藏等地。生于高山的岩面。中药石蕊为鹿蕊的枝状体,能清热、润燥、凉肝、化痰、利湿。

图 10-1 皮果衣

图 10-2 鹿蕊

> 地衣类植物生长的环境特殊,它们远离人烟,避开污染,条件比较恶劣,如石耳生长于海拔较高的岩石上,环裂松萝和长松萝生长于高寒地区的树皮或树枝上,它们与土壤中生长的植物比较,获得营养物质困难得多,所以生长十分缓慢。据黄山药农介绍,一株直径 10cm 左右的石耳,需要数十年时间的生长。因此,我们在利用地衣类药用植物资源的同时,要注意资源的保护,以便永续利用。
>
> **链接**

(3) 石耳 *Umbilicaria esculenta* (Miyoshi) Minks (图 10-3) 子囊衣纲石耳科。地衣体单片型,幼小时正圆形,长大后为椭圆形或稍不规则,直径 2~12cm,革质。裂片边缘浅撕裂状,上表面褐色,近光滑,局部粗糙无光泽,或局部斑点状脱落而露生白色髓层;下表面棕黑色至黑色,具细颗粒状突起,密生黑色粗短而具分叉的假根,中央脐部青灰色至黑色,直径 5~12mm,有时可见自脐部向四周的放射纹理。分布黑龙江、吉林、浙江、安徽、江西、湖北、西藏等地。生于裸露的硅质岩石上。中药石耳为其子实体,能养阴润肺,凉血止血,清热解毒,利尿。

(4) 长松萝 *Usnea longissima* Ach. (图 10-4) 子囊衣纲松萝科。地衣体长 20~40cm,有时长达 1m 以上,丝状悬垂,主枝与初级分枝极短,二级分枝柔软而细长,密生垂直的小枝。无三级分枝。表面灰绿色、草绿色,老枝灰草黄色。分布黑龙江、吉林、内蒙古、陕西、甘肃、浙江、福建、四川、云南、西藏等地。生于树的枝干上。中药松萝为环裂松萝的地衣体,能祛痰止咳,清热解毒,除湿通络,止血调经,驱虫。

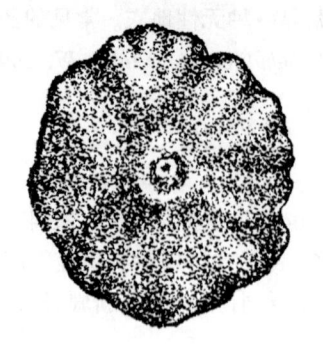

图 10-3 石耳

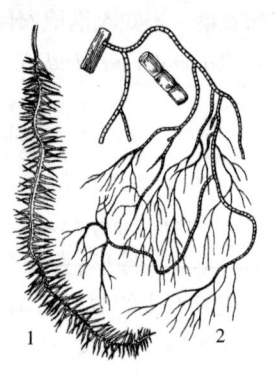

图 10-4 松萝
1. 长松萝 2. 环裂松萝

（5）环裂松萝 *U. diffracta* Vain（图10-4）　子囊衣纲松萝科。地衣体枝状，悬垂型，长 15～50cm。淡灰绿至淡黄绿色。枝体基部直径约 3mm，主枝粗 3～4mm，次生分枝多回二叉分枝，枝圆柱形，少数末端稍扁平或有棱角，枝干具环状裂隙。分布东北及山西、内蒙古、陕西、甘肃、安徽、浙江、江西、福建等地。生于树的枝干上。药用同长松萝。

（6）地茶 *Thamnolia vermicularis*（Sw.）Ach.（图10-5）　半知衣纲地茶科。地衣体枝状，细弱，高 3～6cm，粗 1～2mm，白色或灰白色，久置变黄红色，单一或有稀少分枝，先端渐尖，伸直或微弯曲。分布黑龙江、吉林、内蒙古、陕西、新疆、安徽、湖北、四川、云南、西藏等地。生于高寒山地。中药雪茶为其地衣体，能清热生津，醒脑安神。

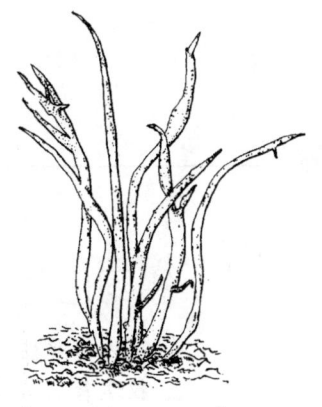

图10-5　地茶

小结

地衣是由真菌和藻类组合而成的共生复合有机体，构成地衣体真菌多属于子囊菌亚门，藻类多属于绿藻门和蓝藻门。

地衣的形态分为壳状地衣、叶状地衣和枝状地衣。

地衣的构造分为异层地衣和同层地衣。

地衣喜光，要求新鲜空气，不耐大气污染，耐旱、耐寒，可生长于严酷的生态环境，是一类先锋植物。

地衣门分为子囊衣纲、担子衣纲和半知衣纲。常用药用的皮果衣、鹿蕊、石耳、环裂松萝、长松萝均为子囊衣纲，地茶为半知衣纲。

目标检测

一、名词解释
1. 壳状地衣　　2. 叶状地衣　　3. 枝状地衣　　4. 异层地衣
5. 同层地衣

二、简答题
1. 地衣门如何分类？
2. 子囊衣纲有哪些常用药用地衣？

三、思考题
在城市中能找到地衣吗？为什么？

（王德群）

第11章 苔藓植物门

学习目标

1. 简述苔藓植物的生活史
2. 叙述苔纲与藓纲的区别
3. 说出苔藓植物门的常用药用植物

苔藓植物门 Bryophyta 是一群小型的多细胞绿色植物,有的植物有类似茎、叶的分化,生活史中有明显的世代交替,精子与卵结合的合子不经休眠就分裂形成胚,属于高等植物。

第1节 苔藓植物门的特征

链接

一般高等植物主要是依靠根去吸收土壤中的水分,而藓类植物全身均可吸收水分。藓类生长在阴湿的环境下,茎叶不仅可以吸收大气中的水分,还能储藏大量的水分。人们利用藓类植物这种特性,将藓类植物浸湿包裹其他易失水的植物,使这些植物在运输过程中可以保持鲜活状态。

1. 生活史 苔藓植物的形态、结构比较简单,但已初步分化成了根、茎、叶。生活史中有配子体、孢子体和原丝体三种植物体,形成明显的世代交替。配子体生活周期长,在生活史中占优势,我们平时所见到的绿色苔藓植物即是它们的配子体;孢子体生活周期短,常寄生在配子体上;孢子萌发后形成原丝体,原丝体生长一段时期后,再进一步萌发成配子体。

2. 配子体 配子体发达:苔藓植物的配子体有两种类型,一种为无茎叶分化的扁平叶状体,另一类为有假根和类似茎、叶分化的拟茎叶体。配子体没有真正的根,只有假根,假根由单细胞或单列细胞所组成,起固着和吸收作用。配子体的叶不具备叶脉,只有被称为中肋的类似叶脉结构,可吸收水分、养料,并具有机械支持作用,因而被称为拟叶。配子体内部构造简单,无中柱,不具备维管束;在较高级的种类中,有皮部和中轴的分化,形成类似输导组织的细胞群。

精子器和颈卵器:苔藓植物的配子体在有性生殖时形成多细胞的生殖器官。雌性生殖器官为颈卵器,外形如瓶状,上部细狭为颈部,下部膨大称腹部,腹部中央有一个大型的卵细胞。雄性生殖器官为精子器,外形棒状或球形,外壁由一层细胞组成,内有精子多数,精子形状长而卷曲,有两条鞭毛,受精作用依赖于水。

形成了胚:苔藓植物的精子和卵子结合,形成合子,合子不经过休眠,分裂形成胚。胚的形成有别于藻类、真菌和地衣,因而自苔藓植物开始就被称为有胚植物,又称为高等植物。

3. 孢子体 孢子体退化:苔藓植物的胚在颈卵器内发育成孢子体,营寄生生活。孢子体通常由三部分组成,上端为孢子囊,成熟时称孢蒴;孢蒴下端的柄为蒴柄;蒴柄最下端为基足,伸入配子体组织中吸收养料,供孢子体生长。

4. 原丝体 独立生活的原丝体:苔藓植物孢子体所产生的孢子,在适宜环境中萌发,形成丝状的原丝体。这是一种特殊的植物体,原丝体独立生活。原丝体生长一段时期后,在原丝体上萌发形成配子体。

5. 苔藓植物的分布　苔藓植物脱离了水生环境进入陆地生活,但大多数仍需生活在潮湿地区,是从水生到陆生的过渡类型。苔藓植物大多数生活在阴湿的土壤、林中树皮、朽木上,少数生活在干燥地区或急流中的岩石上。苔藓植物分布全世界,无论热带雨林、亚热带常绿阔叶林、温带落叶林、高山亚高山针叶林、草原、沼泽、荒漠均可见到苔藓植物。

第2节　苔藓植物门的常用药用植物

一、苔藓植物门的分类

苔藓植物有23 000多种,根据配子体形态构造分为苔纲 Hepaticae 和藓纲 Musci。

1. 苔纲　苔纲植物的配子体有叶状体、拟茎叶体等形态,多为背腹式,常具假根。孢子体构造简单,有孢蒴、蒴柄;孢蒴无蒴齿,具弹丝,大多数种类无蒴轴。孢子萌发时,原丝体阶段不发达,常产生芽体,再发育为配子体。苔纲植物需要较高的气温,常生长在热带和亚热带地区的阴湿的土地、岩石和潮湿的树干上。

常见的药用植物有:瘤冠苔科的石地钱 *Reboulia hemisphaerica* (L.) Raddi,蛇苔科的蛇苔 *Conocephalum conicum* (L.) Dum.、小蛇苔 *C. supradecompositum* (Lindb.) Steph.,地钱科的毛地钱 *Dumortiera hirsute* (Sw.) Reinw., Bl. et Nees、地钱 *Marchantia polymorpha* L. 等。

2. 藓纲　藓纲植物的配子体为有茎、叶分化的拟茎叶体,无背腹之分。有的种类茎有中轴分化。叶在茎上排列多为螺旋式,植物体为辐射对称状。有的种类叶具有中肋。孢子体构造比苔纲植物复杂,有孢蒴、蒴柄;孢蒴有蒴轴、蒴齿,成熟时多为盖裂,无弹丝;蒴柄坚挺。孢子萌发后,原丝体时期发达,每一原丝体常形成多个植株。藓纲植物比苔纲植物耐低温,在温带、寒带、高山、森林、沼泽常能形成大片群落。

常见药用植物有:泥炭藓科泥炭藓 *Sphagnum palustre* L.、细叶泥炭藓 *S. teres* (Schimp.) Angstr.,牛毛藓科黄牛毛藓 *Ditrichum pallidum* (Hedw.) Hamp.、曲尾藓科山毛藓 *Oreas martiana* (Hopp. et Hornsch.) Bird.、丛藓科小石藓 *Weisia controversa* Hedw.、葫芦藓科葫芦藓 *Funaria hygrometrica* Hedw.、真藓科真藓 *Bryum argenteum* Hedw.、暖地大叶藓 *Rhodobryum giganteum* (Schwaegr.) Par. 大叶藓 *Rh. roseum* (Hedw.) Limpr.,提灯藓科匍枝尖叶提灯藓 *Plagimnium cuspidatum* (Hedw.) T. Kop.,珠藓科平珠藓 *Plagiopus oederi* (Brid.) Limpr.、万年藓科万年藓 *Climacium dendroides* (Hedw.) Web. et Mohr.、羽藓科细叶小羽藓 *Haplocladium microphyllum* (Hedw.) Broth. subsp. *capillatum* (Mitt.) Reim.、金发藓科东亚小金发藓 *Pogonatum inflexum* (Lindb.) Lac.、金发藓 *Polytrichum commune* L. ex Hedw. 等。

二、苔藓植物门常用药用植物

(1) 蛇苔 *Conocephalum conicum* (L.) Dum. (图11-1)　苔纲蛇苔科。叶状体深绿色,有光泽,长5~10cm,宽1~2cm,多回二歧分叉。腹面淡绿色,有假根,雌雄异株。雌托钝头圆锥形,或蛇头形,褐黄色,托下生5~8枚总苞,每苞内有一梨形孢蒴,孢子褐黄色;雄托椭圆盘状,紫色,无柄,贴生于叶状体背面。分布全国各地。生于溪边林下阴湿岩石上或土表。中药蛇苔为其叶状体,能清热解毒,消肿止痛。

(2) 地钱 *Marchantia polymorpha* L. (图11-2)　苔纲地钱科。叶状体暗绿色,宽带状,多回二

歧分枝,长5~10cm,宽1~2cm,边缘微波状。胶面鳞片紫色;假根平滑或带花纹。雌雄异株。雄托盘状,波状浅裂,精子器埋于托筋背面;雌托扁平,先端深裂成9~11个指状裂瓣,孢蒴生于托的指腋腹面。叶状体背面前端常生有杯状的无性芽孢杯,内生胚芽,行无性生殖。分布全国各地。生于阴湿的土坡或微湿的岩石及墙基。叶状体药用,能清热利湿,解毒敛疮。

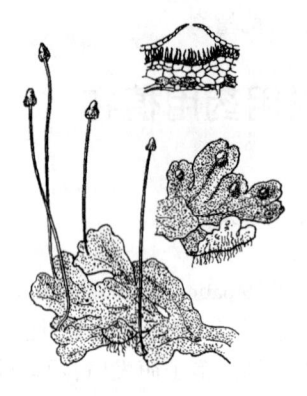

图11-1 蛇苔 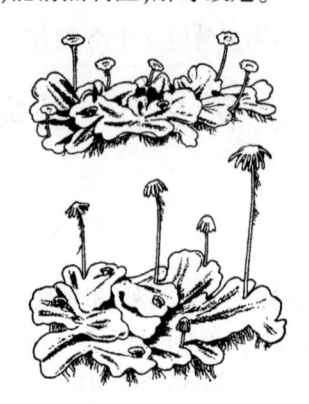　　　　　　　　　　　图11-2 地钱

(3) 泥炭藓 *Sphagnum palustre* L. (图11-3)　藓纲泥炭藓科。植物体枝条纤长,黄绿色或黄白色,高8~20cm,茎叶舌形平展,长1~2mm,宽0.8~0.9mm;枝叶阔卵圆形,内凹,先端兜状内卷,绿色。雌雄异株。精子器球形,集生于雄株头状枝或短枝顶端,每一苞叶腋间生1个;颈卵器生于雌株头状枝丛的雌器苞内,孢蒴球形或卵形,成熟时棕栗色,具小蒴盖。分布东北、华东、中南及西南等地区。生于高山水湿和沼泽地带。植物体药用,能清热明目,止痒。

(4) 葫芦藓 *Funaria hygrometrica* Hedw. (图11-4)　藓纲葫芦藓科。植物体直立,高1~3cm,淡绿色。茎单一或从基部稀疏分枝。叶簇生茎顶,长舌形,叶端渐尖,全缘;中肋粗壮。雌雄同株异苞,雄苞顶生,花蕾状;雌苞生于雄苞下的短侧枝上。蒴柄细长,黄褐色,长2~5cm,上部弯曲,孢蒴弯梨形,不对称;蒴齿两层;蒴帽兜形,具长喙。分布东北、华北、华东及西南等地区。生于氮肥丰富的阴湿地上。植物体药用,能祛风除湿,止痛,止血。

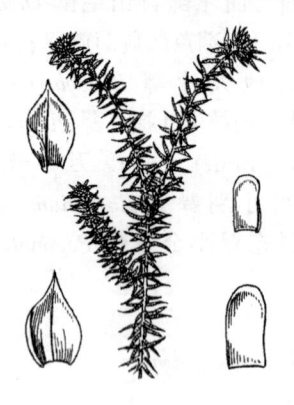

图11-3 泥炭藓 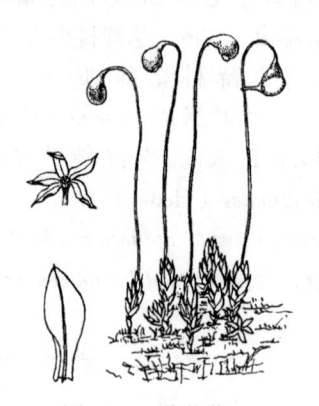　　　　　　　　　　　图11-4 葫芦藓

(5) 暖地大叶藓 *Rhodobryum giganteum* (Schwaegr.) Par. (图11-5)　藓纲真藓科。植物体鲜绿色或褐绿色。茎直立,有明显的横生根茎。茎下部的叶片小,鳞片状,紧贴,顶叶大,簇生如花苞状,倒卵形或舌形,长15~20mm,宽4~5mm,具短尖,上部有细齿,中肋长达叶尖。雌雄异株。蒴柄紫红色,直立,多个直出。孢蒴圆柱形,下垂,褐色;蒴齿两层;蒴盖凸形,有短喙;孢子球形,黄褐色。分布江苏、安徽、浙江、湖南、广东、贵州、云南等地。生于潮湿林地或溪边石缝

植物体药用,能养心安神,清肝明目。

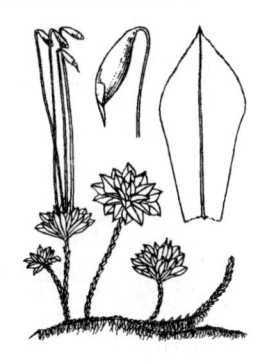

图 11-5　暖地大叶藓　　　　图 11-6　万年藓

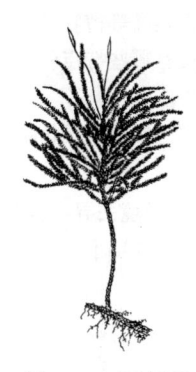

（6）万年藓 *Climacium dendroides* (Hedw.) Web. et Mohr（图 11-6）　藓纲万年藓科。植物体呈树形。地下茎匍匐横生,具假根及膜质鳞状小叶。地上茎直立,多分枝,高达 15~20cm,分枝密布绿色鳞毛,叶宽卵状三角形、卵状披针形至狭长披针形,中肋单一,达于叶尖前终止。雌雄异株。蒴柄长 2~4cm,红色;孢蒴直立,长柱形,多出;蒴盖高圆锥形;蒴帽兜形,包盖全孢蒴。分布吉林、辽宁、陕西、江苏、安徽、浙江、福建、西藏及西南。生于潮湿的林下或沼泽地附近。植物体药用,能清热除湿,舒筋活络。

（7）金发藓 *Polytrichum commune* L. ex Hedw.（图 11-7）　藓纲金发藓科。植物体深绿色、淡绿色,茎高 10~25cm,单一或稀分枝。叶片上部较尖,基部鞘状,鞘部以上的中肋及叶背均具刺突。雌雄异株。雄株稍短,顶端雄器状似花苞;雄株较高大,顶生孢蒴,蒴柄长 10cm,红棕色,雌苞叶长而窄,中肋及顶。孢蒴具四棱角,长方形;蒴帽覆盖全蒴;蒴盖扁平,具短喙;蒴齿单层;孢子圆形,黄色,平滑。分布华东、中南、西南等地。生于山野阴湿土坡、森林沼泽、酸性土壤上及岩石表土层。植物体药用,能滋阴清热,凉血止血。

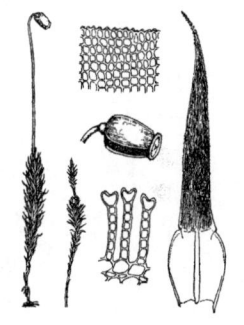

图 11-7　金发藓

小结

苔藓植物是一群小型的多细胞绿色植物,已初步分化成了根、茎、叶。生活史中有配子体、孢子体和原丝体 3 种植物体,形成了明显的世代交替,精子与卵结合的合子不经休眠就分裂形成胚,属于高等植物。

苔藓植物配子体发达,生活周期长,在生活史中占优势,孢子体寄生在配子体上,原丝体独立生活。苔纲的配子体有叶状体、拟茎叶体等形态,多为背腹式;藓纲的配子体为有茎、叶分化的拟茎叶体,无背腹之分。

苔藓植物门的常用药用植物有蛇苔、地钱、泥炭藓、葫芦藓、暖地大叶藓、万年藓、金发藓等。

目标检测

一、名词解释

1. 精子器　　2. 颈卵器　　3. 高等植物

二、简答题

1. 苔藓植物为什么是高等植物？
2. 苔藓植物生活史有哪些特点？
3. 苔纲和藓纲有哪些区别？
4. 苔藓植物门有哪些常用药用植物？

三、思考题

1. 在野外，应到什么环境去寻找苔藓植物？
2. 苔藓植物为什么植株矮小？

(王德群)

第12章 蕨类植物门

学习目标

1. 说出蕨类植物在植物界的位置
2. 简述蕨类植物的孢子体特征
3. 比较蕨类植物门的5个亚门之间异同
4. 说出蕨类植物门的常用药用植物及其分类位置

蕨类植物门 Pteridophyta 有胚的产生,属于高等植物;配子体产生颈卵器和精子器,又属于颈卵器植物;孢子体有根、茎、叶的分化,并产生了维管系统,又属于维管植物,但蕨类植物门具有独立生活的孢子体与配子体,这是有别于其他高等植物的特征。

蕨类植物广布全世界,共有12 000多种。我国蕨类植物有2600多种,全国均有分布,以长江流域以南和西南地区为多。药用蕨类植物50科500种。常用中药贯众、狗脊、海金沙、伸筋草、卷柏、石韦、骨碎补等均属于蕨类植物。

第1节 蕨类植物门的特征

蕨类植物的孢子体发达,配子体退化,但两者均独立生活。

一、孢 子 体

蕨类植物的孢子体通常有根、茎、叶的分化,大多数为多年生草本,少数为木本和一年生草本。孢子体上产生孢子囊,孢子囊内产生孢子,孢子囊又有各种聚集状态。

根:蕨类植物的根为不定根,吸收能力较强。

茎:蕨类植物的茎多为根状茎,少数种类具有地上茎。有的茎上具有鳞片和各种类型的腺毛及非腺毛。茎内的维管系统形成各种类型中柱,如原生中柱、管状中柱、网状中柱和散状中柱等,在木质部中主要为管胞和薄壁组织,韧皮部中主要是筛苞及韧皮薄壁组织,一般无形成层。

叶:蕨类植物的叶有不同的类型,根据来源和形态分为大型叶和小型叶两种;根据功能分为营养叶(不育叶)和孢子叶(能育叶)两种;根据功能和形态分为同型叶(一型叶)和异型叶(二型叶)两种。

营养叶和孢子叶:仅能进行光合作用而不产生孢子囊和孢子的叶称为营养叶,如紫萁、阴地蕨、瓶尔小草均有营养叶。专门产生孢子囊和孢子的叶称为孢子叶,如紫萁的孢子叶早春先发出,不含叶绿素,孢子成熟后即枯萎。

同型叶与异型叶:有些蕨类植物的营养叶和孢子叶不分,既能进行光合作用,又产生孢子,并且形状相同,这类叶称为同型叶,如海金沙、贯众、金毛狗脊等;而营养叶和孢子叶形状不同者称为异型叶,如紫萁、瓶尔小草等。也有一些蕨类除了有专门进行光合作用的叶,还有既能进行光合作用又并能产生孢子的叶,两者形态有所不同,这类植物如石韦、抱石莲等。

小型叶与大型叶:有些蕨类植物的叶只有单一的不分枝的叶脉,没有叶隙和叶柄,这类叶称小型叶,如木贼、石松、卷柏等;叶有多分枝的叶脉,有叶柄和叶隙,这类叶称大型叶,如石韦、金毛狗脊、贯众等。大型叶幼时拳卷,成长后常分化为叶柄和叶片,叶片有单叶或一回到多回羽状分裂及复叶。

孢子囊的着生:蕨类植物的孢子着生在孢子囊内,孢子囊有单生,有聚生。在小型叶蕨类植物中,孢子囊单生在孢子叶腋,通常集生在枝的顶端,根据集生的形状称为孢子叶穗或孢子叶球。松叶蕨孢子囊单生,互相疏离;石松孢子囊单生在枝端的孢子叶腋,又集成穗状,称孢子叶穗;木贼的孢子囊单生于枝顶的孢子叶腋,又集生成球形的孢子叶球。在大型叶蕨类植物中,孢子囊常生在孢子叶背面、边缘或集生在一个特化的孢子叶上,往往由多数孢子囊聚生成群,称为孢子囊群(孢子囊堆)。孢子囊群有各种不同形状,如圆形、长圆形、肾形、线形等。孢子囊群有的裸露,有的则有各种形状的囊群盖。

孢子囊和孢子:孢子囊形态多样,有球形、扁球形、卵形、椭球形等,有的具柄,有的无柄。在孢子囊上往往有一行不均匀增厚的细胞称为环带,环带着生类型有顶生环带、横行中部环带、斜行环带、纵行环带等,孢子囊的开裂与环带有关。孢子囊内有多数孢子,孢子有两种类型,一类为二面型的肾形孢子,另一类为四面型的圆形或钝三角形的孢子。

二、配 子 体

蕨类植物的孢子成熟后散落到适宜的环境中即萌发出配子体。配子体体型小,结构简单,生活期短。大多数蕨类植物的配子体为绿色,具有腹背分化的叶状体,能独立生活。在配子体腹面产生颈卵器和精子器,产生卵与带鞭毛的精子,受精时需要在有水的环境中。受精卵发育成胚,幼胚仍寄生在配子体上,配子体不久即死亡,孢子体即开始独立生活。

三、生 活 史

蕨类植物生活史中有两种植物体,即孢子体和配子体。从单倍体的孢子开始到配子体上产生精子和卵的这个阶段,称为配子体世代(有性世代),染色体数目是单倍的。从受精卵开始到孢子体上产生孢子囊中孢子母细胞进行减数分裂之前,这个阶段称为孢子体世代(无性世代),染色体数目为双倍。蕨类植物这两个世代有规律地交替进行,完成生活史。

第2节 蕨类植物门的常用药用植物

一、蕨类植物门的分类

我国著名的蕨类植物学者秦仁昌先生将现代蕨类植物分为5个亚门:松叶蕨亚门、石松亚门、水韭亚门、楔叶蕨亚门和真蕨亚门。前4个亚门通常被称为拟蕨植物,真蕨亚门被称为真蕨植物。

(1) 松叶蕨亚门 Psilophytina 孢子体无真根,基部为根状茎,向上生出气生枝,根状茎匍匐,表面具毛状假根;气生枝直立或悬垂。叶小,鳞片状,无叶脉或仅为小型叶面有主脉。孢子囊2~3个聚生,孢子同型。本亚门仅有松叶兰科 Psilotaceae,我国仅有松叶蕨 *Psilotum nudum* (L.) Griseb.一种。

(2) 石松亚门 Lycophytina 孢子体有根、茎、叶的分化。茎分枝；小型叶，或近二形。孢子囊单生能育叶腋，孢子叶常聚生枝顶形成孢子叶穗，孢子囊生于孢子叶的腹面，孢子同型或异型。本亚门有4科。我国有3科：石杉科、石松科、卷柏科。常见药用植物有：

> 秦仁昌教授（1898~1986）是我国著名的植物学家，从事蕨类植物研究达60年。蕨类植物的分类系统在上世纪40年代之前还很不成熟，如当时的水龙骨科就包含1万多种，占全世界蕨类植物种数90%以上。秦仁昌教授1940年发表的《水龙骨科的自然分类》，把多谱系的水龙骨科分为33科，这是近代蕨类植物系统分类学上的一个重大突破，引起了全世界蕨类学家们的重视。秦仁昌教授的蕨类植物分类系统在世界上产生了深远的影响。秦仁昌教授一生发表论文约200篇，我国有很多蕨类植物都是他发现、命名、发表或者订正的。如有柄石韦 *Pyrrosia petiolosa* (Christ) Ching，阔叶原始观音座莲 *Archangiopteris latipinna* Ching 等。

石杉科 Huperziaceae 的蛇足石杉 *Huperzia serrata* (Thunb.) Trev.、中华石杉 *H. chinensis* (Christ) Ching、马尾杉 *Phlegmariurus phlegmaria* (L.) Holub、美丽马尾杉 *Ph. pulcherrimus* (Wall.) Löve et Löve 等。

石松科 Lycopodiaceae 的扁枝石松 *Diphasiastrum complanatum* (L.) Holub、藤石松 *Lycopodiastrum casuarinoides* (Spring) Holub、石松 *Lycopodium japonicum* Thunb.、华中石松 *L. centro-chinense* Ching、玉柏石松 *L. obscurum* L.、灯笼草 *Palhinhaea cernua* (L.) Franco et Vasc. 等。

卷柏科 Selaginellaceae 的深绿卷柏 *Selaginella doederleinii* Hieron.、兖州卷柏 *S. involvens* (Sw.) Spring、江南卷柏 *S. moellendorfii* Hieron.、中华卷柏 *S. sinensis* (Desv.) Spring、卷柏 *S. tamariscina* (Beauv.) Spring、垫状卷柏 *S. pulvinata* (Hook. et Grev.) Maxim.、翠云草 *S. uncinata* (Desv.) Spring 等。

(3) 水韭亚门 Isoephytina 孢子体为多年生草本。茎短，块茎状；叶长，聚生在块茎上，圆柱形或四棱状圆柱形，先端渐尖，叶近轴面具叶舌。孢子囊生于孢子叶的特化小穴中，大孢子囊生于外围叶上，小孢子囊生于内部叶上。孢子异型。本亚门仅有水韭科 Isoetaceae，我国有3种，常见的为中华水韭 *Isoetes sinensis* Plmer 和水韭 *I. japonica* A. Br.。

(4) 楔叶蕨亚门 Sphenophytina 孢子体有根、茎、叶的分化。茎具节和节间，节间中空，表面有纵棱；叶细小，无叶绿素，连合成筒状的叶鞘，包围节间的基部。能育叶盾形。孢子囊1室，6~9个排列于能育叶的下面，孢子叶在枝顶聚生成孢子叶球。孢子同型或异型，周壁有弹丝。本亚门仅有木贼科 Equisetaceae，常见的药用植物有：问荆 *Equisetum arvense* L.、犬问荆 *E. palustre* L.、草问荆 *E. pratense* Ehrh.、笔管草 *Hippochaete debilis* (Roxb.) Ching、木贼 *H. hyemale* (L.) Borther 节节草 *H. ramosissima* (Desf.) Boerner 等。

(5) 真蕨亚门 Filicophytina 孢子体有根、茎、叶分化。根为不定根。茎除树蕨外，均为根状茎，根状茎细长横走，短而直立倾斜，常被鳞片和毛。幼叶常拳卷，叶形多样，单叶、掌状、二歧或羽状分裂，叶簇生、近生或远生。孢子囊形态多样，有柄或无柄，环带有或无，常聚成孢子囊群，有盖或无盖。真蕨亚门我国共有57科。

常见的药用植物有：

七指蕨科 Helminthostachyaceae 的七指蕨 *Helminthostachys zeylanica* (L.) Hook.。

阴地蕨科 Botrychiaceae 的蕨萁 *Botrypus virginianus* (L.) Holub、阴地蕨 *Scepteridium ternatum* (Thunb.) Lyon 等。

箭蕨科 Ophioglossaceae 的尖叶瓶尔小草 *Ophioglossum pedunculosum* Desv.、瓶尔小草 *O. vulgatum* L. 等。

莲座蕨科 Angiopteridaceae 的福建观音座莲 *Angiopteris fokiensis* Hieron.、大观音座莲 *A. magna* Ching 等。

紫萁科 Osmundaceae 的紫萁 *Osmunda japonica* Thunb.、分株紫萁 *O. cinnamomea* L.、华南紫萁 *O. vachelli* Hook.等。

里白科 Gleicheniaceae 的芒萁 *Dicranopteris pedata*（Houtt.）Nakai、里白 *Diplopterygium glaucum*（Thunb. ex Houtt）Nakai 等。

海金沙科 Lygodiaceae 的海金沙 *Lygodium japonicum*（Thunb.）Sw.、小叶海金沙 *L. microphyllum*（Cav.）R. Br.等。

蚌壳蕨科 Dicksoniaceae 的金毛狗脊 *Cibotium barometz*（L.）J. Smith。

桫椤科 Cyatheaceae 的桫椤 *Alsophila spinulosa*（Wall. ex Hook.）Tryon、大黑桫椤 *Gymnosphaera gigantea*（Wall. ex Hook.）J. Smith 等。

鳞始蕨科 Lindsaeaceae 的乌蕨 *Sphenomeris chinensis*（L.）Maxon 等。

蕨科 Pteridiaceae 的蕨 *Pteridium aquilinum*（L.）Kuhn var. *latiusculum*（Desv.）Underw.等。

凤尾蕨科 Pteridaceae 的凤尾草 *Pteris multifida* Poir.、半边旗 *P. semipinnata* L.、蜈蚣草 *P. vittata* L.等。

中国蕨科 Sinopteridaceae 的银粉背蕨 *Aleuritopteris argentea*（Gmél.）Fée、野鸡尾金粉蕨 *Onychium japonicum*（Thunb.）O. Kuntze 等。

铁线蕨科 Adiantaceae 的铁线蕨 *Adiantum capillus - veneris* L.、扇叶铁线蕨 *Adiantum flabellulatum* L.等。

裸子蕨科 Hemionitidaceae 的凤丫蕨 *Coniogramme japonica*（Thunb.）Diels、普通凤丫蕨 *C. intermedia* Hieron.等。

铁角蕨科 Aspleniaceae 的铁角蕨 *Asplenium trichomanes* L.、过山蕨 *Camptosorus sibiricus* Rupr.、巢蕨 *Neottopteris nidus*（L.）J. Smith 等。

球子蕨科 Onocleaceae 的东方荚果蕨 *Matteuccia orientalis*（Hook.）Trev.、荚果蕨 *M. struthiopteris*（L.）Todaro 等。

乌毛蕨科 Blechnaceae 的乌毛蕨 *Blechnum orientale* L.、苏铁蕨 *Brainea insignis*（Hook.）J. Smith、狗脊蕨 *Woodwardia japonica*（L. f.）Smith 等。

鳞毛蕨科 Dryopteridaceae 的贯众 *Cyrtomium fortunei* J. Smith、粗茎鳞毛蕨 *Dryopteris crassirhizoma* Nakai 等。

肾蕨科 Nephrolepidaceae 的肾蕨 *Nephrolepis auriculata*（L.）Trimen 等。

水龙骨科 Polypodiaceae 的抱石莲 *Lepidogrammtis drymoglossoides*（Bak.）Ching、瓦韦 *Lepisorus thunbergianus*（Kaulf.）Ching、盾蕨 *Neolepisorus ovatus*（Bedd.）Ching、水龙骨 *Polypodiodes nipponica*（Mett.）Ching、石韦 *Pyrrosia lingua*（Thunb.）Farw.、有柄石韦 *P. petiolosa*（Christ）Ching、庐山石韦 *P. sheareri*（Bak.）Ching 等。

槲蕨科 Drynariaceae 的槲蕨 *Drynaria fortunei*（Kunze）J. Smith、崖姜蕨 *Pseudodrynaria coronans*（Wall.）Ching 等。

蘋科 Marsileaceae 的蘋 *Marsilea quadrifolia* L.。

满江红科 Azollaceae 的满江红 *Azolla imbricata*（Roxb.）Nakai。

二、蕨类植物门的常用药用植物

（1）松叶蕨 *Psilotum nudum*（L.）Griseb.（图 12-1） 松叶蕨科。附生纤细草本，高 15~

80cm。根茎细长,匍匐,下生多数假根;茎直立,下部不分枝,上部多回二叉分枝,小枝有3棱,绿色。叶退化,细小鳞片状,疏生。卵状披针形或卵形,2~3裂。孢子叶宽卵形,长2~3mm,孢子囊腋生,球形,直径约4mm,3室纵裂。分布长江以南。生于岩缝或附生树干上。中药松叶蕨为其全草,能祛风除湿,舒筋活血,化瘀。

(2) 蛇足石杉 *Huperzia serrtata* (Thunb.) Trev. (图 12-2) 石杉科。多年生草本,高 10~30cm。根须状。茎直立或下部平卧,一至数回二叉分枝,顶端常有生殖芽,落地成新苗。叶纸质,互生,叶片披针形,长1~3cm,宽2~4mm,边缘有不规则尖锯齿。有主脉,柄短。孢子叶与营养叶同形,孢子囊横生叶腋,肾形,淡黄色,光滑,横裂。分布东北,长江流域及以南。生于林荫下湿地或沟谷石上。中药千层塔为其全草,能散瘀止血,消肿止痛,除湿,清热解毒。

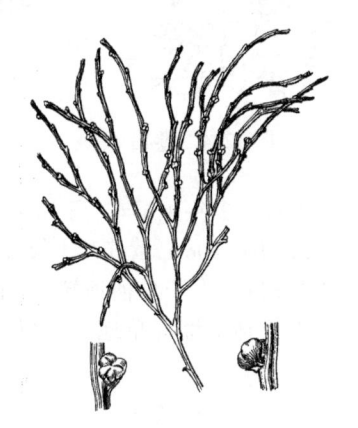

图 12-1　松叶蕨　　　　　　　图 12-2　蛇足石杉

(3) 石松 *Lycopodium japonicum* Thunb. (图 12-3) 石松科。主茎匍匐,长2~3m,侧枝直立,高达15cm,直径6mm,多回二叉分枝。叶螺旋状排列,线状披针形,长3~5mm,宽0.3~0.8mm,孢子叶穗圆柱形,长3~5cm。分布东北、华东、中南、西南及内蒙古、陕西、新疆等地。生于山坡草地、灌丛或松林下酸性土壤中。中药伸筋草为其全草,能祛风除湿,舒筋活血,利尿通经。

(4) 卷柏 *Selaginella tamariscina* (Beauv.) Spring (图 12-4) 卷柏科。多年生常绿草本,高 5~15cm,全株成莲座状,干后内卷如拳。主茎短,下生须根。侧枝丛生于顶端,各枝为二叉扇状分枝。叶二型,在枝两侧及中间各2片,侧叶长卵圆形,中叶卵圆状披针形,中脉在叶上面下陷。孢子叶卵状三角形,孢子囊圆肾形,孢子叶穗生于枝顶。分布东北、华北、华东、中南及陕西、四川。生于向阳山坡或岩石缝内。中药卷柏为其全草,能活血通经,炒炭则化瘀止血。

> 卷柏生长在岩石上,阴雨天,石上湿漉漉的,它伸展开身体,快活的生长。到了久晴不雨时,石头上没有了水分,甚至连它身体内的水分也被蒸腾丧失,这时它就将枝叶像拳头一样收卷起来,等到有水分时再吸水伸展。因此,卷柏即使被人采下来晒干,它也不死,只要将其置于水中,很快就舒展枝叶而呈现出鲜绿的颜色。难怪人们给它取了一个特殊的名字:九死还魂草。
> 链接

(5) 木贼 *Hippochaete hyemale* (L.) Borher (图 12-5)　木贼科。多年生常绿草本,高 40~100cm。根茎粗,黑褐色;地上茎直立,单一,中空,径5~10mm,表面有纵棱脊,棱脊上有疣状突起,表皮极粗糙。叶退化成鳞片状,基部合生成筒状鞘,鞘长6~10mm,鞘基和鞘齿各有一黑环,鞘齿线状钻形。孢子叶六角形盾状,中央有柄,周围轮列椭圆形孢子囊,孢子叶球生于茎顶,如圆锥形,长7~15mm。分布东北、华北、西北、华中、西南。生于山坡林下阴湿处、河岸湿地、溪边。

中药木贼为其全草,能疏风散热,明目退翳,止血。

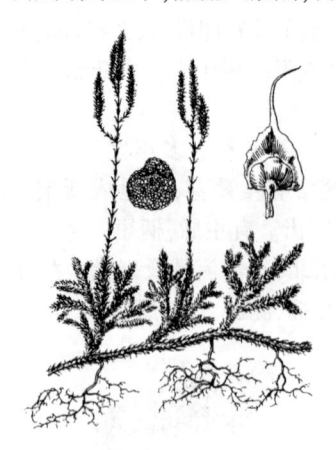

图 12-3 石松 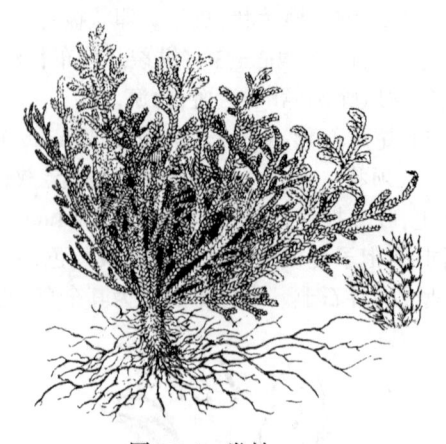　　　　　　　图 12-4 卷柏

(6) 瓶尔小草 *Ophigolossum vulgatum* L.(图 12-6)　箭蕨科。多年生草本,高 10~30cm。根茎圆柱形,短而直立;自根茎丛生肉质粗根。具总柄 1~3 个,长 10~20cm,营养叶 1 枚,肉质或草质,狭卵形成或长圆状卵形,全缘,无柄,叶脉网状。孢子囊穗柱状,生于总柄顶端,孢子囊扁球形,无柄,无环带。分布长江中下游以南各地及陕西南部。生于林下潮湿草地、灌木林或田边。中药一支箭为其全草,能清热凉血,解毒镇痛。

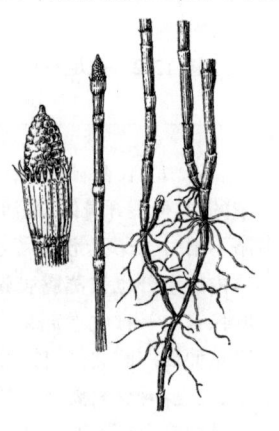

图 12-5 木贼 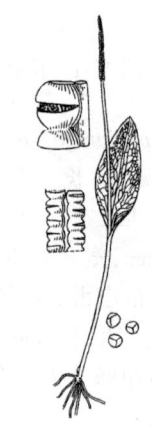　　　　　　　图 12-6 瓶尔小草

(7) 紫萁 *Osmunda japonica* Thunb.(图 12-7)　紫萁科。多年生草本,高 30~100cm。根茎粗壮,横卧或斜升,无鳞片。叶二型,幼时密被绒毛;营养叶有长柄,三角状阔卵形,长 30~50cm,宽 25~40cm,顶部以下二回羽状,小羽片长圆形或长圆状披线针,孢子叶强度收缩,小羽片条形,长 1.5~2cm,沿主脉两侧密生孢子囊,形成长大深棕色的孢子囊穗,成熟后枯萎。分布华东、华中、华南、西南及甘肃等地。生于林下、山脚灌丛或溪边的酸性土上。中药紫萁为其根茎及叶柄残基,能清热解毒,祛瘀止血,杀虫。

(8) 海金沙 *Lygodium japonicum* (Thunb.) Sw.(图 12-8)　海金沙科。多年生攀援草质藤本,长 1~5m。根须状,黑褐色,被毛;根状茎近褐色,细长而横走。羽片近二型,纸质,不育羽片尖三角形,二至三回羽状,边缘有不整齐的浅锯齿;能育羽片卵状三角形,孢子囊穗生于羽片顶端,暗褐色。分布陕西、甘肃及华东、中南、西南地区。生于阴湿山坡灌丛或林缘。中药海金沙为其孢子,能清利湿热,通淋止痛。

图12-7 紫萁　　　　　　　　图12-8 海金沙

(9) 金毛狗脊 Cibotium barometz (L.) J. Smith (图12-9) 蚌壳蕨科。多年生草本,高2~3m。根状茎横卧,粗壮,直径4~8cm,密生金黄色节状长毛,叶丛生,柄长1~1.2m,叶片草质或厚纸质,宽卵形,长1~1.4m,宽0.8~1.1m,三回羽状深裂,羽片互生,末回裂片狭长圆形或略呈镰刀形,长1~1.8cm,宽3~5mm。孢子囊群生于裂片下部边缘的小脉顶端,囊群盖两瓣,形如蚌壳,长圆形。分布华南、西南及浙江、江西、福建、台湾、湖南。生于山脚沟边及林下阴湿处酸性土上。中药狗脊为其根茎,能强腰膝,祛风湿,利关节,补肝肾。

> 紫萁除了根茎与叶柄残基作为药用外,它的孢子叶还是有名的山珍。紫萁有两型叶,春天,先从根茎上发出紫红色的孢子叶,孢子叶生长很快,孢子成熟散落后,孢子叶即枯萎,然后再长出绿色的营养叶。人们在孢子叶刚出土展开后采下,用水烫后晒干或盐渍后保存,作为蔬菜,美味可口,被称为"薇菜"。
>
> 链接

图12-9 金毛狗脊　　　　　　图12-10 桫椤

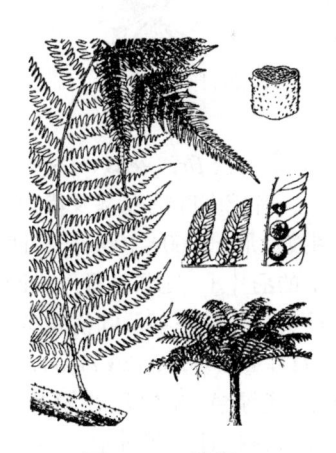

(10) 桫椤 Alsophila spinulosa (Wall. ex Hook.) Tryon (图12-10) 桫椤科。树状,主干高3~5m,深褐色或浅黑色。叶顶生呈树冠状;叶柄粗壮,长50~70cm,禾秆色至棕色,连同叶轴下密生短刺,基部密生棕色线状披针形鳞片;叶片大,纸质,椭圆形,长1.3~3m,宽60~70cm,三回羽状分裂;一回羽片12~16对,互生;有柄,二回羽片16~18对,近无柄,互生;末回裂片15~20对,互生,边缘有钝齿;叶脉羽状。孢子囊群圆球形,生于侧脉分叉处凸起的囊托上,囊群盖圆球形,

膜质,顶端开裂。分布西南及福建、广东、广西、西藏、台湾等地,为一级保护植物。生于溪边林下草丛中或阔叶林下。中药龙骨风为其茎,能祛风除湿,活血通络,止咳平喘,清解解毒,杀虫。

(11) 凤尾草 *Pteris multifida* Poir.(图 12-11) 凤尾蕨科。草本,高 20~70cm。根茎短,直立或斜生。叶草质,簇生,二型;不育叶柄长 4~6cm,叶片椭圆形,长 6~8cm,宽 3~6cm,先端尾状,单数一回羽状,羽片 1~4 对,对生,线形,先端长尖,边缘具小尖齿,下部 2~3 叉状深裂;叶轴具翅,叶脉羽状;能育叶与不育叶相似而较大,能育部分边缘无齿。孢子囊群线形,生于羽片的边脉上,囊群盖线索形,膜质,灰白色。分布山西、陕西及华东、中南和西南等地。生于海拔 800m 以下的石灰岩缝内、沟边等湿处。中药凤尾草为其全草,能清热利湿,消肿解毒,凉血止血,止痢。

(12) 贯众 *Cyrtomium fortunei* J. Smith (图 12-12) 鳞毛蕨科。草本,高 30~70cm。根茎短而斜升,连同叶柄基部密被阔卵状披针形的黑褐色鳞片。叶簇生;柄长 10~25cm,叶片长圆形至披针形,长 20~45cm,宽 8~15cm,一回羽状;羽片 10~20 对,镰状披针形,边缘有细锯齿。分布河北、山西、甘肃及华东、中南和西南。生于林缘、山谷、路边等阴湿处。中药小贯众为贯众的根茎及叶柄残基,能清热解毒,凉血祛瘀,驱虫。

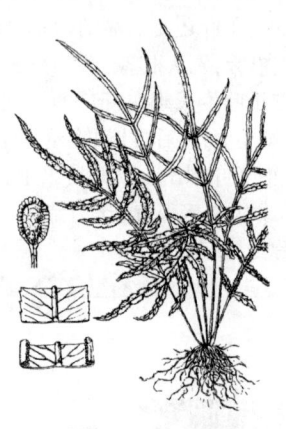

图 12-11 凤尾草　　　　　　　　　　图 12-12 贯众

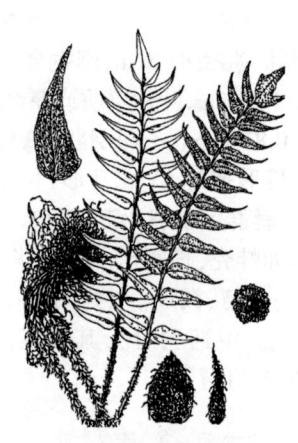

(13) 粗茎鳞毛蕨 *Dryopteris crassirhizoma* Nakai(图 12-13) 鳞毛蕨科。草本,高 50~100cm。根茎粗壮,斜生,有较多叶柄残基及黑色细根,密被长披针形棕褐色的鳞片。叶簇生;柄长 10~25cm;叶片倒披针形,长 60~100cm,二回羽状全裂或深裂;羽片无柄,裂片密接。孢子囊群体生于叶中部以上的羽片上,囊群盖肾形或圆肾形,棕色。分布东北及河北、内蒙古等地。生于林下阴湿处。中药贯众为其根茎及叶柄残基,能清热解毒,凉血止血,杀虫。

(14) 抱石莲 *Leidoprammitis drymoglossoides* (Bak.) Ching(图 12-14) 水龙骨科。草本。根状茎纤细横生,淡绿色,疏生星芒鳞片。叶远生,二型;营养叶肉质,长圆形,长 1.5~3cm,宽 1~1.5cm;孢子叶倒披针形或舌形。孢子囊群圆形,生于叶背中脉两侧,幼时有质状隔丝覆盖。分布陕西及华东、中南和西南。附生山坡阴湿的树干或石上。中药抱石莲为其全草,能清热解毒,利水通淋,消瘀,止血。

(15) 石韦 *Pyrrosia lingua* (Thunb.) Farw. (图 12-15) 水龙骨科。草本,高 10~30cm。根状茎细长,横生,与叶柄密生棕色的披针形鳞片。叶远生,近二型,柄长 3~10cm;叶片革质,披针形至长披针形,长 6~20cm,宽 2~5cm,全缘;上面绿色,下面密被灰棕色星芒状毛,不育叶比能育叶短而阔;中脉上凹下凸,小脉网状。孢子囊群满布于叶背面,幼时密被星芒状毛,成熟时露出,无囊群盖。分布华东、中南与西南。生于潮湿的岩石和树干上。中药石韦为其全草,能利水通淋,清肺化痰,凉血止血。

图 12-13 粗茎鳞毛蕨

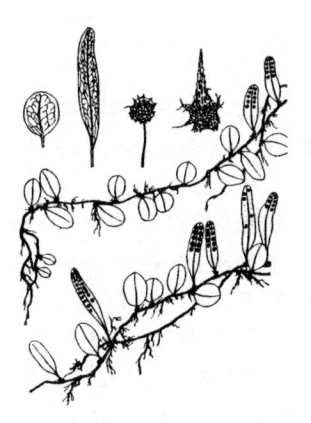

图 12-14 抱石莲

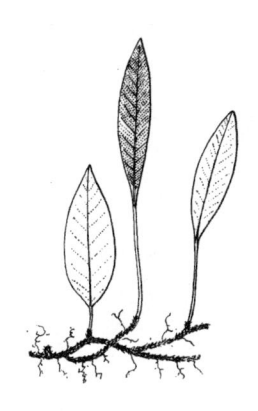

图 12-15 石韦

图 12-16 槲蕨

(16) 槲蕨 *Drynaria fortunei* (Kunze) J. Smith (图 12-16) 槲蕨科。草本,高 25~40cm。根状茎横生,粗壮肉质,密被钻状披针形鳞片。叶二型;槲叶状的营养叶早期绿色,后成灰棕色,卵形,无柄,干膜质,长 5~7cm,宽约 3.5cm,基部心形,边缘有粗浅裂;孢子叶高大,纸质,网状脉。孢子囊群圆形,着生于内藏小脉的交叉点上,沿中脉两侧各排成 2~3 行,无囊群盖。分布于长江以南及西南地区。附生于林中岩石或树干上。中药骨碎补为槲蕨的根茎,能补肾强骨,活血止痛。

(17) 蘋 *Marsilea quadrifolia* L. (图 12-17) 蘋科。草本,高约 20cm。根茎细长,横生,茎节远离,向上生长 1 至数叶。叶柄长 5~20cm;小叶 4 片,草质,倒三角形;叶脉扇形网状,叶柄基部生有 1 或分叉短柄,先端生有孢子果,果长圆肾形;大小孢子囊多数,生于同一孢子果内;大孢子囊内大孢子 1 个,小孢子囊内有小孢子多数。分布辽宁及华北、华东、中南、西南等地。生于水塘、沟边和水田中。全草药用,能利水消肿,清热解毒,止血,除烦安神。

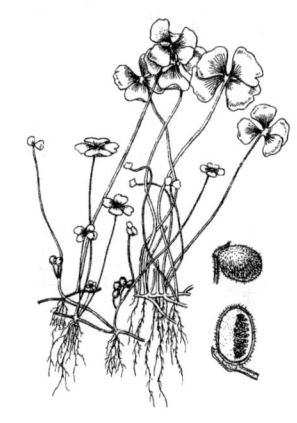

图 12-17 蘋

小结

　　蕨类植物孢子体有根、茎、叶的分化,并产生了维管系统,属于维管植物;有胚产生,又属于高等植物;配子体产生颈卵器和精子器,又属于颈卵器植物;靠孢子繁殖,不开花结果,仍属孢子植物。

　　蕨类植物的孢子体发达,配子体退化,但两者均独立生活。蕨类植物绝大多数为草本,茎多为根状茎,叶根据来源和形态分为大型叶和小型叶,根据功能分为营养叶和孢子叶,根据功能与形态又分为同型叶和异型叶。

　　蕨类植物门分为5个亚门:松叶蕨亚门、石松亚门、水韭亚门、楔叶蕨亚门和真蕨亚门,前4个亚门为小型叶蕨类,通常被称为拟蕨植物,真蕨亚门的种类和药用种类均十分丰富。

目标检测

一、名词解释

1. 大型叶　　2. 小型叶　　3. 营养叶　　4. 孢子叶
5. 同型叶　　6. 异型叶　　7. 孢子囊群

二、简答题

1. 蕨类植物的5个亚门各有何特点?
2. 石松亚门有哪些常用药用植物? 各属何科?
3. 真蕨亚门有哪些常用药用植物? 各属何科?
4. 水龙骨科有哪些药用植物?

三、思考题

1. 为什么蕨类植物属于孢子植物、颈卵器植物、维管植物和高等植物?
2. 蕨类植物有哪些常用中药? 各使用何部位? 有何功效?

(王德群)

第13章 裸子植物门

学习目标

1. 简述裸子植物的主要特征
2. 知道裸子植物的分类
3. 说出常用药用裸子植物形态特征、药用部位及功效

裸子植物门 Gymnospermae 是一类保留着颈卵器,又能产生种子和具维管束的植物,是介于蕨类植物和被子植物之间的一类维管植物。裸子植物广布于全世界,主要在北半球,常组成大面积森林。大多数是林业生产的主要用材树种,也有很多可以入药和食用。苏铁叶和种子,银杏叶和种子,松的花粉、叶、节,麻黄的茎和叶,侧柏嫩枝叶及种仁等均可入药。

第1节 裸子植物门的特征

裸子植物体(孢子体)多为乔木、灌木,少为亚灌木(麻黄)或藤本(倪藤)。多为常绿植物,少为落叶性(银杏);茎内维管束环状排列,有形成层和次生生长;木质部大多为管胞,极少有导管(麻黄科、买麻藤科除外),韧皮部中有筛胞而无伴胞。叶针形、条形或鳞片形,极少为扁平的阔叶,无托叶。花单性,同株或异株,无花被或仅具原始的花被;雄蕊(小孢子叶)多数,聚生成雄球花(小孢子叶球);雌蕊的心皮(大孢子叶)不形成密闭的子房,丛生或聚生成雌球花(大孢子叶球);胚珠裸生在心皮上,传粉受精后发育成种子,种子裸露于心皮上,成熟后无果皮包被,所以称为裸子植物。这是与被子植物的重要区别点。

第2节 裸子植物门的分类

裸子植物出现于3亿年前的古生代,最盛时期是2亿年前的中生代,由于地史、气候经过多次重大变化,古老的种类相继绝迹。现存的裸子植物种类已为数不多,分属5纲、12科、71属,近800种。我国有5纲、11科、41属,近300种,其中有一些是中国的特有种和第三纪孑遗植物,或称"活化石"植物,如银杏、银杉、水杉等。

现代的裸子植物分为苏铁纲 Cycadopsida、银杏纲 Ginkgopsida、松柏纲(球果纲)Coniferopsida、红豆杉纲(紫杉纲)Taxopsida 及买麻藤纲(倪藤纲)Gnetopsida 5纲。

裸子植物门分纲检索表

1. 花无假花被;茎的次生木质部无导管;乔木或灌木。
 2. 叶大型,羽状复叶,聚生于茎顶端,茎不分枝 ………………………………… 苏铁纲 Cycadopsida
 2. 叶为单叶,不聚生于茎顶端,茎有分枝。
  3. 叶扇形,有二叉状脉序 ……………………………………………………… 银杏纲 Ginkgopsida
  3. 叶针形或鳞片形,无二叉状脉序。
   4. 大孢子叶两侧对称,常集成球果状;种子有翅或无 …………………… 松柏纲 Coniferopsida
   4. 大孢子叶特化为鳞片状的珠托或套被,不形成球果;种子有肉质的假种皮 … 红豆杉纲 Taxoceae
1. 花有假花被;茎的次生木质部有导管;亚灌木或木质藤本 …………………… 买麻藤纲 Gnetopsida

第3节 裸子植物门的常用药用植物

一、苏铁科

> "千年铁树开了花"。人们往往用这句话形容事物的稀罕难逢。铁树适于生活在温暖湿润环境,不耐严寒,在我国绝大部分比较寒冷,对苏铁的正常生长发育带来了不利的影响,铁树开花较为少见。而在我国南方成年的苏铁,只要气候适宜,管理得当,几乎会年年开花,并正常结种子。

1. 形态特征 苏铁科 Cycadaceae 常绿木本植物,树干粗壮,茎单一,极少分枝,呈棕榈状。叶大,革质,羽状复叶,螺旋状排列于树干上部。雌雄异株。雄球花木质,单生于树干顶端,雄蕊扁平鳞片状或盾形,下面生有无数小孢子囊(花粉囊)。雌蕊叶状或盾状,丛生于枝顶,上部多羽状分裂,密生褐色绒毛,中下部狭窄成柄状,两侧生有 2~10 枚胚珠。种子核果状,具三层种皮:外层肉质甚厚,中层木质,内层薄纸质。胚乳丰富,子叶 2 枚。

2. 分布 9 属,约 110 余种。我国有 1 属,8 种;分布于华东、西南、华南等地区;药用 1 属,4 种。

3. 主要药用植物 苏铁(铁树)*Cycas revoluta* Thunb.(图 13-1):常绿小乔木。树干圆柱形,不分枝,密被宿存的叶基和叶痕。羽状复叶螺旋状排列聚生茎顶,小叶片条状披针形,革质。雌雄异株;雄球花圆柱形,上面生有许多鳞片状雄蕊,每一雄蕊上着生多数花药,常 3~4 枚聚生;雌蕊密被褐色绒毛,顶部羽状分裂,下端两侧各生 1~5 枚近球形的胚珠。种子核果状,成熟时橙红色。分布于我国南方各省区,全国各地常有栽培。中药苏铁果为苏铁

图 13-1 苏铁
1. 植株全形 2. 小孢子叶 3. 花药 4. 大孢子叶

的种子,小毒,有理气止痛、益肾固精之功;中药苏铁叶为苏铁的叶,有收敛止痛、止血止痢之功。

二、银杏科

> 银杏最早出现于 3.45 亿年前的石炭纪,曾广泛分布于北半球的欧、亚、美洲,与动物界的恐龙一样称王称霸于世,至 50 万年前,发生了第四纪冰川运动,地球突然变冷,绝大多数银杏类植物濒于绝种,惟有我国自然条件优越,才奇迹般地保存下来。所以,科学家称它为"活化石","植物界的熊猫"。目前,国外的银杏都是直接或间接从我国传入的。我国是银杏的故乡,是世界银杏的分布中心。

1. 形态特征 银杏科 Ginkgoaceae 落叶乔木,树干高大。枝有长枝和短枝之分。叶在长枝上螺旋状散生,在短枝上簇生,叶片扇形,顶端常 2 浅裂,叶脉二叉状分枝。雌雄异株;雄球花葇荑花序状,雄蕊多数,螺旋状着生,花药 2 室;雌球花有长柄,柄端二叉,生两个杯状心皮,每心皮上裸生 1 枚胚珠,常只 1 枚发育。种子核果状;外种皮肉质,成熟时橙黄色;中果皮骨质,白色;内果皮膜质,淡红色。子叶 2 枚,胚乳丰富。

2. 分布 仅有 1 属,1 种。为我国特有,现普遍栽培;主产于辽宁、山东、河南、湖北、四川等省。

3. 主要药用植物 银杏(白果树、公孙树)

Ginkgo biloba L.(图 13-2) 形态特征与科相同。中药白果为银杏去肉质外种皮的种子,有敛肺、定喘、止带、缩小便之功;中药银杏叶为银杏的叶,有敛肺、平喘、止痛之功。

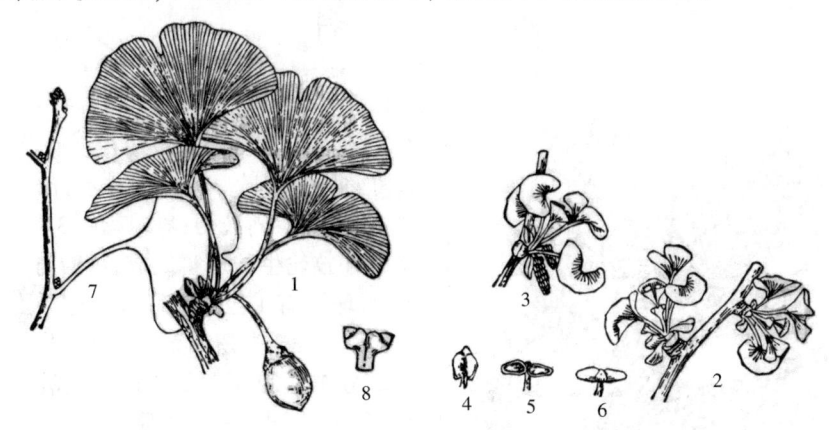

图 13-2 银杏
1.着生种子的枝 2.具雌花的枝 3.具雄花的枝 4.雄蕊 5.雄蕊背面
6.雄蕊下面 7.具冬芽的长枝 8.杯状心皮

三、松 科

1. 形态特征 松科 Pinaceae 常绿或落叶乔木,稀灌木,多含树脂。叶针形或条形,在长枝上螺旋散生,在短枝上簇生。花单性同株;雄球花穗状,雄蕊多数,每雄蕊有2个药室,花粉粒外壁两侧有突出成气囊的翼;雌球花球状,有多数螺旋状排列的珠鳞(心皮),每珠鳞腹面具2个胚珠,在珠鳞背面有1苞片称苞鳞,珠鳞与苞鳞分离,花后珠鳞增大成为种鳞,多数种鳞聚生成木质状球果(松球果),熟时张开,种子多具单翅。子叶2~15枚。

松科为裸子植物中最大的科,占全部裸子植物种类的1/3左右。我国的松科植物极多,占全部松科种类的1/2左右。松科经济意义大。它们都是大乔木,是优良木材和建筑材。许多种在园林绿化造林中居重要地位,如雪松 *Cedrus deodara*、金钱松为世界三大庭园植物的成员。

2. 分布 10属,约230种。我国有10属,约113种;分布于全国各地;药用8属,48种。

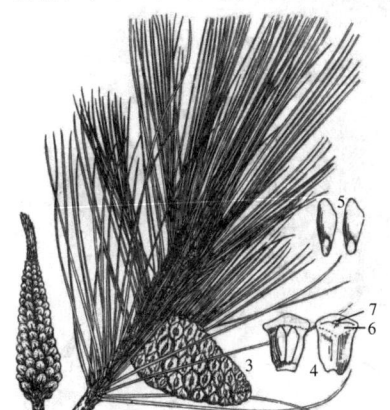

3. 主要药用植物 马尾松 *Pinus massoniana* Lamb.(图 13-3) 常绿乔木。树皮下部灰褐色,上部红褐色。叶在长枝上为鳞片形,在短枝上为针形,2针一束,稀3针,细软。花单性同株;雄球花淡红褐色,生于新枝下部;雌球花淡紫色,常2个生于新枝顶端。球果卵圆形,成熟后栗褐色。种鳞的鳞脐微凹,无刺。种子具单翅。分布于我国淮河和汉水流域以南各地,西至四川、贵州和云南。中药松节为马尾松的分枝节或瘤状节,有祛风除湿、活络止痛之功;中药松花粉为其花粉,有燥湿收敛、止血之功。

油松 *P. tabulaeformis* Carr.等的节和花粉亦作中药松节和松花粉入药。

图 13-3 马尾松
1. 果枝 2. 雄球花 3. 松球果 4. 种鳞
5. 种子 6. 鳞盾 7. 鳞脐

金钱松 *Pseudolarix amabillis* (Nelson) Rehd. 落叶乔木。叶条形,柔软,在长枝上螺旋状散生,短枝上簇生,轮状平展,其状如铜钱,秋后叶呈金黄色,故有"金钱松"之称。为我国特有树种。分布于长江中下游各省温暖地带。中药土荆皮为其根皮及近根树皮,有能杀虫、止痒之功。

四、柏　　科

1. 形态特征 柏科 Cupressaceae 常绿乔木或灌木。叶交互对生或轮生,鳞片形或针形,有时在同一树上具二型叶。雌雄同株或异株;雄球花顶生,每雄蕊具 2~6 花药;雌球花由 3~16 枚交互对生或 3~4 枚轮生的珠鳞组成,珠鳞与下面的苞鳞合生,每珠鳞有 1 至数枚胚珠。球果木质开裂或肉质合生。种子具翅或无。子叶 2 枚。

2. 分布 22 属,约 150 种。我国有 8 属,近 30 种;分布于全国;药用 6 属,20 种。

3. 主要药用植物 侧柏 *Platycladus orientalis* (L.) Franco(图 13-4) 常绿乔木。具叶的小枝扁平,排成一平面,直展。叶鳞片状,交互对生,贴于小枝上。球果卵圆形,幼时肉质,蓝绿色,被白粉,熟时木质,红褐色,顶端开裂。种鳞 4 对,扁平,仅中间 2 对各生 1~2 枚种子,种子无翅。为我国特有树种。分布遍及全国,各地常有栽培。中药侧柏叶为侧柏具叶小枝,有凉血、止血之功;中药柏子仁为其种仁,有养心、安神、润肠之功。

图 13-4 侧柏
1.着花的枝　2.着果的枝　3.小枝节　4.雄球花
5.雄蕊的内面及外面　6.雌球花　7.雌蕊内面
8.球果　9.种子

五、红豆杉科(紫杉科)

1. 形态特征 红豆杉科(紫杉科)Taxaceae 常绿乔木或灌木。叶螺旋状排列或交互对生,基部常扭转排成 2 列,披针形或条形,上面中脉明显,下面沿中脉两侧各具 1 条气孔带。球花单性异株,稀同株;雄球花单生叶腋或苞腋,或组成穗状花序集生枝顶,雄蕊多数,各具 3~9 个花药,花粉粒球形,无气囊;雌球花单生或成对着生于叶腋或苞腋,基部具盘状或漏斗状珠托。种子浆果状或核果状,全部或部分包被于肉质的假种皮中。子叶 2 枚。

2. 分布 5 属,23 种。我国有 4 属,12 种;分布于西北部、西南部、中部及东部;药用 3 属,10 种。

3. 主要药用植物 紫杉(东北红豆杉) *Taxus cuspidate* Sieb. et Zucc.(图 13-5) 常绿乔木。树皮红褐色。叶条形排成不规则 2 列,不弯曲,下面有两条气孔带。雄球花有雄花

图 13-5 东北红豆杉
1.部分枝条　2.叶　3.种子及假种皮
4.种子　5.种子基部

9~14朵,各具5~8个花药;种子卵形,紫红色,围有红色杯状假种皮,假种皮成熟时肉质,鲜红色。分布于我国东北地区的小兴安岭和长白山区。茎皮、根皮、枝叶含紫杉醇,具抗癌作用,亦可治疗糖尿病。

榧树 *Torreya grandis* Fort.et Lindl. 常绿乔木。小枝近对生或轮生。叶螺旋状着生,扭曲成2列、坚硬,先端有突尖,上面深绿色,无明显中脉,下面淡绿色,有2条气孔带。雌雄异株;雄球花圆柱形,单生叶腋,雄蕊多数,各有4个药室;雌球花2个,成对生于叶腋。种子椭圆形,熟时由珠托发育成的假种皮包被,淡紫褐色,有白粉。为我国特有树种,分布于江苏、浙江、安徽、江西、湖南等省。中药榧子为其种子,有杀虫、消积、润燥之功。

> 自1971年美国Wani等从短叶红豆杉 *Taxus brevifolia* 树皮中得到紫杉醇(taxol)后,红豆杉属植物受到广泛注视。全世界约有11种。中国该属植物资源较丰富,有4种1变种:西藏红豆杉 *Taxus willichiana*、东北红豆杉、云南红豆杉 *T. yunnanensis*、红豆杉 *T. chinensis* 及其变种南方红豆杉 *T. chinensis* var. *mairei* 等。本属植物已列为国家重点保护物种,只能利用栽培品。

六、麻 黄 科

1. 形态特征 麻黄科 Ephedraceae 小灌木或亚灌木。小枝对生或轮生,节明显,节间有细纵槽。茎的木质部内有导管。叶小,鳞片形,基部鞘状。雌雄异株,稀同株;雄球花由数对苞片组成,每苞中有雄花1朵,每花有雄蕊2~8枚,每雄蕊具2个花药,花丝合成一束,雄花外有膜质假花被;雌球花由多数苞片组成,仅顶端1~3枚苞片生有雌花,雌花由顶端开口的囊状假花被包围。胚珠1枚,具一层珠被,上部延长成珠被(孔)管,由假花被开口处伸出。种子浆果状,由假花被发育成的假种皮所包围,其外有红色肉质苞片,多汁可食。子叶2枚。

> 麻黄多分布在我国北方干旱荒漠、沙漠地带及黄土高原地区,不仅具有防风固沙、保持水土、改善生态环境等作用,而且又是我国特有的中药材。由于多年来人们对麻黄的滥采乱挖,野生麻黄的分布面积锐减,质量急剧下降,处于枯竭的危境,直接造成草原和荒漠植被的破坏,形成荒漠化土地。现已被列入《国家重点保护野生植物名录》。因此,为了保护日益恶化的生态环境,解决天然麻黄资源匮乏和品质下降问题,必须进行人工驯化栽培和合理开发利用野生资源。

2. 分布 1属,约40种。我国有16种(含4变种);分布于东北、华北、西北及西南等地;药用15种。

3. 主要药用植物 草麻黄 *Ephedra sinica* Stapf (图13-6) 亚灌木。木质茎短而横卧。小枝丛生于基部,草质。叶鳞片形,膜质,基部鞘状,上部2裂。雌雄异株;雄球花有5~8枚雄蕊,花丝合生;雌球花单生枝顶,有苞片4对,仅先端1对

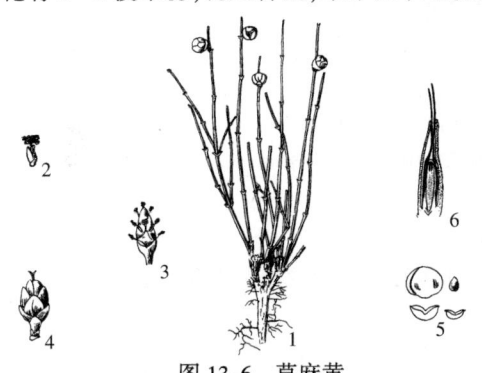

图13-6 草麻黄
1.雌株 2.雄花 3.雄球花 4.雌球花 5.种子及苞片 6.胚珠纵切

苞片有2~3雌花,成熟时苞片增厚成肉质,红色,内含种子1~2粒。分布于东北、华北、西北等地。中药麻黄为其草质茎,有发汗、平喘、利尿之功,中药麻黄根为其根,有止汗之功。

木贼麻黄 *E. equisetina* Bge.、中麻黄 *E. intermedia* Schr. et Mey.的草质茎和根亦作中药麻黄和麻黄根入药。

> **小结**
>
> 裸子植物既是颈卵器植物,又是种子植物。是介于蕨类植物和被子植物之间的一群维管植物。孢子体发达,胚珠裸露。
>
> 裸子植物分为苏铁纲、银杏纲、松柏纲、红豆杉纲及买麻藤纲5纲。
>
> 苏铁科:羽状复叶,雌雄异株,雌蕊叶状或盾状,丛生于枝顶。常用药用植物有苏铁。
>
> 银杏科:落叶乔木,叶脉二叉状分枝。雌雄异株,雄球花葇荑花序状,种子核果状。常用药用植物有银杏。
>
> 松科:叶针形或条形,雄蕊多数,每雄蕊有2个药室,花粉粒通常有突出成气囊的翼,苞鳞与珠鳞离生。常用药用植物有马尾松、油松、金钱松等。
>
> 柏科:叶鳞片形或针形,雌球花通常有3~16枚交互对生或3~4枚轮生的珠鳞组成,苞鳞与珠鳞合生。常用药用植物有侧柏。
>
> 红豆杉科:叶披针形或条形,基部常扭转成2列,下面有2条气孔带。单性异株,种子全部或部分包被于肉质的假种皮中。常用药用植物有东北红豆杉、榧树等。
>
> 麻黄科:叶小,鳞片形,基部鞘状,胚珠外有草质假花被包围,顶端有珠被延伸而成的珠孔管,种子浆果状。常用药用植物有草麻黄、中麻黄和木贼麻黄等。

目标检测

一、名词解释

1. 种鳞   2. 活化石   3. 珠鳞

二、简答题

1. 裸子植物的主要特征?
2. 裸子植物分为哪五个纲?
3. 苏铁纲有哪些主要特征和常用药用植物?
4. 银杏纲有哪些主要特征和常用药用植物?
5. 松柏纲有哪些主要特征和常用药用植物?
6. 红豆杉纲有哪些主要特征和常用药用植物?
7. 买麻藤纲有哪些主要特征和常用药用植物?

三、思考题

1. 比较松科、柏科植物的异同点。
2. 裸子植物门共有多少科?常用的药用植物属于哪些科?

(汪荣斌)

第14章 被子植物门

被子植物门 Angiospermae 植物是当今植物界中种类最多,分布最广和生长最繁茂的类群。全世界共有被子植物20多万种;我国3万余种,药用213科,1957属,10 027种(含种下分类等级),占全国药用植物总数的90%。

第1节 被子植物门的分类概述

学习目标

1. 简述被子植物门的主要特征
2. 叙述被子植物门的5种分类系统
3. 比较双子叶植物纲和单子叶植物纲、离瓣花亚纲和合瓣花亚纲的区别

一、被子植物门的主要特征

被子植物形态结构的进一步演化,特别是繁殖器官结构和生殖过程的特化,使被子植物对环境有更强的适应能力,成了现代植物界的主体。

1. 孢子体高度发达 被子植物体态具有多样化,既有木本植物,也有草本植物。木本植物有乔木、灌木和木质藤木,有常绿,也有落叶的;草本植物有一年生、二年生和多年生。体内的输导组织发达,木质部的导管和韧皮部的筛管、伴胞加强了水分和营养物质的运输能力。

2. 生殖器官高度特化 被子植物具有真正的花和果实。开花过程是被子植物的最显著特征,故称之为有花植物。花由花被(花萼、花冠)、雄蕊群和雌蕊群组成,胚珠包被在心皮内,被子植物开花后,经传粉授精,胚珠发育成种子,子房则发育成果实。

被子植物具有独特的双受精现象。被子植物在受精过程中,1个精子与卵细胞结合,形成合子(受精卵);另一个精子与2个极核结合,发育成三倍体的胚乳。三倍体胚乳为幼胚发育提供了具有双亲特性的营养,使新植物具有较强的生活力。

3. 营养方式多样 被子植物普遍含有叶绿素,是自养植物,但也有其他生活方式,有以下几种:

寄生与半寄生植物:旋花科菟丝子,列当科的肉苁蓉,野菰等均为寄生植物;桑科的桑寄生、槲寄生、檀香科的檀香、百蕊草,樟科的无根藤均为半寄生植物,它们体内仍含有叶绿素,可以进行光合作用。

腐生植物:兰科的天麻、珊瑚兰,鹿蹄草科的水晶兰则属于腐生植物,它们本身不含光合色素,依靠腐烂的植物供给营养,腐生往往需借助真菌的帮助。

捕虫植物:猪笼草科的猪笼草,茅膏菜科的茅膏菜、锦地罗等,狸藻科的黄山狸等均为食虫植物。

共生植物:有的被子植物与真菌或细菌形成共生关系,如豆科植物与根瘤菌共生,兰科植物与一些真菌共生。

4. 适应性强 被子植物可以生活在各种不同的环境中,它们主要是陆生,无论平原、丘陵、高原、高山、沙漠、盐碱地都可生长;也有部分种类水生,既可生活在淡水的湖泊、河流、沟渠、池塘、沼泽中,也可生活在海水中。

二、被子植物门的分类系统简介

被子植物门种类繁多，人们在观察和研究的基础上，形成了不同分类系统，如恩格勒系统、哈钦松系统、克朗奎斯特系统及我国植物分类学者的吴征镒系统、张宏达系统。

1. 恩格勒系统 1897年，德国植物学家恩格勒（A. Engler）等发表了植物分类史上第一个比较完整的系统。该系统将被子植物作为种子植物门下的一个亚门。分为单子叶植物纲和双子叶植物纲，共45目，280科。后经多次修改，至1964年将被子植物列为门，又将双子叶植物纲移到单子叶植物纲之前，共62目，344科。恩格勒系统是以假花学说为基础，认为无花瓣、单性花、风媒花、木本植物等为原始特征，有花瓣、两性花、虫媒花、草本植物为进化特征。该系统将菜荑植物作为最原始类群排列在前；木兰目和毛茛目为较进化类群，排列在后。双子叶植物纲木麻黄科在最前，菊科在最后，单子叶植物纲泽泻科在最前，兰科在最后。本教材被子植物类使用该系统，但有的内容略有变动。

2. 哈钦松系统 1926年和1934年，英国植物学家哈钦松（J. Hutchinson）发表了该系统，1973年修改，共111目，411科。哈钦松系统以真花学说为基础，认为木兰目、毛茛目是被子植物中最原始类群，并且分为草本植物和木本植物两支平行发展类群。在双子叶植物纲木本类型中，木兰科最原始，透骨草科最进化；草本类型中芍药科最原始，唇形科最进化；单子叶植物纲中，花蔺科最原始，禾本科最进化。

3. 克朗奎斯特系统 1968年美国植物学家克朗奎斯特（A. Cronquist）发表了该系统，1981年修订，将被子植物门称为木兰植物门，分木兰纲和百合纲，共83目，383科。认为木兰纲中八角科最原始，菊科最进化；百合纲中花蔺科最原始，兰科最进化。

4. 吴征镒系统 2003年我国植物学家吴征镒先生在《中国被子植物科属综论》中发表了被子植物的八纲分类系统：木兰纲、樟纲、胡椒纲、石竹纲、百合纲、毛茛纲、金缕梅纲、蔷薇纲。该系统共202目，572科，认为木兰纲的木兰科最原始，蔷薇纲的杉叶藻科最进化。

5. 张宏达系统 2004年我国植物学家张宏达先生在《种子植物系统学》中发表了新的系统，该系将现存被子植物归属于有花植物亚门的后生有花植物，其下列双子叶植物纲和单子叶植物纲，双子叶植物纲分为昆栏树、金缕梅、菜荑花序、多心皮、石竹、五桠果、蔷薇、合瓣花8个亚纲，单子叶植物纲分为棕榈、百合、鸭跖草、姜、百合5个亚纲，共344科。最原始的科为昆栏树目的昆栏树科，最进化的科为兰目的兰科。

三、被子植物门的分类

被子植物门分为双子叶植物纲 Dicotyledoneae 和单子叶植物纲 Monocotyledoneae，在双子叶植物纲下又可分为离瓣花亚纲（古生花被亚纲）Choripetalae 和合瓣花亚纲（后生花被亚纲）Sympetalae。

1. 双子叶植物纲 双子叶植物纲植物常为直根系；茎的维管束环列，具形成层；叶无叶鞘；具网状脉；花常为四或五基数，花粉粒常为3个萌发孔；种子常具2枚子叶。

（1）**离瓣花亚纲** 离瓣花亚纲的植物花无花被、单被或重被，花瓣分离，雄蕊生在花托上。

> 双子叶植物纲与单子叶植物纲的区别特征，在某些科的植物中有交叉现象。如双子叶植物纲中，毛茛科、车前科、菊科有的植物具有须根系；胡椒科、睡莲科、毛茛科、石竹科有的植物茎具散生维管束；樟、木兰科、小檗科、毛茛科有的植物具3数花；睡莲科、毛茛科、小檗科、罂粟科、伞形科有的植物仅1枚子叶。单子叶植物纲中，天南星科、百合科、薯蓣科有的植物具有网状脉；眼子菜科、百合科、百部科有的植物具四基数花。

链接

（2）**合瓣花亚纲** 合瓣花亚纲植物的花瓣连合成花冠筒，雄蕊着生在花冠筒上。

2. 单子叶植物纲 单子叶植物纲根多为须根系；茎内维管束散生，无形成层；叶具鞘，叶脉常为平行脉和弧形脉；花常为三基数，花粉粒常为单个萌发孔或沟；种子常为1枚子叶。

> **小结**
>
> 　　被子植物门植物是当今植物界中种类最多、分布最广、生长最繁茂的类群，也是药用种类最多的类群。
> 　　被子植物门是植物界中最进化的类群，孢子体高度发达，生殖器官高度特化，营养方式多样，适应各种环境生长。
> 　　被子植物门种类繁多，人们在研究的基础上分为若干系统，我国的被子植物分类常用的系统有恩格勒系统、哈钦松系统。近年来又有塔赫他间系统、克朗奎斯特系统及我国学者发表的吴征镒系统和张宏达系统问世。
> 　　被子植物门分为双子叶植物纲和单子叶植物纲，双子叶植物纲之下又分为离瓣花亚纲和合瓣花亚纲。

目 标 检 测

一、名词解释
　　1. 半寄生植物　　2. 腐生植物

二、简答题
　　1. 被子植物门有哪些主要特征？
　　2. 恩格勒系统有哪些特色？
　　3. 我国学者在何处发表了何系统？
　　4. 单子叶植物纲和双子叶植物纲各有何特点？
　　5. 离瓣花亚纲和合瓣花亚纲各有何特点？

（王德群）

第2节　双子叶植物纲离瓣花亚纲的分类和常用药用植物

学习目标

　　1. 记住桑科、蓼科、石竹科、木兰科、樟科、毛茛科、小檗科、马兜铃科、芍药科、罂粟科、十字花科、蔷薇科、豆科、大戟科、芸香科、葫芦科、五加科、伞形科的拉丁学名
　　2. 叙述上述各科的形态特征
　　3. 说出上述各科的主要药用植物及其药用部位和功效
　　4. 比较木兰科与毛茛科、五加科与伞形科、葫芦科与葡萄科、芍药科与毛茛科的异同点
　　5. 比较蔷薇科的4个亚科、豆科的3个亚科的异同点
　　6. 比较木兰与八角、五味子与南五味子、马兜铃与细辛、五加与人参的异同点

一、胡 桃 科

胡桃科 Juglandaceae,落叶木本。羽状复叶,互生,无托叶。雄花为葇荑花序;花单性同株,花被 1~4,具苞片,子房下位。核果或具翅坚果。

常用药用植物有:胡桃 *Juglans regia* L. 种仁(胡桃仁)能补肾固精,温肺定喘,润肠通便;果核内木质隔膜(分心木)能补肾涩精;嫩枝(胡桃枝)能杀虫止痒,解毒散结。化香树 *Platycarya strobilacea* Sieb. et Zucc. 叶(化香树叶)能解毒疗疮,杀虫止痒;果实(化香树果)能活血行气,止痛,杀虫止痒。枫杨 *Pterocarya stenoptera* C. DC. 树皮(枫柳皮)能祛风止痛,杀虫,敛疮;叶(麻柳叶)能祛风止痛,杀虫止痒,解毒敛疮。

二、杨 柳 科

杨柳科 Salicaceae,落叶木本。单叶互生,具托叶。葇荑花序;花单性异株,无花被,具苞片和蜜腺,子房上位,1室,侧膜胎座。蒴果,种子有毛。

常用药用植物有:胡杨 *Populus euphratica* Oliv. 树脂流入土中形成的产物(胡桐泪)能清热解毒,化痰软坚。垂柳 *Salix babylonica* L. 枝条(柳枝)能祛风利湿,解毒消肿;树皮或根皮(柳白皮)能祛风利湿,消肿止痛;根及须状根(柳根)能利水通淋,祛风除湿,泻火解毒;带毛种子(柳絮)能凉血止血,解毒消痈;叶(柳叶)能清热解毒,利尿,平肝,止痛,透疹。

三、榆 科

榆科 Ulmaceae,木本。单叶互生,有托叶。花两性或单性,无花瓣,雄蕊与花被片同数且对生,2心皮合生,子房上位,1室,1胚珠,花柱2裂。翅果、小坚果或核果。

常用药用植物有:朴树 *Celtis tetrandra* Rorx. subsp. *sinensis* (Pers.) Y. C. Tang 树皮(朴树皮)能祛风透疹,消食化滞;叶(朴树叶)能清热凉血,解毒。榆树 *Ulmus pumila* L. 树皮、根皮(榆白皮)能利水通淋,祛痰,消肿解毒;果实或种子(榆荚仁)能健脾安神,清热利水,消肿杀虫。

四、杜 仲 科

杜仲科 Eucommiaceae,落叶木本。单叶互生,无托叶,树皮与叶折断有白色胶丝。花单性异株,无花被,花丝极短。坚果具翅。

常用药用植物有:杜仲 *Eucommia ulmoides* Oliv. 树皮(杜仲)能补肝肾,强筋骨,安胎;叶(杜仲叶)能补肝肾,强筋骨,降血压。

五、桑 科

1. 形态特征 桑科 Moraceae ♂ * $P_{4~6}A_{4~6}$,♀ * $P_{4~6}\underline{G}_{(2:1:1)}$,多为木本,稀草本和藤本,常具乳汁。叶多互生,具托叶,常早落。花小,单性,雌雄同株或异株,常集成头状、葇荑花序或隐头花序;花单被,通常4片,雄蕊与花被片同数且对生;子房上位,雌蕊由2心皮合生,通常1室。小瘦果或核果;有的瘦果外包肉质花被片集成聚花果,或瘦果包藏于肉质花托内,成隐花果。

2. 分布 53属,1400种。我国有18属,165种;全国均有分布,但以长江以南为多;药用15属,约80种。

桑科重要药用属检索表

1. 木本,有乳汁。
   2. 具隐头花序 ·· 榕树属 *Ficus*
   2. 非隐头花序。
      3. 枝有刺 ·· 柘属 *Cudrania*
      3. 枝无刺。
         4. 雌花序短穗状,柱头 2 裂 ··· 桑属 *Morus*
         4. 雌花序头状,柱头不裂 ·· 构树属 *Broussonetia*
1. 草本或草质藤本,无乳汁。
   5. 直立草本 ··· 大麻属 *Cannabis*
   5. 草质藤本 ·· 葎草属 *Humulus*

主要药用植物

（1）桑 *Morus alba* L.（图 14-1） 落叶乔木,具乳汁。叶互生,卵形,有时分裂;托叶早落。花雌雄异株,成葇黄花序;雄花花被 4 片;雄蕊 4 片,与花被片对生,中央具不育雌蕊;雌花花被片 4,子房上位,2 心皮合生成 1 室,1 胚珠。小瘦果包于肉质花被内,组成聚花果,熟时紫色。分布于全国各地,野生或栽培。中药桑白皮为桑的根皮,有泻肺平喘、利水消肿之功;中药桑叶为桑的叶,有疏风清热、清肝明目之功;中药桑椹为桑的果穗,有补血滋阴、生津润燥之功。

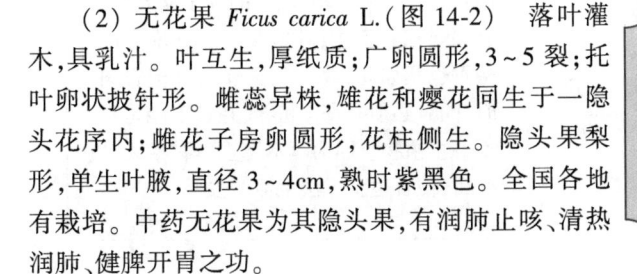

图 14-1 桑

图 14-2 无花果

（2）无花果 *Ficus carica* L.（图 14-2） 落叶灌木,具乳汁。叶互生,厚纸质;广卵圆形,3~5 裂;托叶卵状披针形。雌蕊异株,雄花和瘿花同生于一隐头花序内;雌花子房卵圆形,花柱侧生。隐头果梨形,单生叶腋,直径 3~4cm,熟时紫黑色。全国各地有栽培。中药无花果为其隐头果,有润肺止咳、清热润肺、健脾开胃之功。

> 近年来,市售桑白皮中出现有混淆品种,主要是同科植物构树及柘树的根皮,两者的功效与桑白皮不同。
> 构树为抗有毒气体(二氧化硫和氯气)强的树种,可在大气污染严重地区栽培,并可绿化环境。

（3）构树 Broussonetia papyrifera (L.) Vent.（图14-3） 落叶乔木，具乳汁。单叶互生，叶阔卵形至长圆状卵形，不分裂或3~5裂；叶两面有毛。花雌雄异株，雄花序为葇荑花序，雌花序为头状花序。聚花果肉质，球形，熟时橙红色。分布于黄河、长江流域及以南各省区。中药楮实子为其果实，有补肾清肝、明目利尿之功。

本科常用药用植物还有：

薜荔 Ficus pumila L. 隐头果药用（木馒头），能补肾固精，清热利湿，活血通络；茎叶药用（薜荔），能祛风除湿，活血消肿，解毒消肿。

粗叶榕 F. simplicissima Lour. 根药用，能健脾化湿，行气化痰，舒筋活络。

柘树 Maclura tricaspidata (Carr.) Bur. 根皮和树皮药用（柘木白皮），能补肾固精，利湿解毒，止血化痰。

大麻 Cannabis sativa L. 果实药用（火麻仁），能润肺滑肠，利水通淋，活血。

啤酒花（忽布）Humulus lupulus L. 未成熟的带花果穗为制啤酒原料之一，能健胃消食，安神利尿。

葎草 H. scandens (Lour.) Merr. 全草药用（葎草），能清热解毒，利尿通淋。

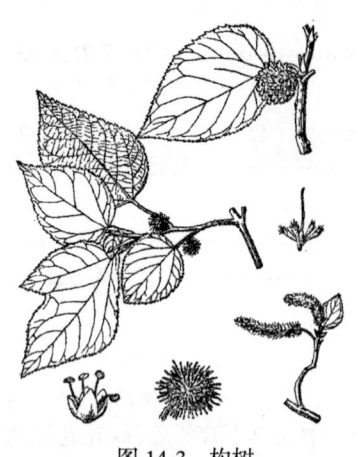

图14-3 构树

六、荨麻科

荨麻科 Urticaceae，草本或木本。茎具纤维。单叶，具托叶，有时具螯毛。花单性，同株或异株，2~5基数，雄蕊与花被等数且对生，花丝蕾期内折，子房1室。瘦果或核果。

常用药用植物有：糯米团 Gonostegia hirta (Bl.) Miq. 带根全草（糯米藤）能清热解毒，健脾消积，利湿消肿，散瘀止血。赤车 Pellionia radicans (Sieb. et Zucc.) Wedd. 全草及根（赤车使者）能祛风胜湿，活血行瘀，解毒止痛。荨麻 Urtica fissa Pritz 全草（荨麻）能祛风通络，平肝定惊，消积通便，解毒；根（荨麻根）能祛风，活血，止痛。苎麻 Boehmeria nivea (L.) Gaud. 根和根茎（苎麻根）能凉血止血，清热安胎，利尿，解毒。

七、檀香科

檀香科 Santalaceae，半寄生性草本、灌木或乔木。单叶，全缘，无托叶。花被4~5裂，雄蕊4~5枚，与花被裂片对生，子房下位，特立中央胎座，苞片2~4枚，宿存。坚果或核果。

常用药用植物有：米面蓊 Buckleya lanceolata (Sieb. et Zucc.) Miq. 叶（米面蓊叶）能清热解毒，燥湿止痒；根（米面蓊根）能解毒消肿。檀香 Santalum album L. 栽培树干的干燥心材（檀香）能行气温中，开胃止痛。百蕊草 Thesium chinense Turcz. 全草（百蕊草）能清热解毒，止咳化痰。

> **链接**
> 檀香科植物是一类特殊的植物，自己虽有叶，可进行光合作用，但又必须依赖于吸收其他植物的营养才能成活。这类植物被称为"半寄生植物"。檀香科的百蕊草是草本植物，它的种子萌发后，必须寻找到寄主，才能生存。乔木类的檀香也是如此，我国从国外引种檀香树时，同时必须有寄主植物，并且不能是草本寄主植物。因为草本寄主植物冬天枯死后，檀香也就无法生活下去了。

八、桑寄生科

桑寄生科 Loranthaceae,半寄生木本。单叶,全缘,或退化,无托叶。花两性或单性,雄蕊与花冠裂片同数且对生,子房下位,1室。浆果或核果。

常用药用植物有:桑寄生 Taxillus chinensis (DC.) Danser 带叶茎枝(桑寄生)能补肝肾,强筋骨,祛风湿,安胎。四川寄生 T. sutchuenensis (Lecomte) Danser、红花寄生 T. parasitica L. 的带叶茎枝功效与桑寄生相似。槲寄生 Viscum coloratum (Kom.) Nakai 带叶茎枝(槲寄生)能祛风湿,补肝肾,强筋骨,安胎。

九、蓼　　科

1. 形态特征　蓼科 Polygonaceae ⚥ * $P_{3\sim6,(3\sim6)}$ $A_{3\sim9}$ $\underline{G}_{(2\sim4:1:1)}$,多为草本,茎节常膨大。单叶互生,托叶膜质,包围茎节基部成托叶鞘。花多两性,辐射对称;花单被,花被片3~6,常花瓣状,宿存;雄蕊3~9枚;子房上位,2~3心皮合生,1室,1胚珠。瘦果或小坚果,凸镜形或三棱形,常包于宿存的花被内,多有翅。种子具胚乳。

2. 分布　约50属,1150余种。我国有14属,230余种,全国各地均有分布。药用10属,约136种。

蓼科重要药用属检索表

1. 瘦果具翅 ··· 大黄属 Rheum
1. 瘦果无翅。
　　2. 花被片6,柱头画笔状 ··· 酸模属 Rumex
　　2. 花被片5(稀4),柱头头状。
　　　　3. 瘦果长为宿存花被片的1~2倍 ························· 荞麦属 Fagopyrum
　　　　3. 瘦果比宿存的花被片短 ·································· 蓼属 Polygonum

主要药用植物

(1) 掌叶大黄 Rheum palmatum L.(图14-4)　多年生高大草本,具根及根状茎。茎直立,中空。基生叶宽卵形或近圆形,掌状深裂,裂片3~5,裂片具粗齿或羽裂;茎生叶较小;托叶鞘膜质。圆锥花序;花被片6,2轮,红紫色;雄蕊9枚。瘦果具三棱,具翅。分布于陕西、甘肃、青海、四川和西藏等地;亦有栽培。中药大黄为其根和根状茎;有泻热通便,凉血解毒,逐瘀通经之功。同属植物唐古特大黄 R. tanguticum Maxim. ex Regel、药用大黄 R. officinalis Baill.的根和根状茎亦作大黄药用。

(2) 何首乌 Polygonum multiflorum Thunb.(图14-5)*　多年生缠绕草本。块根肥厚,暗褐色,断面有"云锦花纹"(异常维管束)。叶卵状心形,有长柄;托叶鞘筒状,膜质。圆锥花序,顶生或腋生;花小,白色;花被5裂,外侧3片背部有翅;雄蕊8枚。瘦果具3棱。包于宿存花被内。全国各地多有分布。中药何首乌为何首乌的根,生用有解毒消

图14-4　掌叶大黄

---

* 《中国植物志》已将何首乌列为何首乌属(Fallopia)学名更改为 F. multiflora (Thunb.) Harald.。

肿、润肠通便之功,熟用有补肝肾、益精血、乌须发、强筋骨之功。中药夜交藤为其茎,有养血安神、祛风通络之功。

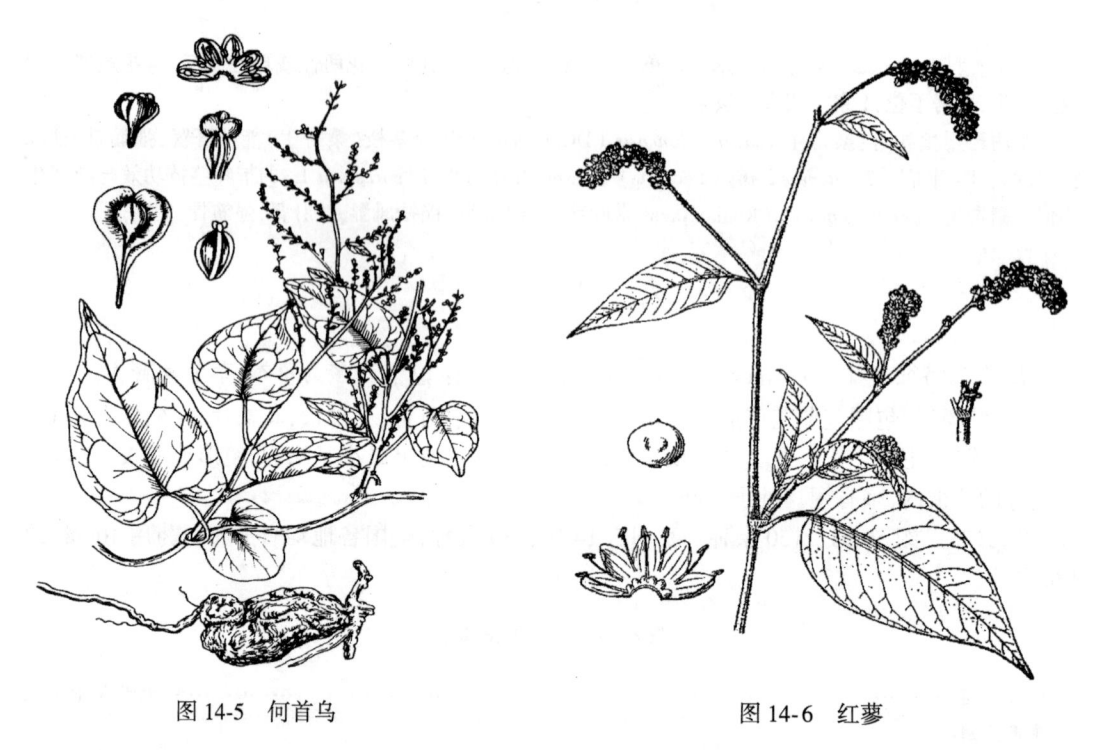

图 14-5 何首乌

图 14-6 红蓼

(3) 红蓼(荭草) *P. orientale* L.(图14-6)　一年生草本。全体有毛,茎多分枝。叶卵形或宽卵形;托叶鞘筒状,上部有绿色环边。圆锥花序呈穗状;花被5裂,淡红色;雄蕊7枚;花柱2。瘦果扁圆形,呈褐色,有光泽。分布于全国各地。中药水红花子为其果实,有活血消积、健脾利湿之功。

本科常用药用植物还有:

虎杖 *Polygonum cuspidatum* Sieb. et Zucc.** 根和根状茎药用(虎杖),能祛风利湿,散瘀定痛,止咳化痰。

> 何首乌因宋代《证类本草》中一篇"何首乌传"而名声大振。唐代一姓何名首乌的老人服食此药,活了130岁,头发仍乌黑,因而后人将此植物也就命名为"何首乌"了。随着它的传奇故事增多,有些"新奇事"就不断出现。近年来常见有报道"人形何首乌"的发现。其实何首乌不管长多少年,也长不成人形。那种所谓人形的何首乌,全是伪充之品。鉴别要点有:何首乌是块根,除两端外,主体上几无侧根,而伪充者须根很多;何首乌内部有异形构造,形成云锦花纹,而伪充者没有。
>
> 古代本草所指大黄,包括了大黄属掌叶组的一些植物,据描述与药用大黄、掌叶大黄和唐古特大黄相符。同属的一些植物在部分地区或民间称山大黄、土大黄等作药用,有时也易与正品大黄混淆。如藏边大黄 *Rheum emodi* Wall.、河套大黄 *R. hotaoense* C. Y. Cheng et C.T. Kao、华北大黄 *R. franzenbachii* Munt、天山大黄 *R. wittrochii* Lunbstr.等,它们泻下作用差或不具备泻下作用,有的仅作兽药应用。

** 《中国植物志》已将虎杖列为虎杖属(*Reynoutria*),学名更改为 *R. japomia* Houtt.,虎杖属约3种,我国1种。

萹蓄 *P. aviculare* L. 全草药用(萹蓄),能利尿通淋,杀虫,止痒。

蓼蓝 *P. tinctorium* Ait. 叶药用(大青叶),能清热解毒,凉血消斑。

拳参 *P. bistorta* L. 根状茎药用(拳参),能清热解毒,消肿止血。

金荞麦 *Fagopyrum dibotrys* (D. Don) Hara 根状茎药用(金荞麦),能清热解毒,活血消痈,祛风除湿。

羊蹄 *Rumex japonicus* Houtt. 根药用(土大黄),能清热解毒,凉血止血,通便。

十、商 陆 科

商陆科 Phytolaccaceae,草本。具肉质肥大的根。单叶互生,全缘,无托叶。无花瓣,雄蕊与花萼裂片同数互生或2倍,子房上位。浆果、蒴果或翅果。

常用药用植物有:商陆 *Phytolacca acinosa* Roxb.、垂序商陆 *P. americana* L. 根(商陆)能逐水消肿,通利二便,解毒散结。

十一、紫茉莉科

紫茉莉科 Nyctaginaceae,草本或木本。单叶,全缘,无托叶。花两性,苞片似萼片,萼片花瓣状,合生,无花瓣,子房上位,1室,1胚珠。瘦果包于花被内。

常用药用植物有:紫茉莉 *Mirabilis jalapa* L. 根(紫茉莉根)能清热利湿,解毒活血;果实(紫茉莉子)能清热化斑,利湿解毒。

十二、马齿苋科

马齿苋科 Portulacaceae,多为肉质草本。单叶,全缘,常具托叶。花两性,萼2枚,雄蕊4~6,与花瓣同数且对生,子房1室,胚珠多数。蒴果盖裂或瓣裂。

常用药用植物有:马齿苋 *Portulaca oleracea* L. 地上部分(马齿苋)能清热解毒,凉血止血。栌兰 *Talinum paniculatum* (Jacq.) Gaertn. 根(土人参)能补中益气,润肺生津。

十三、落 葵 科

落葵科 Basellaceae,缠绕草本。单叶互生,肉质,全缘,无托叶。花两性,小苞片2,宿存,花被片5,肉质,宿存,包裹果实,雄蕊5,与花被片对生,子房上位,1室,1胚珠。浆果。

常用药用植物有:落葵薯 *Anredera cordifolia* (Tenore) van Steen. 藤上的瘤块状珠芽(藤三七)能补肾强腰,散瘀消肿。落葵 *Basella alba* L. 叶或全草(落葵)能滑肠通便,清热利湿,凉血解毒,活血;果实(落葵子)能润泽肌肤,美容。

十四、石 竹 科

1. 形态特征 石竹科 Caryophyllaceae ☿ ∗ $K_{4\sim5,(4\sim5)} C_{4\sim5,0} A_{8\sim10} \underline{G}_{(2\sim5:1:\infty)}$,草本,节常膨大。单叶对生,全缘。花单生,或排成总状花序或聚伞花序;花两性,辐射对称;萼片4~5;花瓣4~5,常具爪;雄蕊8或10枚;子房上位,2~5心皮合生,1室,特立中央胎座,胚珠多数。蒴果,齿裂或瓣裂,稀浆果。

2. 分布 75属,约2000种。我国31属,388种;分布全国;药用21属,106种。

石竹科重要药用属检索表

1. 萼片分离,花瓣无爪。
　　2. 花两型,基部为闭花受精花;植株有块根 ······ 孩儿参属 *Pseudostellaria*
　　2. 花单型,全为开花受精花;植株无块根 ······ 繁缕属 *Stellaria*
1. 萼片合生,花瓣有爪。
　　3. 花萼呈圆筒状或钟状;蒴果1室 ······ 石竹属 *Dianthus*
　　3. 花萼基部膨大,具5条翅状脉棱;蒴果为不完全4室 ······ 王不留行属 *Vaccaria*

主要药用植物

> **链接**
>
> 《本草从新》谓:太子参"大补元气,虽甚细如参条,短紧坚实,而有芦纹,其力不下大参"。而《本草纲目拾遗》引《百草镜》云:"太子参即辽参之小者,非别种也……,味甘苦,功同辽参"。由于《本草从新》所述简略,难以断定是何品种,而《本草纲目拾遗》所记载的太子参为五加科人参的小形参。
> 现代所用的太子参为参类的新品种,俗称孩儿参,是指块根很小而言,为石竹科植物孩儿参的块根。

(1) 瞿麦 *Dianthus superbus* L.(图14-7) 多年生草本。节常膨大。叶对生,全缘,条状披针形。聚伞花序顶生;花下有小苞片4~6枚;萼筒顶端5裂;花瓣5,淡紫色,基部有长爪,顶端深裂成细丝状;雄蕊10;子房上位,1室,花柱2。蒴果长筒形,顶端4齿裂。分布于全国各地。中药瞿麦为其全草,有利尿通淋、破血通经之功。同属植物石竹 *D. chinensis* L. 全草也作中药瞿麦药用。

(2) 孩儿参 *Pseudostellaria heterophylla* (Miq.) Pax ex Pax et Hoffm.(图14-8) 多年生草本。块根肉质,纺锤形。叶对生,下部叶匙形,顶端两对叶片较大,排成十字形。花二型,普通花1~3朵,着生于茎顶部叶腋;萼片5;花瓣5;雄蕊10;花柱3;闭锁花(闭花受精花)着生于茎下部叶腋;萼片4;无花瓣;雄蕊2。蒴果卵形,熟时下垂。分布于长江以北和华中地区。中药太子参为其根,有益气健脾、生津润肺之功。

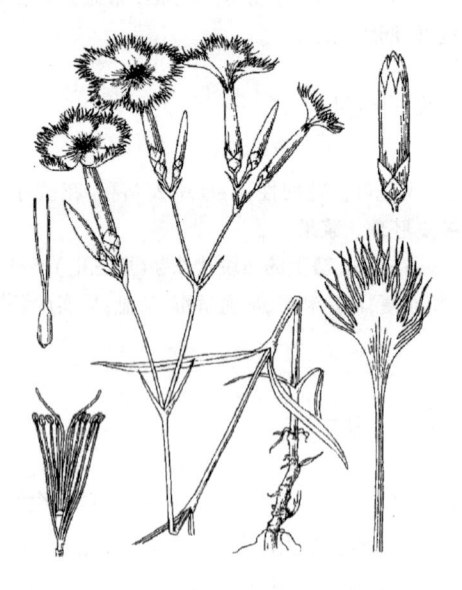

图14-7 瞿麦　　　　　　　　图14-8 孩儿参

本科常用药用植物还有：

王不留行 *Vaccaria segetalis* (Neck.) Garcke 种子药用(王不留行)，能活血通经，下乳消肿。
银柴胡 *Stellaria dichotoma* L. var. *lanceolata* Bunge 根药用(银柴胡)，能清热凉血。

十五、藜　　科

藜科 Chenopodiaceae，草本或木本。单叶互生，少对生，无托叶。单被花，苞片与花被绿色或灰绿色，花被片果期背面发育成刺翅状附属物。胞果，常包于宿存花被内。

常用药用植物有：莙荙菜 *Beta vulgaris* L. var. *cruenta* Alef.、厚皮菜 *B. vulgaris* L. var. *cicla* L. 茎、叶(莙荙菜)能清热解毒，行瘀止血。藜 *Chenopodium album* L. 幼嫩全草(藜)能清热祛湿，解毒消肿，杀虫止痒。土荆芥 *C. ambrosioides* L. 带果穗全草(土荆芥)能祛风除湿，杀虫止痒，活血消肿。猪毛菜 *Salsola collina* Pall. 全草(猪毛菜)能平肝潜阳，润肠通便。菠菜 *Spinacia oleracea* L. 全草(菠菜)能养血，止血，平肝，润燥。碱蓬 *Suaeda glauca* (Bunge) Bunge 全草(碱蓬)能清热，消积。地肤 *Kochia scoparia* (L.) Schrad. 果实(地肤子)能清热利湿，祛风止痒。

十六、苋　　科

苋科 Amaranthaceae，多为草本。单叶对生或互生，全缘，无托叶。花小，两性，少为单性，苞片和 2 小苞片干膜质，小苞片变成刺状，花被萼片状，干膜质。胞果。

常用药用植物有：刺苋 *Amaranthus spinosus* Blumu. 全草或根(簕苋菜)能凉血止血，清利湿热，解毒消痈。凹头苋 *A. lividus* L. 全草或根(野苋菜)能清热解毒，利尿。牛膝 *Achyranthes bidentata* Blume. 根(牛膝)补肝肾，强筋骨，逐瘀通经，引血下行；野生品的干燥根及根茎(土牛膝)能清热，解毒，利尿。鸡冠花 *Celosia cristata* L. 花序(鸡冠花)能收涩止血，止带止痢。青葙 *C. argentea* L. 种子(青葙子)能清肝，明目，退翳。川牛膝 *Cyathula officinalis* Kuan 根(川牛膝)逐瘀通经，通利关节，利尿通淋。千日红 *Gomphrena globosa* L. 花序(千日红)能清肝散结，祛痰平喘。

十七、仙人掌科

仙人掌科 Cactaceae，多年生肉质植物。茎绿色，常收缩成节。刺叶生于小窝内。花两性，花萼呈花瓣状，花瓣多数，雄蕊多数，子房下位。浆果，有刺和倒刺毛。

常用药用植物有：仙人球 *Echinopsis multiplex* (Pfeiff.) Zucc. 茎(仙人球)能清热止咳，凉血解毒，消肿止痛。仙人掌 *Opuntia dillenii* (Ker-Gaw.) Haw. 根及茎(仙人掌)能行气活血，凉血止血，解毒消肿。

十八、木　兰　科

1. 形态特征　木兰科 Magnoliaceae ⚥ * $P_{6-\infty} A_{\infty} \underline{G}_{\infty:1:1-2}$，木本或藤本，具油细胞，有香气。单叶互生，常全缘，托叶大，包被幼芽，早落，在节上留有环状托叶痕，或无托叶。花多单生，两性，稀单性，辐射对称；花被片 3 基数，多为 6 或 9；雄蕊和雌蕊均多数，分离，螺旋状或轮状排列在延长的花托上。聚合蓇葖果或聚合浆果。

2. 分布　18 属，330 余种。我国 14 属，约 160 种，主要分布于东南和西南地区。药用 8 属，约 90 种。

木兰科重要药用属检索表

1. 木质藤本;花单性;聚合浆果。
   2. 雌蕊群的花托发育时不伸长;聚合果球状或椭圆状 ·················· 南五味子属 Kadsura
   2. 雌蕊群的花托发育时明显伸长;聚合果长穗状 ······················ 五味子属 Schisandra
1. 乔木或灌木;花两性;聚合蓇葖果。
   3. 芽为托叶包围;小枝上具环状托叶痕;雄蕊和雌蕊螺旋状排列于伸长的花托上。
      4. 花顶生;雌蕊群无柄。
         5. 每心皮具3~12胚珠 ······························· 木莲属 Manglietia
         5. 每心皮具2胚珠 ································· 木兰属 Magnolia
      4. 花腋生;雌蕊群具明显的柄 ······························· 含笑属 Michelia
   3. 芽多具芽鳞;无托叶;雄蕊和雌蕊轮状排列于平顶隆起的花托上 ················ 八角属 Illicium

主要药用植物

（1）厚朴 *Magnolia officinalis* Rehd. et Wils.（图14-9） 乔木。叶集生于小枝顶端,大而革质,倒卵形。花大,单生于枝顶,白色;花被片9、12或更多;雄蕊、心皮均多数,分离,螺旋状排列于柱状花托上。聚合蓇葖果,木质。种子红色。分布于长江流域和陕西、甘肃、河南、湖北、湖南、四川、贵州,多为栽培,地道产区为四川。中药厚朴为厚朴的根皮和茎皮,有燥湿消痰、下气除满之功。同属植物凹叶厚朴 *M. biloba* (Rehd. et Wils.) Law 的树皮和茎皮亦作厚朴药用。

（2）望春花 *M. biondii* Pamp. 落叶乔木。叶长圆状披针形,先端急尖,基部楔形。花先叶开放;萼片3,近线形,花瓣6,匙形,先端圆,白色,基部带紫红色。聚合蓇葖果圆柱形,稍扭曲。种子深红色。分布于陕西、甘肃、河南、湖北、四川等省。中药辛夷为其花蕾,有散风寒、通鼻窍之功。同属植物玉兰 *M. denudata* Desr.或武当玉兰 *M. sprengeri* Pamp.的花蕾亦作辛夷药用。

（3）五味子 *Schisandra chinensis* (Turcz.) Baill.（图14-10） 木质藤本。叶阔椭圆形或倒卵形,边缘具腺齿;无托叶。花单性异株;花被片6或9,乳白色或粉红色;雄蕊5~9;心皮17~40。聚合浆果排列成穗状,红色。分布于东北、华北、华中等地。中药五味子(北五味子)为五味子的果实,有敛肺、滋肾、生津、收涩之功。

图14-9 厚朴　　　　　　图14-10 五味子

（4）八角 *Illicium verum* Hook. f.（图14-11） 乔木。单叶互生;叶片长圆状披针形或卵状披针形,全缘,草质。花单生叶腋;花被片7~12;雄蕊11~20;心皮常8。聚合果由8个蓇葖果组成,轮状排列,顶端钝,稍弯。分布于广西、云南、贵州、广东、福建等省区,地道产区为广西。中药八角茴香为其果实,有散寒、理气、止痛之功。

本科常用药用植物还有:

华中五味子 *Schisandra sphenanthera* Rehd. et Wils. 果实药用(南五味子),能收敛固涩,益气生津,补肾宁心。

> 厚朴为常用中药,正品药材为厚朴和凹叶厚朴的根皮和茎皮。长喙厚朴 *Magnolia rostrata* W. W. Smith 为云南省的厚朴习用品,其化学成分与正品厚朴相似,药理作用相同,其毒性略大于厚朴。武当玉兰、望春花的根皮和茎皮被称为"姜朴",但均不含厚朴酚,药理证明其毒性大于正品厚朴,故不宜作厚朴入药。
>
> 八角属中多种植物的果实外形与八角极为相似,曾有误以莽草 *Illicium lanceolatum* A. C. Smith、红茴香 *I. henryi* Diels、野八角 *I. majus* Hook. f. et Thoms.、多蕊红茴香 *I. henryi* Diels var. *multistamineum* A. C. Smith、短柱八角 *I. brevistylum* A. C. Smith 等的果实作八角用,以至发生严重的集体中毒事故。
>
> 八角除作药用外,还广泛用作调味香料和日用品、化妆品、食品的香料。其中所含的茴香醚在制药工业中被作为合成女性激素己烷雌酚和己烯酚的主要原料。

南五味子 *Kadsura longipedunculata* Finet et Gagn. 根或根皮药用(红木香),能理气止痛,祛风除湿,活血消肿。

地枫皮 *Illicium difengpi* B.N.Chang et al. 树皮药用(地枫皮),能祛风除湿,行气止痛。

木莲 *Manglietia fordiana* (Hemsl.) Oliv. 果实药用(木莲果),能通便,止咳。

白兰 *Michelia alba* DC. 花药用(白兰花),能化湿,行气,止咳。

注:恩格勒系统的木兰科被哈钦松系统、克郎奎斯特系统和塔赫他间系统划分为3个科,即木兰科 Magnoliaceae、八角科 Illiciaceae、五味子科 Schisandraceae。

图14-11 八角

十九、肉豆蔻科

肉豆蔻科 Myristicaceae,常绿木本,有香气。单叶互生,全缘,具透明腺点,无托叶。花单性异株,无花瓣,花被3裂,雄蕊2~40,子房上位,1室。果皮革质状肉质,种子具假种皮。

常用药用植物有:肉豆蔻 *Myristica fragrans* Houtt. 种仁(肉豆蔻)能温中行气,涩肠止泻。

二十、蜡梅科

蜡梅科 Calycanthaceae,木本。单叶对生,全缘,羽状脉,无托叶。花两性,单生,周位花,花被多数,螺旋状排列,心皮多数,分离,生于一空壶形的花托内。聚合瘦果。

常用药用植物有:山蜡梅 *Chimonanthus nitens* Oliv. 叶(山蜡梅)能解表祛风,清热解毒。蜡梅 *C. praecox* (L.) Link. 花蕾(蜡梅花)能解暑生津,顺气散郁。

二十一、樟　　科

1. 形态特征　樟科 Lauraceae ☿ * $P_{(6\sim9)} A_{3\sim12} \underline{G}_{(3:1:1)}$，多为常绿乔木，仅无根藤属（Cassytha）为缠绕寄生草本；有香气。单叶，常互生；全缘，羽状脉、三出脉或离基三出脉；无托叶。花序多种；花小，两性，少单性；辐射对称；花单被，常3基数，排成2轮，基部合生；雄蕊3~12枚，常9，排成3轮，第一、二轮花药内向，第三轮外向，花丝基部常具腺体，花药2~4室，瓣裂；子房上位，1室，具1顶生胚珠。果为浆果状核果，有时被宿存花被形成的果托包围基部。种子1粒。

2. 分布　45属,2000余种。我国有20属,400余种；主要分布长江以南各省区；药用13属,113种。

主要药用植物

（1）樟树 Cinnamomum camphora (L.) Presl（图14-12）　常绿乔木,全体具樟脑味。叶互生,近革质,全缘,卵形或卵状椭圆形,离基三出脉,脉腋有隆起的腺体。圆锥花序腋生；花被片6,淡黄绿色,内面密生短柔毛；雄蕊12,花药4室,花丝基部有2个腺体。浆果状核果,紫黑色,果托杯状。分布于长江流域以南及西南各省区。中药樟脑为樟树的提取物,有通鼻窍、杀虫、止痒之功；根、树皮、枝叶有祛风散寒、消肿止痛、强心镇痉、杀虫之功。

图14-12　樟

图14-13　肉桂

（2）肉桂 C. cassia Presl（图14-13）　常绿乔木,全株有香气。叶互生,长椭圆形,革质,全缘,具离基三出脉。圆锥花序；花小,黄绿色,花被6,基部合生。核果椭圆形,黑紫色,果托浅杯状。分布于福建、广东、广西及云南。中药肉桂为其干燥树皮,有温肾壮阳、散寒止痛、活血通经之功；中药桂枝为其干燥嫩枝,有温经通络、解表散寒之功。

本科常用的药用植物还有：

乌药 Lindera aggregata (Sims.) Kosterm.　根药用（乌药），能温肾散寒,理气止痛。

山鸡椒(山苍子)*Litsea cubeba* (Lour.) Pers. 果实药用(澄茄子),能温中止痛,行气活血,平喘,利尿。

无根藤 *Cassytha filiformis* L. 全草药用(无根藤),有小毒,能清热利湿,凉血止血。

二十二、毛 茛 科

1. 形态特征 毛茛科 Ranunculaceae ⚥ * ↑ $K_{3\sim\infty} C_{3\sim\infty,0} A_\infty \underline{G}_{1\sim\infty:1:1\sim\infty}$,草本、少木质藤本。叶互生或基生,少对生;单叶,少为复叶;无托叶。花单生或排成聚伞花序、总状花序或圆锥花序;花常两性,辐射对称或两侧对称;萼片3至多数,常花瓣状;花瓣3至多数或缺;雄蕊和心皮常多数,离生,螺旋状排列在凸起的花托上;子房上位,1室。聚合蓇葖果或聚合瘦果,少为浆果。

2. 分布 约50属,2000种。我国42属,800多种;全国各地均有分布。药用30属,近500种。

毛茛科重要药用属检索表

1. 草本,叶互生或基生。
  2. 花辐射对称。
    3. 瘦果。
      4. 有总苞;叶均基生。
        5. 果期花柱不延长 ·················· 银莲花属 *Anemone*
        5. 果期花柱伸长成羽毛状 ·········· 白头翁属 *Pulsatilla*
      4. 无总苞;叶基生或茎生。
        6. 无花瓣 ························ 唐松草属 *Thalictrum*
        6. 有花瓣。
          7. 花瓣有蜜腺 ··················· 毛茛属 *Ranunculus*
          7. 花瓣无蜜腺 ··················· 侧金盏花属 *Adonis*
    3. 蓇葖果。
      8. 有退化雄蕊。
        9. 退化雄蕊位于发育雄蕊外侧。
          10. 总状或圆锥花序 ············· 升麻属 *Cimicifuga*
          10. 花单生 ··················· 金莲花属 *Trollius*
        9. 退化雄蕊位于发育雄蕊内侧 ········ 天葵属 *Semiaquilegia*
      8. 无退化雄蕊 ······················ 黄连属 *Coptis*
  2. 花两侧对称 ·························· 乌头属 *Aconitum*
1. 藤本;叶对生 ································ 铁线莲属 *Clematis*

主要药用植物

毛茛 *Ranunculus japonicus* Thunb.(图14-14) 多年生草本,全体有粗毛。叶片五角形,3深裂,中裂片又3浅裂,侧裂片2裂。聚伞花序顶生;花瓣黄色带蜡样光泽,基部有蜜槽;雄蕊和雌蕊均多数,离生。聚合瘦果近球形。全国各地均有分布。中药毛茛为毛茛的带根全草,有利湿、消肿、止痛、退翳、杀虫之功。

> 中药黄连来源于黄连、三角叶黄连、云南黄连3种植物。著名的地道药材为"川连",是产于四川的黄连属植物黄连的根状茎。但在古代,还有一种优质的黄连地道药材产于安徽的宣州,被称为"宣黄连"。宣黄连是分布于该地区的黄连属植物短萼黄连 Coptis chinensis Franch. var. brevisepala W. T. Wang et Hsiao,唐宋时期,宣黄连名重一时,后来由于资源的破坏,不得不向西南寻找资源更丰富的同类植物。川连后来成为黄连的地道药材,并能提供充足的商品,还得归功于当地人将黄连野生变为家种。
>
> **链接**

图14-14 毛茛

乌头 Aconitum carmichaeli Debx. (图14-15) 多年生草本。块根圆锥形,母根周围常有数个子根。萼片5,蓝紫色,上萼片盔状;花瓣2,有长爪;雄蕊多数;心皮3~5,离生。聚合蓇葖果。分布于长江中下游,北达秦岭和山东东部,南达广西北部。中药川乌头为栽培乌头的母根,大毒,有祛风除湿、温经止痛之功。中药附子为栽培乌头的子根,大毒,有回阳救逆、补火助阴、止痛之功。

图14-15 乌头　　　　　　　　　　图14-16 黄连

黄连 Coptis chinensis Franch. (图14-16) 多年生草本。根状茎常分枝,生多数须根,内部黄色。叶基生,叶片3全裂,中央裂片具细柄,羽状深裂,侧裂片不等2裂。聚伞花序;花小,黄绿色,萼片5;花瓣条状披针形,中央具蜜腺;雄蕊多数;心皮8~12,有柄;聚合蓇葖果。分布于陕西、湖北、湖南、贵州、四川,多为栽培。中药黄连为其根状茎;有清热燥湿,泻火解毒之功。三角叶黄连 C. deltoidea C. Y. Cheng et Hsiao、云南黄连 C. teeta Wall.的根状茎亦作中药黄连入药,前者称雅连,后者称云连。

威灵仙 *Clematis chinensis* Osbeck(图 14-17) 藤本,茎叶干后变黑色。羽状复叶对生,小叶 5,狭卵形。圆锥花序;萼片 4,白色;无花瓣;雄蕊及心皮均多数,分离。聚合瘦果,宿存花柱羽毛状。分布于长江中下游及以南各省区。中药威灵仙为其根及根状茎,有祛风除湿、通络止痛之功。同属植物棉团铁线莲 *C. hexapetala* Pall.、东北铁线莲 *C. manshurica* Rupr.的根及根状茎亦作中药威灵仙药用。

本科常用药用植物还有:

小毛茛 *Ranunculus ternatus* Thunb. 块根药用(猫爪草),能解毒、化痰、散结。

北乌头 *Aconitum kusnezoffii* Reichb. 块根药用(草乌),有大毒,能祛风除湿、温经散寒、消肿止痛。

图 14-17 威灵仙

升麻 *Cimicifuga foetida* L.、大三角叶升麻 *C. heracleifolia* Kom. 或兴安升麻 *C. dahurica* (Turcz.) Maxim. 根状茎药用(升麻),能发表透疹、清热解毒、升举阳气。

白头翁 *Pulsatilla chinensis* (Bge.) Regel 根药用(白头翁),能清热解毒、凉血止痢。

天葵 *Semiaquilegia adoxoides* (DC.) Makino 块根药用(天葵子),能清热解毒、消肿散结。

冰凉花 *Adonis amurensis* Regel et Radde 全草药用(冰凉花),有大毒,能强心利尿、镇静。

多被银莲花 *Anemone raddeana* Regal 根状茎药用(竹节香附),有毒,能祛风湿、消痈肿、散寒止痛。

金丝马尾连 *Thalictrum glandulosissinum* (Finet et Gagnep.) W. T. Wang et S. H. Wang 根及根茎药用(马尾连),能清热燥湿、泻火解毒。

金莲花 *Trollius chinensis* Bunge 花药用(金莲花),能清热解毒。

二十三、小 檗 科

1. 形态特征 小檗科 Berberidaceae ⚥ ＊ K$_{3+3,\infty}$ C$_{3+3,\infty}$ A$_{3-9}$ G$_{1:1}$,灌木或草本。叶互生,单叶或复叶。花单生或为总状、穗状、圆锥等花序;花两性,辐射对称;萼片与花瓣相似,各 2~4 轮,每轮常 3 片,花瓣具蜜腺;雄蕊 3~9,常与花瓣对生,花药瓣裂或纵裂;子房上位,1 心皮,1 室;花柱缺或极短,柱头常为盾形;胚珠 1 至多数。浆果、蒴果或蓇葖果。

2. 分布 17 属,约 650 种。我国 11 属,约 320 种;分布于全国;药用 11 属,140 余种。

小檗科重要药用属检索表

1. 木本植物。
  2. 枝上有刺;单叶 ·· 小檗属 *Berberis*
  2. 枝上无刺;羽状复叶。
    3. 三回羽状复叶,小叶全缘;花白色 ··· 南天竹属 *Nandina*
    3. 一回羽状复叶,小叶有刺齿;花黄色 ·· 十大功劳属 *Mahonia*

1. 草本植物。
    4. 单叶；花无蜜腺。
        5. 花单生 ··· 桃儿七属 *Sinopodophyllum*
        5. 花数朵簇生 ··· 八角连属 *Dysosma*
    4. 复叶；花具蜜腺 ··· 淫羊藿属 *Epimedium*

主要药用植物

中药淫羊藿是多来源的,《中华人民共和国药典》收载了同属5种植物。5种植物从北到南分布的顺序是朝鲜淫羊藿、淫羊藿、柔毛淫羊藿、箭叶淫羊藿和巫山淫羊藿,它们形态特征也由北到南逐渐变化。如北方为多年生落叶草本,向南逐渐成为多年生常绿草本；植株北矮南高,如前2者高度不超过40cm,中间2者高度不超过60cm,后者高度可达80cm；叶则北小而薄,南大而厚。分布广的同属植物这种逐渐变化的现象是常见的,需要我们去深入观察和研究。

（1）豪猪刺 *Berberis julianae* Schneid.（图14-18） 灌木。叶刺三叉状,粗壮坚硬,叶常5片丛生于叶刺腋内,卵状披针形,叶缘有10~20锯齿。花黄色,簇生叶腋；小苞片3；萼片、花瓣、雄蕊均6枚,花瓣顶端微凹,基部有2蜜腺；花药瓣裂。胚珠单生。浆果熟时黑色,有白粉。分布于湖北、湖南、广西、贵州、四川。根、茎均可提取小檗碱,有清热燥湿、泻火解毒之功。同属多种植物如黄芦木 *B. amurensis* Rupr.、庐山小檗 *B. virgetorum* Schneid.、细叶小檗 *B. Poiretii* Schneid.等均含有小檗碱。

（2）箭叶淫羊藿 *Epimedium sagittatum*（Sieb. et Zucc.）Maxim.（图14-19） 多年生草本。基生叶1~3,三出复叶；小叶卵形、狭卵形或卵状披针形,基部深心形,侧生小叶基部明显不对称；叶革质。圆锥花序或总状花序,顶生；萼片4,2轮,外轮早落,内轮花瓣状,白色；花瓣4,黄色,有短矩；雄蕊4。蓇葖果。分布于长江以南各省区。中药淫羊藿为其地上部分,有补肾壮阳、强筋健骨、祛风除湿之功。同属植物淫羊藿 *E. brevicornum* Maxim.、巫山淫羊藿 *E. wushanense* T. S. Ying、朝鲜淫羊藿 *E. koreanum* Nakai 和柔毛淫羊藿 *E. pubescens* Maxim.的地上部分也作中药淫羊藿药用。

图14-18 豪猪刺

图14-19 箭叶淫羊藿

（3）阔叶十大功劳 Mahonia bealei (Fort.) Carr.（图 14-20） 灌木。奇数羽状复叶,互生,厚革质;小叶卵形,边缘有刺状锯齿。总状花序丛生枝顶;花黄褐色,萼片 9,3 轮,花瓣状;花瓣 6;雄蕊 6,花药瓣裂。浆果,暗紫色,有白粉。分布于长江流域及陕西、河南、福建,也有栽培。中药功劳木为其茎,有清热、燥湿、解毒之功。中药十大功劳叶为其叶,有清虚热、燥湿、解毒之功。同属植物细叶十大功劳 M. fortunei (Lindl.) Fedde 的茎、叶与阔叶十大功劳同等入药。

本科常用药用植物还有：

八角莲 Dysosma versipellis（Hance）M. Cheng ex Ying 和六角莲 D. pleintha（Hance）Woodson 的根状茎药用(六角莲),能清热解毒,祛瘀消肿。

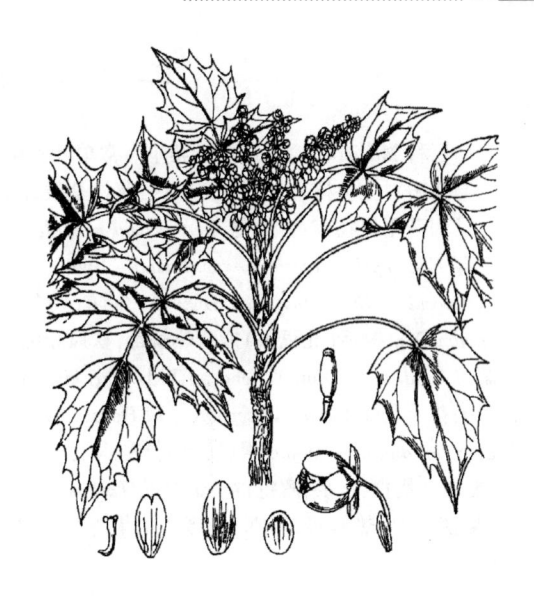

图 14-20　阔叶十大功劳

南天竹 Nandina domestica Thunb. 根状茎、叶药用(南天竹),能清热解毒,祛风止痛;果实药用(南天竹子),能敛肺止咳,平喘。

桃儿七 Sinopodophyllum hexandrum（Royle）Ying 根及根状茎药用(小叶莲),能祛风除湿,活血止痛,祛痰止咳。

二十四、木　通　科

古代木通来自木通科木通属植物,如木通、三叶木通或白木通。近代,有药商发现东北的马兜铃科植物东北马兜铃的藤又粗又长,导管口径也特别粗大,因而收购为药,并形成商品,称之为"关木通"。想不到这种关木通不仅没有木通的疗效,还是一个潜在的"杀手",它含有较高的马兜铃酸,损害人的肾脏！目前人们已纠正了这个错误,恢复使用原来的木通药材。

链　接

木通科 Lardizabalaceae,木质藤本。多为掌状复叶,互生,无托叶,小叶柄基部膨大。花常单性,萼片 6,花瓣状,花瓣退化,雄蕊 6,外向纵裂,子房上位,心皮多数,离生,1 轮。浆果。

常用药用植物有：木通 Akebia quinata（Thunb.）Decne.、三叶木通 A. trifoliata（Thunb.）Koidz.、白木通 A. trifoliata（Thunb.）Koidz. var. australis（Diels）Rehd. 藤茎(木通)能清心火,利小便,通经下乳;果实(预知子)能舒肝理气,活血止痛,利尿,杀虫。鹰爪枫 Holboellia coriacea Diels 根(鹰爪枫)能祛风除湿,活血通络。

二十五、大血藤科

大血藤科 Sargentodoxaceae,落叶木质藤本。三出复叶,互生,有长柄,无托叶。花单性异株,雄蕊 6,心皮多数,螺旋状排列。浆果,有柄,聚合在球状花托上。

常用药用植物有：大血藤 Sargentodoxa cuneata（Oliv.）Rehd. et Wils. 藤茎(大血藤)能解毒消痈,活血止痛,祛风除湿。

二十六、防　己　科

防己科 Menispermaceae,缠绕藤本。常单叶互生,掌状脉,常盾状着生。花单性异株,花瓣常小于萼片,雄蕊与花瓣对生。核果一侧发育较快,花柱基残迹多移近基部,内果皮骨质有纹饰。

常用药用植物有:古山龙 *Arcangelisia gusanlung* H. S. Lo 根茎或藤茎(古山龙)能清热利湿,泻火解毒。锡生藤 *Cissampelos pareria* L. var. *hirsute* (Buch. ex DC.) Forman 全株(亚乎奴)能活血止血,生肌止痛。木防己 *Cocculus orbiculatus* (L.) DC. 根(木防己)能祛风除湿,通经活络,解毒消肿。蝙蝠葛 *Menispermum dauricum* DC. 根茎(北豆根)能清热解毒,祛风止痛。青藤 *Sinomenium acutum* (Thunb.) Rehd. et Wils.与毛青藤 *S. acutum* (Thunb.) Rehd. et Wils. var. *cinereum* Rehd. et Wils. 藤茎(青风藤)能祛风湿,通经络,利小便。头花千金藤 *Stephania cepharantha* Hayata ex Yamamoto 块根(白药子)能清热消肿,凉血解毒,止痛。粉防己 *S. tetrandra* S. Moore 根(防己)能利水消肿,祛风止痛。地不容 *S. epigaea* H. S. Lo 块根(地不容)有毒,能涌吐痰食,截疟,解疮毒。金果榄 *Tinospora capillipes* Gagnep.与青牛胆 *T. sagittata* (Oliv.) Gagnep. 根(金果榄)能清热解毒,利咽,止痛。中华青牛胆 *T. sinensis* (Lour.) Merr. 茎(宽筋藤)能祛风止痛,舒筋活络。

二十七、睡　莲　科

睡莲科 Nymphaeaceae,水生草本。叶心形或盾形,有长柄,芽时内卷,具托叶。花两性,单生于无叶花葶上,花萼4~6,花瓣3或多数,雄蕊6或多数,心皮常分离,花托花后发育增大。浆果、核果、瘦果或蓇葖果。

> 莲是一种广布的常见药用植物,从下到上,它的各个器官都奉献给人类治疗疾病。如根茎(藕)能清热生津,凉血,散瘀,止血;根茎上的节部(藕节)能散瘀止血;叶柄或花柄(荷梗)能解暑清热,理气化湿;叶基(荷叶蒂)能解暑去湿,祛瘀止血,安胎;叶(荷叶)能清热解暑,升发清阳,散瘀止血;花(莲花)能散瘀止血,去湿消风;雄蕊(莲须)能清心益肾,涩精止血;花托(莲房)能散瘀止血;老熟的果实(石莲子)能清湿热,开胃进食,清心宁神,涩精止泻;种皮(莲衣)能收涩止血;种子(莲子)能补脾止泻,益肾固精,养心安神;胚(莲子心)能清心火,平肝火,止血,固精。莲从下到上,形成12种中药,并且功效各不相同。
>
> 链接

常用药用植物有:芡 *Euryale ferox* Salisb. 种仁(芡实)能益肾固精,补脾止泻,祛湿止带。莲 *Nelumbo nucifera* Gaertn. 根茎节部(藕节)能止血,消瘀;种子(莲子)能补脾止泻,益肾涩精,养心安神;老熟果实(石莲子)能清心开胃;种子中的干燥幼叶及胚(莲子心)能清心安神,涩精,止血;雄蕊(莲须)能固肾涩精;叶(荷叶)能清热解暑,升发清阳,凉血。睡莲 *Nymphaea tetragona* Georgi 花(睡莲花)能消暑,解酒,定惊。

二十八、三白草科

三白草科 Saururaceae,草本。茎节明显。单叶互生,全缘,托叶与叶柄合生。总状或穗状花序与叶对生,苞片明显;花两性,无花被,雄蕊3~8,子房上位,3心皮。蒴果或浆果。

常用药用植物有:蕺菜 *Houttuynia cordata* Thunb. 全草(鱼腥草)能清热解毒,排脓消痈。三白草 *Saururus chinensis* (Lour.) Baill. 地上部分(三白草)能清热利水,解毒消肿。

二十九、胡 椒 科

胡椒科 Piperaceae,藤本或草本。芳香。单叶。穗状花序;花小,无花被,子房上位,1 室,花柱不明显。浆果小,托在盾状苞片内。

常用药用植物有:荜澄茄 *Piper cubeba* L. f.果实(荜澄茄)能温中散寒,行气止痛,暖肾。风藤 *P. kadsura* (Choisy) Ohwi 藤茎(海风藤)能祛风湿,通经络,止痹痛。荜茇 *P. longum* L. 果穗(荜茇)能温中散寒,下气,止痛。胡椒 *P. nigrum* L. 果实(胡椒)能温中散寒,下气,消痰。

三十、金粟兰科

金粟兰科 Chloranthaceae,草本或灌木。节常膨大。单叶对生,叶柄基部常合生,托叶小。花序常穗状,顶生或腋生,花常两性,无花被,雄蕊 1~3,合生,花药 1~2 室,子房下位,单心皮。核果。

常用药用植物有:丝穗金粟兰 *Chloranthus fortunei* (A. Gray) Solms-Laub.全草(水晶花)有小毒,能祛风理气,活血散瘀。宽叶金粟兰 *C. henryi* Hemsl.全草(四块瓦)能祛风除湿,活血散瘀。银线草 *C. japonicus* Sieb.根及根茎(银线草)有毒,能祛风除湿,活血理气。金粟兰 *C. spicatus* (Thunb.) Makino 根(珠兰)有毒,能祛风除湿,接筋骨。及己 *C. serratus* (Thunb.) Roem. et Schult. 根茎和根(及己)能活血散瘀,祛风止痛,解毒杀虫。草珊瑚 *Sarcandra glabra* (Thunb.) Nakai 全株(肿节风)能清热凉血,活血消斑,祛风通络。

三十一、马兜铃科

1. 形态特征 马兜铃科 Aristolochiaceae ☿ * ↑ P$_{(3)}$ A$_{6,12}$ $\overline{G}_{(4\sim6:4\sim6)}$ $\overline{\overline{G}}_{(4\sim6:4\sim6)}$,多年生草本、草质或木质藤本。单叶互生,叶基部心形,全缘,稀 3~5 裂。花两性,辐射对称或两侧对称;花单被,常花瓣状,下部常合生成各式花被管,顶端 3 裂或向一侧扩大;雄蕊 6 或 12 枚,花丝短,分离或与花柱合生;雌蕊由 4~6 心皮合生,子房下位或半下位,4~6 室,胚珠多数。蒴果或浆果状。种子多数,有胚乳。

2. 分布 8 属,约 600 种。我国 4 属,70 余种;全国均有分布;药用 3 属,约 70 种。

主要药用植物

(1) 北细辛 *Asarum heterotropoides* Fr. Schmidt var. *mandshuricum*(Maxim.) Kitag.(图 14-21) 多年生草本。根状茎横走,下部生有细长的根,有浓烈气味。叶 2 枚,基生,有长柄;叶片肾状心形,全缘;两面有毛。花单生叶腋;花被紫棕色,顶端 3 裂,裂片外卷,花被筒钟形或壶形;雄蕊 12 枚;子房半下位,花柱 6,柱头着生于顶端外侧。蒴果状浆果,半球形。分布于东北各省。中药细辛为北细辛的根及根茎,有祛风散寒、通窍止痛、温肺化饮之功。同属植物细辛 *A. sieboldii* Miq. 与汉城细辛 *A. sieboldii* Miq. f. *seoulense* (Nakai) C. Y. Cheng et C. S. Yang 的根及根茎亦作中药细辛药用。

(2) 马兜铃 *Aristolochia debilis* Sieb. et Zucc.(图 14-22) 草质藤本。叶互生,三角状狭卵形,基部心形。花单生叶腋;花被基部膨大成球状,中部管状,上部逐渐扩大成一偏斜的舌片;雄蕊 6,几无花丝,贴生于花柱顶端;子房下位。蒴果近球形,基部室间开裂。种子三角形,边缘具翅。分布于黄河以南至长江流域,南至广西。中药青木香为马兜铃的根,有平肝止痛、行气消肿之功;中药天仙藤为马兜铃的茎,有行气活血、利水消肿之功;中药马兜铃为马兜铃的果实,有清肺化痰、止咳平喘之功。同属植物北马兜铃 *A. cortorta* Bge.的根、茎、果实亦作青木香、天仙藤、马兜铃药用。

本科常用药用植物还有：

杜衡 *Asarum forbesii* Maxim. 全草药用（杜衡），能止痛,利尿,祛痰镇咳。

小叶马蹄香 *A. ichangense* C. Y. Cheng et C. S. Yang 全草亦作杜衡药用。

金耳环 *A. insigne* Diels 全草药用（金耳环），有小毒,能温经散寒,祛痰止咳,散瘀消肿。

单叶细辛 *A. himalaium* Hook. f. et Thoms. 全草药用（水细辛），能发散风寒,温肺化饮,理气止痛。

绵毛马兜铃 *Aristolochia mollissima* Hance. 全草药用（寻骨风），能祛风除湿,活血通络。

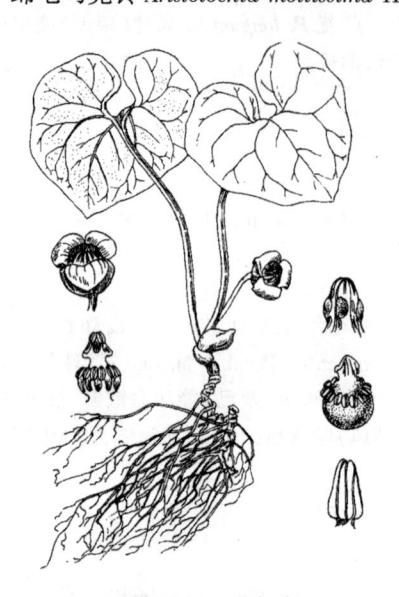

图 14-21　北细辛　　　　　　　图 14-22　马兜铃

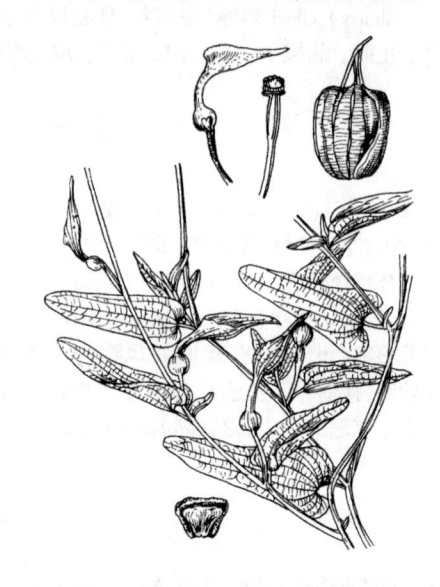

三十二、芍　药　科

1. 形态特征　芍药科 Paeoniaceae ☿ * $K_5 C_{5\sim10} A_\infty \underline{G}_{2\sim5:1:2\sim5}$，多年生草本或灌木。根肥大。叶互生,常为二回三出复叶。多为单花,顶生或腋生；花大；萼片通常5,宿存；花瓣5~10（栽培者多重瓣）；雄蕊多数,离心发育；花盘杯状或盘状,包裹心皮；心皮2~5,离生。聚合蓇葖果。

2. 分布　1属,约31种。我国有16种；分布于东北、华北、西北、长江流域及西南；均药用。

中药牡丹一直被认为来源于芍药属牡丹组的观赏植物牡丹 *Paeonia suffruticosa* Andrews,近年来研究发现,安徽铜陵的牡丹皮地道产区种植的并非牡丹,而是另一种植物杨山牡丹 *P. ostii* T. Hong et J. H. Zhang,并且全国各地药用牡丹皮均来源于该种的栽培品。中国科学院洪德元院士等研究后认为,牡丹皮原植物应是杨山牡丹的根皮；考虑"凤丹"之名在中药界用之已久,故将"杨山牡丹"的中文名改为"凤丹"。

主要药用植物

（1）芍药 *Paeonia lactiflora* Pall.（图14-23）　多年生草本。根粗壮,圆柱形。二回三出复叶,小叶窄卵形。花数朵,顶生或腋生；花白色或粉红色；肉质花盘包裹心皮基部。聚合蓇葖果。分布于东北、华北及西北等地,各地有栽培；地道产区为安徽亳州、浙江东阳。中药白芍为栽培芍药根的加工品,有养血调经、平肝止痛,敛阴止汗之功；中药赤芍为野生芍药的根,有清热凉血、散瘀止痛之功。同属植物川赤芍 *P. veitchii* Lynch 的根亦作中药赤芍药用。

（2）凤丹 P. ostii T. Hong et J. X. Zhang（图14-24） 落叶灌木。一至二回羽状复叶。单花顶生；萼片5；花瓣10~15，多为白色；紫色革质花盘全包心皮；心皮5~8。聚合蓇葖果。分布河南西部嵩县及卢氏县，长江及淮河流域多有栽培；地道产区为安徽铜陵。中药牡丹皮为凤丹的根皮，有清热凉血、活血化瘀之功。

图14-23　芍药　　　　　　　图14-24　凤丹

三十三、猕猴桃科

猕猴桃科 Actinidiaceae，木质藤本。冬芽埋于膨大叶柄基部。单叶互生，无托叶。花5基数，花萼宿存，子房上位，花柱5或多数，常宿存。浆果或蒴果。

常用药用植物有：软枣猕猴桃 Actinidia arguta（Sieb. et Zucc.）Planch. ex Miq. 果实（软枣子）能滋阴清热，除烦止渴，通淋；根（猕猴梨根）能清热利湿，祛风除痹，解毒消肿，止血。猕猴桃 A. chinensis Planch. 果实（猕猴桃）能解热止渴，健胃，通淋；根（猕猴桃根）能清热解毒，祛风利湿，活血消肿。大籽猕猴桃 A. macrosperma C. F. Liang 根（猫人参）能清热解毒，消肿。

三十四、山茶科

山茶科 Theaceae，木本。单叶互生，羽状脉，无托叶。花5基数，苞片常对生于萼下，花萼宿存，雄蕊多数，常与花瓣基部连生，中轴胎座。蒴果。

常用药用植物有：山茶 Camellia japonica L. 花（山茶花）能凉血止血，散瘀消肿。油茶 C. oleifera Abel 果实（油茶子）能行气，润肠，杀虫；根（油茶根）能清热解毒，理气止痛，活血消肿。茶 C. sinensis（L.）O. Kuntze 叶（茶叶）能清头目，除烦渴，消食化痰，利尿解毒；根（茶树根）能强心利尿，活血调经，清热解毒。紫茎 Stewartia sinensis Rehd. et Wils. 树皮、根或果（紫茎）能活血舒筋，祛风除湿。

三十五、藤黄科

藤黄科 Guttiferae，草本或木本。单叶对生，全缘，无托叶，叶具腺点或黑点。萼片与花瓣各5，少为4，雄蕊多数，合生成束，子房上位，中轴胎座或侧膜胎座。蒴果或浆果。

常用药用植物有：藤黄 Garcinia hanburgy Hook. f. 树脂（藤黄）有大毒，能攻毒消肿，祛腐敛疮，止血，杀虫。赶山鞭 Hypericum attenuatum Choisy 全草（赶山鞭）能凉血止血，活血止痛，解毒消肿。小连翘 H. erectum Thunb. ex Murray 全草（小连翘）能止血调经，解毒消肿。金丝桃 H. monogynum L. 全株（金丝桃）

能清热解毒,散瘀止痛,祛风除湿。元宝草 *H. sampsonii* Hance 全草(元宝草)能活血,止血,解毒。湖南连翘 *H. ascyron* L. 全草(红旱莲)能凉血止血,泻火解毒。贯叶连翘 *H. perforatum* L. 全草(贯叶连翘)能调经止血,清热解毒。地耳草 *H. japonicum* Thunb. ex Murray 全草(田基黄)能清利湿热,散瘀消肿。

> 动物依赖植物光合作用制造的物质生活,这是常理。也有一些植物反过来利用动物营养去生存,药用植物中的猪笼草就是一例。猪笼草的叶片先端有卷须,卷须顶端膨大成食虫囊,食虫囊近圆筒状,长 6~12cm,粗 1.6~3cm,上端还有近圆形的盖,食虫囊内分泌物可以消化昆虫。茅膏菜科植物也是食虫植物,如药用植物茅膏菜,它的茎生叶盾形,半月形或半圆形,边缘或叶上面有多数头状腺毛,分泌黏液,形成露珠状,可以吸引昆虫和俘获消化昆虫,从中获得营养补充自己。

链接

三十六、猪笼草科

猪笼草科 Nepenthaceae,草本。茎圆筒形或三棱形。叶互生,中脉延长而成卷须,卷须上部扩大反卷成瓶状体,卷须末端扩大成瓶盖。花单性异株,辐射对称,花被 3~4,雄蕊 4~24 枚,花丝合生,花药于柱顶聚生成头状体,雌花具 1 雌蕊,子房上位。蒴果。

常用药用植物有:猪笼草 *Nepenthes mirabilis* (Lour.) Druce 茎叶(猪笼草)能润肺止咳,清热利湿。

三十七、茅膏菜科

茅膏菜科 Droseraceae,食虫湿生草本。单叶互生,叶具长腺毛。花两性,辐射对称,萼片宿存,与花瓣、雄蕊同数,常 5 枚,子房上位。蒴果,室背开裂。

常用药用植物有:茅膏菜 *Drosera peltata* Smith var. *multisepala* Y. Z. Ruan 与光萼茅膏菜 *D. peltata* Smith var. *glabrata* Y. Z. Ruan 全草(茅膏菜)有毒,能活血止痛,祛风除湿。

三十八、罂粟科

1. 形态特征 罂粟科 Papaveraceae ☿ * ↑ $K_{2\sim3} C_{4\sim6} A_{\infty,4\sim6} \underline{G}_{(2\sim\infty:1:\infty)}$,草本。常具乳汁或有色乳汁。叶基生或互生,无托叶。花两性,辐射对称或两侧对称;花单生或成总状、聚伞、圆锥等花序;萼片常 2,早落;花瓣 4,稀 6;雄蕊多数,离生,或 6 枚,合生成 2 束;子房上位,2 至多数心皮,1 室,侧膜胎座,胚珠多数。蒴果,孔裂或瓣裂。种子细小。

2. 分布 约 38 属,700 种。我国有 18 属 362 种;分布全国,以西南地区为多;药用 15 属,130 余种。

主要药用植物

(1)罂粟 *Papaver somniferum* L.(图 14-25) 一年生或二年生草本,全株粉绿色,含白色乳汁。叶互生,长椭圆形,基部抱茎,边缘有缺刻。花单生茎顶,蕾时弯曲,开放时向上;花瓣 4,白、红、淡紫等色;雄蕊多数,离生;心皮多数,侧膜胎座,无花柱,柱头具 8~12 辐射状分枝。蒴果近球形,于柱头分枝下孔裂。原产南欧。严禁非法种植。中药鸦片为罂粟果实中的乳汁,有镇痛、止咳、止泻之功;中药罂粟壳为罂粟成熟蒴果的外壳,有敛肺、涩肠、固肾、止痛之功。

图 14-25　罂粟　　　　　　　　图 14-26　延胡索

> 一种植物,既有美丽的姿色,又有卓越的功效,却又能成为毒品,给人类代来深重的灾难,甚至引发了"鸦片战争"——这就是罂粟。罂粟原产于欧洲,唐代传入我国。其果实呈椭圆形,上有盖,下有蒂,状如古代盛酒的瓦器"罂",内有多数种子如粟粒,因而被称为"罂粟"。其花艳丽多彩,锦绣夺目,为古时著名的观赏花卉。李世民在一次战争中身负重伤,被一农夫救回,让其服用炒罂粟子,顿时疼痛大减,后来李世民做了皇帝,便将罂粟种子称为"御米",罂粟壳也就被称为"御米壳"了。由于后来人们将其未成熟果实划破,采收其白色乳汁制作鸦片,使之变为世界闻名的毒品,罂粟也就成为禁止种植的植物了。
>
> 链　接

(2) 延胡索 *Corydalis yanhusuo* W. T. Wang ex Z. Y. Su et C. Y. Wu(图14-26)　多年生草本。块茎不规则扁球形。叶二回三出全裂,二回裂片近无柄或具短柄,常2~3深裂,末回裂片披针形。总状花序顶生;苞片全缘或有少数牙齿;萼片2,早落;花冠两侧对称,花瓣4,紫红色,上面花瓣基部有长距;雄蕊6,花丝联合成2束;2心皮。蒴果线形。分布安徽、江苏、浙江、湖北、河南。中药延胡索为延胡索的块茎,有行气止痛、活血散瘀之功。

本科常用药用植物还有:

布氏紫堇 *Corydalis bungeana* Turcz. 全草药用(苦地丁),能清热毒,消痈肿。

伏生紫堇 *C. decumbens* (Thunb.) Pers. 块茎药用(夏天无),能舒筋活络,活血止痛。

白屈菜 *Chelidonium majus* L. 全草药用(白屈菜),有毒,能镇痛,止咳,利尿,解毒。

博落回 *Macleaya cordata* (Willd.) R. Br. 根或全草药用(博落回),有大毒,禁内服,外用能散瘀,祛风,止痛,杀虫。

三十九、十字花科

1. 形态特征　十字花科 Cruciferae,Brassicaceae $\male$ * $K_{2-2}C_4A_{2+4}\underline{G}_{(2:1-2:1-\infty)}$,草本。单叶互生;无托叶。花两性,辐射对称,总状或复总状花序;萼片4,2轮;十字花冠;雄蕊6,四强雄蕊,常在雄蕊基部有4个蜜腺;子房上位,由2心皮合生,侧膜胎座,中央有心皮边缘延伸的隔膜(假隔膜)分成2室。角果。

2. 分布　约350属,3200种。我国有96属,425种;药用30属,103种。

主要药用植物

(1) 菘蓝 *Isatis indigotica* Fort.(图 14-27)　一年生或二年生草本。主根圆柱形。叶互生;基生叶有柄,长圆状椭圆形;茎生叶长圆状披针形,基部垂耳圆形,半抱茎。圆锥花序;花黄色。短角果扁平,边缘有翅,紫色,不开裂,1 室。种子 1 枚。全国各地栽培。中药板蓝根为菘蓝的根,大青叶为菘蓝的叶,两者均有清热解毒、凉血、消斑之功。

(2) 莱菔(萝卜) *Raphanus sativus* L.(图 14-28)　一年生或二年生草本。直根肉质,长圆形、球形或圆锥形,外皮绿色、白色或红色。茎有分枝,稍有粉霜。基生叶和下部茎生叶大头羽状半裂,上部叶长圆形,有锯齿或近全缘。总状花序;花白色、紫色或粉红色。长角果圆柱形,在种子间缢缩,形成海绵状横隔。种子 1~6,卵形,微扁。全国各地栽培。中药莱菔为其鲜根,有消食、下气、化痰、止血、解渴、利尿之功;中药地骷髅为其老根,有消食理气、清肺利咽、散瘀消肿之功;中药莱菔子为其种子,有消食导气、降气化痰之功。

图 14-27　菘蓝

图 14-28　莱菔

(3) 葶苈(独行菜) *Lepidium apetalum* Willd.(图 14-29)　一年生或二年生草本。茎自基部多分枝。基生叶窄匙形,一回羽状浅裂或深裂,叶柄长 1~2cm,茎上部叶条形,有疏齿或全缘。总状花序顶生;花小,萼片 4,花瓣缺或退化成丝状;雄蕊 2 或 4;子房卵圆形而扁。短角果卵圆形或椭圆形,扁平。种子椭圆状卵形。分布全国大部分地区。中药葶苈子为其种子,又称北葶苈子,有祛痰平喘、利水消肿之功。

图 14-29　葶苈

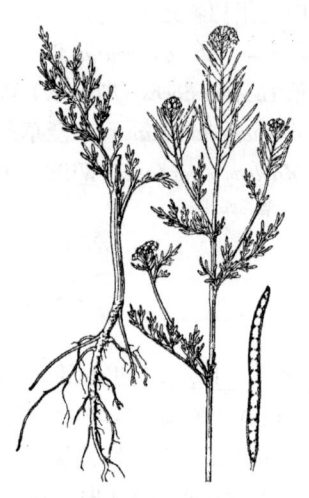

图 14-30　播娘蒿

（4）播娘蒿 Descurainia sophia(L.) Webb ex Prantl（图 14-30） 一年生或二年生草本,全株灰白色。叶二至三回羽状全裂或深裂,最终裂片条状。总状花序伞房状顶生;花瓣黄色。长角果圆筒状。种子长圆形,稍扁,淡红褐色。分布东北、华北、西北、华东、西南。播娘蒿的种子亦作中药葶苈子药用,称为南葶苈子,有被祛痰平喘、利水消肿之功。

本科常用的药用植物还有：

荠菜 Capsella bursa-pastoris(L.) Medic. 全草药用（荠菜）,能凉肝止血,平肝明目,清热利湿。

蔊菜 Rorippa indica (L.) Hiern 全草药用（蔊菜）,能祛痰止咳,解表散寒,活血解毒,利湿退黄。

白芥 Sinapis alba L. 种子药用（白芥子）,能化痰逐饮,散结消肿。

四十、金缕梅科

金缕梅科 Hamamelidaceae,木本。常具星状毛。单叶互生,有托叶。萼片、花瓣和雄蕊均4或5,子房上位,2心皮,顶端离生,2室,中轴胎座。木质蒴果。

常用药用植物有:枫香树 Liquidambar formosana Hance 果序（路路通）能祛风活络,利水通经;树脂（白胶香）能活血,解毒,止痛,生肌,凉血。苏合香树 L. orientalis Mill. 树脂（苏合香）能开窍,辟秽,止痛。檵木 Loropetalum chinense (R. Br.) Oliv. 叶（檵木叶）能清热解毒,收敛止血。

四十一、景 天 科

景天科 Crassulaceae,肉质草本。常单叶,无托叶。花两性,辐射对称,萼片、花瓣、心皮同数,4或5,雄蕊与花瓣同数或2倍。蓇葖果。

常用药用植物有：八宝 Hylotelephium erythrostictum (Miq.) H. Ohba 全草（景天）能清热解毒,止血。瓦松 Orostachys fimbriatus (Turcz.) Berger 全草（瓦松）能止血,敛疮。唐古特红景天 Rhodiola algida (Ledeb.) Fisch. et Mey. var. tangutica (Maxim.) S. H. Fu、库页红景天 R. sachalinensis A. Bor. 根（红景天）能补气清肺,益智养心,收涩止血,散瘀消肿。费菜 Sedum aizoon L.、横根费菜 S. kamtschaticum Fisch. 全草（景天三七）能散瘀止血,宁心安神,解毒。垂盆草 S. sarmentosum Bunge 全草（垂盆草）能清利湿热,解毒。佛甲草 S. lineare Thunb. 全草（佛甲草）能清热解毒,利湿,止血。

四十二、虎耳草科

虎耳草科 Saxifragaceae,草本或木本。叶常互生,多无托叶。花两性,辐射对称,花萼与花瓣4或5,雄蕊5~10,其外轮与花瓣对生,心皮2~5,下部合生。蒴果或浆果。

常用药用植物有:岩白菜 Bergenia purpurascens (Hook. f. et Thoms.) Engl. 全草（岩白菜）能收敛止泻,舒筋活络,止咳止血。落新妇 Astilbe chinensis (Maxim.) Franch. et Sav.、大落新妇 A. grandis Stapf ex Wils. 根茎（红升麻）能祛风,清热,止咳。常山 Dichroa febrifuga Lour. 根（常山）能截疟,涌吐痰涎。虎耳草 Saxifraga stolonifera Curt. 全草（虎耳草）能疏风,清热,凉血,解毒。

四十三、蔷 薇 科

1. 形态特征　蔷薇科 Rosaceae ⚥ * $K_5 C_5 A_{4~\infty} \underline{G}_{1~\infty:1;1~\infty} \overline{G}_{(2~5:2~5:2)}$,木本或草本。常具刺。单叶或复叶,互生,常有托叶。花两性,辐射对称;单生或排成伞房、圆锥花序;花托凸起或凹陷,

花被与雄蕊合成一碟状、杯状、坛状或壶状的托杯,又称被丝托,萼片、花瓣和雄蕊均着生托杯的边缘;花部5基数,花瓣分离;雄蕊常多数;心皮1至多数,分离或结合,子房上位至下位,每室1至多数胚珠。蓇葖果、瘦果、核果或梨果。

2. 分布 124属,3300余种。我国有51属,1100余种;分布全国;药用48属,400余种。

蔷薇科的亚科及重要药用属检索表

1. 多无托叶;蓇葖果 ··· 绣线菊亚科 Spiraeoideae 绣线菊属 Spiraea
1. 有托叶;瘦果、核果或梨果。
  2. 子房上位。
    3. 花萼宿存,心皮通常多数,分离;聚合瘦果或聚合小核果 ················· 蔷薇亚科 Rosoideae
      4. 雌蕊由杯状或坛状的托杯包围。
        5. 灌木;雌蕊多数;托杯成熟时肉质而有色泽 ····························· 蔷薇属 Rosa
        5. 草本;雌蕊1~3;托杯成熟时干燥坚硬。
          6. 萼裂片5;有花瓣;托杯上部有钩状刺毛 ························· 龙牙草属 Agrimonia
          6. 萼裂片4;无花瓣;托杯无钩状刺毛 ····························· 地榆属 Sangusorba
      4. 雌蕊生于平坦或隆起的托杯上。
        7. 植株有刺;心皮含2枚胚珠;小核果成聚合果 ························· 悬钩子属 Rubus
        7. 植株无刺;心皮含1枚胚珠;瘦果,分离。
          8. 花柱顶生或近顶生,在果期延长 ································· 路边青属 Geum
          8. 花柱侧生,基生或近顶生,在果期不延长。
            9. 托杯成熟时干燥 ··································· 委陵菜属 Potentilla
            9. 托杯成熟膨大变成肉质 ····························· 蛇莓属 Duchesnea
    3. 花萼不宿存;心皮常1,稀2或5;核果 ·· 梅亚科 Prunoideae
      10. 果实有沟。
        11. 侧芽3,两侧为花芽,具顶芽;核常有孔穴 ···························· 桃属 Amygdalus
        11. 侧芽1,顶芽缺;核常光滑。
          12. 花先叶开;子房和果实常被短柔毛 ······························· 杏属 Armeniaca
          12. 花叶同开;子房和果实均光滑无毛 ······························· 李属 Prunus
      10. 果实无沟 ··· 樱属 Cerasus
  2. 子房下位或半下位 ·· 苹果亚科 Maloideae
    13. 内果皮成熟时骨质,果实含1~5小核 ·· 山楂属 Crataegus
    13. 内果皮成熟时草质或纸质,每室含1至多数种子。
      14. 伞形或总状花序,有时单生。
        15. 心皮含1~2枚种子 ··· 梨属 Pyrus
        15. 心皮含3至多枚种子 ·· 木瓜属 Chaenomeles
      14. 复伞房或圆锥花序。
        16. 心皮全部合生,子房下位 ··· 枇杷属 Briobotrya
        16. 心皮部分合生,子房半下位 ·· 石楠属 Photinia

主要药用植物

(1) 龙牙草(仙鹤草)*Agrimonia pilosa* Ledeb.(图14-31) 多年生草本,全株密生长柔毛。单数羽状复叶,每对小叶之间夹有小型小叶;托叶近卵形。圆锥花序顶生;被丝托外方有槽和柔毛,顶端有一圈钩状刺毛;花瓣5,黄色;雄蕊10;子房上位,心皮2。瘦果。分布全国。中药仙鹤草为其全草,有止血、补虚、泻火、止痛之功;中药鹤草芽为其冬芽,有驱虫、解毒消肿之功。

（2）金樱子 *Rosa laevigata* Michx.(图 14-32)　常绿攀援有刺灌木。羽状复叶;小叶 3,少数 5,叶片近革质,托叶线形,和叶柄分离,早落。花大,白色,单生于侧枝顶端。蔷薇果近球形或倒卵形,有细刺,顶端有长而外反的宿存萼片。分布于华东、华中及华南。中药金樱子为其果实,有涩精益肾、固肠止泻之功。

图 14-31　龙牙草

图 14-32　金樱子

（3）月季花 *R. chinensis* Jacq.(图 14-33)　灌木,有皮刺。羽状复叶,小叶 3~5,宽卵形或卵状长圆形,无毛;托叶边缘有腺毛或羽裂。花单生或数朵聚生成伞房状,花瓣红色或玫瑰色,重瓣。果卵圆形或梨形。全国各地普遍栽培。中药月季花为其花蕾,有活血调经、解毒消肿之功。

（4）地榆 *Sanguisorba officinalis* L.(图 14-34)　多年生草本。根粗壮,多呈纺锤状。奇数羽状复叶。穗状花序圆柱状或卵圆形,紫色或暗紫色;萼片 4,紫红色;无花瓣;雄蕊 4。瘦果褐色,外有 4 棱。分布全国大部分地区。中药地榆为其根,有凉血止血、清热解毒、消肿敛疮之功。同属植物狭叶地榆 *S. officinalis* L.var. *longifolia* (Bertol.) Yu et Li 的根亦作中药地榆药用。

图 14-33　月季

图 14-34　地榆

（5）山楂 *Crataegus pinnatifida* Bge.(图 14-35)　落叶乔木。通常有刺。叶宽卵形至菱状卵形,两侧各有 3~5 羽状深裂片,边缘有尖锐重锯齿;托叶镰形。伞房花序;花白色。梨果近球形,直径 1~1.5cm,深红色,有灰白色斑点。分布东北、华北及陕西、河南、江苏。中药山楂为其果实,有消食积、化滞瘀之功。同属植物山里红 *C. pinnatifida* Bge.var. *major* N. E. Br.的果实亦作中药山楂药用。

图 14-35　山楂　　　　　　　　图 14-36　皱皮木瓜

（6）皱皮木瓜 *Chaenomeles speciosa*（Sweet）Nakai（图 14-36）　落叶灌木。枝有刺。叶卵形至长椭圆形，叶缘有尖锐锯齿；托叶大型，肾形或半圆形。花先叶开放，腥红色，稀淡红色或白色，3~5朵簇生；花梗粗短；被丝托钟状。梨果球形或卵形，直径4~6cm，黄色或黄绿色，芳香。分布华东、华中及西南。中药木瓜为其果实，有舒筋活络、和胃化湿之功。

> 中药木瓜，始载《名医别录》，至宋代，安徽宣城产的木瓜被称为"宣木瓜"，是著名地道药材。其他产区尚有浙江淳安、四川綦江、湖北资丘等地。木瓜果肉干燥后皱缩，又被称为"皱皮木瓜"，另又一种称为"光皮木瓜"者，来源于同属植物榠楂 *Chaenomeles sinensis*（Touin）Koehne，因其果肉干燥后不皱缩而得名。光皮木瓜在皱皮木瓜货源不足时曾替代木瓜，《中华人民共和国药典》的木瓜来源仅为皱皮木瓜，因此，光皮木瓜不是中药木瓜的正品。另外，水果中也有叫"木瓜"的，那是产于我国南方的番木瓜科 Caricaceae 植物番木瓜 *Carica papaya* L.的果实，不是中药的木瓜。

（7）杏 *Armeniaca vulgaris* Lam.[*Prunus armeniaca* L.]　落叶乔木。单叶互生；叶片卵圆形或宽卵形。春季先叶开花，花单生枝顶；花萼 5 裂；花瓣 5，白色或浅粉红色；雄蕊多数；雌蕊单心皮。核果球形。种子1，心状卵形，浅红色。分布全国。中药苦杏仁为杏的种子，有降气化痰、止咳平喘、润肠通便之功。同属植物野杏 *A. vulgaris* Lam.var. *ansu*（Maxim.）Yu et Lu、西伯利亚杏 *A. sibirica*（L.）Lam.、东北杏 *A. mandshurica*（Maxim.）Skv.的种子也作中药杏仁药用。

本科常用药用植物还有：

绣线菊 *Spiraea salicifolia* L. 全株药用（绣线菊），能通经活血，通便利水。

掌叶覆盆子 *Rubus chingii* Hu 果实药用（覆盆子），能补肝益肾，固精缩尿，明目。

玫瑰花 *Rosa rugosa* Thunb. 花药用（玫瑰花），能理气解郁，和血调经。

委陵菜 *Potentilla chinensis* Ser. 带根全草药用（委陵菜），能凉血止痢，清热解毒。

翻白草 *P. discolor* Bge. 全株药用（翻白草），能清热解毒，散瘀止血。

柔毛路边青 *Geum japonicum* Thunb. var. *chinense* F. Bolle 全草药用（水杨梅），能补肾平肝，活血消肿。

蛇莓 *Duchesnea indica*（Andr.）Focke 全草药用（蛇莓），能清热解毒，散瘀消肿。

枇杷 *Eriobotrya japonica*（Thunb.）Lindl. 叶药用（枇杷叶），能清肺止咳，和胃降逆，

止渴。

野山楂 *Crataegus cuneata* Sieb. et Zucc. 全草药用(南山楂),能消食健胃,行气散瘀。

石楠 *Photinia serrulata* Lindl. 叶药用(石南),能祛风湿,强筋骨,益肝肾,止痒。

梨 *Pyrus bretschneideri* Rehd. 果实药用(梨),能清肺化痰,生津止渴。

梅 *Armeniaca mume* Sieb. 近成熟果实经熏焙后药用(乌梅),能敛肺止咳,涩肠止泻,止血,生津,安蛔,治疮。

桃 *Amygdalus persica* L.、山桃 *A. davidiana* (Carr.) C. de Vos ex Henry 种子药用(桃仁),能活血祛瘀,润肠通便。

郁李 *Cerasus japonca* (Thunb.) Lois、欧郁李 *C. humilis* (Bunge) Sok.及长梗扁桃 *Amygdalus pedunculata* Pall.三者的种子药用(郁李仁),能润燥滑肠,下气利水。

四十四、豆 科

1. 形态特征 豆科 Leguminosae, Fabaceae ⚥ * ↑ $K_{5,(5)} C_5 A_{10,(9)+1,\infty} \underline{G}_{1:1:1\sim\infty}$,草本、木本或藤本。叶互生,多为复叶,有托叶,有叶枕(叶柄基部膨大的部分)。花序各种;花两性,花萼5裂,花瓣5,多为蝶形花,少数为假蝶形花和辐射对称;雄蕊10,两体,少数分离或下部合生,稀多数;心皮1,子房上位,胚珠1至多数,边缘胎座。荚果。种子无胚乳。

2. 分布 约650属,1800种。我国有169属,1539种;分布全国;药用109属,600余种。

豆科的亚科和重要药用属检索表

1. 花辐射对称;花瓣镊合状排列;雄蕊多数或有定数 ················ 含羞草亚科 Mimosoideae
  2. 雄蕊多数;荚果不横裂为数节。
    3. 花丝连合成管状 ··· 合欢属 Albizia
    3. 花丝分离 ··· 金合欢属 Acacia
  2. 雄蕊5或10;荚果成熟时裂为数节 ·· 含羞草属 Mimosa
1. 花两侧对称;花瓣覆瓦状排列;雄蕊常为10。
  4. 花冠假蝶形;雄蕊分离 ··· 云实亚科 Caesalpinioideae
    5. 单叶 ··· 紫荆属 Cercis
    5. 羽状复叶。
      6. 茎枝或叶轴有刺。
        7. 小叶边缘有齿;花杂性或单性异株 ······························· 皂荚属 Gleditsia
        7. 小叶全缘;花两性 ·· 云实属 Caesalpinia
      6. 植株无刺 ··· 决明属 Cassia
  4. 花冠蝶形;雄蕊分离或合生 ··· 蝶形花亚科 Papilionoideae
    8. 雄蕊10,分离或仅基部合生 ·· 槐属 Sophora
    8. 雄蕊10,合生成单体或两体,多具明显的雄蕊管。
      9. 单体雄蕊。
        10. 藤本;三出复叶。
          11. 花萼钟形;具块根 ·· 葛属 Pueraria
          11. 花萼二唇形;不具块根 ··· 刀豆属 Canavalia
        10. 草本;单叶。
          12. 荚果不肿胀,常含1枚种子,不开裂 ······························· 补骨脂属 Psoralaea
          12. 荚果肿胀,含种子2枚以上,开裂 ································ 猪屎豆属 Crotalaria

9. 二体雄蕊。
　　　　13. 小叶1~3片。
　　　　　　14. 叶缘有锯齿；托叶与叶柄连合 …………………………………… 胡芦巴属 Trigonella
　　　　　　14. 叶全缘或具裂片；托叶不与叶柄连合。
　　　　　　　　15. 花轴延续一致而无节瘤 ……………………………………………… 大豆属 Glycine
　　　　　　　　15. 花轴于花着生处常凸出为节，或隆起如瘤。
　　　　　　　　　　16. 花柱无须毛。
　　　　　　　　　　　　17. 枝条有刺；旗瓣大于翼瓣和龙骨瓣 ……………………… 刺桐属 Erythrina
　　　　　　　　　　　　17. 无刺；所有花瓣长度几相等 …………………………… 密花豆属 Spatholobus
　　　　　　　　　　16. 花柱上部具纵列的须毛，或于柱头周围具毛茸。
　　　　　　　　　　　　18. 柱头倾斜 ……………………………………………………… 豇豆属 Vigna
　　　　　　　　　　　　18. 柱头顶生 ……………………………………………………… 扁豆属 Dolichos
　　　　13. 小叶5至多片。
　　　　　　19. 木质藤本；圆锥花序 ……………………………………………… 鸡血藤属 Millettia
　　　　　　19. 草本；总状、穗状或头状花序。
　　　　　　　　20. 荚果通常肿胀，常因背缝线深延而纵隔为2室 ………………… 黄芪属 Astragalus
　　　　　　　　20. 荚果通常有刺或瘤状突起，1室 ………………………………… 甘草属 Glycyrrhiza

主要药用植物

（1）合欢 Albizia julibrissin Durazz.（图14-37）　落叶乔木。二回羽状复叶，小叶镰刀状，主脉偏向一侧。头状花序，多数，伞房状排列；雄蕊多数，花丝细长，淡红色。荚果扁条形。分布全国。中药合欢皮为合欢的树皮；有安神解郁，活血消痈之功。中药合欢花为其花或花蕾，有解郁安神、理气开胃、消风明目、活血止痛之功。

图14-37　合欢

图14-38　钝叶决明

（2）钝叶决明 Cassia obtusifolia L.（图14-38）　一年生半灌木状草本。叶互生；羽状复叶，小叶6，倒卵形，最下面两对小叶间各有一针刺状腺体。花成对腋生；萼片、花瓣均为5，花冠黄色；雄蕊10，发育雄蕊7。荚果细长，近四棱形，长15~20cm。种子菱柱形，淡褐色，有光泽。分布全国。中药决明子为钝叶决明的种子，有清肝明目、利水通便之功。同属植物决明 C. tora L.的种子亦作中药决明子药用。

> 中药猪牙皂呈圆柱形，略扁，弯曲作镰刀状，长4～12cm，直径0.5～1.2cm，无种子或种子发育不全；中药皂荚呈扁长的剑鞘状而略弯，长15～20cm，宽2～3.5cm，厚0.8～1.5cm，种子多数。过去，分类学者根据果实特征，曾将猪牙皂的原植物命名为"牙皂树" *Gleditsia officinalis* Hemsl.，四川省中医研究所对猪牙皂主产区四川省青川县调查，发现猪牙皂和皂荚同长在一株树上，是皂荚树受伤后所结。当地在冬季或春初砍伤或用钉子钉入树干的方法，称为"放浆"，这样就使皂荚树结出了"猪牙皂"。因此，牙皂树是不存在的，猪牙皂的原植物就是皂荚。

（3）皂荚 *Gleditsia sinensis* Lam.（图14-39） 乔木。棘刺粗壮，通常有分枝。小枝无毛。一回偶数羽状复叶；小叶6～16片，卵状矩圆形，边缘有圆锯齿。总状花序，花杂性；花萼钟状，裂片4；花瓣4，白色；雄蕊6～8；子房条形。荚果条形，黑棕色，有白色粉霜。分布东北、华北、华东、华南及四川、贵州等地。中药皂荚为皂荚的果实，猪牙皂为皂荚的不育果实，有祛痰止咳、开窍通闭、杀虫、散结之功。中药皂角刺为皂荚的棘刺，有消肿透脓、疏风、杀虫之功。

（4）膜荚黄芪 *Astragalus membranaceus*（Fisch.）Bge.（图14-40） 多年生草本。主根粗长，圆柱形。羽状复叶，小叶9～25片，卵状披针形或椭圆形，两面被白色长柔毛。总状花序腋生；花黄白色；雄蕊10，两体；子房被柔毛。荚果膜质，膨胀，卵状矩圆形，有长柄，被黑色短柔毛。分布东北、华北及甘肃、四川、西藏等地。中药黄芪为其根，有补气固表、利水排脓之功。同属植物蒙古黄芪 *A. membranaceus*（Fisch.）Bge.var.*mongholicus*（Bge.）Hsiao 的根亦作中药黄芪药用。

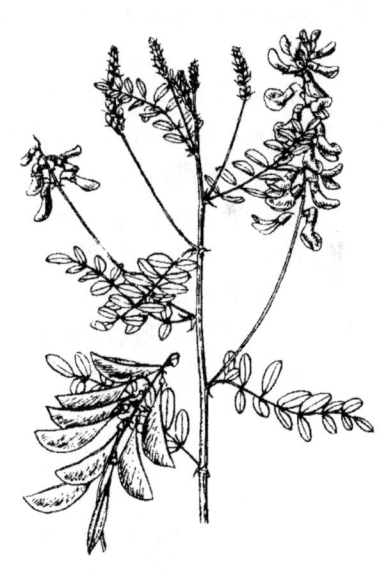

图14-39 皂荚　　　　　图14-40 膜荚黄芪

（5）甘草 *Glycyrrhiza uralensis* Fisch. 多年生草本。根状茎横走；主根粗长，外皮红棕色或暗棕色。全株被白色短毛及刺毛状腺体。羽状复叶，小叶5～17片，卵形至宽卵形。总状花序腋生；花冠蓝紫色；雄蕊10，二体。荚果镰刀状或环状弯曲，密被刺状腺毛及短毛。分布东北、华北、西北。中药甘草为其根和根状茎，有补脾益气、清热解毒、祛痰止咳、缓急止痛、调和诸药之功。同属植物胀果甘草 *G. inflata* Batal 和光果甘草 *G. glabra* L.的根和根状茎亦作中药甘草药用。

本科常用的药用植物还有：

含羞草 *Mimosa pudica* L. 全草药用(含羞草)，能安神，散瘀，止痛。

儿茶 *Acacia catechu* (L. f.) Willd. 心材等煎制的浸膏药用(孩儿茶)，能收湿敛疮，止血定痛，清热化痰。

紫荆 *Cercis chinensis* Bunge 树皮药用(紫荆皮)，能活血，通淋，解毒。

云实 *Caesalpinia decapetala* (Roth) Alston 种子药用(云实)，能解毒除积，止咳化痰，杀虫。

苏木 *C. sappan* L. 心材药用(苏木)，能活血祛瘀，消肿定痛。

扁茎黄芪 *Astragalus complanatus* R. Br. ex Bunge 种子药用(沙苑子、沙苑蒺藜)，能补肾固精，益肝明目。

野葛 *Pueraria lobata* (Willd.) Ohwi、粉葛 *P. thomsonii* Benth. 根药用(葛根)，能解肌退热，生津，透疹，升阳止泻。野葛的花药用(葛花)，能解酒毒，止渴。

苦参 *Sophora flavescens* Ait. 根药用(苦参)，能清热燥湿，祛风杀虫。

槐 *S. japonica* L. 花(槐花)、花蕾(槐米)及果实(槐角)均药用，能凉血止血，清肝明目。

柔枝槐 *S. tonkinensis* Gagnep. 根及根茎药用(山豆根)，能泻火解毒，利咽消肿，止痛杀虫。

补骨脂 *Psoralea corylifolia* L. 果实药用(补骨脂)，能补肾助阳，纳气平喘，温脾止泻。

密花豆 *Spatholobus suberectus* Dunn 藤茎药用(鸡血藤)，能活血舒经，养血调经。

刺桐 *Erythrina variegata* L. var. *orientalis* (L.) Merr. 树皮或根皮药用(海桐皮)，能祛风湿，舒经活络。

刀豆 *Canavalia gladiata* (Jacq.) DC. 种子药用(刀豆)，能温中下气，益肾补元。

金钱草 *Desmodium styracifolium* (Osbeck) Merr. 枝叶药用(广金钱草)，能清热利湿，通淋排石。

扁豆 *Dolichos lablab* L. 白色种子药用(白扁豆)，能健脾，化湿，消暑。

大豆 *Glycine max* (L.) Merr. 黑色种子药用(黑大豆)，能活血，利水，祛风，解毒，健脾，益肾。黑色种子经蒸罨发酵药用(淡豆豉)，能解肌发表，宣郁除烦。

胡芦巴 *Trigonella foenum-graecum* L. 种子药用(胡芦巴)，能温肾阳，逐寒湿。

绿豆 *Vigna radiata* (L.) R. Wilczak 种子药用(绿豆)，能清热消暑，利水，解毒。

赤小豆 *V. umbellata* (Thunb.) Ohwi et Ohashi 和赤豆 *V. angularis* (Willd.) Ohwi et Ohashi 种子药用(赤小豆)，能利水消肿，清热解毒。

农吉利 *Crotalaria sessiliflora* L. 全草药用(农吉利)，能清热，利湿，解毒。

四十五、酢浆草科

酢浆草科 Oxalidaceae，草本或木本。叶互生，掌状复叶具3小叶，倒心形，夜间闭合，少数羽状复叶。花两性，辐射对称，5基数，花瓣旋转排列，雄蕊10，花丝基部连合，心皮5，中轴胎座。蒴果，少浆果。

常用药用植物有：阳桃 *Averrhoa carambola* L. 果实(阳桃)能清热生津，利尿，解毒。红花酢浆草 *Oxalis corymbosa* DC. 全草(铜锤草)能散瘀消肿，清热利湿，解毒。酢浆草 *O. corniculata* L. 全草(酢浆草)能清热利湿，凉血散瘀，解毒消肿。

四十六、牻牛儿苗科

牻牛儿苗科 Geraniaceae，多草本。叶互生或对生，分裂或复叶，有托叶。花两性，花萼宿存，花瓣5，雄蕊5或为花瓣的倍数，子房上位，3~5室。蒴果，成熟时由基部向上裂开卷曲，每果瓣具1种子。

常用药用植物有：牻牛儿苗 *Erodium stephanianum* Willd.、野老鹳草 *Geranium carolinianum* L.、老鹳草 *G. wilfordii* Maxim.、尼泊尔老鹳草 *G. nepalense* Sweet、西伯利亚老鹳草 *G. sibiricum* L. 地上部分（老鹳草）能祛风湿，通经络，止泻痢。

四十七、蒺 藜 科

蒺藜科 Zygophyllaceae，多草本。常偶数羽状复叶，托叶刺状，宿存。花两性，辐射对称，5 基数，雄蕊与花瓣同数或倍数，长短不等，花丝有 1 腺体。蒴果，常有刺。

常用药用植物有：蒺藜 *Tribulus terrestris* L. 果实（蒺藜）能平肝解郁，活血祛风，明目，止痒。

四十八、亚 麻 科

亚麻科 Linaceae，草本。单叶互生，全缘。两性花，辐射对称，5 基数，花萼与花瓣同数，在芽内旋转排列，雄蕊与花瓣互生，花丝基部连合，子房上位。常蒴果。

常用药用植物有：亚麻 *Linum usitatissimum* L. 种子（亚麻子）能润燥，祛风。

四十九、大 戟 科

1. 形态特征 大戟科 Euphorbiaceae ♂ * $K_{0\sim5} C_{0\sim5} A_{1\sim\infty,(\infty)}$ ；♀ * $K_{0\sim5} C_{0\sim5} \underline{G}_{(3:3:1\sim2)}$，草本、灌木或乔木，常含乳汁。单叶，互生，有托叶，叶基部常有腺体。花常单性，同株或异株，花序种种，常为聚伞花序，或杯状聚伞花序；重被、单被或无花被，有时具花盘或退化为腺体；雄蕊 1 至多数，花丝分离或联合；子房上位，3 心皮，3 室，中轴胎座，每室 1~2 胚珠。蒴果，稀浆果或核果。种子有胚乳。

2. 分布 约 300 属，8000 余种。我国有 66 属，364 种；分布全国各地；药用 39 属，160 余种。

大戟科重要药用属检索表

1. 杯状聚伞花序 ················· 大戟属 *Euphorbia*
1. 非杯状聚伞花序。
　2. 有花瓣。
　　3. 花萼不整齐的 2~3 裂 ················· 油桐属 *Vernicia*
　　3. 萼片 5，少数为 4 或 6。
　　　4. 多年生草本 ················· 地构叶属 *Speranskia*
　　　4. 木本 ················· 巴豆属 *Croton*
　2. 无花瓣。
　　5. 叶片盾状着生 ················· 蓖麻属 *Ricinus*
　　5. 叶片非盾状着生。
　　　6. 花丝分离或仅基部合生。
　　　　7. 花单生或簇生于叶腋 ················· 叶下珠属 *Phyllanthus*
　　　　7. 花排列成总状、穗状或圆锥状花序。
　　　　　8. 雄蕊 3 枚以下 ················· 乌桕属 *Sapium*
　　　　　8. 雄蕊通常 8 枚 ················· 铁苋菜属 *Acalypha*
　　　6. 花丝连合成柱状 ················· 算盘子属 *Glochidion*

主要药用植物

（1）大戟 *Euphorbia pekinensis* Rupr.（图14-41） 多年生草本,有乳汁。根圆锥形。茎被短柔毛。单叶互生,矩圆状披针形。总花序常有5伞梗,基部有5枚叶状苞片;每伞梗又作1至数回分叉,最后小伞梗顶端着生1杯状聚伞花序;杯状总苞顶端4裂,腺体4。蒴果表皮有疣状突起。全国各地均有分布。中药京大戟为大戟的根,有泻水逐饮之功。

（2）巴豆 *Croton tiglium* L. 常绿灌木或小乔木,幼枝、叶具星状毛。单叶互生,卵形至椭圆状卵形,两面疏生星状毛,基部具3脉,近柄两侧各具1腺体。花小,单性同株;总状花序顶生,雄花在上,雌花在下;萼片5;花瓣5,反卷;雄蕊多数;雌花常无花瓣,子房上位,3室,每室有1胚珠。蒴果卵形,具3钝棱。分布长江以南。中药巴豆为其果实,有大毒,外用蚀疮;中药巴豆霜为巴豆的炮制品,大毒,有峻下积滞、逐水消肿、豁痰利咽之功。

本科常用的药用植物还有：

狼毒大戟 *Euphorbia fischeriana* Steud. 根药用(狼毒),有大毒,能破积杀虫。

泽漆 *E. helioscopia* L. 全草药用(泽漆),有毒,能逐水消肿,散结杀虫。

甘遂 *E. kansui* T. N. Liou ex T. P. Wang 根药用(甘遂),有毒,能泻水逐饮。

续随子 *E. Lathyris* L. 种子药用(千金子),能逐水消肿,破血消症。

飞扬草 *E. hirta* L. 全草药用(飞扬草),有小毒,能清热解毒,通乳,渗湿,止痒。

地锦 *E. humifusa* Willd. 全草药用(地锦草),能清热解毒,凉血止血。

图14-41 大戟

油桐 *Vernicia fordii* (Hemsl.) Airy-Shaw 根药用(油桐根),能消积,驱虫,祛风利湿。

地构叶 *Speransklia tuberculata* (Bunge) Baill. 全株药用(透骨草),能散风祛湿,解毒止痛。

蓖麻 *Ricinus communis* L. 种子药用(蓖麻子),有毒,能消肿拔毒,泻下通滞。

余甘子 *Phyllanthus emblica* L. 果实药用(余甘子),能清热凉血,消食健胃,生津止渴。

叶下珠 *P. urinaria* L. 全草药用(叶下珠),能清热利尿,明目,消积。

蜜柑草 *P. matsumurae* Hayata 全草药用(蜜柑草),能清热利尿,明目,消积,止泻,利胆。

乌桕 *Sapium sebiferum* (L.) Roxb. 种子药用(乌桕子),能杀虫,利水,通便。

铁苋菜 *Acalypha australis* L. 全草药用(铁苋菜),能清热解毒,化痰止咳,利湿,收敛止血。

算盘子 *Glochidion puberum* (L.) Hutch. 根、叶药用(算盘子),能清热利湿,祛风通络。

五十、芸 香 科

1. 形态特征 芸香科 Rutaceae ⚥ * $K_{3 \sim 5} C_{3 \sim 5} A_{3 \sim \infty} \underline{G}_{(2 \sim \infty ; 2 \sim \infty)}$,木本,少草本。有时具刺。叶、花、果常具透明腺点,有芳香味。叶常互生;多为复叶或单身复叶,少单叶;无托叶。花多两性,辐射对称;单生或排成各式花序;萼片3~5;花瓣3~5;雄蕊与花瓣同数或为其倍数,生于花盘基部;子房上位,心皮2~5或更多,多合生,每室胚珠1~2。柑果、蒴果、核果和蓇葖果,稀翅果。

2. 分布 约150属,1700种。我国有28属,150余种;分布全国;药用23属,105种。

芸香科重要药用属检索表

1. 果实成熟时彼此分离为开裂的蓇葖果。
    2. 木本或木质藤本；花单性。
        3. 叶互生。
            4. 奇数羽状复叶；茎枝有皮刺 ·· 花椒属 Zanthoxylum
            4. 单叶；茎枝无刺 ·· 臭常山属 Orixa
        3. 叶对生 ·· 吴茱萸属 Evodia
    2. 草本；花两性 ·· 白鲜属 Dictamnus
1. 果为核果、翅果或浆果。
    5. 核果 ·· 黄柏属 Phellodendron
    5. 浆果。
        6. 茎枝无刺；羽状复叶 ··· 九里香属 Murraya
        6. 茎枝有刺；单叶，单小叶，3 小叶。
            7. 落叶小乔木；叶具 3 小叶 ·· 枳属 Poncirus
            7. 常绿乔木或灌木；单小叶，稀单叶 ··· 柑橘属 Citrus

主要药用植物

（1）橘 Citrus reticulata Blanco（图 14-42） 常绿小乔木或灌木。枝多有刺。叶互生，革质，为单身复叶；叶片具半透明油点。花小，花萼 5 裂；花瓣 5，白色或带淡红色；雄蕊 15~30，花丝在中下部连合成数束；子房 9~15 室。柑果球形或扁球形。分布于长江流域及以南地区，多栽培。中药陈皮为橘的成熟果皮，有理气降逆、调中开胃、燥湿化痰之功；中药青皮为橘的幼果或未成熟果皮，有疏肝破气、消积化滞之功；中药橘红为橘的外层果皮，有散寒燥湿、理气化痰、宽中健胃之功；中药橘络为橘的果皮内层筋络，有通络、理气、化痰之功；中药橘核为橘的种子，有理气、散结、止痛之功；中药橘叶为橘的叶，有疏肝行气、化痰散结之功。

（2）橘的栽培变种茶枝 C. reticulata "Chachi"、大红袍 C. reticulata "Dahongpao"、温州蜜柑 C. reticulata "Unshiu"、福橘 C. reticulata "Tangerina"各药用部分均与橘同等入药。

图 14-42 橘　　　　　　图 14-43 黄檗

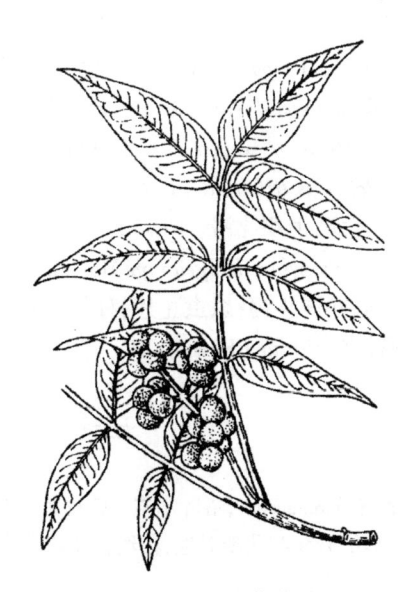

> 黄柏药材分为川黄柏和关黄柏。古代本草记载的黄柏为川黄柏，是芸香科植物黄皮树的干燥树皮。
> 关黄柏为芸香科植物黄檗除去栓皮的干燥树皮。主产于辽宁、吉林、黑龙江、河北、内蒙古等地，加工后的商品质量与外观均优于川黄柏，在市场上占主导地位。是目前市场黄柏药材的主流商品。关黄柏历代本草无记载，为后起之秀。
>
> **链接**

(3) 黄檗 *Phellodendron amurense* Rupr.(图14-43) 落叶乔木。树皮厚，木栓发达，内层皮薄，鲜黄色；叶柄下芽常密被黄褐色短毛。奇数羽状复叶对生；小叶5~15，披针形至卵状长圆形，边缘有细钝齿，齿缝有腺点。雌雄异株；圆锥状聚伞花序；花小，萼片及花瓣各为5，黄绿色；雄蕊5；雌蕊柱头5浅裂。浆果状核果，球形，熟时紫黑色，内有种子2~5。分布于东北及华北。中药黄柏、关黄柏为黄檗的树皮，有清热燥湿、泻火解毒之功。同属植物黄皮树 *P. chinense* Schneid 的树皮亦作中药黄柏药用，习称"川黄柏"。

(4) 吴茱萸 *Evodia rutaecarpa* (Juss.) Benth. 常绿灌木或小乔木。幼枝、叶轴及花序均被黄褐色长柔毛。有特殊气味。单数羽状复叶对生；小叶5~9，椭圆形至卵形，下面密被长柔毛，有腺点，揉之有辛辣味。花单性异株；圆锥状聚伞花序顶生；花白色，5数。蒴果扁球形，成熟时裂开呈5个果瓣，蓇葖果状，紫红色，有粗大油腺点。分布于华东、中南及西南。中药吴茱萸为其未成熟果实，有小毒，有散寒止痛、疏肝下气、温中燥湿之功。吴茱萸的2个变种：石虎 *E. rutaecarpa* (Juss.) Benth. var. *officinalis* (Dode) Huang 和疏毛吴茱萸 *E. rutaecarpa* (Juss.) Benth. var. *bodinieri* (Dode) Huang 的未成熟果实亦作中药吴茱萸药用。

本科常用的药用植物还有：

柚 *Citrus grandis* (L.) Osbeck、化州柚 *Citrus grandis* (L.) Osbeck var. *tomentosa* Hort. 近成熟外层果皮药用(化橘红)，能燥湿化痰，理气，消食。

酸橙 *C. aurantium* L. 幼果药用(枳实)，能破气消积，化痰除痞；未成熟果实药用(枳壳)，能理气宽胸，行滞消积。

代代花 *C. aurantium* L. var. *amara* Engl. 花蕾药用(代代花)，能理气宽胸，和胃止呕。

枸橼 *C. medica* L.、香圆 *C. wilsonii* Tanaka 成熟果实药用(香橼)，能理气降逆，宽胸化痰。

佛手柑 *C. medica* L. var. *sarcodactylis* (Noot.) Swingle 果实药用(佛手)，能舒肝理气，和胃化痰。

臭常山 *Orixa japonica* Thunb. 全株药用(臭常山)，能清热利湿，截疟，止痛，安神。

白鲜 *Dictamnus dasycarpus* Turcz. 根皮药用(白鲜皮)，能清热燥湿，祛风止痒，解毒。

九里香 *Murraya exotica* L. 根、叶药用(九里香)，能行气，消肿，散瘀。

枸橘 *Poncirus trifoliata* (L.) Raf. 幼果(绿衣枳实)与未成熟果实(绿衣枳壳)药用，能疏肝和胃，理气止痛，消积化滞。

花椒 *Zanthoxylum bungeanum* Maxim.、青椒 *Z. schinifolium* Sieb. et Zucc. 果皮药用(花椒)，能温中止痛，除湿止泻，杀虫止痒；种子药用(椒目)，能利水消肿，祛痰平喘。

两面针 *Z. nitidia* (Roxb.) DC. 根或枝叶药用(两面针)，能祛风通络，胜湿止痛，消肿解毒。

五十一、苦 木 科

苦木科 Simaroubaceae，落叶木本。树皮苦。叶互生，羽状复叶，无托叶。花单性或杂性，雄蕊与花瓣同数或2倍，2轮，外轮与花瓣对生，花丝基部常有鳞片，花盘环形，子房上位，2~5裂，近分离。核果、翅果或浆果。

常用药用植物有：臭椿 *Ailanthus altissima* (Mill.) Swingle 根皮或干皮(椿皮)能清热燥湿，收涩止带，止泻,止血;果实(凤眼草)能清热燥湿,止痢,止血。鸦胆子 Brucea javanica (L.) Merr. 果实(鸦胆子)有毒,能清热解毒,截疟,止痢,腐蚀赘疣。苦木 Picrasma quassioides (D. Don) Benn. 枝及叶(苦木)有小毒,能清热,祛湿,解毒。

五十二、橄 榄 科

橄榄科 Burseraceae,木本。奇数羽状复叶,互生。圆锥花序;花单性、两性或杂性,辐射对称,萼片3~6,花瓣3~6,雄蕊与花瓣同数或为其2倍,子房上位,3~5室,中轴胎座,花盘杯状、盘状或坛状。核果。

常用药用植物有:鲍达乳香树 *Boswellia bhaw-dajiana* Birdw.、乳香树 *B. carterii* Birdw. 胶树脂(乳香)能活血止痛,消肿生肌。没药树 *Commiphora myrrha* Engl. 树脂(没药)能散瘀止痛。橄榄 *Canarium album* (Lour.) Raeusch. 果实(橄榄)能清热,利咽,生津,解毒。

五十三、楝 科

楝科 Meliaceae,木本。叶互生,常羽状复叶,无托叶。圆锥花序;花多两性,辐射对称,雄蕊常为花瓣2倍,多合生成管,子房上位,具花盘。蒴果、浆果或核果。

常用药用植物有:米仔兰 *Aglaia odorata* Lour. 枝叶(米仔兰)能祛风湿,散瘀肿;花(米仔兰花)能行气宽中,宣肺止咳。楝 *Melia azedarach* L. 树皮及根皮(苦楝皮)有毒,能驱虫,疗癣。川楝 *M. toosendan* Sieb. et Zucc.果实(川楝子)有小毒,能舒肝,行气,止痛,驱虫。香椿 *Toona sinensis* (A. Juss.) Roem. 果实(香椿子)能祛风,散寒,止痛。

五十四、远 志 科

远志科 Polygalaceae,草本或木本。单叶,多互生,无托叶。花两性,两侧对称,萼片5,不等长,内面2枚大且花瓣状,花瓣5或3,不等大,中央1片龙骨瓣状,顶具鸡冠状附属物,雄蕊8,花丝合生,花药顶孔开裂,子房上位,2室。蒴果、翅果、坚果或核果。

常用药用植物有:黄花远志 *Polygala arillata* Buch.-Ham. 根(鸡根)能祛痰除湿,补虚健脾,宁心活血。黄花倒水莲 *P. fallax* Hemsl. 根或茎、叶(黄花倒水莲)能补虚健脾,散瘀通络。瓜子金 *P. japonica* Houtt. 全草(瓜子金)能祛痰止咳,活血消肿,解毒止痛。远志 *P. tenuifolia* Willd.、卵叶远志 *P. sibirica* L. 根(远志)能安神益智,祛痰,消肿。

五十五、漆 树 科

漆树科 Anacardiaceae,木本。树皮常有树脂或白色乳汁。叶常互生,多羽状复叶,无托叶。圆锥花序,花萼和花瓣3~5,覆瓦状排列,雄蕊与花瓣同数或2倍,子房上位,常1室,1胚珠,花柱3,有花盘。核果。

常用药用植物有:杧果 *Mangifera indica* L. 果实(杧果)能益胃,生津,止呕,止渴;果核(杧果核)能健胃消食,化痰行气。黄连木 *Pistacia chinensis* Bunge 叶芽、叶或根、树皮(黄楝树)能清暑,生津,解毒,利湿。南酸枣 *Choerospondias axillaris* (Roxb.) Burtt et Hill 果实(南酸枣)能行气活血,养心,安神。盐肤木 *Rhus chinensis* Mill.、青麸杨 *R. potaninii* Maxim.、红麸杨 *R. punjabensis* Stew. var. *sinica* (Diels) Rehd. et Wils. 叶上的寄生虫瘿(五倍子)能敛肺降火,涩肠止泻,敛汗止血,收湿敛疮。漆树 *Toxicodendron vernicifluum* (Stokes) F. A. Barkl.树脂加工品(干漆)能破瘀血,消积,杀虫。

五十六、槭树科

槭树科 Aceraceae，木本。叶对生，无托叶。花辐射对称，绿色或黄绿色，雄蕊常8，子房上位，2室，花柱2，有花盘。双翅果。

常用药用植物有：青榨槭 *Acer davidii* Franch. 树皮（青榨槭）能祛风除湿，散瘀止痛，消食健脾。苦茶槭 *A. ginnala* Maxim. subsp. *theiferum* (Fang) Fang 幼芽（桑芽茶）能散风热，清头目。鸡爪槭 *A. palmatum* Thunb. 叶（鸡爪槭）能行气止痛，解毒消痈。

五十七、无患子科

无患子科 Sapindaceae，多木本。常复叶，多互生，无托叶。花萼与花瓣4或5，雄蕊常8，着生于一边，子房上位，3室，或仅一室发育，花盘肉质，常偏于一侧。蒴果、浆果、核果或翅果，种子常具假种皮。

常用药用植物有：文冠果 *Xanthoceras sorbifolia* Bunge 茎或枝叶（文冠果）有小毒，能祛风除湿，消肿止痛。龙眼 *Dimocarpus longan* Lour. 假种皮（龙眼肉）能补益心脾，养血安神。荔枝 *Litchi chinensis* Sonn. 种子（荔枝核）能行气散结，祛寒止痛。无患子 *Sapindus mukorossi* Gaertn. 种子（无患子）有小毒，能清热祛痰，消积杀虫。

五十八、七叶树科

七叶树科 Hippocastanaceae，落叶乔木。叶对生，掌状复叶，无托叶。圆锥花序顶生，花瓣4或5，不等大，具爪，子房上位，3心皮，3室，每室2胚珠，花柱单一，花盘位于雄蕊外侧。蒴果。

常用药用植物有：天师栗 *Aesculus wilsonii* Rehd.、七叶树 *A. chinensis* Bunge 种子（娑罗子）能理气宽中，和胃止痛。

五十九、凤仙花科

凤仙花科 Balsaminaceae，肉质草本。节常膨大。单叶。花两性，两侧对称，萼片3，后面1枚较大，具距，花瓣5，成对合生则成3片，雄蕊5，花丝上部与花药连合包围雌蕊，子房上位，5室。蒴果。

常用药用植物有：凤仙花 *Impatiens balsamina* L. 种子（急性子）能破血软坚，消积；茎（凤仙透骨草）能祛风湿，活血止痛，解毒。水金凤 *I. noli-tangere* L. 根或全草（水金凤）能活血调经，祛风除湿。

六十、冬青科

冬青科 Aquifoliaceae，木本。单叶互生，常具托叶。花单性异株，花萼和花瓣4或5，覆瓦状排列，雄蕊与花瓣同数互生，子房上位，柱头宿存。浆果状核果，具宿萼。

常用药用植物有：毛冬青 *Ilex pubescens* Hook. et Arn. 根（毛冬青）能清热解毒，活血通络。梅叶冬青 *I. asprella* (Hook. f. et Arn.) Champ. ex Benth. 根（岗梅根）能清热解毒，消痈散结。枸骨 *I. cornuta* Lindl. et Paxt. 叶（功劳叶）能清热滋阴，平肝，益肾；嫩叶（苦丁茶）能散风热，清头目，除烦渴。苦丁茶冬青 *I. kudingcha* C. J. Tseng、大叶冬青 *I. latifolia* Thunb 嫩叶（苦丁茶）能散风热，清头目，除烦渴。冬青 *I. purpurea* Hassk. 叶（四季青）能清热解毒，消肿祛瘀。

六十一、卫矛科

卫矛科 Celastraceae，木本。单叶，有托叶。花常两性，辐射对称，淡绿色，萼片、花瓣4或5枚，雄蕊与花瓣同数互生,子房上位,1~5 室,每室 1 或 2 胚珠,花盘发达呈各种形状。蒴果、浆果、核果或翅果,种子常具假种皮。

常用药用植物有:南蛇藤 *Celastrus orbiculatus* Thunb. 茎藤(南蛇藤)能祛风除湿,通经止痛,活血解毒。冬青卫矛 *Euonymus japonica* Thunb. 根、叶(大叶黄杨)能活血调经,祛风除湿,解毒消肿。白杜 *E. maackii* Rupr. 树皮(丝棉木)能祛风除湿,活血通络,解毒止血。卫矛 *E. alatus* (Thunb.) Sieb. 翅状物的枝条或翅状附属物(卫矛)能破血,通经,杀虫。扶芳藤 *E. fortunei* (Turcz.) Hand-Mazz. 茎、叶(扶芳藤)能散瘀止血,舒筋活络。云南美登木 *Maytenus hookeri* Loes. 叶(云南美登木)能化瘀消癥。昆明山海棠 *Tripterygium hypoglaucum* (Levl.) Hutch. 根(昆明山海棠)有大毒,能祛风除湿,活血散瘀,舒筋接骨。雷公藤 *T. wilfordii* Hook. f. 根木质部(雷公藤)有大毒,能祛风除湿,舒经活血,杀虫解毒。

六十二、省沽油科

省沽油科 Staphyleaceae,木本。奇数羽状复叶。花两性,辐射对称,5 基数,花瓣在蕾期覆瓦状排列,雄蕊 5 枚,与花瓣互生,子房上位,3 室,具花盘。蒴果或浆果,种子具骨质或硬假种皮。

常用药用植物有:野鸦椿 *Euscaphis japonica* (Thunb.) Dippel. 果实或种子(野鸦椿子)能祛风散寒,行气止痛;根(野鸦椿根)能祛风解表,清热利湿。省沽油 *Staphylea bumalda* DC. 果实(省沽油)能润肺止咳;根(省沽油根)能活血化瘀。

六十三、黄 杨 科

黄杨科 Buxaceae,常绿灌木。单叶互生或对生,无托叶。花常单性,花萼 4,常无花瓣,雄蕊 4,与萼片对生,花柱 2 或 3,宿存,子房上位,常 3 室,胚珠 1 或 2。蒴果或核果状浆果。

常用药用植物有:黄杨 *Buxus sinica* (Rehd. et Wils.) M. Cheng 根及叶(黄杨木)能祛风除湿,理气活血,消肿散结。多毛板凳果 *Pachysandra axillaries* Franch. var. *stylosa* (Dunn) M. Cheng 根茎或全株(三角咪)能祛风除湿,活血止痛。

六十四、鼠 李 科

鼠李科 Rhamnaceae,木本。多具刺。单叶,常互生,有托叶。花常两性,淡绿色,5 基数,雄蕊与花瓣对生,子房上位,花盘发达,填满萼筒或贴生在萼筒上。核果、坚果、浆果或蒴果,基部具宿萼。

常用药用植物有:雀梅藤 *Sageretia thea* (Osbeck) Johnst. 根(雀梅藤)能降气,化痰,祛风除湿。枳椇 *Hovenia acerba* Lindl.、北枳椇 *H. dulcis* Thunb. 种子(枳椇子)能清热利尿,止渴除烦,解酒毒,利二便。枣 *Ziziphus jujuba* Mill. 果实(大枣)能补中益气,养血安神。酸枣 *Z. jujuba* Mill. var. *spinosa* (Bunge) Hu ex H. F. Chow 种子(酸枣仁)能补肝宁心,敛汗生津。

六十五、葡 萄 科

葡萄科 Vitaceae,藤本,具卷须,常与叶对生。单叶,少复叶,有托叶。花序与叶对生,花小,辐射对称,绿色,花瓣分离或顶端黏合成帽状,雄蕊 4~5,与花瓣对生,子房上位,2 室,花盘发达。浆果。

常用药用植物有:白蔹 *Ampelopsis japonica* (Thunb.) Makino 根(白蔹)能清热解毒,消痈散结。蛇葡萄 *A. sinica* (Miq.) W. T. Wang 根皮(蛇葡萄根)能消热解毒,祛风除湿,活血散结。乌蔹莓 *Cayratia japonica* (Thunb.) Gagnep. 全草(乌蔹莓)能清热利湿,解毒消肿。爬山虎 *Parthenocissus tricuspidata* (Sieb. et Zucc.) Planch. 茎或根(爬山虎)能祛风止痛,活血通络。蘡薁 *Vitis adstricta* Hance 果实(蘡薁)能生津止渴。葡萄 *V. vinifera* L. 果实(葡萄)能补气血,强筋骨,利小便。

六十六、锦 葵 科

锦葵科 Malvaceae，草本或木本。叶互生，常具星状毛，有托叶。花两性，辐射对称，小苞片3至多数，分离或连合成总苞状，萼片和花瓣5，单体雄蕊，花药1室，子房上位，心皮3~20，合生或分离而围绕中轴轮状排列。蒴果，或裂为多数分果爿。

常用药用植物有：黄蜀葵 *Abelmoschus manihot*（L.）Medic. 花（黄蜀葵花）能利湿，消肿，解毒。箭叶秋葵 *A. sagittifolius*（Kurz）Merr. 根（五指参）能滋阴润肺，和胃。苘麻 *Abutilon theophrasti* Medic. 种子（苘麻子）能清热利湿，解毒退翳。蜀葵 *Althaea rosea*（L.）Cav. 花（蜀葵花）能和血止血，解毒散结。木芙蓉 *Hibiscus mutabilis* L. 叶、花（芙蓉叶、芙蓉花）能清肺凉血，散热解毒，消肿排脓。朱槿 *H. rosa-sinensis* L. 花（扶桑花）能清肺，凉血，化湿，解毒。木槿 *H. syriacus* L. 茎皮或根皮（木槿皮）能清热，利湿，解毒，止痒；花（木槿花）能凉血，除湿，清热。冬葵 *Malva crispa* L.、野葵 *M. verticillata* L. 种子（冬葵子）能利水通淋，滑肠，通乳。锦葵 *M. sinensis* Cav. 花、叶和茎（锦葵）能利尿通便，清热解毒。地桃花 *Urena lobata* L. 根或全草（地桃花）能祛风利湿，活血消肿，清热解毒。

六十七、梧 桐 科

梧桐科 Sterculiaceae，木本或草本。常被星状毛。单叶互生，有托叶。花两性，辐射对称，萼片3~5，花瓣5，雄蕊多数，花丝常结合成管状，退化雄蕊5，子房上位，5室，或成熟时分离，或具子房柄。蒴果或蓇葖果。

常用药用植物有：梧桐 *Firmiana platanifolia*（L. f.）Marsili 种子（梧桐子）能顺气，和胃，消食；叶（梧桐叶）能祛风除湿，解毒消肿。胖大海 *Sterculia lychnophora* Hance 种子（胖大海）能清热润肺，利咽解毒，润肠通便。

六十八、瑞 香 科

瑞香科 Thymelaeaceae，木本。单叶，全缘，无托叶。花辐射对称，花萼呈花瓣状，合生成钟状或管状，常4裂，花瓣退化，雄蕊常8，2轮，生于花萼管上，无花丝，子房上位，常1室，1胚珠，具花盘。浆果、坚果或核果。

常用药用植物有：沉香 *Aquilaria agallocha*（Lour.）Roxb.、白木香 *A. sinensis*（Lour.）Spreng. 含有树脂的木材（沉香）能行气止痛，温中止呕，纳气平喘。芫花 *Daphne genkwa* Sieb. et Zucc. 花蕾（芫花）能泻水逐饮，解毒杀虫。黄瑞香 *D. giraldii* Nitsche 茎皮和根皮（祖师麻）有小毒，能祛风通络，活血止痛。结香 *Edgeworthia chrysantha* Lindl. 花蕾（梦花）能明目消翳。瑞香狼毒 *Stellera chamaejasme* L. 根（瑞香狼毒）有毒，能逐水祛痰，破积，散结，杀虫。了哥王 *Wikstroemia indica*（L.）C. A. Mey. 根（了哥王根）有大毒，能清热解毒，散结消瘀。荛花 *W. canescens*（Wall.）Meissn. 花蕾（荛花）有毒，能泻水逐饮，消坚破积。

六十九、胡 颓 子 科

胡颓子科 Elaeagnaceae，木本。全株被银色或褐黄色盾状或星芒状鳞片。单叶，常互生，全缘，无托叶。花辐射对称，花萼合生，常4裂，无花瓣，雄蕊4枚，与萼裂片互生，近无花丝，子房下位，1室，1胚珠。坚果，外面包有肉质花萼管。

常用药用植物有：沙枣 *Elaeagnus angustifolia* L. 果实（沙枣）能养肝益肾，健脾调经。木半夏 *E. multiflora* Thunb. 果实（木半夏）能平喘，止痢，活血消肿，止血。胡颓子 *E. pungens* Thunb. 叶（胡颓子叶）能平喘止咳,止血解毒。沙棘 *Hippophae rhamnoides* L. 果实(沙棘)能止咳祛痰,消食化滞。

七十、大风子科

大风子科 Flacourtiaceae,木本。单叶互生。花单性,辐射对称,花萼 5,离生,花瓣退化,雄花雄蕊多数,雌花具败育雄蕊多数,短于子房,子房上位,1 室,侧膜胎座,具花盘。蒴果、浆果或核果。

常用药用植物有:大风子 *Hydnocarpus anthelminticus* Pierre 种子(大风子)有毒,能祛风燥湿,攻毒杀虫。柞木 *Xylosma congestum* (Lour.) Merr. 根皮、树皮(柞木皮)能清热利湿,散瘀消肿。

七十一、堇 菜 科

堇菜科 Violaceae,草本。单叶互生,有托叶。花常两性,两侧对称,花柄有 2 枚小苞片,花萼 5,花瓣 5,下面 1 枚较大,基部成囊距,药隔延伸于药室外,肥大,子房上位,侧膜胎座。蒴果。

常用药用植物有:心叶堇菜 *Viola concordifolia* C. J. Wang 全草(犁头草)能清热解毒,化瘀排脓,凉血清肝。三色堇 *V. tricolor* L. 全草(三色堇)能清热解毒,止咳。堇菜 *V. verecunda* A. Gray 全草(消毒药)能清热解毒,止咳,止血。紫花地丁 *V. philippica* Cav. 全草(紫花地丁)能清热解毒,凉血消肿。

七十二、旌 节 花 科

旌节花科 Stachyuraceae,木本。髓心白色。单叶互生,有托叶。总状或穗状花序腋生,下垂,苞片 2,花辐射对称,花萼和花瓣各 4,雄蕊 8,花丝细,子房上位,4 室。浆果,种子具假种皮。

常用药用植物有:中国旌节花 *Stachyurus chinensis* Franch.、喜马拉雅旌节花 *S. himalaicus* Hook. f. et Thoms. 茎髓(小通草)能清热,利尿,下乳。

七十三、西番莲科

西番莲科 Passifloraceae,草质藤本。卷须腋生。单叶互生,叶柄具腺体,有托叶。花腋生,辐射对称,5 基数,副花冠由 1 至多轮丝状裂片组成,花丝合生,与子房柄连接,子房上位,1 室,侧膜胎座,花柱 3。浆果或蒴果。

常用药用植物有:西番莲 *Passiflora coerulea* L. 全草(西番莲)能祛风除湿,活血止痛。鸡蛋果 *P. edulis* Sims 果实(鸡蛋果)能清肺润燥,安神止痛,和血止痢。

七十四、番木瓜科

番木瓜科 Caricaceae,小乔木或大草本,具乳汁。不分枝。单叶,掌状分裂,聚生茎顶,有长柄,无托叶。花单性或两性,雄花无柄,萼 5 裂,花冠细长成管状,雄蕊 10 枚,雌花单生或成伞房花序,子房上位,侧膜胎座。肉质浆果。

常用药用植物有:番木瓜 *Carica papaya* L. 果实(番木瓜)能消食下乳,除湿通络,解毒驱虫;叶(番木瓜叶)能解毒,接骨。

> 番木瓜不是中药木瓜。番木瓜是一种热带的多年生草本植物,属于番木瓜科,果实似瓜。而中药木瓜是木本植物,生长在亚热带地区,属于蔷薇科木瓜属 *Chaenomeles* 植物,地道产区在安徽的宣城市,所以又称宣木瓜。另外浙江淳安、湖北资丘也有出产,习称淳木瓜和资丘木瓜。中药木瓜果实干后皱缩,通常称为"皱皮木瓜"。在木瓜药源紧缺时,也曾用同属植物榠楂的果实代用,但果实干燥后不皱缩,故习称"光皮木瓜"。

链接

七十五、秋海棠科

秋海棠科 Begoniaceae,草本,多汁。节膨大。单叶互生,叶片基部偏斜,有托叶。聚伞花序腋生;花单性同株,两侧对称,萼片 2,花瓣状,花瓣 2~5,雄蕊多数,花柱 3,扭曲,子房下位。蒴果,具翅棱。

常用药用植物有:秋海棠 *Begonia evansiana* Andr. 茎、叶(秋海棠茎叶)能解毒消肿,散瘀止痛,杀虫;块茎(秋海棠)能凉血止血,散瘀调经。

七十六、柽柳科

柽柳科 Tamaricaceae,木本。枝细弱。叶互生,鳞片状,无托叶。圆锥或总状花序,顶生;花两性,辐射对称,花萼、花瓣各 4 或 5,雄蕊 4 或 5,贴生花盘上,长于花瓣,子房上位。蒴果,3 瓣裂,种子顶端有毛或翅。

常用药用植物有:柽柳 *Tamarix chinensis* Lour. 细嫩枝叶(西河柳)能散风,解表,透疹,解毒。

七十七、葫芦科

1. 形态特征 葫芦科 Cucurbitaceae ♂ *$K_{(5)} C_{(5)} A_{5,(3\sim 5)}$;♀ * $K_{(5)} C_{(5)} \overline{G}_{(3:1:\infty)}$,草质藤本,具螺旋状卷须。单叶互生,常掌状分裂,有时为鸟趾状复叶。花单性,同株或异株,辐射对称;花萼和花冠裂片 5,稀为离瓣花冠;雄花的雄蕊 3 或 5 枚,分离或合生,花药直或折曲呈"S"形;雌花子房下位,由 3 心皮组成 1 室,侧膜胎座。瓠果。

2. 分布 约 113 属,800 种。我国有 32 属,155 种;全国分布,以南部和西部最多;药用约 25 属,92 种。

葫芦科重要药用属检索表

1. 花冠裂片全缘或近全缘。
 2. 雄蕊 5。
  3. 单叶 ·· 罗汉果属 *Siraitia*
  3. 鸟趾状复叶。
   4. 果实棍棒状圆筒形,倒锥形,内含种子 6 枚以上 ························· 雪胆属 *Hemsleya*
   4. 果实球形,内含种子 1~3 枚 ·· 绞股蓝属 *Gynostemma*
 2. 雄蕊 3 或 1。
  5. 雄花萼筒不伸长。
   6. 雄花生于总状或聚伞花序上 ·· 丝瓜属 *Luffa*
   6. 雄花单生或簇生 ··· 冬瓜属 *Benincasa*
  5. 雄花萼筒伸长,筒状或漏斗状 ··· 葫芦属 *Lagenaria*
1. 花冠裂片流苏状 ··· 栝楼属 *Trichosanthes*

主要药用植物

(1) 栝楼 *Trichosanthes kirilowii* Maxim.(图 14-44) 多年生草质藤本。块根肥厚,圆柱状。叶常近心形,掌状浅裂至中裂,少为不裂,中裂片菱状倒卵形。雌雄异株,雄花序总状,雄花有 3 枚雄蕊;雌花单生;花萼、花冠均 5 裂,花冠白色,中部以上细裂成流苏状。瓠果椭圆形,熟时果皮果瓤橙黄色。种子椭圆形、扁平,浅棕色。常分布于长江以北,江苏、浙江亦产,地道产区在山东。中药瓜蒌为栝楼的成熟果实,能清热涤痰,宽胸散结,润燥滑肠;中药瓜蒌皮为栝楼的成熟果皮,能清肺化痰,利气宽胸;中药瓜蒌子为栝楼的成熟种子。有润肺化痰,润肠通便之效。中药天花粉为栝楼的块根,能生津止渴,降火润燥,天花粉蛋白还能引产。同属中华栝楼(双边栝楼)*T. rosthornii* Harms 功效同栝楼。

> 在 20 世纪 70 年代,发现栝楼具有抗病毒、抗肿瘤、治疗糖尿病和免疫调节等功能。
>
> 天花粉蛋白除了用于中期流产、宫外孕和营养性肿瘤的治疗以外,还可以有效地抑制艾滋病病毒的感染,而且对于正常细胞没有毒害作用。因此,是一种非常有应用前景的抗艾滋病药物。
>
> 链接

图 14-44 栝楼　　　　　　　　图 14-45 绞股蓝

(2) 绞股蓝 *Gynostemma pentaphyllum* (Thunb.) Makino(图 14-45)　草质藤本。卷须 2 叉,着生叶腋;鸟趾状复叶,有 5~7 小叶,具柔毛。雌雄异株;雌雄花序均圆锥状。瓠果球形,大如豆,熟时黑色。分布于长江以南地区。全草能清热解毒,止咳祛痰。本种含有绞股蓝皂苷,具有增强免疫的功能。

(3) 罗汉果 *Siraitis grosvenorii* (Swingle) C. Jeffrey ex Lu et Z. Y. Zhang　草质藤本,全体被短柔毛。根块状。卷须 2 裂几达基部。花黄色。瓠果淡黄色。分布于华南地区,广西大量栽培。中药罗汉果为其干燥果实,有清热凉血、润肺止咳、润肠通便的作用。

> 葫芦科的瓜类与我们生活关系密切,如冬瓜、节瓜 *Benincasa. hispida* Cogn. var. *chieh-qua* How.、南瓜 *Cucurbita moschata* Duch.、笋瓜 *C. maxima* Duch.、西葫芦 *C. pepo* L.、西瓜 *Citrullus lanatus* (Thunb.) Mats. et. Nakai、黄瓜 *Cucumis sativus* L.、甜瓜 *C. melo* L.、越瓜 *C. melo* L. var. *conomon* Makino、菜瓜 *C. melo* L. var. *flexuosus* Naud.、网纹甜瓜 *C. melo* L. var. *reticulatus* Naud.、哈密瓜 *C. melo* L. var. *saccharinus* Naud.、苦瓜 *Momordica charantia* L.、葫芦、瓢子 *Lagenaria. siceraria* Standl. var. *clavata* Makino、长颈葫芦 *L. siceraria* Standl. var. *caugouda* Makino、匏 *L. siceraria* Standl. var. *depressa* Makino、细腰葫芦 *L. siceraria* Standl. var. *gourda* Makino、佛手瓜 *Sechium edule* (Jacq.) Swartz.、蛇瓜 *Trichosanthes anguina* L.、丝瓜等。这些植物有的可作蔬菜,有的可作水果,有的还可作器皿。
>
> 链接

本科常用药用植物还有：

冬瓜 *Benincasa hispida* (Thunb.) Cogn. 干燥的外层果皮药用（冬瓜皮），能清热利尿，消肿。种子药用（冬瓜子），能清热利湿，排脓消肿。

王瓜 *Trichosanthes cucumeroides* (Ser.) Maxim. 块根具小毒，能清热利尿，解毒消肿、散瘀止痛。果实药用（王瓜），能清热，生津，消瘀，通乳。

雪胆 *Hemsleya chinensis* Cogn. ex Forbes et Hemsl. 块根药用（雪胆），具小毒，能清利湿热，解毒，消肿，止痛。

木鳖 *Momordica cochinchinensis* (Lour.) Spreng. 种子药用（木鳖子），有小毒，能化积利肠，外用消肿，透毒，生肌。

丝瓜 *Luffa cylindrica* (L.) Roem. 果实的维管束药用（丝瓜络），能通络，清热，化痰。

葫芦 *Lagenaria siceraria* (Molina) Standl. 果皮及种子药用（葫芦），能利尿，消肿，散结。

七十八、千屈菜科

千屈菜科 Lythraceae，草本或木本。枝常四棱形。单叶，常对生，全缘，无托叶。花两性，辐射对称，常4基数，苞片2枚，花萼合生，3~6裂，裂片间常有附属物，花瓣和雄蕊着生于萼管上，子房上位。蒴果。

常用药用植物有：紫薇 *Lagerstroemia indica* L. 花（紫薇花）能清热解毒，活血止血；根（紫薇根）能清热利湿，活血止血，止痛。千屈菜 *Lythrum salicaria* L. 全草（千屈菜）能清热解毒，收敛止血。

七十九、菱 科

菱科 Trapaceae，沼生草本。叶二型，浮水叶簇生，菱形，叶柄中部具膨大气囊，沉水叶羽状丝裂。花4基数，花萼合生，4裂，子房半下位。坚果，菱形，具2或4刺角。

常用药用植物有：菱 *Trapa bispinosa* Roxb.、乌菱 *T. bicornis* Osbeck 果肉（菱）能健脾益胃，除烦止渴，解毒。

八十、使君子科

使君子科 Combretaceae，木本。叶互生或对生。花两性，萼管与子房合生，且延伸成管状，4~5裂，花瓣4~5，雄蕊与花瓣同数或2倍，子房下位，1室。果革质或核果状，有翅或纵棱。

常用药用植物有：使君子 *Quisqualis indica* L. 果实（使君子）能杀虫消积。诃子 *Terminalia chebula* Retz.、微毛诃子 *T. chebula* Retz. var. *tomentella* (Kurt.) C. B. Clarke 幼果（藏青果）能清热，生津，解毒；成熟果实（诃子）能涩肠敛肺，降火利咽。

八十一、桃金娘科

桃金娘科 Myrtaceae，常绿木本。单叶，常具透明腺点，无托叶。花常两性，辐射对称，花萼筒与子房合生，萼齿4或5，花瓣4或5，覆瓦状排列或黏合成帽状体，雄蕊多数，子房下位或半下位，具花盘。浆果、蒴果或坚果。

常用药用植物有：岗松 *Baeckea frutescens* L. 枝叶（岗松）能化瘀止痛，清热解毒，利尿通淋，杀虫止痒。蓝桉 *Eucalyptus globulus* Labill. 成长叶（桉叶）能疏风解表，清热解毒，化痰理气，杀虫止痒；果（桉树果）能理气，健胃，截疟，止痒。桃金娘 *Rhodomytus tomentosa* (Ait.) Hassk. 果实（桃金娘）能养血止血，涩肠固精。丁香 *Syzygium aromaticum* (L.) Merr. et Perry 花蕾（丁香）能温中降逆，补肾助阳。

八十二、石榴科

石榴科 Punicaceae，落叶木本。枝四棱，有刺。单叶簇生或对生，全缘，无托叶。花两性，萼筒钟状，肉质肥厚，裂片5~7，花瓣5~7，有皱纹，雄蕊多数，生于萼筒内，子房下位。浆果，有隔膜，种子多汁液。

常用药用植物有：石榴 *Punica granatum* L. 果皮（石榴皮）能涩肠止泻，止血驱虫。

八十三、野牡丹科

野牡丹科 Melastomataceae，草本或木本。单叶对生，全缘，基出脉3~9，无托叶。花两性，辐射对称，花萼筒多少与子房合生，4或5裂，裂片间常有附属物，花瓣4或5，雄蕊与花瓣同数或2倍，常两型，花药顶孔开裂，药隔具附属物或下部有距，子房下位。蒴果或浆果包于萼筒内。

常用药用植物有：野牡丹 *Melastoma candidum* D. Don 全株（野牡丹）能消积利湿，活血止血，清热解毒。地菍 *M. dodecandrum* Lour. 全株（地菍）能清热解毒，活血止血；果（地菍果）能补肾养血，止血安胎。金锦香 *Osbeckia chinensis* L. 全草或根（天香炉）能化痰利湿，祛瘀止血，解表消肿。

八十四、柳叶菜科

柳叶菜科 Onagraceae，多草本。单叶。花两性，萼筒状与子房合生且杯状延伸，萼裂片2~5，花瓣2~5，生于子房上，雄蕊与花瓣同数或2倍，生于花瓣上，花丝细长，子房下位，花柱1。蒴果。

常用药用植物有：柳叶菜 *Epilobium hirsutum* L. 全草（柳叶菜）能清热解毒，利湿止泻，消食理气，活血接骨。丁香蓼 *Ludwigia prostrata* Roxb. 全草（丁香蓼）能清热解毒，利尿通淋，化瘀止血。月见草 *Oenothera biennis* L. 根（月见草）能祛风湿，强筋骨。

八十五、小二仙草科

小二仙草科 Halorgidaceae，草本。单叶，或羽状丝裂，无托叶。花小，萼筒与子房合生，两性花者具棱，单性花者具2苞片，花瓣2~4，兜状，雄蕊2~8，子房下位，1~4室，柱头发达，具乳头状突起。小坚果或核果。

常用药用植物有：小二仙草 *Haloragis micrantha* (Thunb.) R. Br. ex Sieb. et Zucc. 全草（小二仙草）能止咳平喘，清热利湿，调经活血。

八十六、锁阳科

锁阳科 Cynomoriaceae，寄生肉质草本，无叶绿素。叶鳞片状。肉穗花序；花杂性，花被片4~6，雄花1雄蕊和1蜜腺，雌花1雌蕊，子房下位，1室，两性花具雄蕊和雌蕊各1枚。果为小坚果状。

常用药用植物有：锁阳 *Cynomorium songaricum* Rupr. 肉质茎（锁阳）能补肾阳，益精血，润肠通便。

八十七、八角枫科

八角枫科 Alangiaceae，落叶木本。单叶互生，基部两侧常不对称，无托叶。花两性，辐射对称，总花梗常分节，具苞片，花萼小且与子房合生，4~10齿，花瓣与萼片同数，舌状，镊合状排列，花期反曲，雄蕊与花瓣同数或2~4倍，子房下位。核果。

常用药用植物有：八角枫 *Alangium chinense* (Lour.) Harms.、瓜木 *A. platanifolium* (Sieb. et Zucc.) Harms. 根、须根及根皮（八角枫根）有小毒，能祛风除湿，舒筋活络，散瘀止痛；叶（八角枫叶）能化瘀接骨，解毒杀虫。

八十八、蓝果树科

蓝果树科 Nyssaceae，落叶木本。单叶互生，常全缘，无托叶。头状、总状或伞形花序；花单性、两性或杂性，花萼齿和花瓣 5，雄蕊常 10，子房下位，1 室，1 胚珠，花盘常生于子房上面。核果或瘦果。

常用药用植物有：喜树 *Camptotheca acuminata* Decne 果实（喜树果）能解毒，杀虫，抗癌。

八十九、山茱萸科

山茱萸科 Cornaceae，木本。单叶对生或互生，全缘，无托叶。花两性或单性，花萼齿和花瓣 4 或 5，雄蕊与花瓣同数互生，子房下位，2 室，花柱单一，花盘生于花柱基。核果。

常用药用植物有：灯台树 *Bothrocaryum controversum* (Hemsl.) Pojark. 树皮或根皮、叶（灯台树）能清热平肝，消肿止痛。四照花 *Dendrobenthamia japonica* (DC.) Fang var. *chinensis* (Osborn) Fang 叶、花（四照花）能清热解毒，收敛止血；果（四照花果）能驱蛔，消积。山茱萸 *Cornus officinalis* Sieb. et Zucc. 果肉（山茱萸）能补益肝肾，涩精固脱。青荚叶 *Helwingia japonica* (Thunb.) Dietr. 茎髓（小通草）能清热，利尿，下乳。

> **链接**
> 山茱萸是一味常用中药，六味地黄丸的主药之一。山茱萸以果肉入药，果肉熟时红色，大如酸枣，所以历来就有将山茱萸的药材与枣联系起来，如《神农本草经》称为"蜀枣"，《救荒本草》称为"实枣儿"，《本草纲目》称为"肉枣"，近代又多称"枣皮"、"药枣"、"红枣皮"。随着这些俗称的传播，它的正名"山茱萸"、"山萸肉"人们反而不易听到了，难怪有些人听到"枣皮"，就误把山茱萸当成枣树了。

九十、五 加 科

1. 形态特征 五加科 Araliaceae ⚥ * $K_5 C_{5\sim10} A_{5\sim10} \overline{G}_{(2\sim15:2\sim15:1)}$，木本，稀多年生草本。茎有时具刺。叶互生，稀对生或轮生，常为掌状复叶或羽状复叶，少为单叶。花小，两性，稀单性，辐射对称；伞形花序或由于伞辐极短而集成头状花序，常排成总状或圆锥状；萼齿 5，小形，花瓣 5~10，分离；雄蕊 5~10，生于花盘边缘，花盘生于子房顶部；子房下位，由 2~15 心皮合生，通常 2~5 室，每室 1 胚珠。浆果或核果。

2. 分布 80 属，900 多种。我国有 23 属，172 种；除新疆外，全国均有分布；药用 18 属，112 种。

五加科重要药用属检索表

1. 叶互生。
　2. 单叶或掌状复叶。
　　3. 单叶。
　　　4. 叶片掌状分裂。
　　　　5. 植物体无刺；花柱离生；有托叶 ……………………………………………… 通脱木属 Tetrapanax
　　　　5. 植物体有刺；花柱合生成柱状；无托叶 …………………………………………… 刺楸属 Kalopanax
　　　4. 叶片不裂，或在同一株上有不裂和分裂的两种叶片 ………………………………… 树参属 Dendropanax

3. 掌状复叶 ··· 五加属 *Acanthopanax*
2. 羽状复叶 ··· 楤木属 *Aralia*
1. 叶轮生 ··· 人参属 *Panax*

主要药用植物

（1）人参 *Panax ginseng* C. A. Mey.（图 14-46） 多年生草本。根状茎短而直立，每年增生一节，称芦头，有时其上生出不定根，称"艼"。主根粗壮，倒圆锥形。掌状复叶轮生茎端，通常一年生者生一片三出复叶，二年生者生一片掌状五出复叶，三年生者生二片掌状五出复叶，以后每年递增一片复叶，最多可达六片复叶；小叶片椭圆形或卵形，上面脉上疏生刚毛，下面无毛。伞形花序单个顶生，总花梗比叶长。果扁球形，熟时红色。分布于东北，现多为栽培。中药人参为人参的根，有大补元气、复脉固脱、补气益血、生津、安神之功。

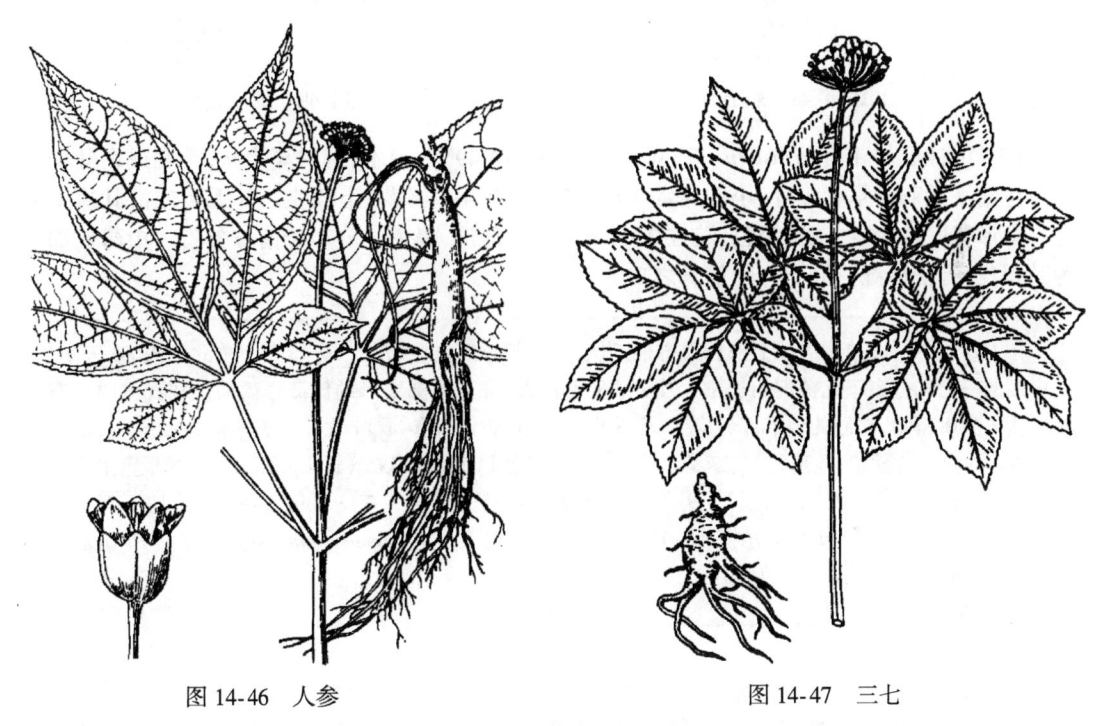

图 14-46 人参　　　　　　　　图 14-47 三七

（2）西洋参 *P. quinquefolium* L. 形态和人参很相似，但本种的总花梗与叶柄近等长或稍长，小叶片上面脉上几无刚毛，边缘的锯齿不规则且较粗大而容易区分。原产加拿大和美国，全国部分省区有栽培。西洋参为其根，有补气养阴、清热生津之功。

（3）三七 *P. notoginseng* (Burk.) F. H. Chen（图 14-47） 多年生草本。主根肉质，倒圆锥形或圆柱形。掌状复叶，小叶常3~7片，中央一片最大，长椭圆形至倒卵状长椭圆形，两面脉上密生刚毛。广西、云南栽培。中药三七为三七的根，有散瘀止血、消肿定痛之功；花有清热、平肝、降压之功。

（4）刺五加 *Acanthopanax senticosus* (Rupr. et Maxim.) Harms（图 14-48） 灌木，枝密生针刺。掌状复叶，小叶5，椭圆状倒卵形，幼叶下面沿脉密生黄褐色毛。伞形花序单生或2~4个丛生茎顶；花瓣黄绿色；花柱5，合生成柱状，子房5室。浆果状核果，球形，有5棱，黑色。分布东北及河北、山西。中药刺五加为其根及根状茎或茎，有益气健脾、补肾安神之功。

图 14-48　刺五加　　　　　　　　　图 14-49　细柱五加

（5）细柱五加 *A. gracilistylus* W. W. Smith（图 14-49）　灌木，有时蔓生状，无刺或在叶柄基部单生扁平的刺。掌状复叶，小叶通常 5 片，在长枝上互生，短枝上簇生。叶无毛或沿脉疏生刚毛。伞形花序常腋生；花黄绿色；花柱 2，分离。果扁球形，黑色。分布于南方各省。中药五加皮为其根皮，有祛风湿、补肝肾、强筋骨之功。

> 人参属 *Panax* 植物的地上部分形态很近似，地下部分区别则较大。分布我国东北的人参，云南、广西的三七和分布于北美洲的加拿大及美国的西洋参，都是以圆锥形的储藏根入药。在我国中部有一些人参属植物，它们的地下部分横生，根茎作为药用，如竹节参、狭叶竹叶参 *P. japonicus* var. *angustifolius* 的根茎竹鞭状，入药称"竹节参"；大叶三七、疙瘩七 *P. japonicus* var. *bipinnatifidus* 的根茎呈串珠状，入药称"珠子参"或"珠儿参"。另外在西藏南部还有一种假人参 *P. pseudo-ginseng*，地下部分入药，称为"藏三七"；分布于云南东南部至越南北部的屏边三七 *P. stipuleanatus* 和姜状三七 *P. zingiberensis*，前者入药称"野三七"，后者称"鸡蛋七"。

（6）通脱木 *Tetrapanax papyriferus*（Hook.）K. Koch　灌木。小枝、花序均密生黄色星状厚绒毛。茎髓大，白色。叶大，集生于茎顶，叶片掌状 5~11 裂。伞形花序集成圆锥花序状；花瓣 4，白色；雄蕊 4；子房 2 室，花柱 2，分离。分布于长江以南各省区及陕西。中药通草为其茎髓，有利水渗湿、清热解毒、消肿、通乳之功。

本科常用的药用植物还有：

竹节参 *Panax japonicum* C. A. Mey.　根茎药用（竹节参），能滋补强壮，散瘀止痛，止血，祛痰。

大叶三七 *P. japonicum* C. A. Mey. var. *major*（Burk.）C. Y. Wu et K. M. Feng　根茎药用（珠子参），能补肺，养阴，活络，止血。

树参 *Dendropanax dentiger*（Harms）Merr.　根和茎药用（枫荷梨），能祛风活络，舒筋活血。

土当归 *Aralia cordata* Thunb.　根状茎药用（九眼独活），能祛风燥湿，活血止痛，消肿。

楤木 *A. chinensis* L.　根皮和茎皮药用（楤木），能活血散瘀，祛风除湿，健胃，利尿。

刺楸 *Kalopanax septemlobus*（Thunb.）Koidz.　树皮药用（刺楸），能祛风除湿，通络止痛。

九十一、伞形科

1. 形态特征 伞形科 Umbelliferae ☿ * K$_{(5),0}$ C$_5$ A$_5$ $\overline{G}_{(2:2:1)}$,草本,常含挥发油。茎有纵棱,常中空。叶互生,叶柄基部扩大成鞘状,复叶或分裂,少数为单叶。复伞形花序,稀为伞形花序,常具总苞片;两性花;花萼 5,与子房贴生;花瓣 5;雄蕊 5;子房下位,花柱 2,具上位花盘。双悬果,每分果有 5 条主棱,背腹压扁或两侧压扁。

2. 分布 约 280 属,2500 种。我国有 97 属,590 种;分布全国;药用 55 属,234 种。

伞形科重要药用属检索表

1. 单叶,全缘或有缺刻。
  2. 直立草本;叶片披针形或条形;复伞形花序 ················· 柴胡属 *Bupleurum*
  2. 葡匐草本;叶片圆肾形;伞形花序。
    3. 叶片有裂齿或掌状分裂 ················· 天胡荽属 *Hydrocotyle*
    3. 叶片无裂齿或有浅齿 ················· 积雪草属 *Centella*
1. 复叶,或单叶近全裂。
  4. 果有刺或小瘤。
    5. 全体被白色粗硬毛;具总苞片;果有刺 ················· 胡萝卜属 *Daucus*
    5. 全体无毛;无总苞片;果有小瘤 ················· 防风属 *Saposhnikovia*
  4. 果无刺或瘤。
    6. 叶近草质;果有绒毛 ················· 珊瑚菜属 *Glehnia*
    6. 叶非草质;果无绒毛。
      7. 果棱无明显的翅。
        8. 小伞形花序外缘花瓣为辐射瓣;果皮薄而坚硬,果实成熟后不分离 ········ 芫荽属 *Coriandrum*
        8. 小伞形花序外缘花瓣不为辐射瓣;果皮薄而柔软,果实成熟后分离。
          9. 叶的末回裂片线形;花金黄色;具强烈香味 ················· 茴香属 *Foeniculum*
          9. 叶的末回裂片楔形;花白色;不具香味 ················· 明党参属 *Changium*
      7. 果棱全部或部分有翅。
        10. 萼齿明显,三角形 ················· 羌活属 *Notopterygium*
        10. 萼齿无,或极不明显,少数为线形、钻形。
          11. 花瓣白色、粉红色、淡红色或紫色。
            12. 分生果棱等宽,横剖面近五角形 ················· 蛇床属 *Cnidium*
            12. 分生果背棱较主棱宽 1 倍以上,横剖面扁圆形或甚扁。
              13. 分生果侧翅外缘联合,围绕果实形成侧翅环。
                14. 果实全部果棱有窄翅 ················· 藁本属 *Ligusticum*
                14. 果实背棱、中棱线形无翅,侧棱有窄翅 ················· 前胡属 *Peucedanum*
              13. 分生果侧翅成熟时分离 ················· 当归属 *Angelica*
          11. 花瓣黄色、淡黄色或暗黄绿色 ················· 阿魏属 *Ferula*

主要药用植物

(1) 当归 *Angelica sinensis* (Oliv.) Diels(图 14-50) 多年生大型草本。根粗短,具香气。叶三出式羽状分裂或羽状全裂,最终裂片卵形或狭卵形。复伞形花序,花绿白色。双悬果椭圆形,背向压扁,每分果有 5 条果棱,侧棱延展成宽翅。分布于西北、西南地区;地道产区为甘肃岷县。

中药当归为当归的根,有补血活血、调经止痛、润肠通便之功。

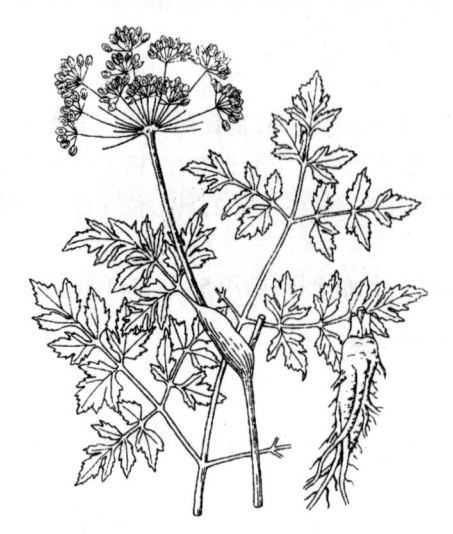

图 14-50 当归

图 14-51 杭白芷

中药柴胡是一种常用中药,根据分布和药材性状,分为"北柴胡"与"南柴胡"。北柴胡来源于柴胡 Bupleurum chinense DC.,主产我国北部秦岭系山脉的陕、豫、鄂三省毗邻地区和阴山系山脉的冀、晋,因其根为黑色,又称"黑柴胡"。南柴胡来源于狭叶柴胡 B. scorzonerifolium Willd.,主产我国长江流域的安徽、江苏等省,根为红色,又称"红柴胡"。南柴胡在安徽、江苏、浙江等地又习惯春季采集幼嫩的地上部分入药,习称"春柴胡"。

（2）杭白芷 A. dahurica (Fisch. ex Hoffm.) Benth. et Hook. f. 'Hangbaizhi'（图 14-51） 多年生高大草本。根长圆锥形。叶三出二回羽状分裂,最终裂片卵形至长卵形。复伞形花序,花黄绿色。多栽培;地道产区为浙江余杭等地。中药白芷为其根,有散风除湿、通窍止痛、消肿排脓之功。同属植物祁白芷 A. dahurica (Fisch. ex Hoffm.) Benth. et. Hook. f. 'Qibaizhi' 的根亦作中药白芷药用。

（3）重齿当归 A. biserrata (Shan et Yuan) Yuan et Shan 多年生草本。茎带紫色。基生叶及茎下部叶为二至三回三出羽状复叶,小叶片3裂,最终裂片长圆形。复伞形花序,花白色。双悬果长圆形。分布于安徽、浙江、江西、湖北、广西等地。中药独活为其根,有祛风除湿、通痹止痛之功。

（4）紫花前胡 A. decursiva (Miq.) Franch. et Sav.（图 14-52） 多年生草本。叶为一至二回羽状分裂,顶生裂片和侧生裂片基部下延成翅状,最终裂片椭圆形、长圆状披针形至卵状椭圆形,茎上部叶简化成膨大紫色的叶鞘。复伞形花序,花深紫色。分布于辽宁、河北、河南、江苏、安徽、浙江、江西、台湾、湖北、湖南、广东、广西、四川等地。紫花前胡的根曾被称为前胡药用,2005年版《中华人民共和国药典》删去,2010年版又以"紫花前胡"再次收录。

（5）柴胡 Bupleurum chinense DC.（图14-53） 多年生草本。主根粗大而坚硬。茎直立,上部分枝较多,略呈"之"字形。基生叶早枯,中部叶倒披针形或狭椭圆形,全缘,平行脉。复伞形花序,花黄色。双悬果宽椭圆形。分布于东北、华北、西北、华东和华中地区。中药柴胡为柴胡的根,有和表解里、疏肝、升阳之功。

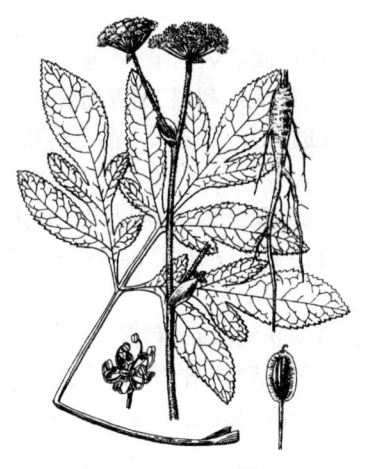

图 14-52 紫花前胡　　　　　　图 14-53 柴胡

(6) 狭叶柴胡 B. scorzonerifolium Willd.　与柴胡的主要不同点为：根皮红棕色，茎基密被叶柄残留纤维。叶线状披针形，叶缘白色，骨质。分布于我国东北、华北及陕西、甘肃、山东、江苏、安徽、广西等地。狭叶柴胡的根亦作中药柴胡药用。

(7) 川芎 Ligusticum chuanxiong Hort.(图 14-54)　多年生草本。根状茎呈不规则的结节状拳形团块。茎丛生，基部的节膨大成盘状。二至三回羽状复叶，小叶 3~5 对。复伞形花序，花白色。双悬果卵形。分布于西南地区；地道产区为四川灌县。中药川芎为其根茎，有活血行气、祛风止痛之功。

(8) 白花前胡 Peucedanum praeruptorum Dunn(图 14-55)　多年生草本。主根粗壮，圆锥形。茎直立，上部叉状分枝，基部残留褐色叶鞘纤维。基生叶为二至三回羽状分裂，最终裂片菱状倒卵形，叶柄基部有宽鞘。复伞形花序，花白色。双悬果椭圆形或卵形，侧棱有窄而厚的翅。分布于甘肃、河南、江苏、安徽、湖北、浙江、江西、福建、湖南、广西、四川、贵州等地；主产区为安徽宁国和浙江等地。中药前胡为其根，有散风清热、降气化痰之功。

图 14-54 川芎　　　　　　图 14-55 白花前胡

(9) 防风 Saposhnikovia divaricata (Turcz.) Schischk.　多年生草本。根粗壮。茎基残留褐色叶柄纤维。基生叶二回或近三回羽状全裂，最终裂片条形至倒披针形，顶生叶简化成叶鞘。复伞形花序，花白色。双悬果矩圆状宽卵形。分布于东北、华北等地；主产东北地区。中药防风为防风的根，有解表祛风、胜湿、止痉之功。

本科常用药用植物还有：

天胡荽 Hydrocotyle sibthorpioides Lam. 全草药用（天胡荽），能清热利湿，解毒消肿。

积雪草 Centella asitica (L.) Urban 全草药用（积雪草），能清热利湿，解毒消肿。

芫荽 Coriandrum sativum L. 全草药用（胡荽），能发表透疹，消食开胃，止痛解毒；果实药用（胡荽子），能健胃消积，理气止痛，透疹解毒。

明党参 Changium smyrnioides Wolff 根药用（明党参），能润肺化痰，养阴和胃，平肝，解毒。

羌活 Notopterygium incisum Ting ex H. T. Chang. 和宽叶羌活 N. forbesii de Boiss. 根茎及根药用（羌活），能散寒，祛风，除湿，止痛。

茴香 Foeniculum vulgare Mill. 果实药用（小茴香），能散寒止痛，理气和胃。

蛇床 Cnidium monnieri (L.) Cuss. 果实药用（蛇床子），能温肾壮阳，燥湿，祛风，杀虫。

藁本 Ligusticum sinense Oliv. 和辽藁本 L. jeholense (Nakai et Kitag.) Nakai et Kitag. 根茎药用（藁本），能祛风，散寒，除湿，止痛。

珊瑚菜 Glehnia littoralis (A. Gray) Fr. Schmidt et Miq. 根药用（北沙参），能养阴清肺，益胃生津。

野胡萝卜 Daucus carota L. 果实药用（南鹤虱），能杀虫消积。

新疆阿魏 Ferula sinkiangensis K. M. Shen. 或阜康阿魏 F. fukanensis K. M. Shen 树脂药用（阿魏），能消积，散痞，杀虫。

小结

桑科识别要点：多为木本，常有乳汁；叶多互生，托叶早落；花单性，同株或异株，集成柔荑、头状或隐头花序，单被花，雄蕊与花被片同数且对生，子房上位；小瘦果或核果，常外包肉质花被或包藏于肉质花托内，成聚花果或隐头果。常用药用植物有桑、无花果、构树、薜荔、柘树、葎草、大麻等。

蓼科识别要点：多为草本，茎节常膨大；有明显托叶鞘；单被花，子房上位；瘦果或小坚果，常包于宿存花被内。常用药用植物有掌叶大黄、唐古特大黄、药用大黄、何首乌、红蓼、虎杖、萹蓄、金荞麦、蓼蓝等。

石竹科识别要点：草本，茎节多膨大；单叶对生；花两性，多成聚伞花序，花瓣4~5，分离，常具爪，子房上位，特立中央胎座；蒴果。常用药用植物有瞿麦、石竹、孩儿参、王不留行、银柴胡等。

木兰科识别要点：木本或藤本，具油细胞；单叶互生，托叶痕明显；花单生，花被片常多数，数轮，每轮3片，雄蕊和雌蕊均多数，分离，螺旋状排列于隆起或延长的花托上，很少轮生；聚合蓇葖果或浆果。常用药用植物有厚朴、凹叶厚朴、辛夷、望春花、玉兰、五味子、华中五味子、八角、地枫皮等。

樟科识别要点：木本，有香气；单叶，多互生，全缘；花3基数，多为单被，2轮，雄蕊9，排成3轮，瓣裂，子房上位；浆果状核果，种子1粒。常用药用植物有樟树、肉桂、乌药、山鸡椒等。

毛茛科识别要点：草本或藤本；叶片多缺刻或分裂；花多两性，雄蕊和心皮多数，分离，螺旋状排列在多少隆起的花托上，子房上位；聚合蓇葖果或聚合瘦果。常用药用植物有毛茛、乌头、北乌头、黄连、三角叶黄连、云南黄连、威灵仙、升麻、白头翁、冰凉花、天葵、金莲花等。

小檗科识别要点：草本或灌木；花两性，辐射对称，萼片与花瓣相似，各2~4轮，每轮常3片，雄蕊3~9，瓣裂或纵裂，子房上位，常1心皮；浆果或蒴果。常用药用植物有蠔猪刺、箭叶淫羊藿、淫羊藿、阔叶十大功劳、狭叶十大功劳、八角莲、六角莲、南天竹等。

马兜铃科识别要点：草本或藤本；单叶互生，叶片多为心形；花两性，单被，花被下部合生成管状，顶端3裂或向一侧扩大，花丝短，子房下位或半下位；蒴果。常用药用植物有北细辛、细辛、杜衡、小叶马蹄香、马兜铃、绵毛马兜铃等。

芍药科识别要点：草本或灌木，根肥大；叶互生，二回复叶；单花顶生或腋生，花大，雄蕊多数，离心发育，花盘发达，包裹心皮，心皮2~5；聚合蓇葖果。常用药用植物有芍药、川赤芍、凤丹、牡丹等。

罂粟科识别要点：草本，常具乳汁或有色汁液；花两性，萼片常2，早落，花瓣4~6，雄蕊多数离生，或6枚2束，子房上位，1室，侧膜胎座；蒴果孔裂或瓣裂。常用药用植物有罂粟、延胡索、伏生紫堇、白屈菜等。

十字花科识别要点：草本；单叶互生；花两性，花瓣4，十字形排列，四强雄蕊，子房上位，侧膜胎座，由假隔膜分为2室；角果。常用药用植物有菘蓝、莱菔、葶苈、播娘蒿、荠菜、白芥、蔊菜等。

蔷薇科识别要点：叶互生，常有托叶；花两性，辐射对称，花托凸起或凹下，萼片和花瓣常5数，雄蕊多数，花萼、花瓣、雄蕊均生于托杯的边缘；蓇葖果（绣线菊亚科）、瘦果（蔷薇亚科）、核果（梅亚科）或梨果（梨亚科）。常用药用植物有龙牙草、金樱子、月季、玫瑰、掌叶覆盆子、地榆、狭叶地榆、山楂、山里红、皱皮木瓜、枇杷、梅、桃、杏、郁李等。

豆科识别要点：叶互生，多复叶，常具托叶和叶枕；多为蝶形花，雄蕊常10，成两体雄蕊，单心皮，边缘胎座；荚果。含羞草亚科的花瓣辐射对称，花瓣镊合状排列；云实亚科的花两侧对称，花瓣覆瓦状排列，花冠假蝶形，雄蕊分离；蝶形花亚科的花两侧对称，花瓣覆瓦状排列，花冠蝶形，雄蕊合生成单体或二体。常用药用植物有合欢、决明、钝叶决明、皂荚、膜荚黄芪、蒙古黄芪、甘草、胀果甘草、光果甘草、野葛、苦参、补骨脂、槐、密豆花、柔枝槐、葫芦巴、白扁豆、赤小豆、广金钱草等。

大戟科识别要点：常有乳汁；花单性同株或异株，排成穗状、总状、聚伞或杯状聚伞花序，花被常单层，有花盘或腺体，子房上位，心皮3，组成3室；蒴果。常用药用植物有巴豆、蓖麻、大戟、甘遂、续随子、乌桕、铁苋菜、地锦、叶下珠、蜜柑草等。

芸香科识别要点：多为木本，有透明油腺点；叶常互生，复叶或单身复叶；花辐射对称，两性，雄蕊与花瓣同数或为其倍数，花盘发达，子房上位，心皮2~5或更多；柑果或蒴果、核果、蓇葖果。常用药用植物有橘、酸橙、代代花、黄柏、黄皮树、吴茱萸、疏毛吴茱萸、石虎、白鲜、芸香、花椒、光叶花椒、香橼、柚、化州柚、佛手柑等。

葫芦科识别要点：草质藤本，有卷须；叶互生，掌状分裂或鸟趾状复叶；花单性，子房下位，侧膜胎座，3心皮1室；瓠果。常用药用植物有栝楼、绞股蓝、罗汉果、木鳖、冬瓜、丝瓜、王瓜、雪胆等。

五加科识别要点：叶多互生；伞形或头状花序，或再组成圆锥状复花序，花辐射对称，花瓣常分离，雄蕊着生于花盘边缘，花盘位于子房顶部，子房下位；浆果或核果。常用药用植物有人参、三七、西洋参、竹节参、珠子参、细柱五加、刺五加、通脱木、楤木等。

伞形科识别要点：草本，常含挥发油；茎中空；叶柄基部扩大成鞘状；复伞形花序，子房下位；双悬果。常用药用植物有当归、杭白芷、重齿当归、紫花前胡、柴胡、狭叶柴胡、川芎、白花前胡、防风、羌活、明党参、藁本、小茴香、珊瑚菜、芫荽、蛇床、野胡萝卜等。

目标检测

一、简答题

1. 桑科、蓼科、石竹科、木兰科、樟科、毛茛科、小檗科、马兜铃科、芍药科、罂粟科、十字花科、蔷薇科、豆科、大戟科、芸香科、葫芦科、五加科、伞形科各科的拉丁学名是什么?各有哪些主要特征?各有哪些主要药用植物?
2. 无花果有花吗?在哪里?
3. 毛茛科、大戟科有哪些有毒药用植物?
4. 葫芦科与葡萄科有哪些异同点?
5. 木兰科与毛茛科有哪些异同点?
6. Araliaceae 与 Umbelliferae 有哪些异同点?
7. Papaveraceae 与 Cruciferae 有哪些异同点?

二、思考题

1. 药用植物桑、肉桂、乌头、马兜铃、何首乌、菘蓝、槐等各有哪些部位作为药用?什么名称,有何功效?
2. 中药大黄、瞿麦、威灵仙、辛夷、厚朴、黄连、细辛、葶苈子、甘草、黄芪、吴茱萸、黄柏、淫羊藿、瓜蒌、前胡各来源于哪些药用植物?药用何部位?有何功效?
3. 人参与太子参有何关系?
4. 银柴胡与柴胡之间是怎么回事?
5. 为什么有的分类系统将 Magnoliaceae 分为 3 个科?
6. 乌头属、橘属、大戟属、槐属各有哪些药用植物?
7. Rosaceae 有哪些亚科?列出分亚科检索表。
8. 列出 Moraceae、Ranunculaceae、Euphorbiaceae、Rosaceae、Umbelliferae 的分科检索表。
9. 比较木兰与八角、五味子与南五味子、马兜铃与细辛、五加与人参的异同点。

(韦松基 俞 冰 王德群 韩邦兴 葛 菲 庆 兆)

第3节 双子叶植物纲合瓣花亚纲的分类和常用药用植物

学习目标

1. 记住木犀科、萝藦科、茜草科、马鞭草科、唇形科、茄科、玄参科、忍冬科、桔梗科、菊科的拉丁学名
2. 叙述木犀科、萝藦科、茜草科、马鞭草科、唇形科、茄科、玄参科、忍冬科、桔梗科、菊科的形态特征
3. 说出木犀科、萝藦科、茜草科、马鞭草科、唇形科、茄科、玄参科、忍冬科、桔梗科、菊科主要药用植物及其药用部位和功效
4. 比较萝藦科与夹竹桃科、马鞭草科与唇形科、唇形科与玄参科、桔梗科与菊科的异同点
5. 比较菊科的2个亚科的异同点
6. 比较沙参与桔梗的异同点

一、鹿蹄草科

鹿蹄草科 Pyrolaceae，常绿草本。有细长根状茎。单叶，无托叶。花两性，辐射对称，5 基数，雄蕊 10 枚，花丝有毛或附属物，子房上位，花柱合生，柱状，宿存。蒴果。

常用药用植物有：鹿蹄草 *Pyrola calliantha* H. Andres、普通鹿蹄草 *P. decorata* H. Andres 全草（鹿衔草）能祛风湿，强筋骨，止血。

二、杜鹃花科

杜鹃花科 Ericaceae，木本。单叶互生，少对生或轮生，无托叶。花两性，辐射对称，4 或 5 基数，花萼宿存，花冠合生，雄蕊与花冠裂片同数或 2 倍，着生于花盘基部，花药常有芒状附属物，顶端孔裂，花粉常为 4 分体，子房上位或下位。蒴果、浆果或核果。

常用药用植物有：岩须 *Cassiope selaginoides* Hook. f. et Thoms. 全株（草灵芝）能行气，活血，止痛，安神。白珠树 *Gaultheria leucocarpa* Bl. var. *cumingiana* (Vidal) T. Z. Hsu 根或茎叶（白珠树）能祛风除湿，通络止痛。杜鹃花 *Rhododendron simsii* Planch. 花或根（杜鹃花）能活血，调经，祛风湿。兴安杜鹃 *R. dauricum* L. 叶（满山红）能止咳，祛痰。羊踯躅 *R. molle* (Bl.) G. Don 果实（六轴子），有大毒，能祛风止痛，止咳定喘；花（闹羊花）有大毒，能祛风除湿，散瘀定痛。江南越橘 *Viccinium mandarinorum* Diels 果实（米饭花果）能健脾益肾，消肿散瘀。乌饭树 *V. bracteatum* Thunb. 果实（南烛）能强筋骨，益肾气。

三、紫金牛科

紫金牛科 Myrsinaceae，常绿木本。单叶互生，通常有腺点，无托叶。花两性或单性，辐射对称，萼宿存，4~6 裂，花冠 4~6 裂，雄蕊与花冠裂片同数且对生，子房上位或半下位，基生或特立中央胎座。核果或浆果。

常用药用植物有：朱砂根 *Ardisia crenata* Sims 根（朱砂根）能清热解毒，散瘀止痛，祛风除湿。百两金 *A. crispa* (Thunb.) A. DC. 根及根茎（百两金）能清热利咽，祛痰利湿，活血解毒。走马胎 *A. gigantifolia* Stapf 根及根茎（走马胎）能祛风湿，活血止痛，化毒生肌。平地木 *A. japonica* (Thunb.) Bl. 全株（矮地茶）能祛痰止咳，利水渗湿，活血祛瘀。罗伞树 *A. quinquegona* Bl. 茎叶或根（罗伞树）能清热解毒，散瘀止痛。当归藤 *Embelia parviflora* Wall. 根及老茎（当归藤）能补血，活血，强壮腰膝。

四、报春花科

报春花科 Primulaceae，草本。单叶互生、对生或轮生，通常有腺点，无托叶。花两性，辐射对称，萼常 5 裂，宿存，花冠常 5 裂，雄蕊与花冠裂片同数且对生，子房上位，极少半下位，特立中央胎座。蒴果。

常用药用植物有：点地梅 *Androsace umbellata* (Lour.) Merr. 全草或果实（喉咙草）能清热解毒，消肿止痛。过路黄 *Lysimachia christinae* Hance 全草（金钱草）能清利湿热，通淋，消肿。轮叶排草 *L. klattiana* Hance 全草（黄开口）能凉血止血，平肝，解蛇毒。珍珠菜 *L. clethroides* Duby 根或全草（珍珠菜）能清热利湿，活血散瘀，解毒消痈。灵香草 *L. foenum-graecum* Hance 全草（灵香草）能祛风寒，辟秽浊。

金钱草原是一味民间草药,有着良好的治疗结石症功效,现逐渐被中医应用而成为一味常用中药。在我国民间,各地所用的金钱草来源有8科11种之多,它们有的对胆结石效好,有的对肾与膀胱结石效佳。《中华人民共和国药典》收载了金钱草和广金钱草2种,金钱草为报春花科植物过路黄,广金钱草为豆科植物广金钱草 *Desmodium styracifolium* (Osb.) Merr.。另外江苏、上海和湖南常以唇形科植物活血丹(连钱草)*Glechoma longituba* (Nakai) Kupr.作金钱草用,湖南、江西等地伞形科植物积雪草 *Centella asiatica* (L.) Urb.、天胡荽 *Hydrocotyle sibthorpioides* Lam.、肾叶天胡荽 *H. wilfordii* Maxim.为金钱草,四川与广西民间又称旋花科植物马蹄金 *Dichondra repens* Forst 为小金钱草。

五、白花丹科

白花丹科 Plumbaginaceae,草本或灌木。单叶互生,基部半抱茎,无托叶。花两性,辐射对称,苞片常呈鞘状,干膜质,萼筒具5棱,花冠高脚碟状,5裂,雄蕊5,子房上位,1室,花柱5。蒴果,包埋于宿萼内。

常用药用植物有:二色补血草 *Limonium bicolor* (Bunge) O. Ktunze 根或全草(二色补血草)能益气血,散瘀止血。白花丹 *Plumbago zeylanica* L. 全草或根(白花丹)有毒,能祛风除湿,行气活血,解毒消肿。

六、柿科

柿科 Ebenaceae,落叶木本。枝无顶芽。单叶互生,全缘,无托叶。花单性异株,辐射对称,萼3~7裂,宿存,结果时增大,花冠3~7浅裂,雄蕊与花冠裂片同数或2~4倍,子房上位,2~16室。浆果。

常用药用植物有:柿 *Diospyros kaki* Thunb. 果实制成"柿饼"的外表白霜(柿霜)能清热,润燥,化痰;宿萼(柿蒂)能降逆下气。老鸦柿 *D. rhombifolia* Hemsl. 根或枝(老鸦柿)能清湿热,利肝胆,活血化瘀。

七、安息香科

安息香科 Styracaceae,木本。有星状毛或鳞片。单叶互生,无托叶。花两性,辐射对称。花萼4~5裂,宿存,花冠4~8裂,常基部相连,雄蕊常为花冠裂片2倍,花丝常合生成筒,子房上位,半下位或下位,3~5室。核果或蒴果。

常用药用植物有:安息香 *Styrax benzoin* Dryand.、白花树 *S.tonkinensis* (Pierre) Craib ex Hartw. 树脂(安息香)能开窍清神,行气活血,止痛。

八、山矾科

山矾科 Symplocaceae,木本。单叶互生,无托叶。花两性,辐射对称,萼5裂,花冠裂片与萼裂片同数或2倍,分裂至中部或基部,雄蕊12至更多,着生在花冠上,子房下位或半下位,2~5室。浆果状核果,顶端具宿萼。

常用药用植物有:华山矾 *Symplocos chinensis* (Lour.) Druce 叶(华山矾叶)能清热利湿,解毒,止血生肌;根(华山矾根)能清热解毒,化痰截疟,通络止痛。白檀 *S. paniculata* (Thunb.) Miq. 全株(白檀)能清热解毒,调气散结,祛风止痒。

九、木犀科

1. 形态特征 木犀科 Oleaceae ⚥ * $K_{(4)} C_{(4),0} A_2 \underline{G}_{(2:2:2)}$,木本。叶常对生,单叶、三出复叶或

羽状复叶。圆锥、聚伞花序或花簇生,极少单生;花常两性,辐射对称;花萼、花冠常4裂,稀无花瓣;雄蕊常2枚;子房上位,2室,花柱1,柱头2裂。核果、蒴果、浆果、翅果。

2. 分布　约29属,600种。我国有12属,约200种;南北均有分布;药用8属,89种。

主要药用植物

(1) 连翘 *Forsythia suspensa* (Thunb.) Vahl.(图14-56)　落叶灌木。茎直立,枝条下垂,具4棱,小枝节间中空。单叶对生,叶片完整或3全裂。春季先叶开花,簇生叶腋;萼4深裂;花冠黄色,深4裂,花冠管内有橘红色条纹。蒴果狭卵形,木质,表面有瘤状皮孔,种子多数,有翅。分布于东北、华北等地。中药连翘为其果实,能清热解毒,消痈散结。

> 秋季连翘果实初熟尚带绿色时采收,蒸熟晒干的称"青翘";果实熟透时采收,晒干,习称"老翘"。药用主要是老翘。连翘虽有栽培,但药用以野生为主。主产河南卢氏、栾川、嵩县等7县;山西安泽、陵川、沁水等10县;陕西洛南、商南、丹凤、山阳;湖北郧县、郧西等县。

(2) 女贞 *Ligustrum lucidum* Ait.(图14-57)　常绿乔木,全体无毛。单叶对生,卵形或椭圆形,全缘。顶生圆锥花序;花冠白色,漏斗状,先端4裂。核果矩圆形,微弯曲,熟时紫黑色,被白粉。分布于长江流域以南。中药女贞子为其果实,能补肾滋阴,养肝明目;枝、叶、树皮能祛痰止咳。

本科常用药用植物还有:

白蜡树 *Fraxinus chinensis* Roxb.、花曲柳(苦枥白蜡树) *F. rhyncophylla* Hance、尖叶白蜡树 *F. szaboana* Lingelsh.和宿柱白蜡树 *F. stylosa* Lingelsh.的树皮药用(秦皮),能清热燥湿,清肝明目。

图 14-56　连翘 　　　　　　　　　　图 14-57　女贞

茉莉花 *Jasminum sambac* (Linn.) Aiton 花药用(茉莉),能清热解表,利湿。
木犀 *Osmanthus fragrans* (Thunb.) Lour.花药用(桂花),能散寒破结,化痰止咳。

十、马　钱　科

马钱科 Loganiaceae,草本或木本。单叶对生,少互生或轮生,托叶退化为两叶柄间的线痕。花两性,辐射对称,萼4~5裂,花冠4~5裂,雄蕊与花冠裂片同数互生,生于花冠筒内,子房上位,2室。蒴果、浆果或核果。

常用药用植物有：醉鱼草 *Buddleja lindleyana* Fort. 茎叶（醉鱼草）有毒，能祛风解毒，驱虫，化骨鲠。密蒙花 *B. officinalis* Maxim. 花蕾及花序（密蒙花）能清热养肝，明目退翳。胡蔓藤 *Gelsemium elegans*（Gardn. et Champ.）Benth. 全株（钩吻）有大毒，能祛风攻毒，散结消肿，止痛。蓬莱葛 *Gardneria multiflora* Makino 根或种子（蓬莱葛）能祛风通络，止血。马钱 *Strychnos nux-vomica* L.、长籽马钱 *S. wallichiana* Steud. ex DC. 种子（马钱子）有大毒，能通络止痛，散结消肿。

十一、龙 胆 科

龙胆科 Gentianaceae，草本。叶对生，全缘，无托叶。花两性，辐射对称，花萼管状，4~12裂，花冠4~12裂，蕾期旋转，雄蕊与花冠裂片同数互生，着生花冠管上，子房上位，侧膜胎座，蒴果。

常用药用植物有：秦艽 *Gentiana macrophylla* Pall.、小秦艽 *G. dahurica* Fisch.、粗茎秦艽 *G. crassicaulis* Duthie ex Burk.、麻花秦艽 *G. straminea* Maxim. 根（秦艽）能祛风湿，止痹痛，清虚热。华南龙胆 *G. loureirii*（G. Don）Griseb. 全草（龙胆地丁）能清热解毒。坚龙胆 *G. rigescens* Franch. ex Hemsl. 根及根茎（坚龙胆）能清热燥湿，泻肝胆火。龙胆 *G. scabra* Bunge、三花龙胆 *G. triflora* Pall.、条叶龙胆 *G. manshurica* Kitag. 根及根茎（龙胆）能清热燥湿，泻肝胆火。睡菜 *Menyanthes trifoliata* L. 全草或叶（睡菜）能健脾消食，养心安神，清热利尿。莕菜 *Nymphoides peltatum*（Gmel.）O. Kuntze 全草（莕菜）能发汗透疹，利尿通淋，清热解毒。青叶胆 *Swertia mileensis* T. N. Ho et W. L. Shi 全草（青叶胆）能清热解毒，利湿退黄。双蝴蝶 *Tripterospermum chinense*（Migo）H. Smith 幼嫩全草（肺形草）能清肺止咳，凉血止血，利尿解毒。

十二、夹竹桃科

夹竹桃科 Apocynaceae，草本、藤本或木本。有乳汁。单叶对生或轮生，无托叶。花两性，辐射对称，5基数，花冠旋转排列，喉部常有附属物，花丝极短，子房上位，1~2室，或为2个离生心皮组成。并生蓇葖果或浆果、核果。

常用药用植物有：罗布麻 *Apocynum venetum* L. 叶（罗布麻叶）能平肝安神，清热利水。长春花 *Catharanthus roseus*（L.）G. Don 全草（长春花）有毒，能解毒抗癌，清热平肝。夹竹桃 *Nerium indicum* Mill. 叶（夹竹桃）有大毒，能强心利尿，祛痰杀虫。鸡蛋花 *Plumeria rubra* 'Acutifolia' 花或茎皮（鸡蛋花）能清热，利湿，解暑。蛇根木 *Rauvolfia serpentina*（L.）Benth. ex Kurz 根和茎叶（蛇根木）能降血压。萝芙木 *R. verticillata*（Lour.）Baill. 根（萝芙木）有小毒，能清热，降压，宁神。络石 *Trachelospermum jasminoides*（Lindl.）Lem. 带叶藤茎（络石藤）能祛风通络，凉血消肿。

十三、萝 藦 科

1. 形态特征 萝藦科 Asclepiadaceae ⚥ * K$_{(5)}$ C$_{(5)}$ A$_5$ $\underline{G}_{2:1:\infty}$，草本、藤本或灌木，有乳汁。单叶对生，少轮生或互生，全缘；叶柄顶端常具腺体。聚伞花序；花两性，辐射对称，5基数；花萼筒短，内面基部常有腺体；花冠常辐状或坛状；具副花冠，由5枚裂片或鳞片所组成，生于花冠筒或合蕊冠上；雄蕊5，与雌蕊贴生成合蕊柱；花丝合生成一个有蜜腺的筒包围雌蕊，称合蕊冠，或花丝离生；花药合生成一环而贴生于柱头基部的膨大处；花粉粒聚合成花粉块，常通过花粉块柄而系结于着粉腺上，每花药有2或4个花粉块，原始类群的花粉器匙形，直立，其上为载粉器，内藏四合花粉；子房上位，心皮2，离生；柱头基部具5棱，顶端膨大。蓇葖果双生，或因一个不育而单生。种子多数，顶端具丝状长毛。

> 历代本草所记载的五加皮为五加科五加属植物的根皮,以细柱五加 Acanthopanax gracilistylus W. W. Smith.应用最多。然而全国亦有很多地区所用的五加皮系杠柳的根皮(香加皮),用于祛风除湿,虽类似五加皮的作用,但要注意香加皮有毒,尤其不能入酒剂。
>
> 白前与白薇均是常用中药,功效截然不同。由于两者同为萝藦科鹅绒藤属植物,自古就有混淆错用的情况。我国生药学家谢宗万先生通过到产地考察和研究,得出结论如下:白前为镇咳祛痰药,白薇为清热凉血药,疗效不同,不能混用;白前生于近水的砂碛洲渚之上,而白薇生于山野;白前药用以根状茎为主,根状茎中空而软,所以又称为"鹅管白前"、"空白前"、"软白前",而白薇药用以根为主,根实心而硬,所以又称为"硬白薇"、"实白薇";白前叶狭窄而光滑无毛,白薇叶宽大,两面均被白色绒毛。

2. 分布   约 180 属,2200 种。我国有 45 属,约 245 种;全国分布,以华南、西南最集中;药用 33 属,112 种。

主要药用植物

(1) 白薇 Cynanchum atratum Bunge(图 14-58)   多年生草本,有乳汁;全株被绒毛。根须状,有香气。茎直立,中空。叶对生;叶片卵形或卵状长圆形。伞形聚伞花序;花深紫色。蓇葖果单生。种子一端有长毛。全国分布。中药白薇为其根及根状茎,能清热,凉血,利尿。同属植物蔓生白薇 C. versicolor Bunge 的根及根状茎亦作中药白薇药用。

(2) 柳叶白前 C. stauntonii (Decne.) Schltr. ex Lévl.(图 14-59)   多年生直立草本,无毛。根状茎细长,须根纤细,节上丛生,无香气。叶对生,狭披针形。伞形状聚伞花序;花冠紫红色,花冠裂片三角形,内面具长柔毛;副花冠裂片盾状;花粉块 2,每室 1 个;蓇葖果单生。种子顶端具绢毛。分布于长江流域及西南各省。中药白前为其根及根状茎,能泻肺降气,化痰止咳,平喘。同属植物芫花叶白前 C. glaucescens (Decne.) Hand.-Mazz.的根及根状茎亦作中药白前药用。

图 14-58 白薇

图 14-59 柳叶白前

(3) 杠柳 Periploca sepium Bunge.   落叶蔓生灌木,具白色乳汁,全株无毛。叶对生,披针形。聚伞花序腋生;花萼 5 深裂,每裂片内面基部各有 2 个小腺体;花冠紫红色,裂片 5 枚,中间加厚,反折,内面被柔毛;副花冠环状,顶端 10 裂;四合花粉,承载于基部有黏盘的匙形载粉器上。蓇葖果双生,圆柱状。种子顶部有白色绢毛。分布于长江以北及西南地区。中药香加皮为杠柳的根皮,有毒,能祛风除湿,强壮筋骨,利水消肿。

> 何首乌为蓼科植物,药材断面带赤色,又习称为"赤首乌",为中药何首乌的正品。但在古代一直有赤、白首乌之说,现在所用的白首乌均是萝藦科鹅绒藤属植物,药材断面白色。江苏滨海县栽培100余年的白首乌为牛皮消,吉林所用的白首乌为隔山消 *Cynanchum wilfordii* (Maxim.) Hemsl.,山东泰山地区则称戟叶牛皮消 *C. bungei* Decne 为"泰山白首乌"。

本科常用药用植物还有:

马利筋 *Asclepias curassavica* L.全草药用(马利筋),有毒,能消肿,止痛,止血。

牛皮消 *Cynanchum auriculatum* Royle ex Wight、泰山牛皮消 *C. bungei* Decne.块根药用(白首乌),能补肝肾,强筋骨,益精血,健脾消食,解毒疗疮。

徐长卿 *C. paniculatum* (Bunge) Kitagawa 根与根茎药用(徐长卿),能祛风除湿,止痛止痒。

萝藦 *Metaplexis japonica* (Thunb.) Makino 全草药用(萝藦),能补气益精;果实药用(天浆壳),能补虚助阳,止咳化痰。

十四、茜 草 科

1. 形态特征 茜草科 Rubiaceae ⚥ * $K_{(4\sim6)} C_{(4\sim6)} A_{4\sim6} \overline{G}_{(2:2:1\sim\infty)}$,草本或木本,有时攀援状。单叶对生或轮生,全缘;托叶2枚,分离或合生,常宿存。花两性,二歧聚伞花序排成圆锥状或头状,少单生。花辐射对称,花冠4~6裂,雄蕊与花冠裂片同数;子房下位,2心皮合生,常2室。蒴果、浆果或核果。

2. 分布 约有500属,6000种。我国有98属,676种;主要分布于东南至西南部;药用59属,210种。

茜草科重要药用属检索表

1. 木本。
  2. 花多数,密集成圆球形的头状花序 ·· 钩藤属 *Uncaria*
  2. 花单生、簇生或排成各式花序,但不成头状花序。
    3. 萼裂片扩大呈叶片状 ··· 玉叶金花属 *Mussaenda*
    3. 萼裂片不扩大呈叶片状。
      4. 每室胚珠2~3枚 ··· 栀子属 *Gardenia*
      4. 每室胚珠1枚。
        5. 聚合果 ··· 羊角藤属 *Morinda*
        5. 非聚合果。
          6. 直立灌木。
            7. 茎、枝呈针状硬刺 ·· 虎刺属 *Damnacanthus*
            7. 茎、枝无刺 ··· 六月雪属 *Serissa*
          6. 缠绕木质藤本 ··· 鸡矢藤属 *Paederia*
1. 草本。
  8. 托叶与叶同型,呈轮生状 ··· 茜草属 *Rubia*
  8. 托叶与叶不同型,叶对生。
    9. 直立草本;蒴果成熟时不开裂 ·· 红芽大戟属 *Knoxia*
    9. 细弱草本;蒴果成熟时开裂 ·· 耳草属 *Hedyotis*

主要药用植物

(1) 栀子 *Gardenia jasminoides* Ellis(图14-60) 常绿灌木。叶对生或三叶轮生,有短柄;革质,

椭圆状倒卵形至倒阔披针形;托叶在叶柄内合成鞘。花大,白色,芳香,单生枝顶;花部常5~7数,萼筒有翅状直棱,花冠高脚碟状;子房下位,1室,胚珠多数。浆果具翅状棱5~8条,熟时黄色。分布于我国中部和南部,各地有栽培,地道产区在江西、湖南。中药栀子为其果实,能泻火解毒、清利湿热,利尿。

> 栀子果实含天然栀子黄色素、蓝色素、红色素,均为水溶性色素,具有着色力强、色泽鲜艳、色调自然柔和、稳定性好、溶解性强、无毒副作用、安全性高等优点,广泛用于食品、饮料、医药、化妆品等等,还可由红、黄、蓝三种色调出其他颜色,是目前国际上流行的天然食品添加剂。

图 14-60　栀子

图 14-61　茜草

（2）茜草 *Rubia cordifolia* L.(图 14-61)　多年生攀援草本。根丛生,橙红色。枝4棱,棱上具倒生刺。托叶叶状,与叶共4片轮生,有长柄;下面中脉及叶柄上有倒刺。聚伞花序呈疏松的圆锥状;花小,黄白色,子房下位,2室。浆果,成熟时呈黑色。分布我国北部。中药茜草为其根,有凉血、止血、祛瘀、通经之效。

（3）钩藤 *Uncaria rhynchophylla* (Miq.) Jacks.　常绿木质大藤本。小枝四棱形,叶腋有钩状变态枝。叶对生;托叶2深裂,裂片条状钻形。头状花序;花冠黄色;子房下位。蒴果。分布于湖南、江西、福建、广东、广西及西南地区。中药钩藤为钩藤带钩的茎枝,有清热平肝、息风定惊之效。同属植物大叶钩藤 *U. macrophylla* Wall.、毛钩藤 *U. hirsuta* Havil.、华钩藤 *U. sinensis* (Oliv.) Havil.及无柄钩藤 *U. sessilifructus* Roxb.的带钩茎枝均作中药钩藤药用。

本科常用药用植物还有:

红大戟 *Knoxia velerianoides* Thorel ex Pitard　块根药用(红大戟),能泻水逐饮,攻毒,消肿散结。

巴戟天 *Morinda officinalis* How　根药用(巴戟天),能补肾壮阳,强筋骨,祛风湿。

白花蛇舌草 *Hedyotis diffusa* Willd.　全草药用(白花蛇舌草),能清热解毒,活血散瘀。

虎刺 *Damnacanthus indicus* (L.) Gaertn. f.　根或全株药用(虎刺),能祛风利湿,活血止痛。

玉叶金花 *Mussaenda pubescens* Ait. f.　藤、根药用(玉叶金花),能清热解暑,凉血解毒。

鸡矢藤 *Paederia scandens* (Lour.) Merr.　根及全草药用(鸡矢藤),能祛风利湿,消食化积,止咳,止痛。

六月雪 *Serissa japonica* (Thunb.)Thunb.、白马骨 *S. serissoides* (DC.) Druce　全株药用(六月

雪），能健脾利湿，疏肝，活血。

儿茶钩藤 Uncaria gambier Roxb. 枝浸膏药用（方儿茶），能清热化痰，敛疮止血。

十五、旋 花 科

旋花科 Convolvulaceae，草本或木本。茎通常蔓生、缠绕或匍匐，有乳汁。叶互生，无托叶。花两性，辐射对称，5 基数，萼 5 裂，宿存，有时花后增大，花冠钟状、漏斗状或管状，近全缘或 5 裂，雄蕊与花冠裂片互生，子房上位，常有环状花盘围绕。蒴果或浆果。

常用药用植物有：打碗花 calystegia hederacea Wall. 根茎（面根藤）能健脾益气，调经止带，利尿。南方菟丝子 Cuscuta australis R. Br.、菟丝子 C. chinensis Lam. 种子（菟丝子）能滋补肝肾，固精缩尿，安胎，明目，止泻。金灯藤 C. japonica Choisy 种子（大菟丝子）能滋补肝肾，固精缩尿，安胎，明目，止泻。马蹄金 Dichondra repens Forst. 全草（马蹄金）能清热利湿，解毒消肿。丁公藤 Erycibe obtusifolia Benth. 藤茎（丁公藤）有小毒，能祛风除湿，消肿止痛。蕹菜 Ipomoea aquatica Forsk. 茎叶（蕹菜）能凉血清热，利湿解毒。牵牛 Pharbitis nil (L.) Choisy、圆叶牵牛 P. purpurea (L.) Voigt 种子（牵牛子）能泄水通便，消痰涤饮，杀虫攻积。

十六、紫 草 科

> **链接**
>
> 中药紫草始载于《神农本草经》，因花紫、根紫、可以染紫而得名，来源于紫草科植物紫草。紫草分布全国大部分地区，由于有染紫的作用，古代已有不少地区进行了人工栽培。这种紫草的根坚实，商品名为"硬紫草"。近年来，在我国西北的新疆和内蒙古等地发现了紫草科的另一类植物新疆紫草和内蒙紫草，它们的根紫红色，质软，化学成分与药理作用均与紫草相似，近年来逐渐作为中药紫草的主流产品，商品名为"软紫草"。

紫草科 Boraginaceae，木本或草本。单叶互生，多数有粗糙毛，无托叶。二歧或单歧蝎尾状聚伞花序；花两性，辐射对称，花萼、花冠常 5 裂，雄蕊与花冠裂片同数互生，子房上位，不裂或深 4 裂，2 室，每室 2 胚珠，或 4 室，每室 1 胚珠。核果或小坚果。

常用药用植物有：紫草 Lithospermum erythrorhizon Sieb. et Zucc.、新疆紫草 Arnebia euchroma (Royle) Johnst.、内蒙紫草 A. guttata Bunge 根（紫草）能凉血，活血，解毒透疹。附地菜 Trigonotis peduncularis (Trev.) Benth. ex Baker et Moore 全草（附地菜）能行气止痛，解毒消肿。

十七、马鞭草科

1. 形态特征 马鞭草科 Verbenaceae ⚥ ↑ $K_{(4~5)} C_{(4~5)} A_4 \underline{G}_{(2:4:1~2)}$，木本，稀草本，常具特殊的气味。叶常对生，单叶或复叶；无托叶。花序各式；花两性，常两侧对称；花萼 4~5 裂，宿存；花冠高脚碟状，偶钟形或二唇形，常 4~5 裂；雄蕊 4，2 强，少 5 或 2 枚，着生花冠管上；具花盘；子房上位，全缘或稍 4 裂，心皮 2，2 或 4 室，花柱顶生，柱头 2 裂。核果或浆果状核果。

2. 分布 约 80 属，3000 余种。我国有 20 属，174 种；主要分布在长江以南各省；药用 15 属，101 种。

马鞭草科重要药用属检索表

1. 穗状花序或头状花序。
  2. 草本；同一花序上的花同色 ·· 马鞭草属 Verbena
  2. 灌木；同一花序的花呈多种颜色 ·· 马缨丹属 Lantana

1. 聚伞花序。
  3. 掌状复叶(单叶蔓荆除外) ·· 牡荆属 *Vitex*
  3. 单叶。
    4. 花长 1.5cm 以上;花萼常有艳色 ································· 大青属 *Clerodendrum*
    4. 花长 1.5cm 以下;花萼绿色。
      5. 嫩枝有星状毛;花冠辐射对称 ································· 紫珠属 *Callicarpa*
      5. 嫩枝有短柔毛;花冠近二唇形 ································· 豆腐柴属 *Premna*

主要药用植物

（1）马鞭草 *Verbena officinalis* L.(图 14-62) 多年生草本。茎四方形。叶对生,基生叶边缘常有粗锯齿及缺刻;茎生叶通常 3 深裂,两面均被粗毛。穗状花序细长如马鞭;花萼先端 5 齿,被粗毛;花冠淡紫色,5 裂,略二唇形;二强雄蕊;子房 4 室,每室 1 胚珠。果包藏于萼内,熟时分裂成 4 个小坚果。分布全国各地。中药马鞭草为马鞭草的全草,能清热解毒,利尿消肿,通经,截疟。

（2）大青 *Clerodendrum cyrtophyllum* Turcz.(图 14-63) 灌木或小乔木。单叶对生,长椭圆形,全缘。叶背常有腺点。伞房状聚伞花序;花萼粉红色;花冠白色;雄蕊 4 枚与花柱同伸出花冠外。核果球形。分布于华东、中南、西南。中药大青叶的来源之一为大青的叶,能清热解毒,祛风除湿,消肿止痛。根和茎也具有相似功效。

> **链接** 由于各地用药习惯不同,作为中药大青叶的来源有 4 种植物:十字花科菘蓝 *Isatia indigotica* Fort.、蓼科的蓼蓝 *Polygonum tinctorium* Ait.、爵床科的马蓝 *Strobilanthes cusia* (Nees) O. Kuntze 和马鞭草科的大青。它们的叶有类似的功效,因此,在历史上不同时期,不同地区的人们分别将它们的叶作为中药大青叶使用。

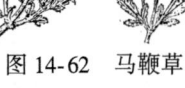

图 14-62 马鞭草 　　图 14-63 大青

本科常用药用植物还有:
紫珠 *Callicarpa bodinieri* Levl.、白棠子树 *C. dichotoma* (Lour.) K. Koch、杜虹花 *C. formosana* Rolfe 等的根、茎、叶药用(紫珠),能止血,散瘀,消肿。
臭牡丹 *Clerodendrum bungei* Steud.根与叶药用(臭牡丹),能祛风除湿,解表散瘀。
臭梧桐 *C. trichotomum* Thunb.嫩枝与叶药用(海州常山、臭梧桐),能祛风湿,降血压。
马缨丹 *Lantana camara* L.根药用(马缨丹),能清热解毒,散结止痛。
豆腐柴 *Premna microphylla* Turcz.茎与叶药用(豆腐柴),能清热,消肿。

黄荆 *Vitex negundo* L.、牡荆 *V. negundo* L. var. *cannabifolia* (Sieb. et Zucc.) Hand.-Mazz.、荆条 *V. negundo* L. var. *heterophylla* (Franch.) Rehd. 叶及挥发油药用(黄荆叶、牡荆叶、牡荆油),能祛痰,止咳,平喘;果实药用(黄荆子),能止咳平喘,理气止痛。

三叶蔓荆 *V. trifolia* L.、单叶蔓荆 *V. trifolia* L. var. *simplicifolia* Cham. 果实药用(蔓荆子),能疏风散热,清利头目。

十八、唇 形 科

1. 形态特征 唇形科 Labiatae ⚥↑ $K_{(5)}C_{(5)}A_{4,2}\underline{G}_{(2:4:1)}$,草本,稀木本,多含挥发性芳香油。茎四方形。叶对生或轮生。轮伞花序,常再组成总状、穗状或圆锥状的混合花序;花两性,两侧对称;花萼5裂,宿存;花冠5裂,唇形(上唇2裂,下唇3裂),少为假单唇形(上唇很短,2裂,下唇3裂,如筋骨草属)或单唇形(即无上唇,5个裂片全在下唇,如香科科属),雄蕊4,2强,或退化为2枚;花盘下位,肉质,全缘或2~4裂;子房上位,2心皮,通常4深裂形成假4室,花柱基生。4枚小坚果。

2. 分布 约220属,3500种。我国约有99属,808种;全国均产;药用75属,436种。

唇形科重要药用属检索表

1. 花冠假单唇,上唇极短 ………………………………………………………… 筋骨草属 *Ajuga*
1. 花冠二唇形。
  2. 花萼筒在背部有囊状小盾 ……………………………………………… 黄芩属 *Scutellaria*
  2. 花萼背部无囊状小盾。
    3. 雄蕊上升或直伸向前。
      4. 花冠明显2唇,有不相似的唇片,上唇外凸、弧状、镰状、盔状。
        5. 雄蕊2 …………………………………………………………… 鼠尾草属 *Salvia*
        5. 雄蕊4。
          6. 雄蕊后对长于前对。
            7. 直立草本。
              8. 叶不分裂 …………………………………………… 藿香属 *Agastache*
              8. 叶分裂 …………………………………………… 荆芥属 *Schizonepeta*
            7. 匍匐草本 …………………………………………………… 活血丹属 *Glechoma*
          6. 雄蕊后对短于前对。
            9. 花萼二唇形 …………………………………………………… 夏枯草属 *Prunella*
            9. 花萼裂片近相等 ……………………………………………… 益母草属 *Leonurus*
      4. 花冠裂片除下唇中裂片特大外,其余通常近相等,上唇通常直立,扁平或微外凸。
        10. 雄蕊沿花冠上唇上升 ……………………………………… 风轮菜属 *Clinopodium*
        10. 雄蕊从基部直伸。
          11. 能育雄蕊2枚。
            12. 轮伞花序多花,腋生 ………………………………………… 地笋属 *Lycopus*
            12. 轮伞花序2花,组成总状花序 ……………………………… 石荠苎属 *Mosla*
          11. 能育雄蕊4枚,近等长。
            13. 叶全缘 …………………………………………………………… 百里香属 *Thymus*
            13. 叶缘有锯齿
              14. 轮伞花序多花。

15. 轮伞花序排成穗状 ··· 广藿香属 Pogostemon
15. 轮伞花序腋生 ·· 薄荷属 Mentha
14. 轮伞花序2花 ··· 紫苏属 Perilla
3. 雄蕊下倾,平卧于花冠下唇上或包于其内。
16. 花丝基部无附属物 ·· 香茶菜属 Rabdosia
16. 花丝基部有附属物 ··· 罗勒属 Ocimum

主要药用植物

（1）益母草 Leonurus japonicus Houtt.（图14-64） 一年生或二年生草本。基生叶卵状心形或近圆形,边缘浅裂;中部叶掌状3深裂,柄短;顶生叶近于无柄,线形或线状披针形。轮伞花序腋生;花萼具5枚刺状齿;花冠淡红紫色;小坚果长圆状三棱形。全国分布。中药益母草为益母草的全草,能活血调经,利尿消肿;中药茺蔚子为益母草的果实,有清肝明目、活血调经的作用。

（2）丹参 Salvia miltiorrhiza Bunge（图14-65） 多年生草本,全株密被长柔毛及腺毛,触手有黏性。根肥壮,外皮砖红色。羽状复叶对生;小叶常3~5。轮伞花序组成假总状花序;花萼二唇形;花冠紫色,管内有毛环,上唇略呈盔状,下唇3裂;能育雄蕊2,药隔长而柔软。全国大部分地区有分布,或栽培。中药丹参为其根,有活血调经、祛瘀生新、清心除烦的作用。

图14-64 益母草　　　　　　　图14-65 丹参

（3）黄芩 Scutellaria baicalensis Georgi（图14-66） 多年生草本,主根断面黄绿色。叶披针形,无柄或具短柄。花序中花偏向一侧,花萼二唇形,后唇片背部有鳞状小盾,宿存,花冠二唇形。上唇盔状,花蓝紫色或紫红色。分布于长江以北地区。中药黄芩为其根,能清热燥湿,泻火解毒,安胎。

（4）薄荷 Mentha haplocalyx Briq.（图14-67） 多年生草本,有清凉浓香气。叶片卵形或长圆形。轮伞花序腋生;花冠淡紫色或白色,4裂。小坚果椭圆形。全国分布;主产江苏、江西及湖南等省。中药薄荷为其全草,有疏散风热、清利头目之功。

> 薄荷收割时,薄荷油的含量会因降雨、气温、日照的变化起伏很大。尤其是连续降大雨会使挥发油产量下降一半以上。但降雨之后连续晴天可使油量回升,连续5天高温晴天是收割的最佳时机,收割时间以白天10~15时为宜。

图 14-66　黄芩　　　　　　　　图 14-67　薄荷

(5) 紫苏 *Perilla frutescens* (Linn.) Britt.　一年生草本,具香气。茎绿色或紫色。叶阔卵形或圆形,边缘有粗锯齿,紫色或仅下面紫色,被毛。轮伞花序集成总状花序状;花冠白色至紫红色。小坚果球形,灰褐色。全国分布,多栽培。中药苏子为其小坚果,有降气消痰的功效;中药苏叶为其叶,能解表散寒,行气和胃,解鱼蟹毒;中药苏梗为其茎,能理气宽中。紫苏变种回回苏 *P. frutescens* (Linn.) Britt. var. *crispa* (Thunb.) Decne 功用同紫苏。

(6) 江香薷 *Mosla chinensis* 'Jiangxiangru'　一年生草本。茎纤细。叶线状披针形。花冠淡紫红色。分布于长江以南,江西为地道产区之一。中药香薷为其全草,有发汗解表,祛暑化湿之功。原种石香薷 *M. chinensis* Maxim.的全草亦作中药香薷药用。

本科常用药用植物还有:

荆芥 *Schizonepeta tenuifolia* (Benth.) Briq.和多裂叶荆芥 *S. multifida* (L.) Briq. 地上部分(荆芥)、花序(芥穗)生用能解表散风,透疹;炒炭能止血。

夏枯草 *Prunella vulgaris* L. 果穗药用(夏枯草),能清肝火,散郁结,降压。

> 人们通过对民间药物的调查发掘,发现了很多有价值的新药用植物,如唇形科的白毛夏枯草,它是生于林下的一种早春草本植物,生有长长的白绒毛,过夏则枯,生长旺期采集,安徽民间作为治疗气管炎的药物,现已成为一味有用的化痰止咳中药;风轮菜属植物风轮菜,在安徽省大别山区的霍山县,曾是民间止血药物,被称为"断血流",近年来通过研究发现风轮菜有良好的止血功效。风轮菜已被载入《中华人民共和国药典》,并且也被开发出新的中成药。
>
> 中药的泽兰与植物泽兰不是一回事,中药泽兰来源于唇形科植物毛叶地笋的干燥地上部分;植物泽兰则为菊科植物,菊科的泽兰属 *Eupatorium* 有多种植物,该属山泽兰 *E. japonicum* Thunb.、华泽兰 *E. chinense* L. 等只是民间药物,只有佩兰 *E. fortunei* Turcz.是常用中药。中药泽兰取自唇形科地笋属植物毛叶地笋,中药佩兰取自菊科泽兰属植物佩兰。

藿香 *Agastache rugosa* （Fisch.et Meyer） O. Ktze. 茎叶药用（藿香），能芳香化湿，健胃止呕，发表解暑。

广藿香 *Pogostemon cablin* （Blanco）Benth. 茎、叶药用（广藿香），能芳香化湿，健胃止呕，发表解暑。

活血丹 *Glechoma longituba* （Nakai）Kupr. 全草药用（连钱草），能清热解毒，利尿排石，散瘀消肿。

半枝莲 *Scutellaria barbata* D. Don 全草药用（半枝莲），能清热解毒，活血消肿。

金疮小草 *Ajuga decumbens* Thunb.全草药用（白毛夏枯草），能清热解毒，止咳祛痰，活络止痛。

风轮菜 *Clinopodium umbrosum* （Bieb.）C. Koch 全草药用（断血流），能止血。

毛叶地笋 *Lycopus lucidus* Turcz. var. *hirtus* Regel 茎叶药用（泽兰），能活血化瘀，行水消肿。

罗勒 *Ocimum basilicum* L.全草药用（罗勒），能发汗解表，祛风利湿，散瘀止痛。

香茶菜 *Rabdosia amethystoides* （Benth.）Hara 全草或根药用（香茶菜），能清热解毒，散瘀消肿。

碎米桠 *R. rubescens* （Hemsl.）Hara 地上部分药用（冬凌草），能清热解毒，活血止痛。

华鼠尾草 *Salvia chinensis* Benth.地上部分药用（石见穿），能活血化瘀，清热利湿，散结消肿。

荔枝草 *S. plebeia* R. Br.地上部分药用（荔枝草），能清热解毒，凉血，利尿。

百里香 *Thymus mongolicus* Ronn.地上部分药用（地椒），有小毒，能祛风解表，行气止痛。

十九、茄　　科

1. 形态特征　茄科 Solanaceae ☿ * $K_{(5)}C_{(5)}A_{5,4}\underline{G}_{(2:2:\infty)}$，草本或灌木，稀乔木。单叶互生，有时呈大小叶对生状，稀为复叶。花单生、簇生或成聚伞花序；两性花，辐射对称；花萼常5裂，宿存，果时常增大；花冠成钟状、漏斗状、辐状；雄蕊常着生在花冠管上，与花冠裂片互生；子房上位，由2心皮合生成两室，稀为假隔膜在下部分隔成4(3~5)室，或胎座延伸成假多室，中轴胎座。浆果或蒴果。

2. 分布　约80属，3000种。我国有26属，107种；全国分布；药用25属，84种。

茄科重要药用属检索表

1. 有刺灌木 ·· 枸杞属 *Lycium*
1. 草本或无刺木本。
    2. 聚伞花序。
        3. 花冠漏斗状或钟状。
            4. 果萼顶端无针刺 ································ 泡囊草属 *Physochlaina*
            4. 果萼顶端有刚硬的针刺 ·························· 天仙子属 *Hyoscyamus*
        3. 花冠辐状 ·· 茄属 *Solanum*
    2. 花单生或数朵簇生。
        5. 花萼果期完全包围果实 ······························ 酸浆属 *Physalis*
        5. 花萼果期不包围果实。
            6. 浆果 ··· 颠茄属 *Atropa*

6. 蒴果 ·· 曼陀罗属 *Datura*

主要药用植物

（1）白花曼陀罗 *Datura metel* L.（图14-68） 一年生草本。叶互生，在茎上部为假对生；叶片卵形至宽卵形，基部楔形，不对称。花单生，直立；花冠漏斗状，白色，裂片三角状；雄蕊5；子房不完全4室。蒴果斜生至横生，圆球形，疏生短刺，成熟后不规则4瓣裂。种子扁平，近三角形，褐色。分布于华东和华南。中药洋金花为其花，有毒，有平喘止咳、镇痛、解痉之功。

> 枸杞属植物根皮与果实药用，根皮称地骨皮，以野生的枸杞为佳，果实称枸杞子，以栽培的宁夏枸杞为优。宁夏枸杞有不同的栽培类型，其中四倍体植株比二倍体植株结的果实大，多糖含量高，品质更好。

（2）宁夏枸杞 *Lycium barbarum* L.（图14-69） 有刺灌木，分枝披散或稍斜上。单叶互生或丛生；叶片披针形至卵状长圆形。花腋生或数朵簇生短枝上；花冠漏斗状，粉红色或紫色，花冠管部明显长于檐部裂片。浆果倒卵形，成熟时鲜红色。分布于华北和西北；地道产区在宁夏。中药枸杞子为其果实，有滋补肝肾、益精明目之功；中药地骨皮为宁夏枸杞和枸杞 *L. chinense* Mill. 的根皮，有凉血除蒸、清肺降火之功。

图14-68 白花曼陀罗

图14-69 宁夏枸杞

本科常用药用植物还有：

颠茄 *Atropa belladonna* L. 叶及根为抗胆碱药；有镇痉，镇痛作用。

莨菪（天仙子）*Hyoscyamus niger* L. 种子药用（天仙子），能定惊止痛；根、茎、叶多为提莨菪碱和东莨菪碱的原料。

华山参 *Physochlaina infudibularis* Kuang 根药用（华山参），有毒，能温中、安神、补虚、定喘；为提取托品类生物碱的原料。

龙葵 *Solanum nigrum* L. 全草药用（龙葵），有小

> 茄科与人类关系密切，除药用植物外，尚有粮食作物的马铃薯 *Solanum tuberosum* L.；蔬菜作物茄子 *S. melongela* L.、辣椒 *Capsicum annuum* L.、西红柿 *Lycopersicon esculentum* Mill.；还有既有人喜爱，又有人厌恶的烟草 *Nicotiana tabacum* L.。

毒,能清热解毒,活血消肿。

白英 S. lyratum Thunb. 全草药用(白英),有小毒,能清热解毒,息风,利湿。

酸浆 Physalis alkekengi L. 全株药用(酸浆),能清热解毒,利尿消肿。

苦蘵 P. angulata L. 全草药用(苦蘵),能清热解毒,消肿散结。

二十、玄 参 科

1. 形态特征 玄参科 Scrophulariaceae ☿↑ $K_{(4\sim5)}$ $C_{(4\sim5)}$ $A_{4,2}$ $\underline{G}_{(2:2:\infty)}$,草本,少为灌木或乔木。叶多对生。总状或聚伞花序;花两性,常两侧对称,稀近辐射对称;花萼常4~5裂,宿存;花冠4~5裂,常多少呈二唇形;冠生雄蕊常4枚,2强,稀2或5枚;花盘环状或一侧退化;子房上位,2心皮2室,中轴胎座,每室胚珠多数。蒴果,稀为浆果,常具宿存花柱。种子多数。

2. 分布 约200属,3000种。我国有约60属,634种;全国分布;药用45属,233种。

主要药用植物

(1) 玄参 Scrophularia ningpoensis Hemsl(图14-70) 多年生高大草本。根数条,纺锤形,干后变黑色。茎方形。茎叶下部的对生,上部有时互生;叶片卵形至披针形。聚伞花序组成大而疏散的圆锥花序状;花冠褐紫色,上唇明显长于下唇;二强雄蕊,退化雄蕊近于圆形。蒴果卵形。分布于华东、华中、华南、西南等地,多有栽培;地道产区为宁波、温州、象山。中药玄参为玄参的根,有滋阴降火、生津、消肿散结、解毒之功。同属植物北玄参 S. buergeriana Miq.的根亦作中药玄参药用。

图14-70 玄参   图14-71 地黄

(2) 地黄 Rehmannia glutinosa (Gaertn.) Libosch. ex Fisch. et Mey.(图14-71) 多年生草本,全株密被灰白色长柔毛及腺毛。根状茎肥大呈块状。叶基生,叶片倒卵形或长椭圆形。总状花序顶生;花冠管稍弯曲,略呈二唇形,外面紫红色,内面常有黄色带紫的条纹;2强雄蕊;子房上位,2室。蒴果卵形。分布于辽宁和华北、西北、华中、华东等地,各省多栽培;地道产区在河南。中药生地黄为其根状茎,有清热凉血、养阴生津之功;加工炮制后称熟地黄,有滋

> 地黄很多地方有栽培,地道产区在豫北温县、武陟、沁阳、博爱、孟州一带,因这里属古怀庆府所辖,故名"怀地黄"。地黄以"怀地黄"质量最佳。《本草纲目》记载:"江浙壤地黄者,受南方阳气,质虽光而力微;怀庆府产者,禀北方纯阴,皮有疙瘩而力大",因而自明清以来,就成了著名的地道药材。

链接

阴补肾、补血调经之功。

本科常用药用植物还有：

胡黄连 *Picrorhiza scrophulariiflora* Pennell 根状茎药用（胡黄连），能清虚热，燥湿，消疳。

阴行草 *Siphonostegia chinensis* Benth. 全草药用（北刘寄奴），能清热利湿，凉血止血，祛瘀止痛。

紫花洋地黄 *Digitalis purpurea* L.、毛花洋地黄 *D. lanata* Ehrh. 叶含洋地黄毒苷，是提取强心苷的原料植物。

蚊母草 *Veronica peregrina* L.带虫瘿全草药用（仙桃草），能活血消肿，止血，止痛。

二十一、紫葳科

紫葳科 Bignoniaceae，木本、藤本或草本。单叶或羽状复叶，无托叶。花两性，多少两侧对称，花萼筒状，花冠钟状、漏斗状或管状，5裂，常偏斜，雄蕊与花冠裂片同数互生，着生花冠筒上，有花盘，子房上位，2心皮。蒴果2瓣裂，种子常有翅或毛。

常用药用植物有：凌霄 *Campsis grandiflora* (Thunb.) Loisel. ex Schum.、美洲凌霄 *C. radicans* (L.) Seem. 根（紫葳根）能凉血祛风，活血通络；花（凌霄花）能凉血，化瘀，祛风。梓树 *Catalpa ovata* G.Don 根皮或树皮的韧皮部（梓白皮）能清热利湿，降逆止呕，杀虫止痒。木蝴蝶 *Oroxylum indicum* (L.) Kurz 种子（木蝴蝶）能疏肝和胃，清肺利咽，生肌。

二十二、爵床科

爵床科 Acanthaceae，草本或藤本，少木本。单叶对生，无托叶。花两性，两侧对称，苞片常大而有色彩，花萼4~5裂，花冠裂片2唇形或为不相等5裂，雄蕊4或2，子房上位，中轴胎座。蒴果，具种钩。

常用药用植物有：穿心莲 *Andrographis paniculata* (Burm. f.) Nees 地上部分（穿心莲）能清热解毒，凉血，消肿。马蓝 *Baphicacanthus cusia* (Nees) Bremek. 茎叶的加工品（青黛）能清热解毒，凉血，定惊。爵床 *Rostellularia procumbens* (L.) Ness 全草（爵床）能清热解毒，利尿消肿。九头狮子草 *Peristrophe japonica* (Thunb.) Bremek. 全草（九头狮子草）能祛风清热，凉肝定惊，散瘀解毒。

二十三、胡麻科

胡麻科 Pedaliaceae，多草本。叶对生或上部叶互生。花单生或簇生叶腋；花两性，两侧对称，花萼4~5裂，花冠管状，5裂，2唇形，雄蕊4，2强，少2，子房上位或半下位。蒴果。

常用药用植物有：芝麻 *Sesamum indicum* L. 种子（黑芝麻）能补肝肾，益精血，润肠燥。

二十四、苦苣苔科

苦苣苔科 Gesneriaceae，草本，少木本。单叶对生或轮生，或近基部互生，无托叶。花两性，两侧对称，花萼管状，5裂，花冠5裂或多少呈唇形，雄蕊4~5，着生花冠内面，通常2枚发育，子房上位或下位，侧膜胎座，花柱线形。蒴果。

常用药用植物有：苦苣苔 *Conandron ramondioides* Sieb. et Zucc. 全草（苦苣苔）能清热解毒。半蒴苣苔 *Hemiboea henryi* Clarke 全草（半蒴苣苔）能清热，利湿，解毒。石吊兰 *Lysionotus pauciflorus* Maxim. 全草（石吊兰）能祛风除湿，化痰止咳，活血通经。

二十五、列 当 科

列当科 Orobanchaceae,寄生草本,无叶绿素。叶互生,退化成鳞片状。花两性,两侧对称,花萼佛焰苞状,花冠管状弯曲,5裂,常连合成唇形,雄蕊4,2强,子房上位。蒴果,通常为萼所包。

常用药用植物有:野菰 *Aeginetia indica* L. 全草(野菰)能清热解毒,凉血消肿。草苁蓉 *Boschniakia rossica* (Cham. et Schlecht.) Fedtsch. 全草(草苁蓉)能补肾壮阳,润肠通便,止血。肉苁蓉 *Cistanche deserticola* Y. C. Ma 肉质茎(肉苁蓉)能补肾阳,益精血,润肠通便。列当 *Orobanche coerulescens* Steph.、黄花列当 *O. pycnostachya* Hance 全草(列当)能补肾壮阳,强筋骨,润肠。

二十六、车 前 科

车前科 Plantaginaceae,草本。单叶,通常基生,弧形脉,无托叶。穗状花序;花两性,辐射对称,4基数,花冠膜质,雄蕊4枚,与花冠裂片互生,子房上位。蒴果,周裂。

常用药用植物有:车前 *Plantago asiatica* L.、平车前 *P. depressa* Willd.、大车前 *P. major* L. 全草(车前草)能清热利尿,凉血解毒;种子(车前子)能清热利尿,渗湿通淋,明目祛痰。

二十七、忍 冬 科

1. 形态特征 忍冬科 Caprifoliaceae ☿ * ↑ K$_{(4\sim5)}$ C$_{(4\sim5)}$ A$_{4\sim5}$ $\overline{G}_{(2\sim5:1\sim5)}$,木本,稀草本。多单叶,对生,少羽状复叶;常无托叶。聚伞花序;花两性,辐射对称或两侧对称;花萼4~5裂;花冠管状,通常5裂,有时二唇形;雄蕊和花冠裂片同数而互生,着生于花冠管上;子房下位,2~5心皮合生,常为3室,每室胚珠1枚。浆果、核果或蒴果。

2. 分布 15属,约500种。我国12属,260余种;全国广布;药用9属,100余种。

主要药用植物

忍冬 *Lonicera japonica* Thunb.(图14-72) 半常绿缠绕灌木。幼枝密生柔毛和腺毛。单叶对生。花成对生于叶腋,苞片叶状;花萼5裂;花冠二唇形,上唇4裂,下唇反卷不裂;刚开时白色,后转黄色,故称"金银花",具芳香,外面被有柔毛和腺毛;子房下位。浆果,熟时黑色。几乎全国广布,山东平邑县(济银花)与河南密县(密银花)为金银花的地道产区。中药金银花为忍冬花蕾或刚开的花,有清热解毒、凉散风热之功;中药忍冬藤为忍冬茎枝,有清热解毒、疏风通络之功。同属植物山银花 *L. confusa* (Sweet) DC.、红腺忍冬 *L. hypoglauca* Miq.、毛花柱忍冬 *L. dasystyla* Rehd. 的花蕾或刚开的花作中药"金银花"使用,功效同忍冬。

图14-72 忍冬

本科常用药用植物还有:

陆英 *Sambucus chinensis* Lindl. 全草药用(接骨草),能散瘀消肿、祛风活络,续骨止痛。

接骨木 *S. williamsii* Hance 全株药用(接骨木),能接骨续筋,活血止血,祛风利湿。

二十八、败 酱 科

败酱科 Valerianaceae,草本,具强烈气味。叶对生,无托叶。聚伞花序;花萼与花冠均合生,3~5裂,雄蕊3或4枚,生于花冠筒上,子房下位,3室,仅1室发育。翅果状瘦果。

常用药用植物有:甘松 *Nardostachys chinensis* Bat.、宽叶甘松 *N. jatamansi* (D. Don) DC. 根及根茎(甘松)能理气止痛,开郁醒脾。异叶败酱 *Patrinia heterophylla* Bunge、糙叶败酱 *P. rupestris* (Pall.) Juss. 根(墓头回)能清热燥湿,止血。黄花败酱 *P. scabiosaefolia* Fisch. ex Trev.、白花败酱 *P. villosa* (Thunb.) Juss. 全草(败酱草)能清热解毒,祛瘀排脓。缬草 *Valeriana officinalis* L.、宽叶缬草 *V. officinalis* L. var. *latifolia* Miq. 根、根茎(缬草)能宁心安神。

二十九、川 续 断 科

川续断科 Dipsacaceae,草本。叶对生,无托叶。头状花序;花两性,稍两侧对称,花萼、花冠4或5裂,花萼宿存,雄蕊4枚,子房下位,1室。瘦果,包于小总苞内。

常用药用植物有:川续断 *Dipsacus asperoides* C. Y. Cheng et T. M. Ai 根(续断)能补肝肾,强筋骨,续折伤,止崩漏。匙叶翼首草 *Pterocephalus hookeri* (Clarke) Hock. 根或全草(翼首草)能清热解毒,祛风除湿,止痛。

三十、桔 梗 科

1. 形态特征 桔梗科 Campanulaceae ⚥ * $K_{(5)} C_{(5)} A_5 \overline{G}_{(2\sim5:2\sim5:\infty)}$;$\overline{G}_{(2\sim5:2\sim5:\infty)}$,草本,常具乳汁。单叶互生或对生,少轮生,无托叶。花单生或成各种花序;花两性,辐射对称或两侧对称;花萼5裂,宿存;花冠常钟状或管状,5裂;雄蕊5枚,分离或合生;雌蕊常由3心皮合生,中轴胎座,常3室,子房下位或半下位。蒴果,稀浆果。

2. 分布 约60属,2000种。我国有16属,172种;全国分布;药用13属,111种。

桔梗科重要药用属检索表

1. 花冠钟状或阔钟状。
  2. 直立草本;根圆锥状;花冠钟状。
    3. 总状或圆锥花序;子房下位 ································· 沙参属 *Adenophora*
    3. 花单生或数朵生于枝顶;子房半下位 ························· 桔梗属 *Platycodon*
  2. 缠绕草本;根圆柱状;花冠阔钟状 ······························· 党参属 *Codonopsis*
1. 花冠二唇形,裂片偏向一侧 ······································· 半边莲属 *Lobelia*

主要药用植物

(1) 桔梗 *Platycodon grandiflorum* (Jacq.) A. DC. (图14-73) 多年生草本,具白色乳汁。根肉质,长圆锥状。叶对生、轮生或互生。花单生或数朵生于枝顶;花萼5裂,宿存;花冠钟状,蓝色,5裂;雄蕊5枚,花丝基部变宽;子房半下位,雌蕊5心皮合生。蒴果顶部5裂。全国广布。中药桔梗为其根,有宣肺祛痰、排脓消肿之功。

(2) 沙参 *Adenophora stricta* Miq. (图14-74) 多年生草本,具白色乳汁。根肥大呈圆锥状。茎生叶互生。全株被短硬毛。花冠钟状,蓝紫色;花丝基部边缘被毛;子房下位。蒴果。分布于

图 14-73　桔梗　　　　　　图 14-74　沙参

黄河以南大部分省区。中药南沙参为其根,有养阴清肺、祛痰止咳之功。同属植物轮叶沙参 *A. tetraphylla*（Thunb.）Fisch.、杏叶沙参 *A. hunanensis* Nannf.的根亦作中药南沙参药用。

（3）党参 *Codonopsis pilosula*（Franch.）Nannf.　多年生缠绕草质藤本,具白色乳汁。根圆柱状,具多数瘤状茎痕。叶互生。花 1~3 朵生于分枝顶端;花冠淡绿色,略带紫晕,阔钟状;子房半下位。蒴果。分布于东北、内蒙古、陕西、山西、甘肃、四川,有栽培;地道产区在山西平顺、长治、壶关等地(潞党)。中药党参为党参的根,能补脾,益气,生津。同属植物素花党参(药材为西党) *C. pilosula*（Franch.）Nannf. var. *modesta*（Nannf.）L. T. Shen、川党参 *C. tangshen* Oliv.的根亦作中药党参药用。

> 沙参记载于《神农本草经》,列为上品,为桔梗科沙参属植物轮叶沙参 *Adenophora tetraphylla*（Thunb.）Fisch.或沙参等。清代张璐的《本草逢原》载有:"沙参有南、北二种,北者质坚性寒,南者体虚力弱。"后来就将产于山东莱阳等地的伞形科植物珊瑚菜 *Glehnia littoralis* Fr. Schmidt ex Miq.根作为北沙参入药。但珊瑚菜的根,在日本是作为中药防风使用,称为"滨防风"。《中华人民共和国药典》将南沙参与北沙参分别收录,南沙参为桔梗科植物沙参和轮叶沙参,北沙参为伞形科植物珊瑚菜。
>
> 党参古代以产于山西上党郡的为最名贵,故称党参。因产地或来源不同有潞党、西党、东党、川党等等。上党在唐代称潞州,故上党党参又称潞党。党参除有传统作用外,还有抑制血小板凝聚作用,并能够增加红细胞和血红蛋白,升高血糖,降低血压等。

（4）半边莲 *Lobelia chinensis* Lour.　多年生小草本,具白色乳汁。主茎平卧,分枝直立。叶互生。花单生于叶腋;花冠粉红色,裂片偏向一侧。蒴果 2 裂。分布于长江中下游及以南地区。中药半边莲为半边莲的全草;有清热解毒,消瘀排脓,利尿及治蛇伤之功。

本科常用药用植物还有:

荠苨 *Adenophora trachelioides* Maxim.　根药用(荠苨),能清热,解毒,化痰。

羊乳 *Codonopsis lanceolata*（Sieb. et Zucc.）Trautv.　根药用(四叶参),能补虚通乳,排脓解毒。

三十一、菊　　科

1. 形态特征　菊科 Compositae, Asteraceae ⚥ * ↑ $K_{0,\infty} C_{(3\sim5)} A_{(4\sim5)} \overline{G}_{(2:1:1)}$,常为草本,稀灌木。有的具乳汁或树脂道。头状花序,外有总苞围绕,头状花序再集成总状、伞房状等;常由多朵小花集生于花序托(缩短的花序轴)上组成头状花序;每朵花的基部有 1 枚苞片(托片),呈毛状或缺;花两性;萼片常变成冠毛,或呈针状、鳞片状,或缺。花冠管状或舌状。雄蕊 5 枚,为聚药雄蕊。雌蕊由 2 心皮合生,1 室,子房下位,柱头 2 裂。头状花序的小花有同型(全为管状花或舌状花组成)和异型的(外围为舌状花,称缘花;中央管状花,称盘花)。连萼瘦果(由花托或萼管参与形成的果实)。

2. 分布　约 1000 属,30 000 种。我国 227 属,2300 余种;全国广布;药用 155 属,778 种。

菊科重要药用属检索表

1. 植株有乳汁;头状花序全为同型的舌状花;花柱分枝细长线形,无附器(舌状花亚科) ············
　　·· 蒲公英属 Taraxacum
1. 植株无乳汁;头状花序有同型或异型的小花,中央的花非舌状;花柱圆柱状(管状花亚科)。
　2. 叶全部对生或仅基部对生。
　　3. 头状花序全为管状花。
　　　4. 瘦果具毛状冠毛 ·· 泽兰属 Eupatorium
　　　4. 瘦果冠毛为芒刺状 ··· 鬼针草属 Bidens
　　3. 头状花序边缘具舌状花,中央为管状花。
　　　5. 托片全包或半包被瘦果 ··· 豨莶属 Siegesbeckia
　　　5. 托片不包被瘦果 ··· 鳢肠属 Eclipta
　2. 叶互生或簇生。
　　6. 早春先花后叶 ··· 款冬属 Tussilago
　　6. 先叶后花,或叶花同期生长。
　　　7. 头状花序缘花为舌状花,盘花为管状花。
　　　　8. 瘦果无冠毛。
　　　　　9. 瘦果扁平 ··· 马兰属 Kalimeris
　　　　　9. 瘦果圆柱状 ··· 菊属 Dendranthema
　　　　8. 瘦果具毛状冠毛。
　　　　　10. 舌状花黄色。
　　　　　　11. 总苞片一层 ··· 千里光属 Senecio
　　　　　　11. 总苞片多层。
　　　　　　　12. 头状花序多数排成总状或蝎尾状 ································ 一枝黄花属 Solidago
　　　　　　　12. 头状花序单生或排成伞房状 ······································ 旋覆花属 Inula
　　　　　10. 舌状花非黄色 ·· 紫菀属 Aster
　　　7. 头状花序全由管状花组成。
　　　　13. 头状花序仅有花 1 朵,再密集成球形复头状花序 ··················· 蓝刺头属 Echinops
　　　　13. 头状花序含 2 朵以上小花。
　　　　　14. 瘦果无冠毛。
　　　　　　15. 外层总苞片叶状,羽状齿裂,齿端有尖刺 ·························· 红花属 Carthamus
　　　　　　15. 外层总苞片非羽状齿裂,无尖刺。
　　　　　　　16. 总苞片愈合成壶状体 ··· 苍耳属 Xanthium
　　　　　　　16. 总苞片不愈合成壶状体。
　　　　　　　　17. 头状花序直径大于 6 毫米 ··································· 天名精属 Carpesium
　　　　　　　　17. 头状花序直径小于 6 毫米 ··································· 蒿属 Artemisia
　　　　　14. 瘦果有冠毛。
　　　　　　18. 总苞基部具数枚叶状苞片,羽状分裂,裂片针刺状 ················· 苍术属 Atractylodes
　　　　　　18. 总苞基部无叶状苞片。
　　　　　　　19. 总苞片干膜质 ··· 鼠曲草属 Gnaphalium
　　　　　　　19. 总苞片非膜质。
　　　　　　　　20. 总苞片 1 层,基部附有 1 层小苞片 ························ 三七草属 Gynura
　　　　　　　　20. 总苞片多层。

21. 总苞片先端针刺状。
    22. 叶缘有刺 ·· 蓟属 Cirsium
    22. 叶缘无刺。
    23. 总苞片针刺末端不弯曲 ································· 木香属 Aucklandia
    23. 总苞片针刺末端钩曲 ··································· 牛蒡属 Arctium
21. 总苞片先端非针刺状 ·· 风毛菊属 Saussurea

主要药用植物

（1）菊花 Dendranthema morifolium (Ramat.) Tzvel.（图 14-75） 多年生草本，基部木质，全体被白色绒毛。叶缘有粗大锯齿或羽裂。头状花序总苞片多层，外层绿色，边缘膜质；缘花舌状，为雌性花；盘花管状，为两性花，具托片。瘦果无冠毛。全国各地栽培。中药菊花为菊花的花序，有散风清热、平肝明目之功。同属植物野菊 D. indicum (L.) Des Moul.的花序（野菊花），能清热解毒。

（2）红花 Carthamus tinctorius L. 一年生草本。叶互生，长椭圆形或卵状披针形，叶缘齿端有尖刺。头状花序具总苞片 2～3 列，卵状披针形，上部边缘有锐刺，内侧数列卵形，无刺；花序全由管状花组成，初开时黄色，后变为红色。瘦果无冠毛。全国各地均有栽培。中药红花为红花的花，有活血通经、祛瘀止痛之功。

> 菊花通过人们的不断选育，形成了各具特色的四大药用名菊。分布最北的亳菊，栽培于安徽的亳州，生长在温带的平原地区，头状花序中管状花无或少见，采用阴干的加工方法；亳菊之南为滁菊，栽培于安徽滁州，生长在北亚热带北缘的丘陵地区，头状花序中管状花多，采用杀青后晒干的加工方法；再往南为杭菊，栽培于浙江桐乡，生长于北亚热带的杭嘉湖平原地区，头状花序中管状花多，采用蒸汽蒸后晒干的加工方法；分布最南为贡菊，栽培于安徽歙县，生长于北亚热带南缘的皖南山区，头状花序中几无管状花，采用炭火直接烘干的加工方法。分布最北的亳菊是药用精品，不作茶用；滁菊既是药用精品，又可作为茶用；杭菊是药茶兼用之品；分布最南的贡菊则是茶用为主，药用为辅的菊花。从中可以看出菊花的分布、环境、形态、加工方法与应用有着密切关系。

图 14-75 菊花 　　　　　　　图 14-76 白术

（3）白术 Atractylodes macrocephala Koidz.（图 14-76） 多年生草本。根状茎肥大，略呈骨状，

有不规则分枝。叶具长柄,3裂,稀羽状5深裂。头状花序顶生;全为管状花,紫红色。瘦果密被柔毛,冠毛羽状。主产于浙江、安徽、江西、湖北、湖南;多栽培。中药白术为其根状茎,有补脾健胃、燥湿化痰、利水止汗、安胎之功。

(4) 苍术 *A. lancea* (Thunb.) DC. 多年生草本。根状茎粗肥,结节状,具香气。叶无柄,下部叶常3裂。头状花序顶生;花冠白色。分布于山西、四川、山东、湖北、江苏、安徽、浙江;地道产区为江苏句容、镇江。中药苍术为其根状茎,有燥湿健脾、祛风除湿之功。

(5) 木香 *Aucklandia lappa* Decne. (图14-77) 多年生草本。主根粗壮,干后芳香。基生叶片大,三角状卵形,边缘具不规则浅裂或呈波状,疏生短齿,叶片基部下延成翅;茎生叶互生。头状花序具总苞片约10层;托片刚毛状;全为管状花,暗紫色。瘦果具肋,上端有1轮淡褐色羽状冠毛。西藏南部、云南、四川有分布或栽培。中药木香为木香的根,有行气止痛、健脾消食之功。与其功效相似的还有川木香 *Vladimiria souliei* (Franch.) Ling。

(6) 黄花蒿 *Artemisia annua* L. 一年生草本,全株具强烈气味。叶常三回羽状深裂,裂片及小裂片矩圆形或倒卵形。头状花序细小,排成圆锥状;小花黄色,全为管状花;外层雌性、内层两性。广布全国各地。中药青蒿为黄花蒿的地上部分,有清热祛暑、凉血、截疟之功。茎叶提制的青蒿素可治疗间日疟、恶性疟。

本科常用药用植物还有:

牛蒡 *Arctium lappa* L. 果实药用(牛蒡子),能疏散风热,宣肺透疹,解毒利咽。

奇蒿 *Artemisia anomala* S. Moore 带花全草药用(刘寄奴),能清暑利湿,活血行瘀,通经止痛。

艾蒿 *A. argyi* Levl. et Vant. 叶药用(艾叶),有小毒,能散寒止痛,温经止血。

茵陈蒿 *A. capillaris* Thunb. 幼苗药用(茵陈),能清湿热,退黄疸。

图14-77 木香

紫菀 *Aster tataricus* L. f. 根及根茎药用(紫菀),能润肺下气,祛痰止咳。

鬼针草 *Bidens bipinnata* L. 全草药用(鬼针草),能清热解毒,祛风活血。

天名精 *Carpesium abrotanoides* L. 果实药用(鹤虱),有小毒,能杀虫消积。

大蓟 *Cirsium japonicum* DC. 地上部分或根药用(大蓟),能凉血止血,祛瘀消肿。

刺儿菜 *C. setosum* (Willd.) MB. 地上部分药用(小蓟),能凉血止血,祛瘀消肿。

蓝刺头 *Echinops latifolius* Tausch. 根药用(禹州漏芦),能清热解毒,消痈,下乳。

醴肠 *Eclipta prostrata* (L.) L. 地上部分药用(墨旱莲),能滋补肝肾,凉血止血。

佩兰 *Eupatorium fortunei* Turcz. 地上部分药用(佩兰),能芳香化湿,醒脾开胃,发表解暑。

鼠曲草 *Gnaphalium affine* D. Don 全草药用(鼠曲草),能祛痰,止咳平喘,祛风除湿。

菊叶三七 *Gynura segetum* (Lour.) Merr. 根或全草药用(土三七),能散瘀止血,解毒消肿。

旋覆花 *Inula japonica* Thunb. 头状花序药用(旋覆花),能降气止呕,行水消痰。

马兰 *Kalimeris indica* (L.) Sch.-Biq. 全草药用(马兰),能理气,消食,清热利湿。

绵头雪莲花 *Saussurea laniceps* Hand.-Mazz. 全草药用(雪莲花),能温肾壮阳,调经止血。

千里光 *Senecio scandens* Buch.-Ham. ex D. Don　地上部分药用(千里光),能清热解毒,明目,止痒。

豨莶 *Siegesbeckia orientalis* L.　地上部分药用(豨莶草),能祛风湿,利关节,解毒。

一枝黄花 *Solidago decurrens* Lour.　全草药用(一枝黄花),能清热解毒,疏散风热。

蒲公英 *Taraxacum mongolicum* Hand.-Mazz.　全草药用(蒲公英),能清热解毒,消肿散结,利尿通淋。

款冬 *Tussilago farfara* L.　花蕾药用(款冬花),能润肺下气,止咳化痰。

苍耳 *Xanthium sibiricum* Patr. ex Widder　带总苞果实药用(苍耳子),有小毒,能散风湿,通鼻窍。

小结

木犀科识别要点:木本;叶对生;花辐射对称,萼4裂,雄蕊2枚,子房上位,2室,每室2胚珠。常用药用植物有连翘、女贞、白蜡树、大叶白蜡树、尖叶白蜡树、暴马丁香等。

萝藦科识别要点:有乳汁;单叶对生;花两性,辐射对称,5基数,合瓣,常具副花冠,雄蕊与雌蕊合生成合蕊柱,花丝连合成合蕊冠,花粉粒聚合成花粉块,子房上位,2心皮,离生;蓇葖果。常用药用植物有白薇、蔓生白薇、柳叶白前、芫花叶白前、徐长卿、杠柳、白首乌、萝藦等。

茜草科识别要点:单叶对生或轮生,具各式托叶;花常两性,辐射对称,花冠4~5裂,稀6裂,子房下位,2心皮2室;蒴果、浆果或核果。常用药用植物有栀子、茜草、钩藤、巴戟天、红大戟、白花蛇舌草、鸡矢藤、白马骨、六月雪等。

马鞭草科识别要点:植株常具特殊气味;叶常对生;花两性,常两侧对称;花萼4或5裂,常二唇形或不等4至5裂,雄蕊4,常2强,子房上位,花柱顶生;核果或浆果状核果。常用药用植物有马鞭草、蔓荆、单叶蔓荆、牡荆、黄荆、海州常山、臭牡丹、华紫珠、大青、豆腐柴、马缨丹等。

唇形科识别要点:草本,多含挥发油;茎四棱形;叶对生;轮伞花序,花冠唇形,雄蕊常4,2强,子房上位,2心皮,4深裂形成假4室,果实由4枚小坚果组成。常用药用植物有丹参、黄芩、益母草、薄荷、裂叶荆芥、江香薷、广藿香、藿香、紫苏、夏枯草、活血丹、毛叶地笋、金疮小草、半枝莲、风轮菜、百里香、香茶菜等。

茄科识别要点:单叶互生,有时呈大小叶互生状;两性花,辐射对称,花萼常5裂,宿存,果时常增大,花冠成辐状、钟状、漏斗状或高脚碟状,子房上位,中轴胎座,2心皮2室;浆果或蒴果。常用药用植物有宁夏枸杞、枸杞、白花曼陀罗、颠茄、莨菪、酸浆、华山参、龙葵、白英等。

玄参科识别要点:多草本;花常两侧对称,花冠4~5裂,多少呈二唇形,雄蕊多为4枚,2强,子房2室,中轴胎座,胚珠多数;蒴果。常用药用植物有地黄、紫花洋地黄、玄参、北玄参、胡黄连、蚊母草、阴行草等。

忍冬科识别要点:单叶对生,通常无托叶;花萼4~5裂,花冠管状,多5裂,有时二唇形,子房下位;浆果、核果或蒴果。常用药用植物有忍冬、山银花、红腺忍冬、陆英、接骨木等。

桔梗科识别要点:草本,常有乳汁;花冠常钟状或管状,稀二唇形,子房下位或半下位,中轴胎座,胚珠多数;蒴果,稀浆果。常用药用植物有党参、素花党参、管花党参、桔梗、杏叶沙参、沙参、轮叶沙参、半边莲、羊乳等。

> **小结**
>
> 菊科识别要点:草本;头状花序,具总苞,花萼常退化成冠毛状、鳞片状、刺状或缺、花冠管状、舌状或假舌状,聚药雄蕊,子房下位,2心皮1室;瘦果。常用药用植物有红花、菊花、野菊、白术、苍术、茵陈、奇蒿、艾蒿、黄花蒿、木香、紫菀、牛蒡、鬼针草、旋覆花、豨莶、腺梗豨莶、醴肠、佩兰、鼠曲草、祁州漏芦、菊叶三七、马兰、蒲公英、大蓟、小蓟、苍耳、天名精、款冬、千里光、水飞蓟等。

目 标 检 测

一、简答题

1. 木犀科、萝藦科、茜草科、马鞭草科、唇形科、茄科、玄参科、忍冬科、桔梗科、菊科的拉丁学名是什么?各有哪些主要特征?各有哪些主要药用植物?
2. 萝藦科与夹竹桃科有哪些异同点?
3. 马鞭草科与唇形科有哪些异同点?
4. 桔梗科与菊科有哪些异同点?
5. 菊科的2个亚科有哪些异同点?
6. 沙参属与桔梗属有哪些异同点?

二、思考题

1. 药用植物忍冬药用哪些部位?名称是什么?有何功效?
2. 菊科蒿属(*Artemisia*)有哪些药用植物?各用什么部位?有何功效?
3. 中药秦皮、沙参、白薇、白前、地骨皮、玄参、金银花、党参各来源于哪些药用植物?用何部位?有何功效?
4. 试列出木犀科、萝藦科、茜草科、马鞭草科、唇形科、玄参科的分科检索表。
5. 试列出菊科、唇形科、萝藦科、五加科、毛茛科、大戟科的分科检索表。

(葛　菲　王德群　韩邦兴)

第4节　单子叶植物纲的分类和常用药用植物

学习目标

1. 记住百合科、薯蓣科、鸢尾科、禾本科、天南星科、姜科、兰科的拉丁学名
2. 叙述百合科、薯蓣科、鸢尾科、禾本科、天南星科、姜科、兰科的形态特征
3. 说出百合科、薯蓣科、鸢尾科、禾本科、天南星科、姜科、兰科的主要药用植物及其药用部位和功效
4. 比较百合科与石蒜科、禾本科与莎草科、姜科与兰科的异同点
5. 比较竹亚科与禾亚科的异同点
6. 比较天南星与半夏、姜与砂仁的异同点

一、泽 泻 科

泽泻科 Alismataceae,水生或沼生草本。有根状茎。叶多基生,有鞘。总状或圆锥花序;花两性或单性,花被6,2轮,外轮3,绿色,萼状,宿存,内轮3,花瓣状,脱落,雄蕊6至多数,雌蕊多数,螺旋状或轮状排列于花托上,子房上位。瘦果。

常用药用植物有:泽泻 Alisma orientale (Sam.) Juz. 块茎(泽泻)能利小便,清湿热。慈姑 Sagittaria trigolia L. var. sinensis (Sims) Makino 球茎(慈姑)能活血凉血,止咳通淋,散结解毒。

二、百 合 科

1. 形态特征 百合科 Liliaceae ☿ * $P_{3+3,(3+3)}$ A_{3+3} $\underline{G}_{(3:3:\infty)}$,多为草本,常具鳞茎、根状茎、球茎或块根。单叶,基生、互生或对生。花常两性,辐射对称;多为总状或穗状花序;花被片6,花瓣状,排成2轮;雄蕊6;子房上位,3心皮合生,3室,中轴胎座,每室胚珠常多数。蒴果或浆果。

2. 分布 233属,约4000种。我国有60属,570种;全国分布;药用46属,358种。

百合科重要药用属检索表

```
1. 攀援灌木;花单性,异株 ···················································· 菝葜属 Smilax
1. 草本;花两性。
   2. 植株具鳞茎。
      3. 伞形花序蕾期被膜质总苞所包;植物多有葱蒜味 ····················· 葱属 Allium
      3. 伞形花序蕾期不被膜质总苞所包;植物无葱蒜味。
         4. 大型圆锥花序 ································································· 藜芦属 Veratrum
         4. 非圆锥花序。
            5. 花药丁字着生 ···························································· 百合属 Lilium
            5. 花药基部着生。
               6. 花俯垂,花被片基部有腺穴 ······································ 贝母属 Fritillaria
               6. 花仰立,花被片基部无腺穴 ······································ 郁金香属 Tulipa
   2. 植株具根状茎或块根。
      7. 叶退化为膜质鳞片,具叶状枝 ··········································· 天门冬属 Asparagus
      7. 叶正常,不具叶状枝。
         8. 叶肉质,肥厚 ··································································· 芦荟属 Aloe
         8. 叶非肉质。
            9. 果实成熟前已不整齐开裂。
               10. 子房上位,花丝明显,花药钝头 ································ 土麦冬属 Liriope
               10. 子房半下位,花丝甚短,花药锐头 ····························· 麦冬属 Ophiopogon
            9. 果实成熟前不开裂。
               11. 蒴果。
                  12. 叶基生;雄蕊3。
                     13. 花长度不超过1cm ········································ 知母属 Anemarrheana
                     13. 花长度在5cm以上。
                        14. 叶宽,有柄 ··············································· 玉簪属 Hosta
                        14. 叶狭长,无柄 ············································ 萱草属 Hemerocallia
                  12. 叶轮生;雄蕊8~12 ················································· 重楼属 Paris
```

　　　　11. 浆果。
　　　15. 叶基生。
　　　　16. 总状花序 ··· 铃兰属 *Convallaria*
　　　　16. 肉穗花序 ·· 万年青属 *Rohdea*
　　　15. 叶茎生，多数 ·· 黄精属 *Polygonatum*

主要药用植物

（1）百合 *Lilium brownii* F. E. Brown var. *viridulum* Baker（图 14-78）　多年生草本，鳞茎近球形，白色。叶互生，倒披针形至倒卵形。花大，喇叭状，乳白色，外面稍带紫色，1~3 朵生于茎顶；花被片 6；雄蕊 6；子房上位，圆柱形，柱头 3 裂。蒴果长圆形，具棱。分布全国。中药百合为其鳞茎，有养阴润肺、清心安神之功。同属植物卷丹 *L. lancifolium* Thunb.、细叶百合 *L. pumilum* DC. 的鳞茎也作中药百合药用。

图 14-78　百合　　　　　　　　　图 14-79　暗紫贝母

（2）浙贝母 *Fritillaria thunbergii* Miq.　多年生草本。鳞茎大，扁球形，常由 2 片肥厚鳞叶组成。叶对生或轮生；狭披针形或条状披针形，中部以上叶先端卷曲呈钩状。花下垂，钟状；花被片淡黄绿色，内面具紫色方格斑纹。蒴果具宽翅。主要分布于浙江、江苏。中药浙贝母为其鳞茎，有清热化痰、开郁散结之功。

（3）暗紫贝母 *F. unibracteata* Hsiao et K. C. Hsia.（图 14-79）　鳞茎常由 2 片鳞叶组成，大小悬殊或相似。叶条形或条状披针形，先端不卷曲。花单生茎顶，叶状苞片 1 枚；花被深紫色，有黄褐色小方格纹。蒴果具翅。分布于四川西北部、青海和甘肃南部。中药川贝母为其鳞茎，有清热化痰、润肺止咳之功。同属植物川贝母 *F. cirrhosa* D. Don.、甘肃贝母 *F. przewalskii* Maxim. ex Batal.、梭砂贝母 *F. delavayi* Franch.的鳞茎亦作中药川贝母药用。

（4）黄精 *Polygonatum sibiricum* Delar. ex Red.　多年生草本。根状茎横卧，圆柱形结节肉质肥大。地上茎单一。叶狭披针形，先端卷须状，4~5 片轮生，无柄。花白色，筒状。浆果黑色。分布东

> 贝母属植物种类很多，作为中药应用的贝母属植物从分布上看有一定的规律。在贝母属植物分布的南部，浙贝母和川贝母是贝母的两类最具特色的药材，浙贝母分布最东部，药材体大，生长的海拔最低；川贝母分布最西部，药材体小，生长的海拔最高。介于二者之间的皖贝母、湖北贝母等，它们的形态分布、生长高度、药材性状、药用功效等均介于浙贝与川贝之间。另外在我国北部的贝母属植物，最东部的为东北所产的平贝，最西部的为新疆所产的伊贝，它们是地区习用品或在浙贝母、川贝母资源不足时被应用。

链接

北、华北及黄河流域至四川。中药黄精为其根状茎,有润肺滋阴、补脾益气之功。同属植物多花黄精 *P. cyrtonema* Hua.、滇黄精 *P. kingianum* Coll. et Hemsl. 的根状茎亦作中药黄精药用。

(5) 玉竹 *P. odoratum* (Mill.) Druce 根状茎细圆柱形,黄白色。叶互生,椭圆形至卵状矩圆形,背面淡粉白色。花白色。浆果蓝黑色。分布于东北、华北、中南、华南及四川。中药玉竹为其根状茎,有滋阴润肺、生津养胃之功。

(6) 麦冬 *Ophiopogon japonicus* (L. f.) Ker-Gawl. (图 14-80) 多年生草本。根状茎细长横走;块根纺锤形。叶基生,条形。总状花序短于叶;花淡紫色,子房半下位。浆果蓝黑色。分布华东、中南、西南。中药麦冬为其块根,有清热生津、润肺止咳之功。

图 14-80 麦冬   图 14-81 七叶一枝花

(7) 七叶一枝花 *Paris polyphylla* Sm. (图 14-81) 多年生草本。根状茎横走,短而肥厚,有斜环节。叶常 7 枚轮生茎顶,椭圆形至倒卵状披针形,网状脉。花单生于轮生叶中央。分布于长江流域至华南南部及西南。中药重楼为其根状茎,有清热解毒、消肿散瘀之功。

本科常用药用植物还有:

小根蒜 *Allium macrostermon* Bunge、薤头 *A. chinense* G. Don 鳞茎药用(薤白),能温中通阳,行气散结。

葱 *A. fistulosum* L. 鳞茎药用(葱白),能发汗解表,通阳利尿。

韭 *A. tuberosum* Rottl. ex Spreng. 种子药用(韭菜子),能温补肝肾,壮阳固精。

大蒜 *A. sativum* L. 鳞茎药用,能抗菌,杀虫,降血脂。

芦荟 *Aloe vera* L. var. *chinensis* (Haw.) Berger. 叶或汁混悬液的浓缩干燥品药用(芦荟),能清肝,杀虫,通便。

知母 *Anemarrhena asphodeloides* Bunge 根状茎药用(知母),能清热泻火、滋阴润燥。

天门冬 *Asparagus cochinchinensis* (Lour.) Merr. 块根药用(天门冬),能清肺降火、滋阴润燥。

石刁柏 *A. officinalis* L. 块根药用(石刁柏),能行气止痛,活血散瘀;嫩笋药用(芦笋),能抗癌。

铃兰 *Convallaria majalis* L. 全草药用(铃兰),有毒,能强心利尿。

平贝母 *Fritillaria ussuriensis* Maxim. 鳞茎药用(平贝母),能清热化痰,润肺止咳。

伊犁贝母 *F. pallidiflora* Schrenk.、新疆贝母 *F. walujewii* Regel. 鳞茎药用(伊贝母),能清热化痰、润肺止咳。

萱草 *Hemerocallis fulva* (L.) L. 根药用(萱草根),能凉血、利水。

玉簪 *Hosta plantaginea* (Lam.) Aschers. 根药用(玉簪花根),有毒,能消肿、解毒、止血。

湖北麦冬 Liriope spicata（Thunb.）Lour. var. prolifera. Y. T. Ma.、短葶山麦冬 L. muscari（Desne）Baily. 块根药用（山麦冬），能养阴生津、润肺清心。

万年青 Rohdea japonica（Thunb.）Roth 根茎或全草药用（万年青），有小毒，能清热解毒、强心利尿。

菝葜 Smilax china L. 根茎药用（菝葜），能祛风利湿，解毒消肿。

光叶菝葜 S. glabra Roxb. 根状茎药用（土茯苓），能清热解毒，通利关节、除湿。

老鸦瓣 Tulipa edulis（Miq.）Baker 鳞茎药用（光慈姑），有小毒，能消肿散结、解毒。

藜芦 Veratrum nigrum L. 鳞茎药用（藜芦），有毒能涌吐、杀虫。

三、百　部　科

百部科 Stemonaceae，直立或攀援草本。根肉质块状，簇生。单叶对生或轮生，侧脉间具平行横生脉。花两性，花被片4，雄蕊4，花丝短，合生成环状，药隔延伸成附属物，子房上位，1室。蒴果。

常用药用植物有：蔓生百部 Stemona japonica（Bl.）Miq.、直立百部 S. sessilifolia（Miq.）Franch. et Sav.、对叶百部 S. tuberosa Lour. 块根（百部）能润肺下气，止咳、杀虫。

四、龙舌兰科

龙舌兰科 Agavaceae，多年生草本。地上茎短或高大。叶基生或聚生茎顶，肉质或较厚。花两性或单性，3基数，花被裂片不相等或近相等，雄蕊6，子房上位或下位，3室，中轴胎座。蒴果或浆果。

常用药用植物有：朱蕉 Cordyline fruticosa（L.）A. Cheval.叶（铁树叶）能清热，止血，散瘀。龙血树 Dracaena draco L.茎干树脂（血竭）能活血行瘀，止痛。凤尾丝兰 Yucca gloriosa L. 花（凤尾兰花）能止咳平喘；根与叶（凤尾兰）能清热解毒、接骨止血。

五、石　蒜　科

石蒜科 Amaryllidaceae，草本。多为鳞茎。叶狭长，基生，全缘。花两性，多数有总苞，膜质，花被片6，2轮，常具副花冠，雄蕊常6，子房下位，3室，中轴胎座。蒴果，或为浆果状。

常用药用植物有：石蒜 Lycoris radiata（L'Herit.）Herb. 鳞茎（石蒜）能祛痰催吐，解毒散结。水仙 Narcissus tazetta L. var. chinensis Roem. 花（水仙花）能清心悦神，理气调经，解毒辟秽；根（水仙根）能清热解毒、散结消肿。葱莲 Zephyranthes candida（Lindl.）Herb.全草（葱莲）有毒，能平肝息风、镇静解痉。

六、仙　茅　科

仙茅科 Hypoxidaceae 草本。块茎或球茎。叶常基生。花两性或杂性，辐射对称，花被6裂，雄蕊6或3，着生花被裂片基部且与其对生，子房下位，3室，中轴胎座。蒴果或浆果。

常用药用植物有：仙茅 Curculigo orchioides Gaertn. 根茎（仙茅）能温肾壮阳、祛除寒湿。

七、薯　蓣　科

1. 形态特征 薯蓣科 Dioscoreaceae ♂ * $P_{(3+3)}$ A_{3+3}；♀ * $P_{(3+3)}$ $\overline{G}_{(3:3:2)}$，缠绕性草质藤本，具根状茎或块茎。单叶或掌状复叶，多互生，具网状脉，叶柄扭转。花小，辐射对称，单性异株，少同株;穗状、总状或圆锥花序生于叶腋;花被6,基部常合生;雄花雄蕊6;雌花3心皮合生,子房下位,3室,每室胚珠2枚,花柱3。蒴果3棱形,每棱翅状。种子常具翅。

2. 分布 9属,650种。我国有1属,约50种;分布长江以南;药用1属,37种。

主要药用植物

(1) 薯蓣 *Dioscorea opposita* Thunb.(图14-82) 多年生草质藤本,根状茎肥厚,直生,圆柱形。叶对生或轮生,叶腋常有珠芽(零余子、小块茎),叶三角形至三角状卵形,基部宽心形,边缘常耳状3裂,基出脉7~9条。花小,绿白色,雌雄异株,穗状花序腋生;雄序直立,2~4个丛生,雌花序下垂,单生。蒴果有3翅,被白粉。种子具薄膜状宽翅。分布于全国各地。中药山药为其根状茎,有益气养阴、补脾肺肾之功。

图14-82 薯蓣

(2) 粉背薯蓣 *D. hypoglauca* Palib. 根状茎横走,竹节状,断面黄色。叶互生,三角形或卵圆形,背面灰白色,叶脉及叶缘有黄白色刺毛;叶片压干后常黑色。能育雄蕊3枚。蒴果两端平截。分布于华东、华中及四川、台湾。中药粉萆薢为其根状茎,有利湿浊、祛风湿之功。

(3) 黄独 *D. bulbifera* L. 块茎球形或梨形,表面棕黑色。叶宽心形或心状卵形,全缘;叶腋内生有大小不等的球形或卵圆形的珠芽(小块茎)。蒴果反折下垂,三棱状长圆形。中药黄药子为其块茎,小毒,有化痰消瘿、清热解毒、凉血止血之功。

(4) 穿龙薯蓣 *D. nipponica* Makino 根状茎肥厚,横走,坚硬。叶宽卵形,边缘3~7浅裂。雌雄异株。分布于东北、华北及中部各省。中药穿山龙为其根状茎,有舒筋活血、祛风止痛之功。

> **链接**
> 薯蓣科为单属科,从地上部分形态看,有的很难区分,但若从地下部分观察,就会发现差异很大。山药块茎直生,肉质,棍棒状;黄独块茎扁球形,肉质;而穿山龙、粉背薯蓣、盾叶薯蓣等植物则是根状茎,质地坚硬。这三类植物地下部分形状不同,所含的化学成分和药用功效均有明显差异。直生块茎类的山药不含甾体皂苷,为补气药;根状茎类的粉背薯蓣、穿山龙等均含甾体皂苷,为祛风除湿、利水渗湿药;而呈扁球形的黄独含黄独素,为化痰药。

本科常用药用植物还有:

绵萆薢 *D. septemloba* Thunb.、福州薯蓣 *D. futschauensis* Uline ex Kunth.根状茎药用(绵萆薢),能利湿浊、祛风湿。

盾叶薯蓣 *D. zingiberensis* C. H. Wright 根状茎药用(黄姜),能消肿解毒。

八、鸢 尾 科

1. 形态特征 鸢尾科 Iridaceae ☿↑ * $P_{(3+3)} A_3 \overline{G}_{(3:3:\infty)}$,多年生草本,具根状茎或球茎。叶常基生,多为条形或剑形,常沿中脉对折成2列排列,基部鞘状,互相套叠。花两性,常大而鲜艳,两侧对称或辐射对称;单生、数朵排成聚伞花序或伞形花序;花被片6,排成2轮;雄蕊3;子房下位,3心皮合生,3室,中轴胎座;柱头3裂,有时扁平呈花瓣状或圆柱状。蒴果。

> 番红花原产于西班牙等国,经印度转至西藏,运销内地,所以曾称之为藏红花、西红花。番红花是一味功效显著的活血祛瘀,散郁开结的中药,但价格昂贵,限制了它的广泛使用。其价位居高不下的主要原因是药用部位仅是花中的花柱上部和柱头,产量太小了!药用红花记载于我国最早的本草《神农本草经》,为菊科植物红花 Carthamus tinctorius L.的花,有活血通经、祛瘀止痛之功。红花适宜于种植的范围很广,产量也大,价廉物亦美。而番红花是在明朝时才被记入本草而逐渐应用的一味药物。《中华人民共和国药典》现已将红花与西红花作为2种药物分别收录。

2. 分布　　约60属,800种。我国有11属,71种;分布长江以南各省;药用8属,39种。

主要药用植物

(1) 射干 *Belamcanda chinensis* (L.) DC. (图14-83)　　多年生草本。根状茎横走,粗厚,结节状,外皮鲜黄色,生有多数须根。茎光滑,略显"之"字形。叶剑形,2列,叶缘有骨质白边,基部套叠,鞘状抱茎。2～3歧聚伞花序顶生;花橙黄色,散生暗红色斑点。分布于全国大部分地区。中药射干为其根状茎,有清热解毒、散瘀消肿、祛痰、利咽之功。

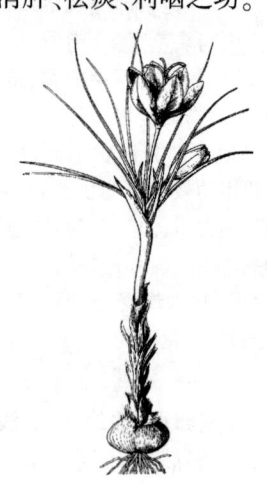

图14-83　射干　　　　　　　　图14-84　番红花

(2) 番红花(藏红花) *Crocus sativus* L. (图14-84)　　多年生草本。具球茎,外被褐色膜质鳞片。叶基生,条形。花1～2朵从球茎抽出;花白色、紫色、蓝色;花柱细长,柱头3,橙黄色,略膨大呈喇叭状,一侧具1裂隙。上海、江苏、浙江等引种栽培。中药西红花为其花柱和柱头,有活血通经、祛瘀止痛、凉血解毒之功。

本科常用药用植物还有:

马蔺 *Iris lactea* Pall. var. *chinensis* (Fisch.) Koidz. 种子药用(马蔺子),能凉血止血、清热利湿、抗肿瘤。

鸢尾 *I. tectorum* Maxim. 根状茎药用(鸢根),能活血祛瘀,祛风利湿、解毒、消积。

蝴蝶花 *I. japonica* Thunb. 根状茎药用(扁竹根),能清热解毒、消肿止痛。

唐菖蒲 *Gladiolus gandavensis* Van Houtte 球茎药用(搜山黄),有毒,能解毒散瘀、消肿止痛。

九、灯心草科

灯心草科 Juncaceae，草本。常密集丛生，有匍匐状根茎。叶多基生，有时叶片退化，仅存叶鞘。花两性，花被片常革质，2轮，每轮3片，雄蕊6或3，子房上位，1或3室，柱头3裂。蒴果。

常用药用植物有：灯心草 *Juncus effuses* L. 茎髓（灯心草）能清心火，利小便。野灯心草 *J. sechuensis* Buch. 全草（野灯心草）能利尿通淋，泻热安神。

十、鸭跖草科

鸭跖草科 Commelinaceae，草本。茎细长，常匍匐，有时缠绕。单叶互生，全缘，有明显的叶鞘。花两性，萼片3，宿存，花瓣3，雄蕊6枚，两型，不育雄蕊2至数枚，子房上位，2~3室。蒴果。

常用药用植物有：鸭跖草 *Commelina communis* L. 全草（鸭跖草）能清热解毒，利水消肿。吊竹梅 *Zebrina pendula* Schnizl. 全草（吊竹梅）能清热利湿，凉血解毒。

十一、谷精草科

谷精草科 Eriocaulaceae，水生或沼生草本。茎短缩。叶线形，丛生，常有横脉而成小方格。头状花序，有总苞；花单性同株，花被2轮，每轮2~3数，外轮分离或多少联合成佛焰苞状，雄蕊6，子房上位，2~3室。蒴果，膜质，3裂。

常用药用植物有：谷精草 *Eriocaulon buergerianum* Koern. 带花葶的花序（谷精草）能疏散风热，明目，退翳。白药谷精草 *E. cinereum* R. Br. 功效同谷精草。

十二、禾本科

1. 形态特征 禾本科 Gramineae ⚥ * $P_{2-3}A_{3,1-6}\underline{G}_{(2-3:1:1)}$，多为草本，竹类为木本。茎称秆，节和节间显著，节间常中空。

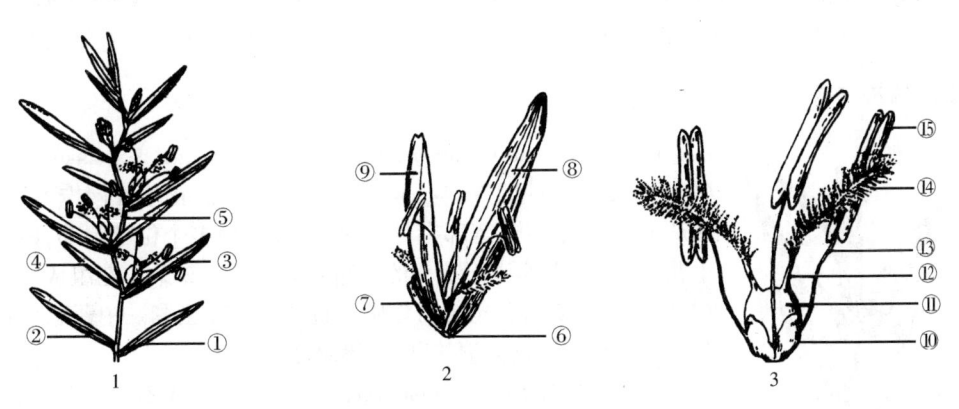

图 14-85 禾本科植物小穗及小花的构造
1. 小穗的构造　2. 小花　3. 花的解剖
①外颖　②内颖　③外稃　④内稃　⑤小穗轴　⑥基部　⑦小穗轴节间　⑧外稃　⑨内稃　⑩鳞被　⑪子房　⑫花柱　⑬花丝　⑭柱头　⑮花药

单叶互生，2列，由叶片、叶鞘和叶舌3部分组成；叶片狭长，具明显平行脉；叶鞘抱秆，常1

侧开裂,叶片与叶鞘连接处内侧呈膜质或毛环称叶舌,叶鞘顶端两侧常各有一突出物称叶耳。花小,常两性,由1至多朵组成小穗再排成穗状、总状或圆锥花序;小穗有一很短的小穗轴,基部生有2苞片称颖,下方的称外颖,上方的称内颖;每小花外包有2小苞片,分别称外稃和内稃,外稃厚硬,顶端或背部常生有芒,内稃膜质;花被生于子房基部,为2~3枚肉质透明的小鳞片称浆片;雄蕊常3枚,花药丁字着生;雌蕊1,子房上位,2~3心皮,1室,1胚珠,花柱2,柱头常羽毛状。颖果。种子富含淀粉质胚乳,胚小而直(图14-85)。

2. 分布 约660属,10 000多种。我国有228属,1200余种;分布全国;药用85属,173种。

禾本科重要药用属检索表

1. 草本;秆上生普通叶,叶鞘与叶片连接处无关节(禾亚科)。
    2. 多年生草本。
        3. 根状茎伸长,植株连生成片。
            4. 水生或湿生;有地上茎 ·· 芦苇属 *Phragmites*
            4. 非水生;无地上茎 ·· 白茅属 *Imperata*
        3. 根状茎不发达,植株散生。
            5. 有块根 ·· 淡竹叶属 *Lophatherum*
            5. 无块根 ·· 薏苡属 *Coix*
    2. 一年生或二年生草本。
        6. 肉穗花序,花单性 ··· 玉米属 *Zea*
        6. 非肉穗花序,花两性。
            7. 水生或湿生;小花的两颖退化 ·· 稻属 *Oryza*
            7. 非水生;小花颖明显。
                8. 穗轴各节有小穗2至数枚 ·· 大麦属 *Hordeum*
                8. 穗轴各节小穗单生 ·· 小麦属 *Triticum*
1. 木本;主秆叶与枝叶不同,枝生叶叶片与叶鞘连接处有关节(竹亚科)。
    9. 地上茎单轴散生,具伸长的地下茎。
        10. 秆挺直 ·· 刚竹属 *Phyllostachys*
        10. 秆作之字形折曲 ·· 典竹属 *Sinocalamus*
    9. 地上茎合轴丛生,地下茎不伸长 ·· 箣竹属 *Bambusa*

主要药用植物

(1) 薏苡 *Coix lacryma-jobi* L. var. *ma-yuen* (Roman.) Stapf (图14-86) 一年生草本。叶片条状披针形。花单性同株,总状花序从上部叶鞘抽出,基部有骨质总苞;雄小穗多个位于上部,由2朵小花组成;雌小穗位于基部的总苞骨内,由2~3朵小花组成。颖果球形,包藏于灰白色光滑的骨质总苞内。分布全国。中药薏苡仁为其种仁,有健脾补肺、清热利尿、渗湿之功。

(2) 淡竹叶 *Lophatherum gracile* Brongn.(图14-87) 多年生常绿草本。具木质缩短的根状茎。须根中部常膨大为纺锤形的块根。叶片披针形,具明显的小横脉,叶舌短小,质硬。圆锥花序顶生,小穗绿色、疏生,有数朵小花,第一朵为两性,其余退化为稃片,外稃具短芒。分布于长江以南各省。中药淡竹叶为其全草,有清热解毒、利尿生津之功。

图14-86 薏苡

（3）淡竹 Phyllostachys nigra（Lodd.）Munro var. henonis（Mitf.）Stapf ex Rendle. 乔木状竹类。秆绿色或灰绿色，秆环及箨环隆起明显，箨鞘黄绿色至淡黄色，具黑色斑点和条纹，箨叶长披针形；枝生叶1~5枚，叶片狭披针形。分布于长江流域。中药竹茹为淡竹的秆带绿色的中层，有清热化痰、除烦止呕之功。青秆竹 Bambusa tuldoides Munro 和大头典竹 Sinocalamus beecheyanus（Munro）Mcclure var. pubescens P. F. Li 的秆带绿色中层亦作中药竹茹药用。

本科常用药用植物还有：

白茅 Imperata cylindrica Beauv. var. major（Nees）C. E. Hubb. ex Hubb et Vaughan. 根状茎药用（白茅根），能清热凉血、止血、利尿。

芦苇 Phragmites communis（L.）Train. 根状茎药用（芦根），能清热生津、除烦止呕、利尿。

图 14-87 淡竹叶

> 淡竹叶与淡竹仅一字之差，分别属于禾亚科植物和竹亚科植物。中药淡竹叶为淡竹叶的干燥茎叶，中药"齐竹茹"为淡竹稍带绿色茎秆的中间层，中药竹茹中"散竹茹"为竹亚科植物青秆竹和大头典竹稍带绿色茎秆的中间层。
> 链接

小麦 Triticum aestium L. 干瘪颖果药用（浮小麦），能止汗除热。

玉米 Zea mays L. 花柱药用（玉米须），能利尿泄热、平肝利胆。

稻 Oryza sativa L. 颖果发芽药用（谷芽），能健脾消食。

大麦 Hordeum vulgare L. 发芽果实药用（麦芽），能行气消食、健脾开胃、退乳消胀。

十三、棕榈科

棕榈科 Palmae，木本或藤本，树干直立，不分枝。叶多丛生于干顶，掌状或羽状分裂，革质，叶柄基部常扩大成纤维状的鞘。圆锥状肉穗花序；花单性或两性，3基数，子房1~3室。浆果或核果。

常用药用植物有：槟榔 Areca catechu L. 种子（槟榔）能杀虫消积，降气行水，截疟；果皮（大腹皮）能下气宽中，行水消肿。椰子 Cocos nucifera L. 果肉（椰子瓤）能益气健脾，杀虫，消疳；浆液（椰子浆）能生津，利尿，止血。麒麟竭 Daemonorops draco Bl. 果实中渗出的树脂经加工制成品（血竭）能祛瘀止痛，止血生肌。黄藤 D. margaritae（Hance）Becc. 茎（省藤）能驱虫，通淋，驱风止痛。蒲葵 Livistona chinensis（Jacq.）R. Br. 根（蒲葵根）能止痛，平喘；种子（蒲葵子）能活血化瘀，软坚散结。棕榈 Trachycarpus fortumei（Hook.f.）H. Wendl. 叶柄及叶鞘纤维（棕板）能收涩止血。

十四、天南星科

1. 形态特征 天南星科 Araceae ♂ $P_0 A_{(1\sim\infty),1\sim\infty}$；♀ $P_0 \underline{G}_{(1\sim\infty:1\sim\infty)}$；☿ $* P_{4\sim6} A_{4\sim6} \underline{G}_{(1\sim\infty:1\sim\infty)}$，多年生草本，常具块茎或根状茎，含苦味水汁或乳汁。单叶或复叶，多基生，网状脉，叶柄基部常具膜质鞘。花小，两性或单性，肉穗花序，具佛焰苞；单性花同株（同序）或异株，无花被，同序者雌花群在下部，雄花群在上，中间常有无性花相隔，雄蕊1~8，常愈合成雄蕊柱；两性花常具花被片4~6，鳞片状，雄蕊与花被片同数且对生；雌蕊子房上位，由1至数心皮组成1至数室，每室具1至数枚胚珠。浆果，密集于花序轴上。

2. 分布 约115属，2000余种。我国有35属，210余种；多分布于长江以南各省；药用22属，106种。

天南星科重要药用属检索表

1. 花两性 ·· 菖蒲属 *Acorus*
1. 花单性。
  2. 具细长的根状茎,无块茎 ··· 千年健属 *Homalomena*
  2. 具块茎,偶有根状茎。
    3. 雌雄异株,稀同株 ··· 天南星属 *Arisaema*
    3. 雌雄同株。
      4. 叶片盾状着生 ·· 芋属 *Colocasia*
      4. 叶柄着生叶片基部。
        5. 3 小叶,小叶又羽状分裂 ··· 魔芋属 *Amorphophallus*
        5. 小叶片不羽状分裂。
          6. 雌花与佛焰苞分离 ·· 犁头尖属 *Typhonium*
          6. 雌花部分与佛焰苞贴生 ·· 半夏属 *Pinellia*

主要药用植物

（1）半夏 *Pinellia ternata* (Thunb.) Breit.(图 14-88) 多年生草本,块茎球形。一年生叶卵状心形,2~3 年生叶掌状 3 全裂,裂片长圆形或披针形;叶柄下部内侧常有一珠芽。花单性同株,无花被,肉穗花序的附属器鼠尾状,伸出佛焰苞外,佛焰苞管喉闭合,有横隔膜。浆果绿色。分布全国。中药半夏为其块茎的炮制加工品,有燥湿化痰、降逆止呕、消痞散结之功。

（2）掌叶半夏 *P. pedatisecta* Schott 块茎旁有若干个小块茎。叶片鸟趾状分裂。块茎称"虎掌南星",功用同天南星。

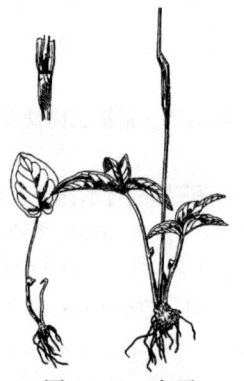

图 14-88 半夏　　　图 14-89 天南星

（3）天南星 *Arisaema erubescens* (Wall.) Schott(图 14-89) 多年生草本,块茎肥厚,扁球形。叶单一,掌状全裂,裂片 11~23,披针形,顶端有芒状尾尖。花单性异株,无花被,肉穗花序的附属器棒状,佛焰苞先端芒状。浆果红色,状如玉米棒。分布于南北各省。中药天南星为其块茎,有燥湿化痰、祛风止痉、散结消肿之功。同属植物异叶天南星 *A. heterophyllum* Blume、东

> **链接**
> 《中华人民共和国药典》规定中药天南星来源于天南星科植物天南星、东北天南星和异叶天南星的干燥块茎。据报道掌叶半夏的块茎呈扁圆形,周边生数个小球茎,形似虎掌,商品作"虎掌南星"入药,为药材天南星的佳品。

北天南星 *A. amurense* Maxim. 的块茎亦作中药天南星药用。

（4）石菖蒲 *Acorus tatarinowii* Schott　多年生草本，具香气。根状茎横走，稍扁。叶基生，2列，条状剑形。花两性，佛焰苞叶状，下部与花序轴合生。分布全国。中药石菖蒲为石菖蒲的根状茎，有开窍、逐痰、安神、开胃、祛湿之功。

本科常用药用植物还有：

水菖蒲 *Acorus calamus* L. 根状茎药用（水菖蒲），能芳香开窍，和中辟秽。

魔芋 *Amorphophallus rivieri* Durieu. 块茎药用（蒟蒻），能化痰散积，行瘀消肿。

芋 *Colocasia esculenta* (L.) Schott 块茎药用（芋），能消疬散结。

千年健 *Homalomena occulta* (Lour.) Schott 根状茎药用（千年健），能祛风湿，强筋骨。

独角莲 *Typhonium giganteum* Engl. 块茎药用（白附子），能祛风痰，逐寒湿，镇静。

鞭檐犁头尖 *T. flagelliforme* (Lodd.) Bl. 块茎药用（水半夏），能燥湿化痰，降逆止呕，消痞散结。

十五、浮 萍 科

浮萍科 Lemnaceae，一年生浮水小草本。植物为叶状体，1叶或数叶聚生。花单性，同株，无被或最初包于一膜质的鞘内，雄花有雄蕊 1~2 枚，雌花有 1 雌蕊，子房 1 室。瓶状胞果。

常用药用植物有：浮萍 *Lemna minor* L.、紫萍 *Spirodela polyrrhiza* (L.) Schleid. 全草（浮萍）能宣散风热，透疹，利尿。

十六、黑 三 棱 科

黑三棱科 Sparganiaceae，沼生草本。有根茎。叶互生，直立或浮水，无柄，基部为鞘状。头状花序；花单性，雄花常有 3 雄蕊，雌花 1 雌蕊，子房常 1 室。坚果，具海绵状外果皮。

常用药用植物有：黑三棱 *Sparganium stoloniferum* Buch.-Ham. 块茎（黑三棱）能破血行气，消积止痛。

十七、香 蒲 科

香蒲科 Typhaceae，沼生草本。有根茎。叶线形，下部有鞘。花单性同株，构成蜡烛状穗状花序，雄花密集在上，有 1~7 雄蕊，雌花生于下部，有柄，无花被，有柔毛状或狭长匙状的小苞片。小坚果。

常用药用植物有：长苞香蒲 *Typha angustata* Bory et Chaub.、水烛香蒲 *T. angustifolia* L.、宽叶香蒲 *T. latifolia* L.、东方香蒲 *T. orientalis* Presl 花粉（蒲黄）能止血，祛瘀，通淋。

十八、莎 草 科

莎草科 Cyperaceae，草本。秆中实，常为三棱形，无节。叶基生或秆生，基部常有闭合的叶鞘。花序的小穗由 2 至多数带鳞片的花组成；花两性或单性，基部常有 1 枚膜质鳞片（颖片），鳞片在小穗轴上螺旋状排列或 2 列，无花被或花被退化成下位刚毛，雄蕊 3，柱头 2~3。小坚果，三棱形。

常用药用植物有：莎草 *Cyperus rotundus* L. 根状茎（香附）能行气解郁，调经止痛。荸荠 *Eleocharis dulcis* (Burm. f.) Trin. ex Henschel 球茎（荸荠）能清热生津，化痰，消积。水葱 *Schoenoplectus tabermaemontani* (C. C. Gmel.) Palla 地上部分（水葱）能利水消肿。

十九、芭 蕉 科

芭蕉科 Musaceae，高大草本。茎高大粗壮，由叶鞘交叠而成。叶大型，全缘，羽状脉。穗状或圆锥花序顶生,有大苞片;花两性或单性,生大苞片腋内,花萼3,花瓣3,雄蕊6,1枚退化,子房下位,3室。浆果或蒴果。

常用药用植物有:芭蕉 *Musa basjoo* Sieb. et Zucc. 根状茎(芭蕉根)能清热解毒,止渴,利尿。香蕉 *M. nana* Lour. 果实(香蕉)能清热,润肺,滑肠,解毒。

二十、姜　科

1. 形态特征　姜科 Zingiberaceae ☿ ↑ $K_{(3)}$ $C_{(3)}$ A_1 $\overline{G}_{(3:3:\infty)}$,多年生草本,通常有芳香气。具根状茎、块茎或块根,地上茎为假茎。叶通常2列,茎生或基生,叶片大,羽状平行脉,有叶鞘和叶舌。花两性,两侧对称;穗状、总状或圆锥花序;花被片6,外轮萼状,常合生成管,一侧开裂,顶端又3齿裂,内轮花冠状,上部3裂,位于后方的1片常较两侧的大,下部合生成管;退化雄蕊2或4枚,其中外轮的2枚为侧生退化雄蕊,常呈花瓣状、齿状或不存在,内轮的2枚联合成显著而美丽的唇瓣;能育雄蕊1枚,花丝具沟槽。子房下位,3心皮合生,中轴胎座,3室,每室胚珠常多数;花柱丝状,沿能育雄蕊花丝的沟槽从药室间伸出。蒴果,3裂,少为浆果状。种子有假种皮。

2. 分布　约51属,1500种。我国有26属,约200种;分布于西南、华南至东南;药用15属,100余种。

姜科重要药用属检索表

1. 侧生退化雄蕊大,花瓣状,且与唇瓣分离;花序中部以下苞片基部边缘贴生成囊状 …… 姜黄属 *Curcuma*
1. 侧生退化雄蕊缺或小,且与唇瓣基部合生;苞片不为上述情况。
　　2. 花序顶生,花蕾常包藏在佛焰状的总苞内………………………………………… 山姜属 *Alpinia*
　　2. 花序从根状茎抽出,无总苞。
　　　　3. 根状茎块状;穗状花序呈球果状;药隔附属体延长于花药外成一弯喙………… 姜属 *Zingiber*
　　　　3. 根状茎伸长而为匍匐状;穗状、总状花序不为球果状;药隔附属体延长,全缘或2~3裂 …………
　　　　　………………………………………………………………………………… 砂仁属 *Amomum*

主要药用植物

(1) 姜黄 *Curcuma longa* L.　多年生草本。根状茎椭圆形或圆柱形,丛生状,断面橙黄色。根端常膨大成块根。叶片长圆形或椭圆形,两面无毛。穗状花序从叶鞘抽出,苞片卵形或长圆形,绿白色,顶端常淡红色;花淡黄色;唇瓣倒卵形,白色,中部黄色;花药基部各有1个角状距。分布或栽培于广东、海南、广西、云南、福建、台湾等。中药姜黄为其根状茎,有破血行气、通经止痛之功;中药黄丝郁金为姜黄的块根,有行气解郁、凉血破瘀之功。

(2) 蓬莪术 *C. phaeocaulis* Val.　根状茎断面黄白色;块根断面黄绿色或近白色;叶片无毛,上表面主脉两侧常有紫斑。穗状花序从根状茎抽出;花淡黄色。分布于四川、福建、广东等。中药莪术为其根状茎,有破血行气、消积止痛之功;中药绿丝郁金为其块根,有行气止痛、凉血、祛瘀、利胆之功。

(3) 温郁金 *C. wenyujin* Y. H. Chen et C. Ling　根状茎断面柠檬黄色;块根断面白色。叶片无毛,主脉两侧无紫斑。穗状花序从根状茎抽出;花白色。分布于浙江、四川、台湾、江西等。中药温郁金为其块根,有行气止痛、凉血、祛瘀、利胆之功;中药莪术为其根状茎,有破瘀行气、消积止痛之功。

姜科植物中，不同的属药用器官不同，如姜属 *Zingiber* 的姜、姜黄属 *Curcuma* 的姜黄、广西莪术、蓬莪术、温郁金等均以地下的根状茎或块根入药；砂仁属 *Amomum* 的阳春砂、白豆蔻、草果等均以地上的果实入药；山姜属 *Alpinia* 两者兼有，如高良姜、大高良姜以根状茎入药，益智、山姜、草豆蔻、大高良姜也以果实入药。

在姜黄属 4 种植物中，共有 3 种药材。如 4 种植物的块根都作中药郁金药用，姜黄块根称黄丝郁金，蓬莪术块根称绿丝郁金，广西莪术的块根称桂郁金，温郁金的块根称温郁金。它们的根状茎形成 2 种中药，姜黄的根状茎为中药姜黄；广西莪术、蓬莪术、温郁金的根状茎均为中药莪术。

链接

（4）姜 *Zingiber officinale* Rosc.（图 14-90）　多年生草本，有辛辣味。根状茎肉质多节，断面淡黄色。叶片披针形。穗状花序呈球果状，从根状茎抽出；苞片卵形，绿白色，边缘黄色；花黄绿色，唇瓣中裂片长圆状倒卵形，有紫色条纹和淡黄色斑点。分布全国。中药生姜、干姜为姜的根状茎，有发汗解表、温胃止呕、化痰止咳之功。

（5）砂仁 *Amomum villosum* Lour.（图 14-91）　多年生草本。根状茎伸长而为匍匐状。叶片条状披针形或长椭圆形，顶端具尾尖。穗状花序从根状茎抽出；苞片披针形，黄绿色，膜质；花白色，唇瓣圆匙状，有黄色或红色斑点。蒴果椭圆形，紫红色，被柔刺。分布于华南、云南及福建。中药砂仁为其果实，有行气宽中、健胃消食之功。

图 14-90　姜

图 14-91　砂仁

（6）草果 *A. tsao-ko* Crevost et Lemarie　根状茎横走肥厚。叶片长椭圆形，叶鞘和叶舌疏被柔毛。花红色，唇瓣矩圆状倒卵形，中肋处有紫红色条纹。蒴果长椭圆形，具 3 钝棱及纵纹，红色。中药草果为其果实，有燥湿散寒、除痰截疟之功。

（7）大高良姜 *Alpinia galanga* Willd.　多年生高大草本。根状茎块状。叶长圆形至披针形，主脉被淡黄色疏毛。圆锥花序顶生，直立，花轴密被柔毛；花绿白色，唇瓣倒卵状匙形，2 裂，有深白色带红色条纹。果实矩圆形，不裂，中部略缢缩，棕色至枣红色。分布于华南、云南及台湾。中药高良姜为其根状茎，有散寒、暖胃、止痛之功；中药红豆蔻为其果实，有温中散寒、止痛消食之功。

本科常用药用植物还有：

白豆蔻 *Amomum kravanh* Pierre ex Gagnep.　果实药用（豆蔻），能化湿行气，温中止呕。

益智 *Alpinia oxyphylla* Miq.　果实药用（益智仁），能温脾摄涎，暖肾，固精缩尿。

山姜 *A. japonica*（Thunb.）Miq.、华山姜 *A. chinensis*（Retz.）Rosc.　种子团药用（建砂仁），能

化湿行气,温中止泻。

草豆蔻 A. katsumadai Hayata 种子团药用(草豆蔻),能燥湿散寒,温中止呕。

二十一、美人蕉科

美人蕉科 Cannaceae,草本。地下茎粗壮,地上茎直立。单叶互生,全缘,中脉显著,侧脉平行,叶柄呈鞘状包茎,无叶舌。花两性,两侧对称,花萼3,花瓣3,雄蕊6枚,花瓣状,外轮3枚常不育,其中1枚为唇瓣,可育雄蕊1枚,子房下位,3室。蒴果。

常用药用植物有:蕉芋 Canna edulis Ker. 根状茎(蕉芋)能清热利湿,解毒。美人蕉 C. indica L. 根状茎(美人蕉)能清热解毒,调经,利水。

二十二、兰 科

1. 形态特征 兰科 Orchidaceae ⚥↑$P_{3+3} A_{1\sim 2} \overline{G}_{(3:1:\infty)}$,多年生草本,陆生、附生或腐生。具根状茎、块茎或球茎,地上茎基部或全部膨大为具1节或多节,呈各种形状的假鳞茎。叶常互生,2列或螺旋状排列,基部常有鞘。花两性,两侧对称;单生或穗状、总状、圆锥花序;花被片6,排成2轮,外轮3片称萼片,上方1片称中萼片,下方2片称侧萼片;内轮侧生的2片称花瓣,中间的1片称唇瓣,位于下方,常具有复杂的构造,呈各种形状和色彩;雄蕊与雌蕊的花柱合生成合蕊柱,呈半圆柱形,与唇瓣对生,能育雄蕊常1枚生于蕊柱顶端,稀具2枚生于两侧,花药2室,花粉粒结合成花粉块(多由花粉团,花粉块柄和黏盘、蕊喙柄合生而成),2~8个;柱头侧生,常凹陷,2~3裂,有黏液;在雄蕊与柱头之间有1舌状突起称蕊喙;子房下位,常作180度扭转,3心皮合生,1室,侧膜胎座。蒴果,种子微小、粉状,极多数,无胚乳(图14-92)。

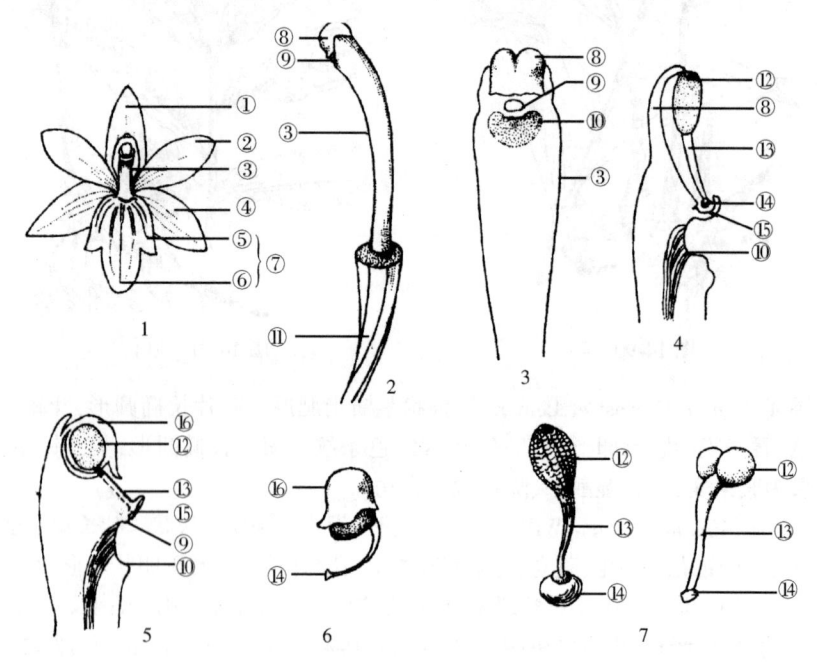

图14-92 兰科花的构造

1. 花被片 2. 子房及合蕊柱 3. 合蕊柱全形 4~5. 合蕊柱纵切 6. 花药 7. 花粉块
①中萼片 ②花瓣 ③合蕊柱 ④侧萼片 ⑤~⑥侧裂片及中裂片 ⑦唇瓣 ⑧花药
⑨蕊喙 ⑩柱头 ⑪子房 ⑫花粉团 ⑬花粉块柄 ⑭黏盘 ⑮黏囊 ⑯药帽

2. 分布　约700属,20 000种。我国有171属,1247种;分布全国,云南、海南、台湾为丰富;药用76属,287种。

兰科重要药用属检索表

1. 腐生植物,叶退化成鳞片状或鞘状,非绿色 ······················· 天麻属 *Gastrodia*
1. 非腐生植物,叶绿色。
　2. 附生植物。
　　3. 叶茎生 ··· 石斛属 *Dendrobium*
　　3. 叶基生 ··· 石仙桃属 *Pholidota*
　2. 陆生植物。
　　4. 叶明显互生于茎上 ··· 手参属 *Gymnadenia*
　　4. 叶基生或近于基生,有时生于假鳞茎顶部。
　　　5. 叶1片。
　　　　6. 叶心形 ··· 青芋兰属 *Nervilia*
　　　　6. 叶椭圆形或椭圆状披针形。
　　　　　7. 花1朵 ··· 独蒜兰属 *Pleione*
　　　　　7. 花多朵 ·· 杜鹃兰属 *Cremastra*
　　　5. 叶2片以上。
　　　　8. 叶剑形 ·· 兰属 *Cymbidium*
　　　　8. 叶非剑形。
　　　　　9. 花较大,花被片长1.5cm以上 ····················· 白及属 *Bletilla*
　　　　　9. 花较小,花被片长1.5cm以下。
　　　　　　10. 花序螺旋状旋转 ·································· 绶草属 *Spiranthes*
　　　　　　10. 花序非螺旋状。
　　　　　　　11. 有假鳞茎;叶上面无斑纹 ··················· 羊耳蒜属 *Liparis*
　　　　　　　11. 无假鳞茎;叶上面常有白色斑纹 ············ 斑叶兰属 *Goodyera*

主要药用植物

(1) 天麻 *Gastrodia elata* Bl.(图14-93)　多年生腐生草本,无根,从侵入体内的蜜环菌获取营养。块茎肉质肥厚,椭圆形,具环节。茎直立,黄红色。叶退化为膜质鳞片状,无叶绿体,互生。总状花序顶生,苞片呈披针形或狭披针形,膜质;花黄绿色,花被片下部合生成歪壶状,顶端5裂,唇瓣白色,3裂,中裂片舌状,具乳突。蒴果长圆形。分布于全国大部分地区。中药天麻为其块茎,有熄风止痉、平肝潜阳、祛风除痹之功。

> 天麻是一种特殊的植物,综观全株,比其他植物缺少了两大器官,一为根,二为叶(仅为不能进行光合作用的鳞叶)。根是从土壤中吸收水分和无机盐的,叶是吸收阳光进行光合作用的。缺少这两个器官如何生存?原来天麻的营养供应全靠蜜环菌帮助。蜜环菌是一种真菌,它先腐坏树木,从中吸收养料,然后用菌丝包裹天麻并伸到天麻块茎中,供给天麻生长的营养。以前人们未掌握天麻与蜜环菌共生的规律,认为天麻是"天生的神麻",全靠挖野生药用,随着需求量增大,资源越来越匮乏。现在人们已掌握了天麻的生长发育规律,在安徽、湖北的大别山区进行大量人工栽培,成为我国天麻药材的重要生产基地。
>
> **链接**

(2) 石斛(金钗石斛) *Dendrobium nobile* Lindl.(图14-94)　多年生附生草本。茎丛生,黄绿

色,上部较扁平而弯曲,具槽纹。叶矩圆形,先端偏斜状凹缺,近革质。总状花序有小花 2~3 朵;花大而艳丽,白色,先端粉红色,唇瓣卵圆形,基部有一深紫色斑块,两侧有紫色条纹。分布于长江以南。中药石斛为石斛的茎,有养胃生津、滋阴除热之功。同属植物流苏石斛 D. fimbriatum Hook.、环草石斛 D. loddigesii Rolfe、黄草石斛 D. chrysanthum Wall. ex Lindl.、铁皮石斛 D. officinale Kimura et Migo.的茎亦作中药石斛药用。

(3) 白及 Bletilla striata (Thunb.) Reichb. f.(图 14-95) 多年生草本。块茎肉质肥厚,数个相连接,三角状扁球形,有环节,断面富黏性。叶 3~5 片,条状披针形,基部鞘状。总状花序顶生,小花 3~8 朵;花淡紫红色,唇瓣 3 裂,有 5 纵皱褶。蒴果圆柱状。分布长江流域。中药白及为其块茎,有收敛止血、消肿生津之功。

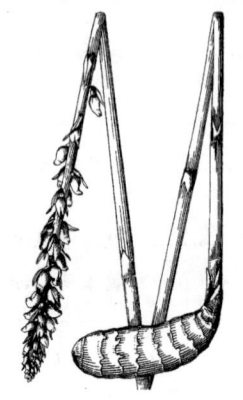

图 14-93 天麻 　　　　图 14-94 石斛　　　　图 14-95 白及

本科常用药用植物还有:

杜鹃兰 Cremastra appendiculata (D. Don) Makino、独蒜兰 Pleione bulbocodioides (Franch.) Rolfe 假鳞茎药用(山慈姑),能清热解毒,消肿散结。

建兰 Cymbidium ensifolium (L.) Sw.、春兰 C. goeringii (Reichb. f.) Reichb. f.、蕙兰 C. faberi Rolfe 花药用(兰花),能调气和中,止咳,明目。

大斑叶兰 Goodyera schlechtendaliana Reichb. f.全草药用(斑叶兰),能清热解毒,消肿止痛。

手参 Gymnadenia conopsea R. Brown.块茎药用(手参),能补益气血,生津止渴。

羊耳兰 Liparis nervosa (Thunb.) Lindl.全草药用(见血清),能清热,凉血止血。

毛唇芋兰 Nervilia fordii (Hance) Schltr.块茎和全草药用(青天葵),能润肺止咳,清热解毒,散瘀止痛。

石仙桃 Pholidota chinensis Lindl.全草药用(石仙桃),能养阴清肺,化痰止咳。

盘龙参 Spiranthes sinensis (Pers.) Ames.全草药用(盘龙参),能滋阴清热,润肺止咳。

小结

百合科识别要点:多为草本;鳞茎、块茎或根茎;花被片 6,花瓣状,排成 2 轮,雄蕊 6,子房上位,3 室;蒴果或浆果。常用药用植物有百合、卷丹、浙贝母、暗紫贝母、梭砂贝母、甘肃贝母、伊贝母、平贝母、麦冬、天门冬、七叶一枝花、小根蒜、萱草、万年青、老鸦瓣、玉簪、知母、黄精、多花黄精、滇黄精、玉竹、芦荟、藜芦、菝葜、光叶菝葜等。

薯蓣科识别要点:草质藤本;具根状茎或块茎;花单性,异株或同株,花被 6,基部常

小结

合生,雄蕊6,子房下位,3心皮合生;蒴果,具三棱形的翅,种子常具翅。常用药用植物有薯蓣、穿龙薯蓣、黄独、粉背薯蓣、盾叶薯蓣、绵萆薢等。

鸢尾科识别要点:多年生草本;有根茎、块茎或鳞茎;叶片条形或剑形,基部对折,成2列状套叠排列;花被片6,基部合生成管,雄蕊3,子房下位,柱头3裂,有时呈花瓣状或管状;蒴果。常用药用植物有射干、番红花、马蔺、鸢尾等。

禾本科识别要点:多为草本;地上茎称秆,节间常中空;单叶互生,叶鞘抱秆,一侧开裂;花小,两性,集成小穗再排成穗状、总状或圆锥状,总苞片称内颖、外颖,小苞片称内稃、外稃,退化花被片为浆片,雄蕊常3枚,子房上位,2~3心皮,1室1胚珠,柱头羽毛状;颖果。常用药用植物有薏苡、白茅、芦苇、淡竹叶、淡竹、稻、大麦、小麦、青秆竹、玉米等。

天南星科识别要点:草本;叶柄基部常具膜质鞘,叶脉网状;肉穗花序,具佛焰苞,单性花无花被,两性花花被片4~6,子房上位;浆果,密集于花序轴上。常用药用植物有半夏、天南星、掌叶半夏、石菖蒲、水菖蒲、芋、魔芋、独角莲、鞭檐犁头尖、千年健等。

姜科识别要点:草本,有香气;叶2列,有叶鞘、叶舌;花两侧对称,花萼3齿裂,花冠裂片3,发育雄蕊1枚,退化雄蕊中有2枚合生成唇瓣,子房下位,3心皮3室,花柱细长,被能育雄蕊的花丝槽包住;蒴果,稀浆果状。常用药用植物有姜、砂仁、白豆蔻、草果、温郁金、姜黄、莪术、草豆蔻、益智、华山姜、大高良姜等。

兰科识别要点:草本;花两性,两侧对称,花被片6,2轮,内轮中央1片称唇瓣,特化成各种形状,雄蕊与花柱合生成合蕊柱,能育雄蕊常1枚,花粉粒粘结成花粉块,子房下位,侧膜胎座,3心皮1室;蒴果,种子极多,微小粉状。常用药用植物有白及、天麻、石斛、环草石斛、黄草石斛、铁皮石斛、手参、杜鹃兰、独蒜兰、石仙桃、毛唇芋兰、大斑叶兰、盘龙参、羊耳兰、建兰等。

目标检测

一、简答题

1. 百合科、薯蓣科、鸢尾科、禾本科、天南星科、姜科、兰科的拉丁学名是什么?各有哪些主要特征?各有哪些主要药用植物?
2. 百合科与石蒜科有哪些异同点?
3. 兰科与姜科有哪些异同点?
4. 天南星与半夏有哪些异同点?
5. 姜黄与砂仁有哪些异同点?
6. 竹亚科与禾亚科有哪些异同点?

二、思考题

1. 中药黄精、川贝母、天南星、郁金、莪术、姜黄、石斛各来源于哪些药用植物?药用何部位?有何功效?
2. 药用植物姜、姜黄、温郁金药用哪些部位,名称何种中药?有何功效?
3. 试列出百合科、薯蓣科、鸢尾科、禾本科、天南星科、姜科、兰科的分科检索表。

(卢 伟 王德群 韩邦兴)

第三篇
植物的显微结构

第三章

中西新足球体育

第15章 植物的细胞

学习目标

1. 记住植物细胞的显微构造特点
2. 掌握植物细胞各部分的主要功能
3. 熟悉淀粉粒的类型和特征及其显微化学鉴别的方法
4. 记住晶体的类型及其显微化学鉴别的方法
5. 熟悉细胞壁的特化类型及其显微化学鉴别的方法

植物细胞是构成植物体形态结构和生命活动的基本单位。单细胞植物体只由一个细胞构成,一切生命活动如生长、发育和繁殖等都由一个细胞来完成。多细胞植物体是由许多形态和功能不同的细胞所组成,这些细胞相互联系,紧密配合,协调一致,共同完成复杂的生命活动。

植物细胞的形状随植物种类以及存在部位和机能不同而异。游离的或排列疏松的多呈球形、类圆形和椭圆形;排列紧密的多呈多面体或其他形状;执行支持作用的呈类圆形、纺锤形等,细胞壁常增厚;执行输导作用的多呈管状。

植物细胞的大小差异很大,单细胞植物的细胞常只有几个微米(1mm = 1000μm),种子植物薄壁细胞的直径在 20~100μm。最长的细胞是无节乳管,长达数米至数十米不等。通常植物的细胞非肉眼所能见,要借助光学显微镜才能看见。

> **为什么植物的细胞通常都是小的呢**
>
> 因为这样可以使细胞得到相对比较大的表面积,有利于细胞间的交流,促进植物体内的新陈代谢,抵御不良的环境。而植物细胞的大小与植物体的大小并无直接的关系,高达100m以上的桉树与贴地而生的蒲公英,植物体内的细胞大小则相差不大。
>
> **链接**

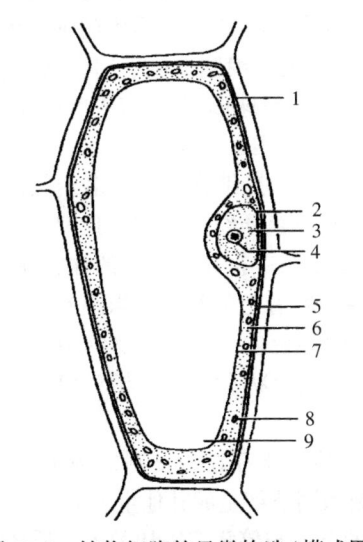

图 15-1 植物细胞的显微构造(模式图)
1. 细胞壁 2. 核膜 3. 核液 4. 核仁 5. 质膜 6. 胞基质 7. 液泡膜 8. 叶绿体 9. 液泡

第1节 植物细胞的基本结构

植物体的各种细胞在形态、结构和功能上各不相同,但基本结构却是相同的,由原生质体、后含物和生理活性物质、细胞壁三部分所构成(图 15-1)。

一、原生质体

原生质体是细胞内有生命物质的总称,是细胞内各种代谢活动的主要场所。包括细胞质、细胞核、质体、线粒体、高尔基体、核糖体、溶酶体等。

构成原生质体的物质基础是原生质,它的基本化学成分是核酸、蛋白质、类脂和糖等,其中蛋白质与核酸为

189

主的复合物是最主要的化学组成。核酸有两类,一类是脱氧核糖核酸,简称DNA,是决定生物遗传和变异的遗传物质;另一类是核糖核酸,简称RNA,是把遗传信息传送到细胞质中去的中间体,它直接影响着蛋白质的合成。常温下原生质是呈无色半透明,具有弹性,略比水重,有折光性的半流动亲水胶体,其相对成分为:水85%~90%,蛋白质7%~10%,脂类1%~2%,其他有机物为1%~1.5%,无机物1%~1.5%。

原生质体根据形态、机能的不同,可分为细胞质和细胞器两部分。

(一) 细胞质

细胞质充满在细胞壁和细胞核之间,是原生质体的基本组成部分,为半透明的基质。细胞质有自主流动的能力,这是一种生命现象,能促进细胞内营养物质的流动,有利于新陈代谢的进行,对于细胞的生长发育、通气和创伤的恢复都有一定的促进作用。一旦细胞死亡,细胞质运动也随着停止。

细胞质与细胞壁相接处为质膜,它包围在细胞质表面。质膜的主要功能是控制细胞与外界环境的物质交换。质膜对不同物质的通过具有选择性,它使细胞能从周围环境不断地取得所需要的水、盐类和其他必需的营养物质,而又阻止了有害物质的进入,同时,细胞通过质膜能把代谢的废物排除出去。质膜的透性还表现出一种半渗透现象,由于渗透的动能,所有分子不断地运动,并从高浓度区向低浓度区扩散。此外,质膜还能接受和传递外界信号,引起细胞内代谢和功能的改变,调节细胞的生命活动。质膜还能抵御病菌的感染、参与细胞间的识别等。

在质膜与液泡之间的细胞质称胞基质(中质),其中分布着各种细胞器。

(二) 细胞器

细胞器是细胞质中具有一定形态结构、成分和特定功能的微器官,也称拟器官。主要有细胞核、质体、线粒体、液泡、内质网、高尔基体、核糖核蛋白体和溶酶体等。一般在光学显微镜下只能观察到细胞核、质体和线粒体。

1. 细胞核 除细菌和蓝藻外,植物细胞(真核细胞)通常具有一个细胞核。细胞核是具有较高的折光率、黏滞性较大的球状体,其大小差异很大,一般直径在10~20μm。最大的细胞核直径可达1mm,如苏铁受精卵;而最小的细胞核直径只有1μm,如真菌。细胞核位于细胞质中,其位置和形状随生长而变化,在幼期的细胞中,细胞核位于细胞中央,呈球形,并占有较大的体积。随着细胞的生长,由于中央液泡的形成,细胞核随细胞质一起被挤向靠近细胞壁的部位,变成半球形或扁球形,并只占细胞总体积的一小部分。也有的细胞到成熟时,细胞核被许多线状的细胞质索悬挂在细胞中央,而呈球形。细胞核由核膜、核液、核仁和染色质组成。核膜是细胞核与细胞质的界膜。核液是细胞核内呈液体状态的物质。核仁是细胞核中折光率更强的球状体,通常有一个或几个。染色质散布在核液中,是细胞核内易被碱性染料着色的物质。当细胞核将分裂时,染色质成为一些螺旋状扭曲的染色质丝,进而形成棒状的染色体。各种生物的染色体数目、形状和大小是各不相同的,但对于一种生物来讲,染色体数目、形状和大小是相对稳定不变的。染色质主要由DNA和蛋白质所组成,还含有RNA。

细胞核的主要功能是控制细胞的遗传和生长发育,也是遗传物质存在和复制的场所,决定蛋白质的合成,还控制质体、线粒体中主要酶的形成,从而控制和调节细胞的其他生理活动。

2. 质体 质体是植物细胞特有的细胞器,与碳水化合物的合成与储藏有密切关系。质体由蛋白质和类脂等组成,有的含有色素。根据色素的有无和类型,可将质体分为叶绿体、有色体和白色体(图15-2)。

(1) 叶绿体　高等植物的叶绿体多呈球形、卵形或透镜形,厚度为 1~2μm,直径为 4~10μm,每个细胞内有十多个至数十个不等。在光学显微镜下,叶绿体成颗粒状。在电子显微镜下可见叶绿体外面有双层膜包被,内部为溶胶状的蛋白质基质,其中分散着许多含有叶绿素的基粒和连接基粒的基质片层。

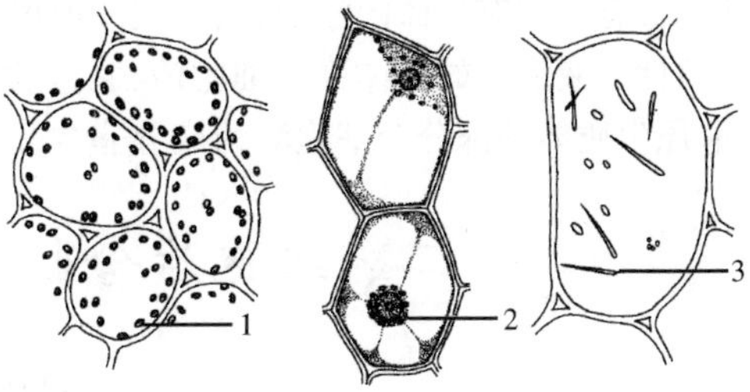

叶绿体广泛存在于绿色植物的叶、茎的绿色部分以及花和果实中的某些部分,根一般不含叶绿体。叶绿体主要含有叶绿素 a、叶绿素 b、叶黄素和胡萝卜素四种色素,其中叶绿素是主要的光合色素,它能吸收光能,直接参与光合作用。其他两种色素不能直接参与光合作用,起辅助功能。植物叶片的颜色,与细胞叶绿体中这三种色素的比例有关,叶绿素占优势时,叶片呈绿色,当营养条件不利、气温降低或叶片衰老时,叶绿素含量降低,叶片便出现黄色或橙黄色。

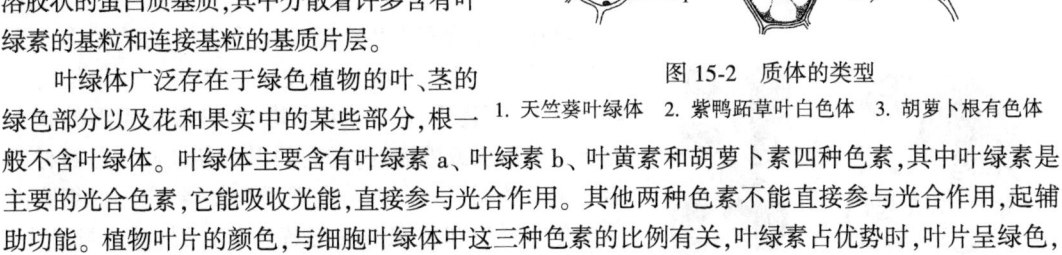

图 15-2　质体的类型
1. 天竺葵叶绿体　2. 紫鸭跖草叶白色体　3. 胡萝卜根有色体

(2) 有色体　又称杂色体,通常呈针形、球形、杆状、多角形或不规则形状,其所含的主要色素是胡萝卜素和叶黄素,使植物呈黄色、橙色或橙红色。有色体主要存在于花、果实和根中。有色体的生理功能还不很清楚,但它所含的胡萝卜素在光合作用中是一种催化剂。有色体存在于花部,使花呈鲜艳色彩,有利于昆虫传粉。

> 植物体所呈现的颜色不一定都是有色体的缘故,有些是色素的关系。色素通常呈均匀状态溶解于细胞液中,主要为红色、蓝色或紫色,并随细胞液中酸碱度的不同发生变化,如牵牛花一天中的颜色变化。

链接

(3) 白色体　是一类不含色素的质体,呈球形或纺锤形。普遍存在于植物体各部分的储藏细胞中,多在一些不曝光的组织中,起着合成和储藏淀粉、脂肪和蛋白质的作用。

有色体和白色体都是由前质体分化而来,在一定条件下,一种质体可以转变成另一种质体。如番茄子房的子房壁细胞内的质体是白色体,受精后子房发育成幼果,暴露在光线中时,白色体转变成叶绿体,所以幼果呈绿色,果实在成熟过程中又由绿变红,是因为叶绿体转变成有色体的缘故。

3. 线粒体　线粒体是细胞质中呈颗粒、棒状、丝状或有分枝的细胞器,比质体小。线粒体含有 100 多种酶,大部分参与呼吸作用,其呼吸释放的能量,能够透过膜转运到细胞的其他部分,以提供各种代谢活动的需要。线粒体是细胞中物质氧化(呼吸作用)的中心,在氧化过程中进行能量交换,因此,被称为细胞中的"动力工厂"。

4. 液泡　液泡是植物细胞特有的结构。在光学显微镜下,幼小的植物细胞有许多看不见的小液泡,随着细胞的生长,小液泡相互融合并逐渐增大,最后在细胞中央形成一个或几个大型液泡,可占据细胞体积的 90% 以上。这时,细胞质连同细胞器一起,被推挤成为紧贴细胞壁的一个薄层。液泡的主要功能是调节细胞的渗透压,在维持细胞质内外环境的稳定上起着重要的作用(图 15-3)。

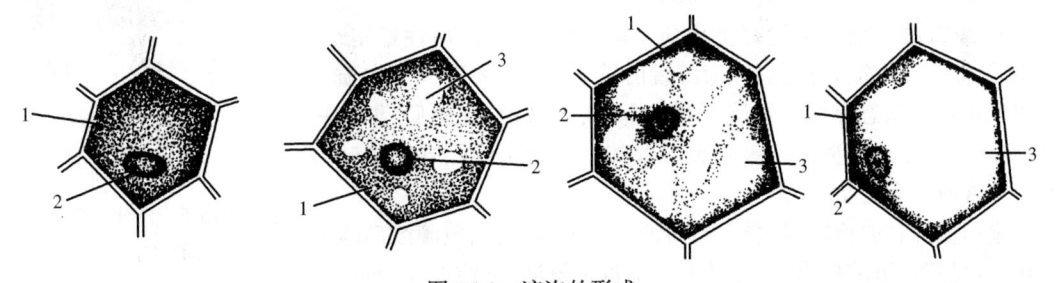

图 15-3　液泡的形成
1. 细胞质　2. 细胞核　3. 液泡

液泡被有一层有生命的液泡膜,它把液泡里的细胞液和细胞质分开。液泡膜同质膜一样具有选择透性。液泡内的液体称为细胞液,它是含有多种有机物和无机物的混合水溶液,是无生命的、非原生质体的部分。细胞液的成分非常复杂,其中许多化学成分具有强烈的生理活性。

二、细胞后含物和生理活性物质

细胞中除含有有生命的原生质体外,还有许多非生命的物质,它们是细胞代谢过程的产物。一类是后含物,包括储藏物质或代谢废弃物,以有形或无形的状态分布在细胞质或液泡内,它们的形态和性质常是药材鉴定的重要依据。另一类是生理活性物质,它们对细胞内生物化学反应和生理活动起着调节作用,其含量虽少,但效能很高。

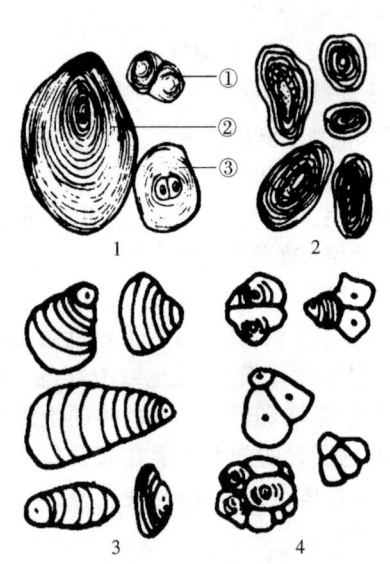

图 15-4 各种淀粉粒
1. 马铃薯 2. 豌豆 3. 姜 4. 半夏
①复粒 ②单粒 ③半复粒

(一) 细胞后含物

1. 淀粉 是葡萄糖分子聚合而成的长链化合物,它是细胞中碳水化合物最普遍的储藏形式,在细胞中以颗粒状态(称为淀粉粒)储存于植物的根、茎及种子等器官的薄壁细胞的细胞质中。淀粉粒是由造粉体(白色体的一种)积累储藏淀粉所形成。积累淀粉时,先从一处开始,形成淀粉粒的核心脐点,然后环绕着脐点形成许多亮暗相间的层纹,这是由于直链淀粉和支链淀粉相互交替分层沉积的缘故。淀粉粒多呈圆球形、卵圆形或多角形,脐点的形状有点状、线状、裂隙状、分叉状、星状等(图 15-4)。

淀粉粒有三种类型:一是单粒淀粉,每个淀粉粒通常只有一个脐点,环绕脐点有多数层纹;二是复粒淀粉,每个淀粉粒具有两个以上的脐点,各脐点分别有各自的层纹环绕;三是半复粒淀粉,每个淀粉粒具有两个以上的脐点,各脐点除有本身的少数层纹环绕外,外面还包围着共同的层纹。各种植物所含的淀粉粒在类型、形状、大小、脐点的位置等方面各有其特征,因此,淀粉粒的有无和形态,可以作为鉴定药材的依据之一。

淀粉粒遇稀碘溶液呈蓝紫色。

2. 菊糖 由果糖分子聚合而成,多含在菊科和桔梗科植物的细胞中。菊糖能溶于水,不溶于乙醇。在显微镜下观察,细胞中的菊糖结晶呈球状、半球状或扇状(图 15-5)。

3. 蛋白质 细胞中储存蛋白质呈固体状态,生理活性稳定,与原生质体中呈胶体状态的有生命的蛋白质在性质上不同。蛋白质一般以糊粉粒的状态存在于细胞的任何部位,如液泡、细胞质、细胞核和质体中,常呈无定型的小颗粒或结晶体。在种子的胚乳和子叶细胞内多含有丰富的蛋白质。

蛋白质存在的检验:将蛋白质溶液放在试管里,加数滴浓硝酸并微热,可见黄色沉淀析出,冷却片刻再加过量氨液,沉淀变为橙黄色,即蛋白质黄色反应;遇碘液变成暗黄色;在硫酸铜和苛性碱的水溶液的作用下则显紫红色。

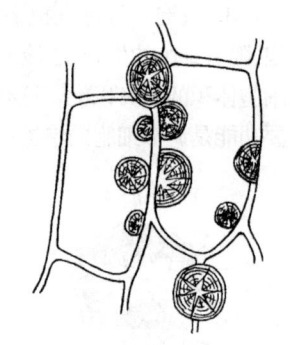

图 15-5 桔梗根的菊糖结晶

4. 脂肪和脂肪油 是由脂肪酸和甘油结合而成的脂,常存在于植物的种子里。在常温下呈固态或半固态的称为脂,如可可豆脂;呈液态的称为油,如花生油。脂肪和脂肪油通常呈小滴状分散在细胞质中,不溶于水,易溶于有机溶剂,比重较小,折光性强。

脂肪和脂肪油加苏丹Ⅲ试液显橘红色、红色或紫红色;加紫草试液显紫红色;加四氧化锇显黑色。

5. 晶体 晶体是植物细胞生活代谢过程中产物,常见的有两种类型:

(1) 草酸钙结晶 植物体内草酸钙晶体的形成,可以减少体内过多的酸对植物的毒害。草酸钙结晶常为无色透明的晶体,以不同的形状分布于细胞液中。通常一种植物中只能见到一种晶体形状,但少数也有两种或多种形状的,如曼陀罗叶中含有簇晶、方晶和砂晶。草酸钙晶体的形状主要有以下几种(图15-6):

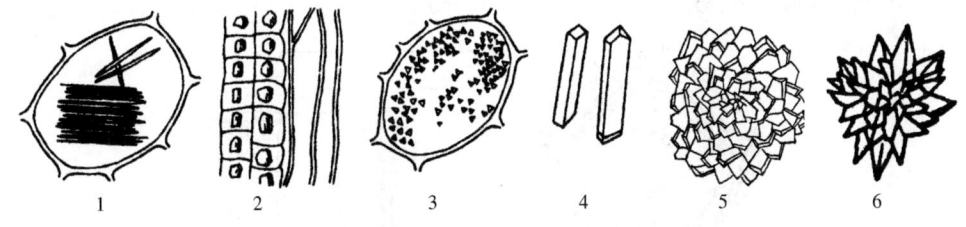

图 15-6 各种草酸钙结晶
1. 针晶(半夏块茎) 2. 方晶(甘草根) 3. 砂晶(牛膝根) 4. 柱晶(射干根茎) 5. 簇晶(大黄根茎) 6. 簇晶(人参根)

单晶:又称方晶或块晶,通常呈正方体形、长方体、八面体、三棱体等形状,常为单独存在的单晶体,存在于甘草、黄柏、秋海棠等的细胞中。有时呈双晶,如莨菪等。

针晶:晶体呈两端尖锐的针状,在细胞中多成束存在,称针晶束。一般存在于含有黏液的细胞中,如半夏块茎、黄精和玉竹的根茎等。也有的针晶不规则地分散在细胞中,如苍术根茎。

砂晶:晶体呈细小的三角形、箭头状或不规则形,通常密集于细胞腔中。因此,聚集有砂晶的细胞颜色较暗,容易与其他细胞区别,如土牛膝根、枸杞根皮。

簇晶:晶体由许多八面体、三棱形单晶体聚集而成,通常呈球状或三角形星状,如人参根、大黄根茎、天竺葵叶、椴树茎等。

植物体中含有的各种形状的草酸钙晶,可以作为鉴定各种植物药材,尤其是粉末药材的依据。草酸钙结晶不溶于稀醋酸,加稀盐酸溶解而无气泡产生;在10%~20%的硫酸溶液中溶解后会析出针状的硫酸钙结晶。

(2) 碳酸钙结晶 常存在于桑科、爵床科、荨麻科等植物中,如无花果的叶、穿心莲叶、大麻叶的表皮细胞中可见到碳酸钙结晶。它是在细胞壁的特殊瘤状突起上聚集了大量的碳酸钙或少量的硅酸钙而形成,形状如一串悬垂的葡萄。通常呈钟乳状态存在,所以又称钟乳体。碳酸钙结晶加醋酸或稀盐酸则溶解,同时有 CO_2 气体放出,这可与草酸钙结晶相区别(图15-7)。

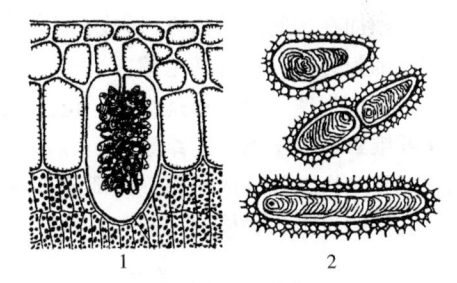

图 15-7 碳酸钙结晶
1. 无花果叶内的钟乳体 2. 穿心莲叶内的钟乳体

(二) 生理活性物质

生理活性物质是一类能对细胞内的生化反应和生理活动起调节作用的物质的总称,包括酶、维生素、植物激素和抗生素等,它们对植物的生长、发育起着非常重要的作用。

三、细 胞 壁

　　细胞壁是包围在植物细胞原生质体外面的一个坚韧的外壳,是植物细胞特有的结构之一。细胞壁是原生质体分泌的非生命物质形成的。由于植物的种类、细胞的年龄和细胞执行机能的不同,细胞壁在成分和结构上的差别是极大的。

(一) 细胞壁的分层

　　细胞壁可分为胞间层、初生壁和次生壁(图 15-8)。

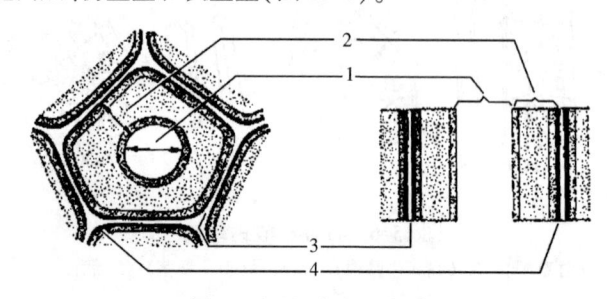

图 15-8　细胞壁的分层
1. 细胞腔　2. 三层次生壁　3. 胞间层　4. 初生壁

　　(1) 胞间层　又称中层,是相邻两个细胞所共有的薄层,由亲水性的果胶类物质组成。多细胞植物依靠果胶质使相邻细胞彼此粘连在一起。果胶质易被酸或酶等溶解,从而导致细胞相互分离形成细胞间隙。许多果实成熟时,果肉变得绵软,就是果肉细胞的胞间层被酶溶解,致使细胞发生分离的缘故。在药材鉴定上,常用硝酸和氯酸钾的混合液、氢氧化钾或碳酸钠溶液等解离剂,把植物药材制成解离组织,以便于进行观察鉴定。

　　(2) 初生壁　细胞在生长过程中,由原生质体分泌的物质,主要是纤维素、半纤维素和果胶类物质添加在胞间层的内方,形成初生壁。初生壁的厚度较薄,能随着细胞的生长而延伸。许多植物细胞终生只具有初生壁。

　　(3) 次生壁　次生壁是细胞停止生长后,在初生壁内侧继续积累的细胞壁层。它的成分主要是纤维素和少量的半纤维素,生长后期常含有木质素。次生壁一般较厚,质地较坚硬,因此有增强细胞壁机械强度的作用。大部分具有次生壁的细胞在成熟时,原生质体死亡,残留的细胞壁起支持和保护植物体的功能。

(二) 纹孔和胞间连丝

　　1. 纹孔　细胞壁次生增厚时,在初生壁很多地方留下一些没有次生增厚的部分,只有胞间层和初生壁,这种比较薄的区域称为纹孔。相邻两个细胞壁的纹孔常成对存在,称为纹孔对。纹孔对之间由初生壁和胞间层所构成的膜称为纹孔膜。纹孔膜两侧没有次生壁的腔穴,称为纹孔腔,纹孔腔通往细胞壁的开口,称为纹孔口。纹孔的存在有利于水和其他物质的运输。根据纹孔对的形状和结构又分为三种类型:单纹孔、具缘纹孔和半缘纹孔(图 15-9)。

　　单纹孔:次生壁上未加厚的部分,多呈圆筒形,即从纹孔膜至纹孔口的纹孔腔呈圆筒形,纹孔对中间由纹孔膜所隔离。单纹孔多存在于薄壁组织、韧皮纤维和石细胞中。

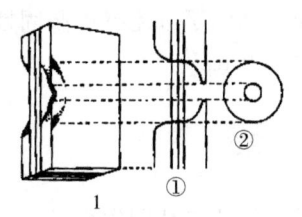

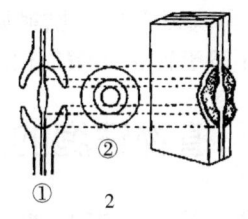

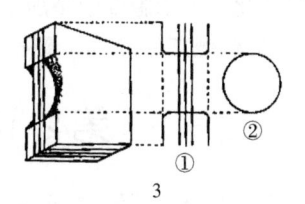

图 15-9 纹孔类型的图解
1. 半缘纹孔 2. 具缘纹孔 3. 单纹孔
①切面观 ②表面观

具缘纹孔：次生壁在纹孔口处形成一个拱形的边缘称纹孔缘，细胞的中央纹孔口很小，正面观呈两个同心圆，如被子植物导管壁上的纹孔。松科和柏科植物管胞壁上的具缘纹孔，纹孔膜中间与中央小孔相对的地方增厚隆起形成了纹孔塞，具有调节胞间液流的功能，因而从正面看起来呈三个同心圆。

半缘纹孔：由具缘纹孔和单纹孔组成的纹孔对，是薄壁细胞与管胞或导管间形成的纹孔。

2. 胞间连丝 细胞间有许多纤细的原生质细丝从纹孔处穿过纹孔膜，使相邻细胞连接，这种原生质细丝称为胞间连丝。胞间连丝使植物各个细胞连成一个整体，有利于细胞间物质的转运和信息传递（图15-10）。

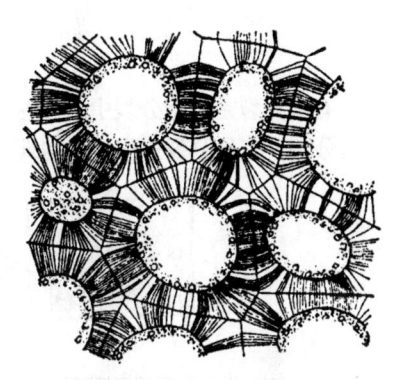

图 15-10 柿核胞间连丝

（三）细胞壁的特化

细胞壁主要由纤维素构成，具有韧性和弹性。纤维素遇氧化铜氨液能溶解；加氯化锌碘试液呈蓝色或紫色。植物细胞壁由于环境的影响和生理机能的不同，常常发生各种不同的特化，常见的有：木质化、木栓化、角质化。

（1）木质化 细胞壁内填充和附加了木质素，使细胞壁的硬度增强，细胞机械力增加。但当木质化细胞壁变得很厚时，其细胞多趋于衰老或死亡，如导管、管胞、石细胞、木纤维等。木质化细胞壁加入间苯三酚和浓盐酸，因木质化程度的不同，显红色或紫红色；加氯化锌碘液呈黄色或棕色反应。

（2）木栓化 木栓质是一种脂肪性化合物。木栓化后的细胞不透气不透水，所以最后细胞内原生质体完全消失，细胞死亡。通常木栓化细胞出现在保护组织中，树干上褐色的树皮就是木栓和其他死细胞的混合体。木栓化细胞壁加苏丹Ⅲ试液显橘红色或红色；遇苛性钾加热，木栓质则会溶解成黄色的油滴状。

（3）角质化 原生质体产生的角质除了填充到细胞壁的本身以外，还常积聚在细胞壁的表面形成一层无色透明的角质层。细胞壁的表面形成角质层，可以防止水分过度的蒸发和微生物的侵害。角质是脂肪性化合物，因此角质化细胞壁的化学反应与木栓化类同，即加苏丹Ⅲ试液显橘红色或红色；但遇苛性钾加热，角质则能较持久地保持。

（4）黏液质化 是细胞中所含的果胶质和纤维素等成分变成黏液的一种变化，黏液质干时呈固态，吸水后膨胀成黏液状，许多植物种子的表皮中具有黏液化细胞。黏液化细胞壁加入玫红酸钠乙醇溶液可染成玫瑰红色；加入钌红试液可染成红色。

（5）矿质化　是细胞壁中添加了硅质或钙质的变化，矿质化增强了细胞壁的坚固性，可增强植物茎、叶的机械支持力。二氧化硅不溶于硫酸或醋酸，但溶于氟化氢。

第2节　植物细胞的分裂

植物的生长和繁衍后代，是通过细胞增殖来实现的。种子植物从受精卵发育成胚，在幼胚形成幼苗，进而根、茎、叶不断生长，最后开花、结果，都必须以细胞繁殖为前提。细胞分裂有三种方式：有丝分裂、无丝分裂和减数分裂。

一、有丝分裂

有丝分裂是细胞分裂中最普遍的一种方式。根尖和茎尖的分生组织、形成层细胞的分裂，就是有丝分裂。有丝分裂过程可人为地分为间期、前期、中期、后期和末期等几个时期(图15-11)。

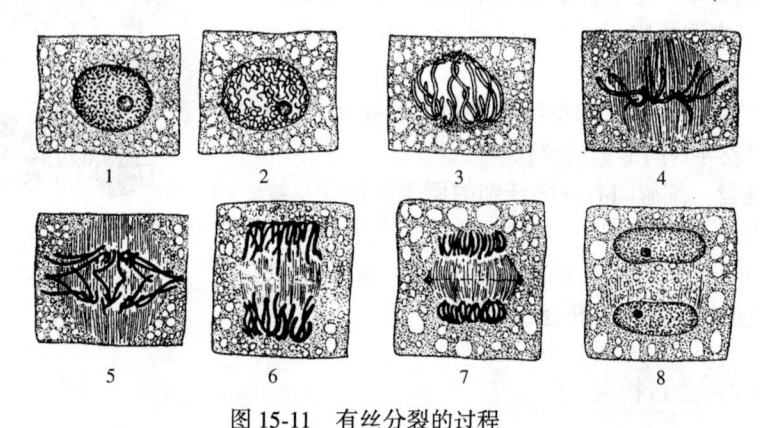

图15-11　有丝分裂的过程
1. 间期　2、3. 前期　4. 中期　5、6. 后期　7. 末期　8. 子细胞形成

间期：是指前一次分裂结束到下一次分裂开始的一段时间，是分裂前的准备时期。处于这个时期的细胞，细胞质很浓，细胞核很大，核仁明显，这时的细胞进行着旺盛的代谢活动，如DNA复制、RNA和蛋白质的合成等。

前期：细胞有丝分裂的开始时期。其细胞的特征是：染色质通过螺旋化作用，逐渐缩短变粗，形成棒状的染色体。在后阶段，核仁逐渐消失，最后核膜瓦解，核内的物质和细胞质彼此混合。同时，细胞中出现了许多细丝状的纺锤丝。

中期：中期的细胞特征是染色体排列到细胞中央的赤道面上，纺锤体非常明显，有的连在染色体的着丝点上，有的连着细胞的两极。此时是观察染色体特征和染色体计数的最佳时期。

后期：构成每一条染色体的两条子染色单体在着丝点处裂开，分成两条子染色体。接着分成两组，向细胞相反的两极移动。

末期：染色体到达两极，核仁、核膜重新出现，形成新的子核。染色体通过解螺旋的作用，又逐渐变得细长，最后分散在核内，成为染色质。

有丝分裂是一种普遍的细胞分裂方式，整个过程包括了核分裂和胞质分裂两个步骤；在细胞核的分裂中，有纺锤丝的出现，故称有丝分裂。有丝分裂保证了子细胞具有与母细胞相同的遗传潜能，保持了细胞遗传的稳定性。

二、无丝分裂

无丝分裂又称为直接分裂。它的核分裂过程较简单，核内不出现染色体，不发生有丝分裂过程中出现的一系列复杂的变化。在大多数情况下，分裂细胞的核先发生延长，然后在中间缢缩、变细，最后断裂，分成两个子核。子核间形成新壁，将一个细胞的细胞质和细胞核分成两部分。无丝分裂分裂速度快，但不能保证母细胞的遗传物质平均地分配到两个子细胞中去，从而涉及遗传稳定性的问题。无丝分裂普遍存在于低等植物中，以及高等植物生长迅速的部位（图 15-12）。

三、减数分裂

减数分裂仅发生在形成生殖细胞的过程中。其特点是细胞连续分裂两次，形成 4 个子细胞，而 DNA 只复制一次，每个子细胞的染色体数目仅为母细胞的一半，因此称为减数分裂。在分裂过程中，细胞核也要经历染色体的复制、运动和分裂等复杂的变化，因此，它属于有丝分裂的范畴，减数分裂实际上是两次连续的有丝分裂过程。

图 15-12　鸭跖草细胞无丝分裂

减数分裂在遗传上有着十分重要的意义。由于减数分裂和受精过程的交替进行，使不同生物类型的子代的染色体数目和遗传性状有规律地保持着相对的稳定；又通过同源非姊妹染色单体之间遗传物质的交换和重组，子代的体细胞不仅包括了父母双方的遗传物质，还导致了变异的发生，在生物的遗传和演化上具有十分重要的意义。

四、染　色　体

染色体是各种生物细胞有丝分裂和减数分裂时，在细胞核中出现的一种包含基因的伸长结构。它们能通过相继的细胞分裂而复制，并且在世代相传的过程中稳定地保持其形态、结构和功能的特性。染色体由 DNA 和组蛋白组成，由于染色体的中心是 DNA，所以染色体是遗传物质的载体。

在显微镜下观察，每条染色体是由两条染色单体所组成（图 15-13）。每条染色体上各有一段相对不着色的狭小区域，称着丝点。染色体以着丝点为界，分成两个部分，称为染色体臂。两臂等长的称等臂染色体；长度不等的，则分别称长臂和短臂。两臂之间着色较浅而缢缩的部分，称主缢痕；而另一着色较浅的缢缩部分，称次缢痕。染色体在次缢痕处不能弯曲，这是和主缢痕的区别。有的染色体在短臂末端还有一个球形或棒状的突出物，称随体。随体也是识别染色体种类的一个重要特征。

一种生物个体的全部染色体的形态结构，包括染色体的数目、大小、形状、主缢痕和副缢痕等特征的总和，称为染色体组型或核型，是物种的一个相当稳定的特征。所以，在对植物种级分类鉴定时，常对物种的染色体组型进行分析。

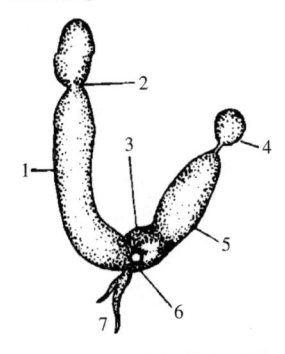

图 15-13　染色体的形态
1. 长臂　2. 次缢痕　3. 主缢痕
4. 随体　5. 短臂　6. 着丝点
7. 纺锤丝

> 植物细胞由原生质体、后含物、细胞壁三部分所构成。
>
> 细胞器是细胞质中具有一定形态结构、成分和特定功能的微器官,也称拟器官。主要有细胞核、质体、线粒体、液泡、内质网、高尔基体、核糖核蛋白体和溶酶体等。
>
> 质体、液泡、细胞壁是植物细胞特有的结构。
>
> 淀粉粒有单粒、复粒、半复粒三种类型。
>
> 草酸钙结晶可以作为鉴定各种植物药材,尤其是粉末药材的依据。草酸钙结晶有单晶、砂晶、柱晶、针晶束、簇晶等类型,他们不溶于稀醋酸,加稀 HCl 溶解而无气泡产生;在 10%~20% 的硫酸溶液中溶解后会析出针状的硫酸钙结晶。
>
> 细胞壁可分为胞间层、初生壁和次生壁。细胞壁的特化类型有木质化、木栓化、角质化、黏液化和矿质化,它们发生在特定的细胞壁上,具有特定的功能。
>
> 细胞分裂有三种方式:有丝分裂、无丝分裂和减数分裂。有丝分裂的每一子细胞具有与母细胞相同的遗传潜能,保持了细胞遗传的稳定性。减数分裂仅发生于生殖细胞,结果使子细胞的染色体数目减半。

目 标 检 测

一、名词解释
　　1. 原生质体　　2. 细胞器　　3. 质体　　4. 草酸钙晶体
　　5. 具缘纹孔　　6. 有丝分裂　　7. 液泡　　8. 细胞壁
　　9. 复粒淀粉粒　　10. 胞间连丝

二、简答题
　　1. 说出植物细胞有哪些主要细胞器?各有什么功能?
　　2. 植物细胞壁有哪些主要特化形式?如何鉴别?

三、思考题
　　1. 秋季植物落叶时,叶片变红或变黄的原因是什么?观察牵牛花一天中的颜色变化并解释。
　　2. 果实成熟的时候往往会变软是什么原因造成的?

(潘超美)

第16章　植物的组织

学习目标

1. 记住组织的概念、类型及其在植物体上的位置
2. 列出分生、薄壁、保护、输导、机械、分泌六大组织的结构特征、组成细胞的特点及其类型
3. 说出气孔、毛茸的类型以及在鉴别上的意义
4. 比较厚角组织和厚壁组织的特点、类型及其在鉴别上的意义
5. 辨别维管束及其类型,记住各种植物器官中的维管束类型

具有来源相同、形态结构相似、机能相同而又紧密联系的细胞所组成的细胞群称为组织。高等植物的根、茎、叶、花、果实和种子等器官都是由各种组织构成的。

植物组织(图16-1)按其形态结构和功能的不同,分为分生组织和成熟组织两大类。其中成熟组织包括薄壁组织、保护组织、机械组织、输导组织和分泌组织。

植物的组织
- 分生组织:原生分生组织、初生分生组织、次生分生组织
- 薄壁组织:基本薄壁组织、同化薄壁组织、储藏薄壁组织、吸收薄壁组织、通气薄壁组织
- 保护组织:表皮、周皮
- 机械组织:厚角组织、厚壁组织(纤维、石细胞)
- 输导组织:管胞与导管;筛胞与筛管、伴胞
- 分泌组织:外部分泌组织:腺毛、蜜腺
  内部分泌组织:分泌细胞、分泌腔、分泌道和乳汁管

图16-1　植物的组织

不同植物的同一器官往往具有不同的组织构造特点,掌握植物组织特征在药材鉴定尤其是多来源或易混淆药材鉴定中,具有重要意义。例如直立百部、蔓生百部、对叶百部,这三种植物的根在外形上很相似,但内部组织构造具有显著区别。

第1节　植物组织的类型

一、分　生　组　织

植物体内能够持续保持细胞分裂机能,不断产生新细胞,使植物体不断生长的细胞群,称为分生组织。分生组织位于植物体生长的部位,细胞体积一般较小,常为等径多面体,排列紧密,没有细胞间隙,细胞壁薄且不具纹孔,细胞质浓,细胞核较大,没有明显的液泡和质体的分化。

分生组织按其来源和功能的不同可分为原生分生组织、初生分生组织、次生分生组织。

1. 原生分生组织　原生分生组织来源于胚的原始细胞,位于植物根、茎和枝的先端,又称顶端分生组织,其分生活动的结果,使根、茎和枝不断地伸长和长高。

> 稻、麦和竹等禾本科植物茎在一定时间内能迅速伸长，葱、蒜、韭菜的叶子割去上部后还能继续生长新的叶子，就是因为在茎节基部和叶基部具有分生组织活动的结果。落花生由于雌蕊柄基部居间分生组织的活动，能把开花后的子房推入到土壤中发育成熟。
> 链接

2. 初生分生组织 初生分生组织由原生分生组织衍生而来仍保持分生能力的细胞组成，其分生活动的结果，形成根、茎的初生构造。如茎的初生分生组织分化为原表皮层、基本分生组织和原形成层，它们通过细胞的分裂分化，进一步形成表皮、皮层和初生维管组织等初生构造。

有些植物的节间和叶的基部具有居间分生组织，使其能在短时间内进行迅速的生长。居间分生组织是从顶端分生组织中保留下来的一部分分生组织，从来源看它属于初生分生组织，所以它产生的组织仍是初生构造。

3. 次生分生组织 次生分生组织由成熟组织中的某些薄壁细胞（如皮层、中柱鞘的一些细胞）重新恢复分生能力而形成。存在于裸子植物及双子叶植物的根和茎中，一般排列呈环状，并与轴向平行，故又称侧生分生组织，如木栓形成层、根的形成层、茎的束间形成层等。次生分生组织分生的结果，产生次生构造，使根、茎不断增粗。

二、薄壁组织

薄壁组织又称基本组织，在植物体内分布很广，占有相当大的体积，是组成植物体的基础，在植物体内主要起代谢活动和营养作用。薄壁组织细胞较大，多呈球形、椭球形、圆柱形、多面体等，细胞壁薄，主要由纤维素和果胶构成，具有单纹孔，细胞排列疏松，具有明显的细胞间隙。

根据其结构、生理功能的不同，薄壁组织可分为以下几种类型：

1. 基本薄壁组织 它普遍存在于植物体内各处。通常细胞质较稀薄，液泡较大，细胞排列疏松，富有细胞间隙，如根、茎的皮层和髓部。

2. 同化薄壁组织 它多存在于植物的叶肉细胞中和幼茎、幼果的表面等易受光照的部位。细胞中含有大量的叶绿体，能进行光合作用，制造有机营养物质，又称绿色薄壁组织。

3. 吸收薄壁组织 它位于植物根尖的根毛区。细胞壁薄，部分表皮细胞外壁向外凸起，形成根毛，能从外界吸收水分和营养物质等，并将吸入的物质运送到输导组织中。

4. 储藏薄壁组织 它多存在于植物的根、根状茎、果实和种子中。细胞较大，储藏有大量的营养物质，如淀粉、蛋白质、脂肪、糖类等。

5. 通气薄壁组织 其多存在于水生植物和沼泽植物中。细胞间隙特别发达，常在植物体内形成大的气腔和四通八达的通道，具有储藏空气的功能，并对植物起着漂浮与支持的作用，如灯心草的茎髓和莲的叶柄等。

三、保护组织

保护组织是覆盖于植物体表面起保护作用的组织，它的作用是减少体内水分的蒸腾，控制植物与环境的气体交换，防止病虫的侵袭和机械损伤等。根据来源和结构的不同，又分为初生保护组织（表皮）和次生保护组织（周皮）两类。

（一）表皮

分布于幼嫩的根、茎、叶、花、果实和种子的表面，由初生分生组织的原表皮层分化而来。表皮通常由一层扁平的长方形、多边形或波状不规则形、彼此嵌合、排列紧密、无细胞间隙的生活细胞组成。细胞通常不含叶绿体,外壁常角质化,并在表面形成连续的角质层,有的角质层上还有蜡被,有防止水分散失的作用,如甘蔗和蓖麻茎。茎、叶等的部分表皮细胞可分化形成气孔或各种毛茸。

1. 毛茸 毛茸是由表皮细胞向外突起形成的,具有保护和减少水分蒸发或有分泌物质的作用。其中有分泌作用的称腺毛,没有分泌作用的称非腺毛。

(1) 腺毛 是能分泌挥发油、黏液、树脂等物质的毛茸,有头部与柄部之分。唇形科植物薄荷、藿香等叶片上有一种头部由6~8个细胞组成、柄极短的腺毛,称腺鳞(图16-2)。

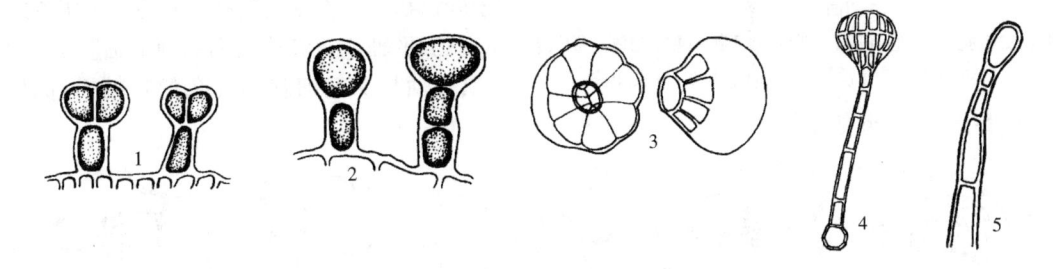

图 16-2 各种腺毛

1、2. 洋地黄叶腺毛 3. 薄荷叶腺鳞 4. 金银花的腺毛 5. 曼陀罗叶腺毛

(2) 非腺毛 是不具分泌功能的毛茸,由单细胞或多细胞组成,无头、柄之分,先端常狭尖。由于组成非腺毛的细胞数目、分枝状况不同而有多种不同类型的非腺毛,如线状毛、棘毛、分枝毛、丁字毛、星状毛、鳞毛等。各种植物具有不同形态的毛茸,可以作为鉴定的依据(图16-3)。

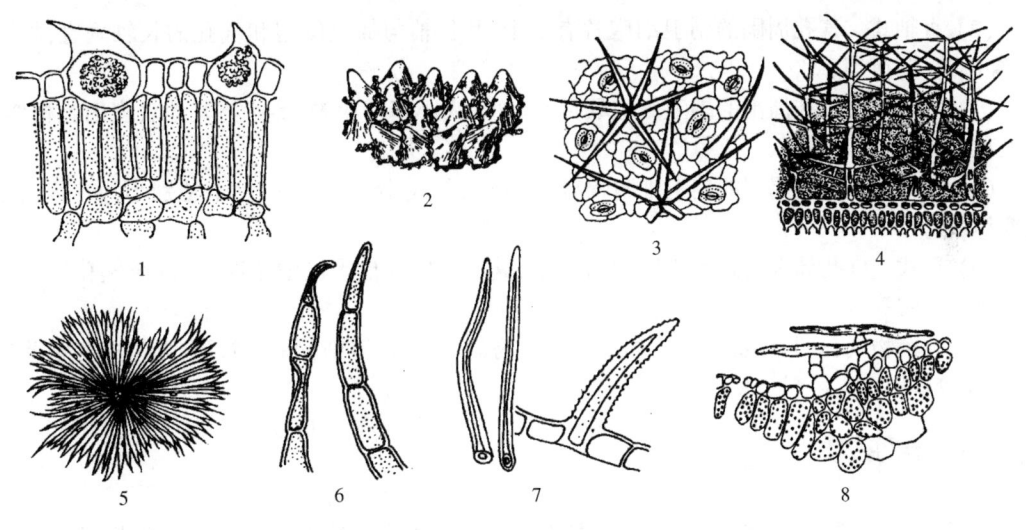

图 16-3 各种非腺毛

1. 棘毛(大麻叶) 2. 乳头状毛(胡颓子叶) 3. 星状毛(毛蕊花叶) 4. 分枝状毛(悬铃木)
5. 鳞毛(胡颓子叶) 6. 多细胞非腺毛(洋地黄叶) 7. 单细胞非腺毛 8. 丁字毛(艾叶)

2. 气孔 植物的表面不是全部被表皮细胞所密封的,在表皮上还有许多孔隙,是植物进行气体交换的通道。双子叶植物的孔隙是由两个半月形保卫细胞包围,两个保卫细胞的凹入面是相对的,中间孔隙即气孔。保卫细胞是生活细胞,含叶绿体,其与表皮细胞相邻的细胞壁较薄,相对的凹入处细胞壁较厚,当充水膨胀时,气孔即张开,当其失水时,气孔关闭。有利于气体交换和调节水分的蒸腾(图16-4)。

气孔主要分布在叶片和幼嫩的茎枝表面,其数量和大小常随器官类型和所处环境条件的不同而异,如茎的气孔少,叶片中的气孔多,而根几乎没有气孔。

在保卫细胞周围有2至多个特化的表皮细胞(副卫细胞),它们之间的排列关系,称为气孔的轴式或类型。气孔的类型随植物种类而异,是鉴定叶类、全草类药材的重要依据。双子叶植物叶中常见的气孔轴式有(图16-5):

(1) 平轴式　气孔周围的副卫细胞常有2个,其长轴与保卫细胞和气孔的长轴平行,如

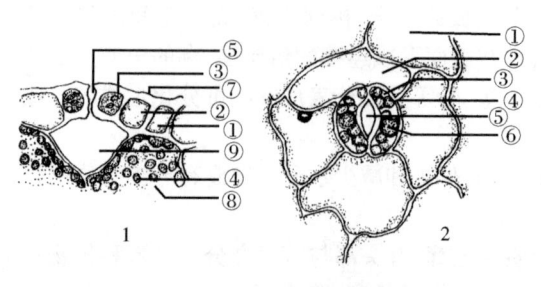

图16-4　气孔的构造
1. 切面观　2. 表面观
①表皮细胞　②副卫细胞　③保卫细胞　④叶绿体　⑤气孔
⑥细胞核　⑦角质层　⑧栅栏细胞　⑨孔下室

茜草、番泻叶、马齿苋等。

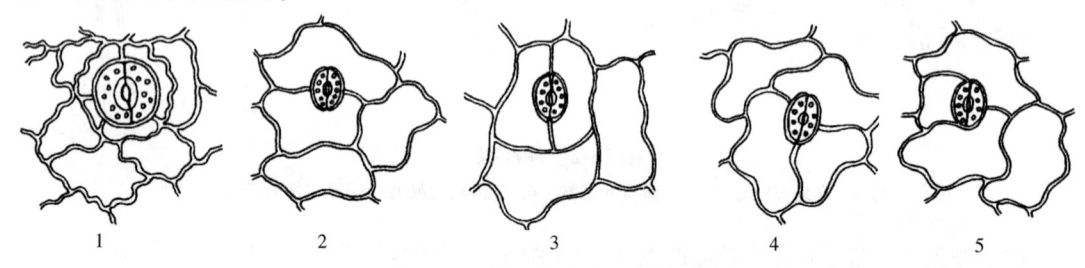

图16-5　双子叶植物气孔轴式图
1. 环式　2. 直轴式　3. 平轴式　4. 不定式　5. 不等式

(2) 直轴式　气孔周围的副卫细胞常有2个,其长轴与保卫细胞和气孔的长轴垂直,如石竹、穿心莲、薄荷等。

(3) 不定式　气孔周围的副卫细胞数目不定,其大小基本相等,形状与其他表皮细胞相似,如毛茛、艾、桑、洋地黄等。

(4) 不等式　气孔周围的副卫细胞常有3~4个,但大小不等,其中一个特别小,如菘蓝、曼陀罗等植物。

(5) 环式　气孔周围的副卫细胞数目不定,其形状较其他表皮细胞狭窄,围绕气孔排列呈环状,如茶、桉等。

单子叶植物气孔的类型也很多,如禾本科植物的气孔,保卫细胞呈哑铃形,两端的细胞壁较薄,中间较厚。

(二) 周皮

大多数草本植物的器官表面,终生只具有表皮。而木本植物茎和根的表皮仅见于幼年时期,其后在增粗生长过程中表皮被破坏,植物体表面随之形成了次生保护组织——周皮,以代替表皮行使保护功能。

周皮为一种复合组织,由木栓层、木栓形成层、栓内层组成(图16-6)。木栓形成层多由于表皮、皮层和韧皮部的薄壁细胞恢复分生能力转变而成,它向外分生出细胞扁平、排列紧密整齐、细胞壁木栓化的木栓层,向内分生出细胞壁薄、生活的栓内层。茎的栓内层细胞中有时含有叶绿体,称为绿皮层。

当周皮形成时,原来位于气孔下面的木栓形成层向外分生出许多非木栓化的填充细胞,结果将表皮突破,形成圆形或椭圆形等多种形状的裂口,称为皮孔。皮孔是周皮上的通气结构。木本植物茎枝上常有一些颜色较浅并凸出或凹下的点状物即皮孔,皮孔的形状、颜色和分布的密度常为皮类药材的鉴别特征(图16-7)。

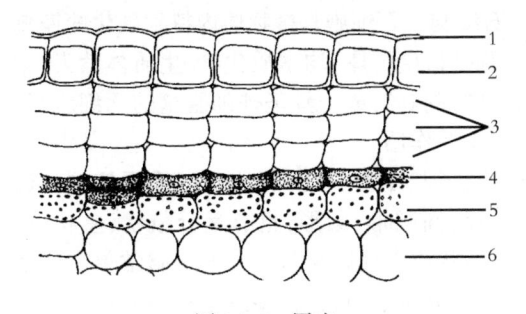

图16-6 周皮
1. 角质层 2. 表皮 3. 木栓层 4. 木栓形成层
5. 栓内层 6. 皮层

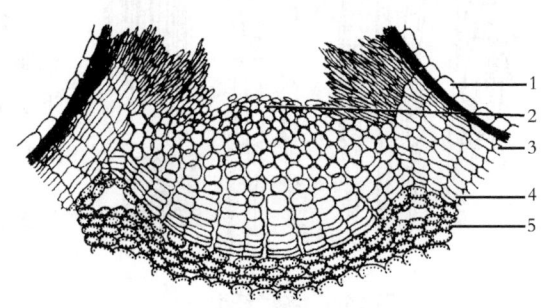

图16-7 皮孔剖面(接骨木)
1. 表皮 2. 填充细胞 3. 木栓层
4. 木栓形成层 5. 栓内层

四、机械组织

机械组织是对植物体起着支持和巩固作用的组织,由一群细长形、类圆形或多边形、细胞壁明显增厚的细胞组成。根据细胞壁增厚方式及组成的不同,可分为厚角组织和厚壁组织。

(一) 厚角组织

厚角组织细胞是具有原生质体的生活细胞,常含有叶绿体,具有不均匀增厚的初生壁,增厚部位多在角隅处,细胞在横切面上常呈多角形。细胞壁由纤维素和果胶质组成,不含木质素。厚角组织较柔韧,是植物地上部分幼嫩器官(茎、叶柄、花梗)的支持组织。厚角组织常集中分布于嫩茎的棱角处,多在表皮下呈环或呈束分布,如益母草、芹菜、南瓜等植物的茎(图16-8)。

(二) 厚壁组织

厚壁组织细胞具有全面增厚的次生壁,壁上常有层纹和纹孔,细胞腔小,成熟后大多木质化,成为死细胞。根据细胞形状的不同,分为纤维和石细胞。

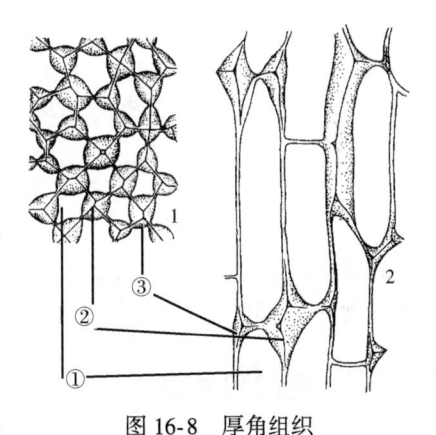

图16-8 厚角组织
1. 横切面 2. 纵切面
①胞腔 ②胞间层 ③增厚的细胞壁

1. 纤维 纤维一般为两端尖的细长细胞,细胞壁增厚的成分为纤维素或木质素,细胞腔小或无,细胞质和细胞核消失,多为死细胞。纤维通常成束,彼此以尖端紧密嵌插,具有良好的支持和巩固作用(图16-9)。分布在韧皮部的纤维称韧皮纤维,其细胞壁增厚的物质主要为纤维素,因此韧性较大,拉力强。分布在木质部的纤维称木纤维,细胞壁均为木质化增厚,壁上具有各种形状的退化具缘纹孔或裂隙状的单纹孔。木纤维细胞壁厚而坚硬,但弹性和韧性较差。

植物体内常可见到一些特殊类型的纤维,常可作为药材鉴定的重要依据。如甘草和黄柏等的晶鞘纤维、南五味子根等的嵌晶纤维、姜和葡萄等的分隔纤维等。

2. 石细胞 石细胞是植物体内特别硬化的厚壁细胞,细胞壁极度增厚,均木质化,原生质体消失,留下空而小的细胞腔,成为具坚硬细胞壁的死细胞,具有较强的支持作用。

石细胞形状多样,是药材鉴定的重要依据。通常多呈等径、椭圆形、圆形,也有呈分枝状、星状、柱状、骨状、毛状或不规则形状等。石细胞常单个或数个成群,广泛分布于植物内,多见于植物的根与皮的皮层和韧皮部以及果皮、种皮之中,如厚朴、黄柏、八角茴香、杏仁等(图16-10)。

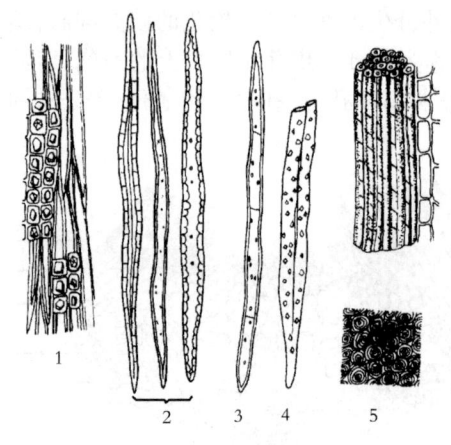

图16-9 各种纤维
1. 晶纤维(甘草) 2. 单纤维 3. 分隔纤维
4. 嵌晶纤维(南五味子根) 5. 纤维束

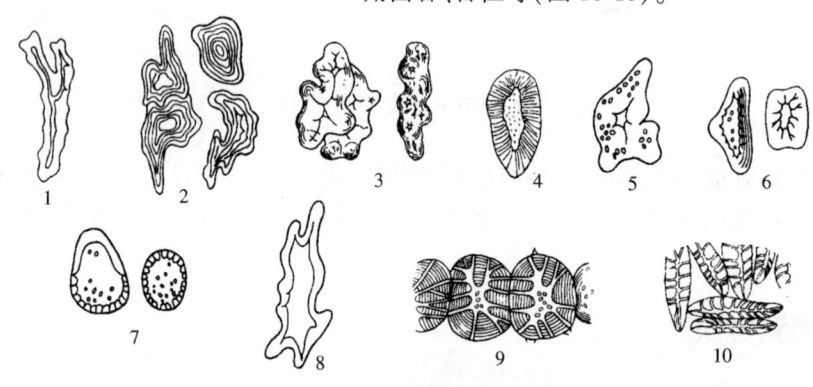

图16-10 石细胞的类型
1. 茶叶 2. 黄柏树皮 3. 川楝果实 4. 五味子果实 5. 南五味子根 6. 土茯苓块茎
7. 苦杏仁种皮 8. 厚朴树皮 9. 梨果肉 10. 椰子果皮

五、输导组织

输导组织是植物体内输送水分和养料的组织。其共同特点是细胞呈管状,常上下连接,贯穿于整个植物体内,形成适于运输的管道。根据输导组织的构造和运输物质的不同,可分为下列两类:

(一) 管胞和导管

管胞和导管是自下而上输送水分及溶于水中的无机养料的输导组织,存在于植物的木质部中。

1. 管胞 管胞是蕨类植物和绝大多数裸子植物中主要的输导组织,同时也兼有支持作用。管胞呈狭长管状,两端斜尖,末端无穿孔,为死细胞。细胞壁木质化加厚并形成纹孔,有环纹、螺纹、梯纹和孔纹等类型,以梯纹或具缘纹孔较多见。管胞互相连接并集合成群,管胞间依靠侧壁上的纹孔运输水分,输水效率较低,是一类较原始的输导组织(图16-11)。

2. 导管 导管是被子植物最主要的输水组织,少数裸子植物(如麻黄)中也有导管。导管由一系列纵长的管状死细胞连接而成,每个管状细胞称为导管分子。导管分子的侧壁与管胞极为相似,但其上下两端的横壁常溶解形成大的穿孔,使导管上下相通成为一个管道,因而输水效

率远比管胞强。根据导管发育顺序和次生壁增厚所形成的纹理不同分为五种类型(图 16-12):

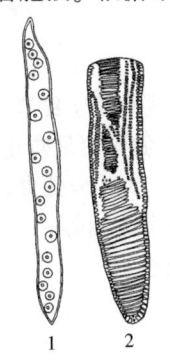

图 16-11 管胞
1. 具缘纹孔管胞 2. 梯纹管胞

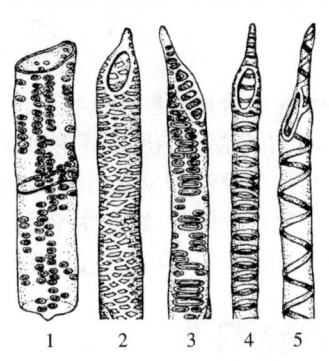

图 16-12 导管分子的类型
1. 孔纹导管 2. 网纹导管 3. 梯纹导管 4. 环纹导管 5. 螺纹导管

(1) 环纹导管　增厚部分呈环状,导管直径较小,存在于幼嫩器官中。

(2) 螺纹导管　增厚部分呈螺旋状,导管直径一般较小,存在于幼嫩器官中。如"藕断丝连"中的细丝就是一种常见的螺纹导管。

(3) 梯纹导管　增厚部分与未增厚的初生壁部分间隔呈梯形,多存在于成熟器官中。

(4) 网纹导管　在导管壁上既有横向增厚,亦有纵向增厚,增厚部分与未增厚部分密集交织形成网状。

(5) 孔纹导管　细胞壁几乎全面增厚,只留有一些小孔为未增厚部分,形成单纹孔或具缘纹孔,前者为单纹孔导管,后者为具缘纹孔导管。导管直径较大,多存在于器官成熟部分。

(二) 筛管、伴胞和筛胞

筛管、伴胞和筛胞是植物体内输送有机营养物质的输导组织,存在于韧皮部中。

1. 筛管与伴胞　筛管是被子植物主要的输送有机养料的组织。筛管也是由多数细胞连接而成,在结构上与导管的区别是:

组成筛管的细胞是生活细胞,细胞成熟后细胞核消失;筛管分子的细胞壁由纤维素构成,不木质化,也不增厚。筛管分子上下两端的横壁上由于不均匀增厚而形成筛板,筛板上有许多小孔,称为筛孔。筛板两边相邻细胞中的原生质,通过筛孔而彼此相连(称联络索),形成上下相通的通道。

在被子植物的筛管分子旁,常有一个或多个小型的薄壁细胞与筛管分子相伴,称为伴胞。伴胞的细胞质浓,细胞核较大,并含有多种酶类,生理上很活跃。筛管的输导功能与伴胞有密切关系。伴胞为被子植物所特有,蕨类及裸子植物中则不存在(图 16-13)。

2. 筛胞　筛胞是蕨类植物和裸子植物运输有机养料的组织。与筛管不同,筛胞系单分子的狭长细胞,直径较小,端壁倾斜,没有特化成筛板,只是在侧壁或壁端上分布有一些小孔,称为筛域,筛域输送养料的能力较筛孔差。

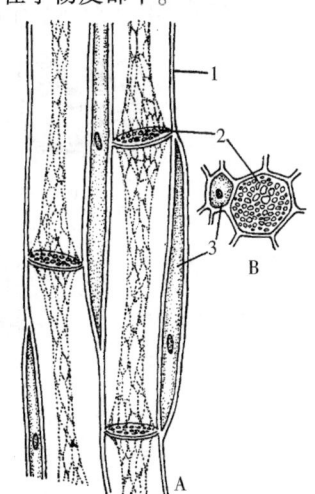

图 16-13 筛管与伴胞
A. 纵切面 B. 横切面
1. 筛管 2. 筛板 3. 伴胞

六、分 泌 组 织

植物体的有些细胞能合成某些特殊物质,并把它们排出体外、细胞外或积累于细胞内,这些细胞就称为分泌细胞,由分泌细胞所构成的组织称为分泌组织。分泌组织的作用是防止植物组织腐烂,帮助创伤愈合,免受动物啮食,排出或储积体内物质等,有的还可以引诱昆虫,以利传粉。许多植物的分泌物可供药用,如乳香、没药、松节油、樟脑、松香及各种芳香油等。

根据分泌组织在植物体所分布的位置,分为外部分泌组织和内部分泌组织。

(一) 外部分泌组织

位于植物的体表部分,其分泌物直接排出体外,有腺毛、腺鳞和蜜腺等。

1. 腺毛和腺鳞 腺毛是具有分泌能力的表皮毛,腺头的细胞覆盖着较厚的角质层,其分泌物积聚在细胞壁与角质层之间,并能经角质层渗出或角质层破裂后排出。腺鳞为一种无柄或短柄的特殊腺毛。腺毛多见于茎、叶、芽鳞、花、子房等部位。

2. 蜜腺 蜜腺是能分泌蜜汁的腺体,由一层表皮细胞或其下面数层细胞特化而形成。腺体细胞的细胞壁较薄,具浓厚的细胞质。细胞质产生蜜汁,可通过细胞壁上角质层破裂向外扩散,或经腺体表皮上的气孔排出。蜜腺常存在于虫媒花植物的花萼、花瓣、子房或花柱的基部、花柄或花托上,如油菜花、荞麦花、槐花等;有时亦存在于植物的叶、托叶、茎等处,如桃的叶基部上的蜜腺,大戟科植物花序上的杯状蜜腺等。

(二) 内部分泌组织

分布于植物体内,其分泌物储藏在细胞内或细胞间隙中。根据内部分泌组织的组成、形状和分泌物的不同可分为(图 16-14):

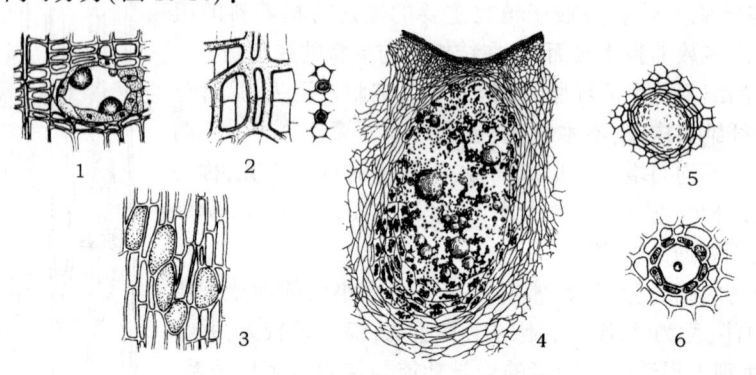

图 16-14 分泌组织的类型
1. 树脂道 2. 乳汁管 3. 油细胞 4. 分泌囊 5. 分泌腔(溶生式) 6. 分泌腔(裂生式)

(1) 分泌细胞 是植物体内单独存在的具有分泌能力的细胞,常比周围细胞大,并不形成组织。其分泌物储存在细胞内,由于储藏的分泌物不同,可分为油细胞(含挥发油),如肉桂、姜、菖蒲等;黏液细胞(含黏液质),如半夏、白及、知母等。

(2) 分泌腔 又称分泌囊或油室。分泌腔的形成有两种形式。由许多聚集在一起的分泌细胞,由于分泌物的增多,使细胞壁破裂溶解而形成一个腔室,腔室周围的分泌细胞常破碎不完整,称为溶生式分泌腔,如陈皮、橘叶等。另一种是由于分泌细胞彼此分离,细胞间隙扩大而形成腔室,分泌细胞完整地围绕着腔室,称为裂生式分泌腔,如当归根和金丝桃叶等。

(3) 分泌道　在松柏类和一些木本双子叶植物中具有裂生的分泌道,它是由分泌细胞彼此分离形成的一个长管状间隙的腔道,其周围的分泌细胞称上皮细胞,上皮细胞产生的分泌物储存在腔道中。由于分泌物不同,可分为树脂道,如松树和向日葵茎等;油管,如小茴香果实等;黏液道,如美人蕉、椴树等。

(4) 乳汁管　乳汁管是由单个或多个细长管状的乳汁细胞构成,常具分枝。乳汁细胞是具有细胞质和细胞核的生活细胞,具有分泌功能,其分泌的乳汁储存在细胞中。乳汁具黏滞性,多为白色,如大戟、蒲公英等;但也有黄色或橙色,如白屈菜、博落回等。乳汁多含药用成分,如罂粟科植物的乳汁中含有多种具有止痛、抗菌、抗肿瘤作用的生物碱,番木瓜的乳汁中含有蛋白酶等。

第2节　维管束及其类型

一、维管束的组成

维管束是除苔藓植物以外的高等植物所具有的输导和支持功能的复合组织,位于植物体所有器官中。维管束是一种束状结构,主要由韧皮部和木质部组成。韧皮部由筛管、伴胞、筛胞、韧皮薄壁细胞与韧皮纤维组成,其质地较柔韧。木质部由导管、管胞、木薄壁细胞和木纤维组成,其质地较坚硬。

裸子植物和双子叶植物的维管束,在韧皮部与木质部之间有形成层存在,能持续不断分生生长,称为无限维管束或开放性维管束;蕨类植物和单子叶植物的维管束中没有形成层,不能持续分生生长,称为有限维管束或闭锁性维管束。

二、维管束的类型

根据维管束中韧皮部与木质部排列的方式不同以及形成层的有无,将维管束分为下列几种类型(图16-15、图16-16):

1. 有限外韧维管束　韧皮部位于外侧,木质部位于内侧,中间没有形成层。多存在于单子叶植物茎中。

2. 无限外韧维管束　韧皮部位于外侧,木质部位于内侧,中间有形成层。多存在于裸子植物和双子叶植物茎中。

3. 双韧维管束　木质部内外两侧都有韧皮部。如茄科、葫芦科、夹竹桃科等植物茎的维管束。

4. 周韧维管束　韧皮部围绕在木质部的周围。如百合科、禾本科、蓼科等植物的维管束。

5. 周木维管束　木质部围绕在韧皮部的周围。常见于少数单子叶植物的根状茎中,如石菖蒲、香附根茎的维管束。

6. 辐射维管束　韧皮部和木质部相互间隔排列,呈辐射状。如单子叶植物的根和双子叶植物根的初生

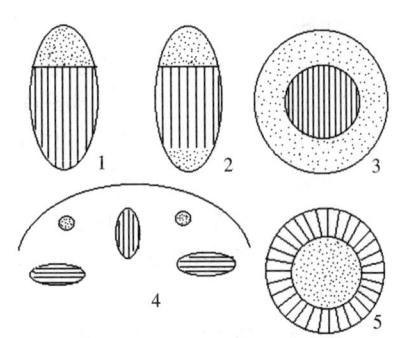

图16-15　维管束的类型模式图
1. 外韧维管束　2. 双韧维管束　3. 周韧维管束
4. 辐射维管束　5. 周木维管束

构造的维管束。

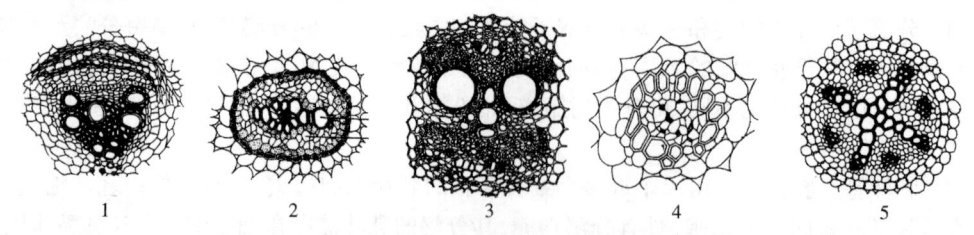

图 16-16 维管束的类型详图
1. 外韧维管束 2. 周韧维管束 3. 双韧维管束 4. 周木维管束 5. 辐射维管束

> **小结**
>
> 　　组织是来源相同、形态结构相似、功能相同而又紧密联系的细胞所组成的细胞群。
> 　　分生组织位于植物体生长的部位。根据其来源和性质可分为原生分生组织、初生分生组织和次生分生组织，它们分裂分化活动的结果使植物体不断生长。
> 　　薄壁组织是植物体组成的基本部分，在植物体内担负着同化、储藏、吸收、通气等营养功能。在一定条件下可转变为次生分生组织。
> 　　保护组织包括表皮和周皮。表皮上不同形态的毛茸、气孔轴式可作为生药的鉴别依据。气孔主要有直轴式、平轴式、不等式和不定式等类型。
> 　　机械组织分为厚角组织和厚壁组织，它们的区别在于细胞壁增厚的方式和组成物质的不同。不同类型的纤维和石细胞的形态特征是中药材鉴别的依据。
> 　　输导组织包括管胞、导管、筛管、筛胞，是输导水分、无机盐和有机物的组织。细胞间以不同方式相互联系，在整个植物体内的各器官内成为一连续的系统。
> 　　分泌组织由分泌细胞组成，可分为外部分泌组织和内部分泌组织。
> 　　维管束是除苔藓植物以外的所有高等植物所具有的输导和支持功能的复合组织。它是一种束状结构，由韧皮部和木质部组成。不同种类植物体、不同器官内的维管束类型可有不同。

目标检测

一、名词解释
1. 侧生分生组织　2. 气孔轴式　3. 周皮　4. 填充细胞
5. 厚角组织　6. 晶鞘纤维　7. 筛板　8. 孔纹导管
9. 裂生式分泌腔　10. 无限维管束

二、简答题
1. 植物组织有哪几类？各自结构、功能、分布有何特点？
2. 导管有哪些类型？它们的起源、分布和输导能力各有何特点？

三、思考题
1. 试比较厚角组织与厚壁组织的异同点。
2. 归纳本章中可作为药材鉴定重要依据的组织细胞类型。

(潘超美)

第 17 章　根的内部构造

学习目标

1. 说出根尖的构造
2. 辨认根的初生构造
3. 记住根的次生构造
4. 辨认根的异常构造

第 1 节　根尖的构造

根尖是根的最顶端到有根毛的部分,根的伸长、吸收以及初生构造的形成都在此部分进行。一旦根尖受损,将影响根的继续生长。根尖可分为根冠、生长点、伸长区和成熟区四个部分,各区细胞形态结构不同,从分生区到根毛区逐渐分化成熟。除根冠外,各区之间并无严格的界限(图 17-1)。

1. 根冠　位于根的最顶端,像帽子一样包被在生长点的外围,由薄壁细胞组成,具有保护作用。根冠表层细胞破损后能分泌黏液,使根容易伸入土中。

2. 生长点　位于根冠的上方或内方,是根的顶端分生组织所在的部位,具很强烈的分生能力,不断产生新的细胞,这些细胞经过生长和分化,逐步形成各种组织。

3. 伸长区　位于生长点上方,细胞沿根的长轴方向迅速延伸,同时细胞也开始分化,相继出现导管和筛管。

4. 成熟区(根毛区)　位于伸长区的上方,细胞已有明显的分化,并形成各种初生组织。最外一层细胞分化为表皮,里面分化为皮层和中柱。表皮的一部分细胞的外壁向外突出形成根毛。根毛数量很多,并不断更新,增加了根的吸收面积。

图 17-1　根尖的构造
1. 根冠　2. 生长点　3. 伸长区
4. 成熟区

第 2 节　根的初生构造

由初生分生组织分化形成的组织,称为初生组织,由其形成的构造称为初生构造。通过成熟区横切,根的初生构造由外向内包括以下几部分(图 17-2):

1. 表皮　位于根的最外方,细胞排列整齐、紧密、细胞壁薄,富有透性,不角质化,没有气孔,具有吸收能力。表皮一部分细胞的外壁突出,形成根毛。

2. 皮层　位于表皮内方,占有根的大部分。常分为外皮层、皮层薄壁组织和内皮层。

(1) 外皮层　为皮层最外方的一层细胞,排列整齐,紧密。在表皮被破坏后,此层细胞的细胞壁增厚并木栓化,以增强保护作用。

(2) 皮层薄壁细胞　为外皮层内方的数层细胞,细胞壁薄,排列较疏松,有细胞间隙,具有吸收、运输和储藏能力。

(3) 内皮层　为皮层最内的一层细胞,排列紧密整齐,无细胞间隙。内皮层细胞壁的增厚情况较特殊,通常细胞的径向壁(侧壁)和上下壁(端壁)局部增厚(木质化或木栓化),增厚部分呈带状,环绕径向壁和上下壁而形成一整圈,称为凯氏带,其宽度不一,但常远比其所在的细胞壁狭窄,从横切面观,增厚部分呈点状,故又称为凯氏点。

3. 维管柱　根的初生构造具有明显的维管柱,位于内皮层以内的部分,包括中柱鞘和维管束两个主要部分:

(1) 中柱鞘　为维管柱最外方,通常由一层薄壁细胞组成。根的中柱鞘有潜在的分生能力,在一定时期,可以由此产生侧根、不定根、不定芽、木栓形成层和部分形成层。

(2) 维管束　是根中的输导系统,位于根的最内方,包括初生木质部和初生韧皮部,两者相间排列,呈辐射状,称辐射维管束。

初生木质部通常分为几束,呈星芒状,一般双子叶植物木质部束数较少,多为2至6束(称二至六原型);单子叶植物木质部束数较多(称多原型)。初生木质部主要由导管和管胞组成,也有纤维或薄壁细胞。

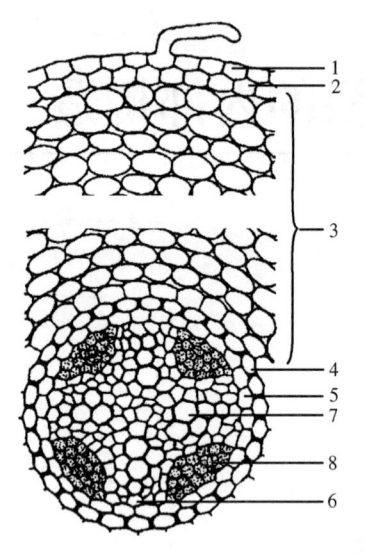

图17-2　双子叶植物根的初生构造
1. 表皮　2. 外皮层　3. 皮层薄壁细胞
4. 内皮层　5. 中柱鞘　6. 后生木质部
7. 初生韧皮部　8. 原生木质部

根的初生木质部分化成熟的方向是自外向内,称外始式。外方细胞分化较早,以后逐渐向内部成熟,随着根的加粗,细胞也较大,这表现出形态结构与生理机能的统一性,因为最初形成的导管出现在木质部的外方,由根毛吸收的水分和无机盐类,通过皮层传运到导管中的距离也就短些,有利于水分等物质的迅速运输。

初生韧皮部由筛管和伴胞组成,也含有薄壁细胞或纤维。其束数与初生木质部的束数相同。薄壁组织主要分布在初生木质部和初生韧皮部之间。

> 在大多数单子叶植物和部分双子叶植物根中,内皮层细胞壁早期具有凯氏带,以后内皮层细胞的上下壁、径向壁和内切向壁全面加厚,横切面细胞呈马蹄形,如鸢尾等单子叶植物的根;个别植物内皮层的细胞壁全面增厚,如毛茛。在细胞壁增厚的内皮层细胞中留有薄壁的通道细胞,以此控制物质的转运。
>
> **链接**

双子叶植物根的初生木质部往往一直分化到根的中心,不具髓部;但也有部分植物根的初生木质部不分化到中心,中心保留有未经分化的薄壁细胞,形成髓部,如细辛、毛茛、桑等。单子叶植物的根多有发达的髓部。

第3节　根的次生构造

由于形成层和木栓形成层细胞的分裂、分化,根逐渐加粗,这种生长称为次生生长,由次生生长所产生的组织称为次生组织,由次生组织所形成的构造称为次生构造。大多数双子叶植物和裸子植物的根都有次生生长,形成次生构造,使根增粗。根的次生构造从外到内包周皮和括次生维管组织(图17-3)。

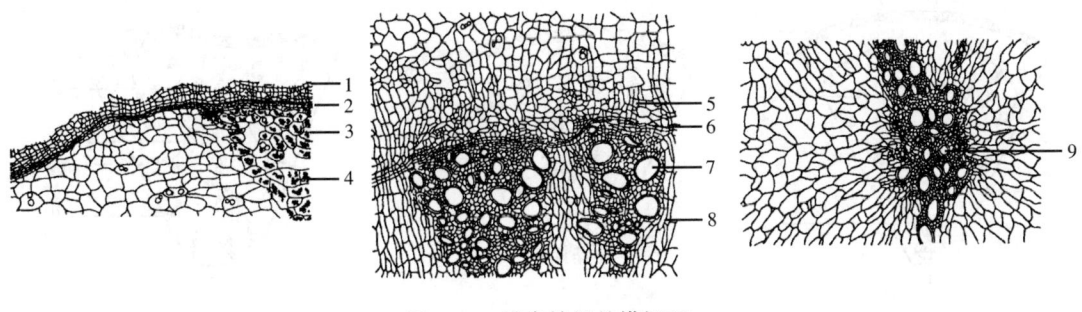

图 17-3 马兜铃根的横切面
1. 木栓层 2. 木栓形成层 3. 皮层 4. 淀粉粒 5. 韧皮部 6. 形成层 7. 次生木质部 8. 射线 9. 初生木质部

1. 形成层的产生及次生维管组织的形成　当根进行次生生长时,位于初生韧皮部和初生木质部之间的部分薄壁细胞首先恢复分裂能力,转变为呈弧形的形成层段,并向两端发展,位于初生木质部角端的中柱鞘细胞也恢复分裂能力转变为形成层段,两者相连接即形成凹凸相间的形成层环。形成层细胞不断进行平周分裂,向外产生次生韧皮部,向内产生次生木质部,由于形成层向内分裂的速度快于向外分裂的速度,故凹凸的形成层环逐渐变为圆形环并逐渐外移,在横切面上观察可见次生木质部占有根的较大部分。以后形成层向外和向内的分裂基本上是等速进行,形成根的次生维管组织。在根的次生构造中,木质部和韧皮部已由初生构造的相间排列转变为内外排列,而初生韧皮部被挤压破碎成为颓废组织,初生木质部仍留在根的中央。

同时,形成层还分生一些沿径向延长的薄壁细胞,呈放射状贯穿于次生维管组织中,位于木质部的称木射线,位于韧皮部的称韧皮射线,合称维管射线。射线一般宽1至3列细胞,具有横向运输水分和养料的功能。

2. 木栓形成层的产生及周皮的形成　形成层不断产生次生维管组织进行增粗生长,导致原有的表皮破裂,与此同时,根的中柱鞘细胞恢复分裂能力转变为木栓形成层,向外分生木栓层,向内分生栓内层。木栓层细胞多呈扁平状,排列整齐,往往多层相迭,细胞壁木栓化,呈黄褐色,具有良好的保护作用;栓内层由生活的薄壁细胞构成,但不含叶绿体。木栓层、木栓形成层、栓内层三者合称周皮。所以,根的次生构造中没有表皮和皮层。有些植物根的栓内层比较发达,称"次生皮层"(药材鉴定中仍称为皮层)。

植物学上的根皮是指周皮这个部分,而根皮类药材的"皮",却是指形成层以外的部分,主要包括韧皮部和周皮等,如五加皮、地骨皮、牡丹皮等。

单子叶植物没有次生分生组织,因而不形成次生构造。但也有一些单子叶植物根的表皮分裂成多层细胞,其细胞壁木栓化,形成根被,起保护作用,如百部、麦门冬等。

第4节　根的异常构造

某些双子叶植物根的形成层在活动一定时间后失去分生能力,而在根的其他位置发生新的形成层,产生异常的外韧型维管束,形成异常构造或称三生构造。常见的有(图17-4)。

何首乌的块根除形成正常的维管束外,由初生韧皮纤维周围的薄壁细胞脱分化转变为形成层,由于该形成层的活动,产生多个大小不等的由外韧型维管束聚成类圆形的维管束环,即异型维管束,异型维管束有单独的和复合的,与正常维管束相似。所以何首乌根的横断面凹凸不平,可以看到一些大小不等的圆圈状花纹,药材鉴定上称为"云锦花纹",是何首乌的重要鉴别特征。

商陆、牛膝根初生构造具有二原型木质部,当根的直径达0.5~1.2cm时形成层的活动减弱,

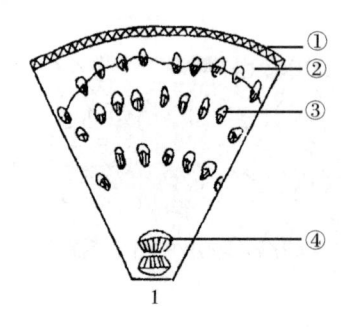

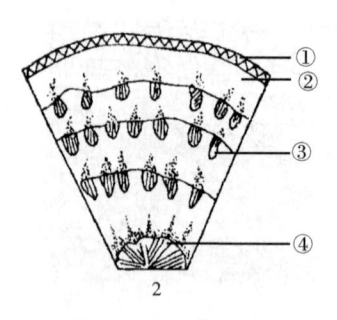

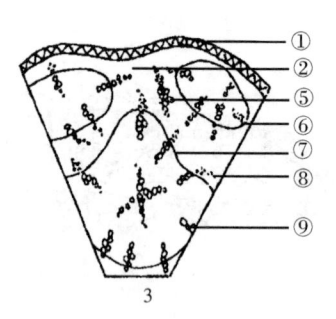

图 17-4　根的异常构造
1. 牛膝　2. 商陆　3. 何首乌
①木栓层　②皮层　③异型维管束　④正常维管束　⑤单独异型维管束
⑥复合异型维管束　⑦形成层　⑧韧皮部　⑨木质部

次生韧皮部外侧的韧皮薄壁细胞脱分化，转变为形成层段并向两侧发展，最后与韧皮射线脱分化的部分细胞连接，依次形成数个同心型的形成层环，产生许多小型的环状排列的异型维管束，两个维管束之间为薄壁细胞，所以在断面上可以看到数层凹凸不平的同心环层，维管束呈点状。

小结

根尖包括根冠、生长点、伸长区和成熟区，成熟区已分化出各种组织，因此通过成熟区横切可观察到根的初生构造。

根的初生构造自外向内为表皮、皮层(外皮层、皮层薄壁组织和内皮层)及维管柱。表皮上具有根毛，促进根的吸收。内皮层细胞通常具有凯氏带(点)。维管束为辐射型，具有外始式初生木质部。

根的次生构造由周皮和次生维管组织组成，周皮包括木栓层、木栓形成层和栓内层，栓内层发达者称为次生皮层。次生维管组织的形成层成环，中间贯穿有维管射线。

植物学的根皮指周皮，药材中的根皮指形成层以外部分，包括周皮和韧皮部。

除正常维管束之外，一些双子叶植物的根还可产生异常构造。

目 标 检 测

一、名词解释
1. 凯氏带(点)　2. 外始式木质部　3. 周皮　4. 维管射线

二、简答题
1. 说出根的初生构造特点。
2. 区分双子叶植物根的初生构造与单子叶植物根的构造异同点。
3. 简述根的次生构造特点。

三、思考题
1. 牡丹皮、地骨皮等根皮类药材包括哪些部分？
2. 根通过哪部分吸收水分及溶解在其中的无机盐的？

(刘春生)

第 18 章　茎的内部构造

学习目标

1. 说出茎尖的组成
2. 辨认茎的初生构造
3. 说出双子叶植物木质茎次生构造的特点
4. 比较双子叶植物茎的初生构造、草质茎和根茎次生构造
5. 比较单子叶植物茎和根茎的内部构造

第 1 节　茎尖的构造

茎尖是茎和枝的顶端。茎尖可分成三个部分,即分生区、伸长区和成熟区。茎尖与根尖的构造基本相同,但也有一些不同点(图 18-1):

(1) 茎尖的前端没有类似根冠的结构,而是由幼小的叶片包围着。

(2) 分生区(生长点)的四周表面能向外形成叶原基或腋芽原基,以后分别发育为叶和腋芽,腋芽发育成枝条。

(3) 成熟区的表皮不形成根毛,但常有气孔和毛茸。

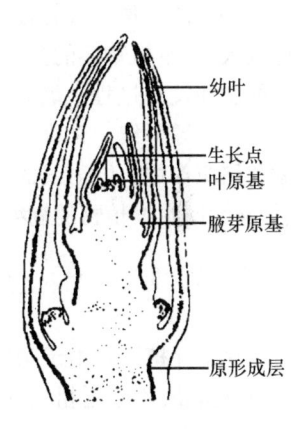

图 18-1　芽的纵切面

第 2 节　双子叶植物茎的构造

一、双子叶植物茎的初生构造

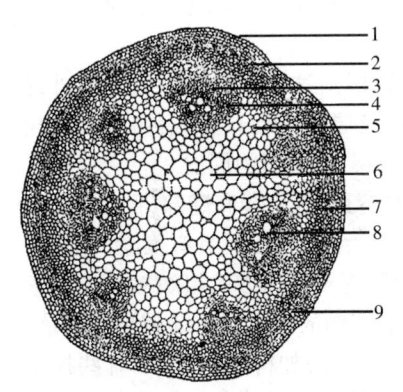

图 18-2　马兜铃茎横切面
1. 表皮　2. 皮层　3. 韧皮部　4. 形成层
5. 髓射线　6. 髓　7. 环管纤维　8. 木质部
9. 厚角组织

通过茎尖的成熟区作横切面,可见茎的初生构造自外向内可分为表皮、皮层和维管柱三部分(图 18-2)。

1. 表皮　由一层扁长方形、排列紧密、整齐的生活细胞构成,通常具有气孔、毛茸或其他附属物。表皮细胞的外壁较厚,常被有角质层。

2. 皮层　皮层位于表皮内方,占有的部位较小。皮层细胞通常较大,壁薄,排列疏松,具细胞间隙。茎的皮层常为由数种组织构成的复合构造,如紧靠表皮的部位常具厚角组织,有的排列成环状,有的聚集在茎的棱角处,以加强茎的韧性;靠近表皮的细胞常含叶绿体,因此嫩茎常呈绿色;皮层的内侧有时具有纤维束呈环状分布,称为周维纤维或环管纤维,如马兜铃茎;有的皮层还有分泌组织或

石细胞。这些组织的不同类型和分布特征,常可作为药材鉴定的重要依据之一。

皮层最内一层细胞通常不像根的内皮层那么明显,仍为一般的薄壁细胞,所以茎的皮层与维管柱之间没有明显界限。少数植物的此层细胞含大量淀粉粒,与其他皮层细胞区别明显,称为淀粉鞘,如马兜铃、蓖麻等。

3. 维管柱 是指皮层以内的所有组织,占据茎的中心,包括维管束、髓射线和髓部。

(1) 维管束 双子叶植物茎中的维管束常为无限外韧型,包括初生韧皮部、初生木质部和束中形成层。有的植物为双韧型维管束,如南瓜等。维管束环状排列,相互分离。

初生韧皮部:位于维管束的外侧,由筛管、伴胞、韧皮薄壁细胞和韧皮纤维组成,其分化成熟的方式式为外始式。有的植物韧皮部的外侧存在起源于韧皮部的纤维束称为初生韧皮纤维,如向日葵。

初生木质部:一般位于维管束的内侧,由导管、管胞、木薄壁细胞和木纤维组成,其分化成熟的方式为内始式。

束中形成层:位于初生韧皮部与初生木质部之间,由1~2层具有分生能力的细胞组成,其活动结果使茎不断加粗。

(2) 髓 位于维管柱的中央,由薄壁细胞组成,外围细胞通常较小。一般草本植物茎的髓比较大,木本植物茎的髓比较小。髓由薄壁细胞组成,细胞内通常含有较多的内含物。有些植物的髓在发育过程中消失,成为中空的茎,如连翘、芹菜、南瓜等。

(3) 髓射线 是维管束之间的束间区域,由薄壁细胞组成,外连皮层,内接髓部,具横向运输和储藏作用。髓射线的宽窄不一,藤本植物和多数草本植物的髓射线较宽,维管束明显被髓射线分开;木本植物的髓射线较窄或极窄,维管束似连成环状。

二、双子叶植物茎的次生构造

双子叶植物茎由于次生分生组织的活动,形成次生构造,在外形上表现为茎和枝条由柔软变为较坚硬,不断增粗,表面由绿色渐变为绿褐色,并出现皮孔。

(一) 双子叶植物木质茎的次生构造

1. 次生构造的形成 当茎进行次生生长时,邻接束中形成层的髓射线部位的细胞恢复分裂机能转变成为束间形成层,并和束中形成层相连接,就成为一圈连续的形成层环。形成层向内分裂产生次生木质部,增添于初生木质部的外方,向外分裂产生次生韧皮部,添加在初生韧皮部的内侧,形成茎的次生维管组织。同时,形成层也不断分生射线细胞,存在于次生木质部与次生韧皮部,形成横向联系组织,称为维管射线。

茎的次生生长使茎不断增粗,表皮一般不能相应增大而被破坏,这时多数植物由皮层外缘细胞恢复分生机能而形成木栓形成层,产生周皮。一般木栓形成层的活动只有数月,大多数树木又可在其内方(甚至可达次生韧皮部)依次形成新的木栓形成层,产生新的周皮。

双子叶植物木质茎的次生构造由外而内包括周皮、皮层、维管束、髓射线和髓部(图18-3)。

2. 周皮与落皮层 木本植物由于生长期长,常具有持久的次生生长,因而具有发达的周皮,并通过木栓形成层的活动不断更新周皮。当新周皮产生后,老周皮及其内方的组织被隔离并逐渐枯死,常形成易于剥离的死亡组织综合体,称落皮层。大多数植物的落皮层陆续破裂而脱落,有的呈鳞片状脱落,如松;有的呈环状脱落,如桦树;有的裂成纵沟纹,如柳、榆。但也有些植物茎的周皮可常年积累而不脱落,形成很厚且有弹性的树皮,如黄柏。不同种类植物茎的周皮常具一定形状的裂纹和皮孔,可作为茎木类药材或皮类药材鉴别的依据。

通常所说的树皮,狭义的概念就是指周皮及其以外的落皮层。广义的概念是指形成层以外的所有部分,主要包括次生韧皮部和周皮,皮类药材如厚朴、杜仲、黄柏等的"皮",就是指这些部分。

3. 皮层　多年生木质茎已无皮层,初生构造的皮层细胞随着其内部构造的木栓形成层活动而被隔离为颓废组织,最终形成落皮层脱落。

4. 维管柱　维管柱包括次生韧皮部、形成层、次生木质部和髓。

(1) 次生韧皮部　次生韧皮部常由筛管、伴胞、韧皮纤维、韧皮薄壁细胞和韧皮射线组成。有的种类还有石细胞、乳汁管等。

次生韧皮部中薄壁组织占主要部分,细胞中含有多种营养物质,具有一定的药用价值。韧皮纤维多包围在薄壁组织的外围或与薄壁组织成层相间排列,如黄柏的韧皮部因韧皮纤维与薄壁组织相间排列而有硬韧带与软韧带之分。韧皮射线为1~2列薄壁细胞,与木射线相连,长短宽窄因植物种类而异。

(2) 次生木质部　在茎的次生生长过程中,形成层向内产生木质部的数量远比向外产生韧皮部的数量为多,所以次生木质部是茎次生构造的主要部分,是木材的主要来源。

次生木质部由导管、管胞、木纤维、木薄壁细胞和木射线组成。木薄壁细胞单个或成群散生木质部中,或包围在导管或管胞的外方。

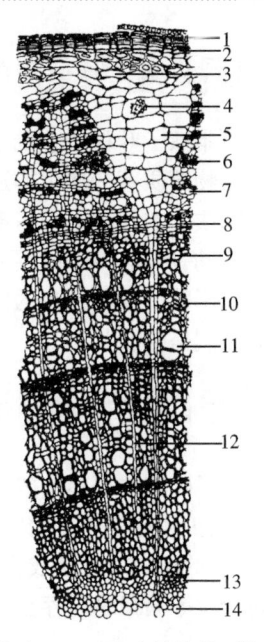

图 18-3　双子叶植物茎(椴)四年生构造
1. 木栓层　2. 木栓形成层　3. 皮层薄壁组织　4. 草酸钙结晶　5. 髓射线　6. 韧皮纤维　7. 次生韧皮部　8. 形成层　9. 次生木质部　10. 第三年晚材　11. 第三年早材　12. 木射线　13. 初生木质部　14. 髓

茎的次生构造中,各种组织纵横交错,十分复杂,通常从横切面、纵切面和径向切面三方面去观察理解其特征,为鉴定木类药材奠定基础。

横切面:是与纵轴垂直所作的切面。可见年轮为同心环状,所见到的木射线为纵切面,呈辐射状排列,可见其长度和宽度。两射线间的导管、管胞、木纤维和木薄壁细胞等都呈大小不一、细胞壁厚薄不同的类圆形或多角形。横切面上靠近形成层的颜色较淡,质地较松软,具有输导功能,称为边材;而中心部分颜色较深,质地较坚硬,称为心材。心材中常积累一些细胞代谢产物,如单宁、树脂、树胶、色素等,使心材中导管和管胞堵塞,失去输导能力。一些木类药材如苏木、檀香、降香即来源于次生木质部中的心材。

径向切面:是通过茎的直径作的纵切面。可见年轮呈垂直平行的带状,木射线则横向分布,与年轮呈直角,可见到射线的高度和长度,纵长细胞如导管、管胞、木纤维等均为纵切面,呈纵长筒状或棱状,其次生壁的增厚纹理也很清楚。

> 在树木的横断面上,常可以看到一圈圈的同心轮环的年轮。年轮产生是由于形成层的周期活动。在亚热带或温带地区,一些木本植物冬季休眠,春夏的气候适宜,因此形成层细胞分裂快,生长迅速,所产生的细胞体积大,壁较薄,导管数目多,孔径大,材质疏松,颜色淡,称为早材或春材。秋季由于形成层的活动逐渐减弱,产生的细胞体积较小,壁较厚,导管的孔径小,材质紧密,颜色较深,称为晚材或秋材。当年的晚材与第二年的早材界限明显,形成形态明显的年轮。根据树干基部年轮数目,可估测植物的年龄。
>
> 链接

切向切面:是不通过茎的中心而垂直于茎的横切面所作的纵切面。可明显地看到年轮呈U形的波纹,木射线为横切面,细胞群呈纺锤状,做不连续地纵行排列,可分辨射线的宽度和高度以及细胞列数和两端细胞的形状,所见到的导管、管胞、木纤维等的形态与径向切面相似。

在木材的三个切面中,射线的形状最突出,可作为判断切面类型的重要依据。

(3) 髓　在茎的次生构造中,髓部通常较小,有时甚至不明显。

（二）双子叶植物草质茎的次生构造

草本双子叶植物茎的生长期较短，形成层的活动能力不强，只产生少量的次生组织，因此双子叶植物草质茎的次生构造不发达，质地较柔软（图18-4）。

草质茎的保护组织一般为表皮，常具角质层、蜡被、气孔、毛茸等，少数种类有木栓形成层的微弱活动，形成少数木栓层，但表皮仍存在。皮层外侧厚角组织仍然存在。

双子叶植物草质茎的次生构造有形成层环的出现。髓射线较宽，髓部发达，有的种类髓部中央破裂呈空洞状。

（三）双子叶植物根状茎的构造

双子叶植物根茎一般指草本双子叶植物的根茎，其构造与地上茎类似。根茎表面一般为木栓组织，少数有表皮或鳞叶；皮层中常有根迹或叶迹维管束斜向通过；维管柱中的维管束成环状排列，有的形成层连接成完整的环层，有的仅有束间形成层，中央有明显的髓部，薄壁组织中常有淀粉粒等储藏物质存在（图18-5）。

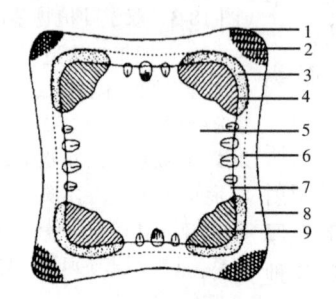

图18-4 薄荷茎的横切面简图
1. 表皮 2. 厚角组织 3. 韧皮部 4. 形成层 5. 髓
6. 内皮层 7. 髓射线 8. 皮层 9. 木质部

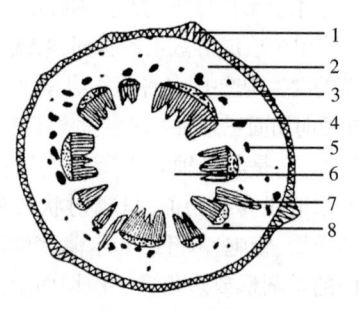

图18-5 黄连根状茎横切面简图
1. 木栓层 2. 皮层 3. 韧皮部 4. 木质部
5. 石细胞群 6. 髓 7. 根迹 8. 射线

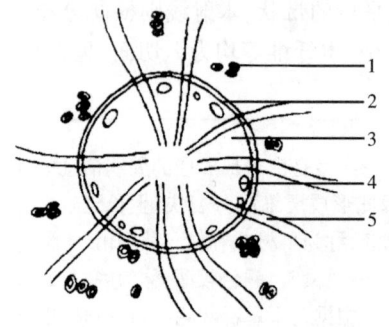

图18-6 大黄根茎星点简图
1. 导管 2. 形成层 3. 韧皮部
4. 黏液腔 5. 射线

三、双子叶植物茎和根状茎的异常构造

有些植物的根茎和茎除了形成正常构造之外，又形成新的分生组织而产生异型构造。如大黄的根茎，除了具有双子叶植物根茎正常的次生构造外，由髓部薄壁组织恢复分生能力产生许多点状的异型维管束，称星点。每个异型维管束的形成层呈环状，中央为韧皮部，外侧为木质部；射线细胞深棕色，呈星芒状射出；近形成层处有时可见黏液腔；薄壁细胞中含大量淀粉粒和草酸钙簇晶，药材鉴定中的"朱砂点"、"锦纹"，即分别指异型维管束和深棕色射线（图18-6）。

第3节 单子叶植物茎和根状茎的构造

单子叶植物没有次生分生组织，不形成次生构造，所以终身只具初生构造。

一、单子叶植物茎的构造特点

最外层一般为表皮,禾本科植物在表皮之下有数层厚壁组织,形成较坚硬的下皮层,以增加支持作用。表皮之内无皮层与髓之分,为基本薄壁组织。维管束为有限外韧型,散生于基本薄壁组织中,其外侧或两端或周围常有厚壁组织(图18-7)。

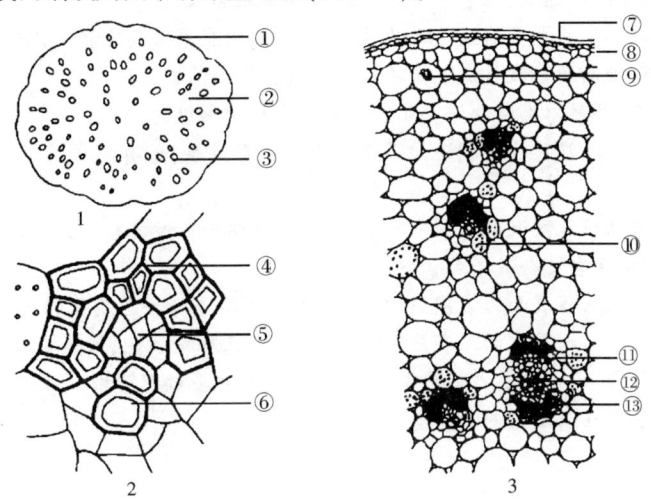

图18-7 石斛茎横切面简图及详图
1. 简图 2. 维管束放大图 3. 构造详图
①表皮 ②基本薄壁组织 ③维管束 ④纤维束 ⑤韧皮部 ⑥木质部 ⑦角质层
⑧表皮 ⑨针晶束 ⑩薄壁细胞 ⑪韧皮部 ⑫木质部 ⑬纤维束

二、单子叶植物根状茎的构造特点

单子叶植物根茎表面一般为表皮,但有些种类的皮层细胞转变为木栓细胞,形成所谓"后生皮层",以代替表皮行使保护功能,如生姜、知母等。

皮层以基本薄壁组织为主,常占较大体积,在皮层中往往有少数叶迹维管束散在。内皮层大多明显,具凯氏带。内皮层之内为基本薄壁组织,其中散生多数外韧型维管束,少数种类同时还有周木型维管束,如石菖蒲(图18-8)。有的种类无内皮层,因此多数有限维管束散生于基本薄壁组织中,如知母等(图18-9)。

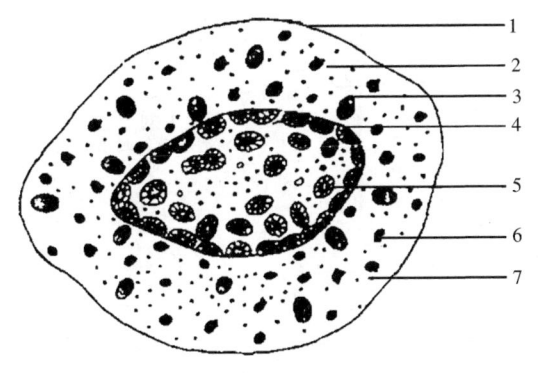

图18-8 石菖蒲根茎横切面简图
1. 表皮 2. 薄壁组织 3. 外韧型维管束 4. 内皮层
5. 周木型维管束 6. 纤维束 7. 油细胞

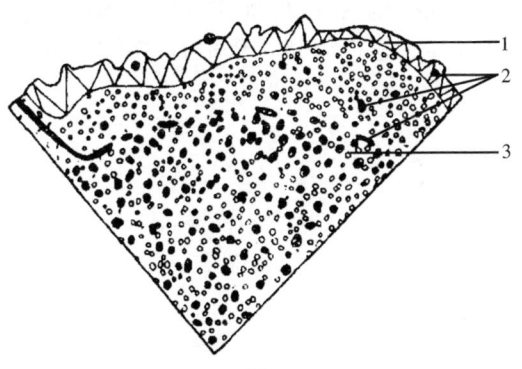

图18-9 知母根茎横切面简图
1. 栓化皮层 2. 维管束 3. 黏液细胞

> 茎尖由分生区、伸长区和成熟区组成，分生区四周具有叶原基和腋芽原基。
>
> 双子叶植物茎的初生构造包括表皮、皮层和维管柱。表皮上常有气孔、毛茸，表面常有角质层；皮层以薄壁组织为主，外侧常有厚角组织，细胞内常有叶绿体；维管柱由维管束、髓部和髓射线组成，维管束常为无限外韧型维管束。
>
> 双子叶植物木质茎具有发达的次生构造，其中次生木质部占较大比例。由周皮、韧皮部、木质部、髓和髓射线构成。多年生的木质茎横切面常有同心环状的年轮及辐射状排列的射线，观察茎木类药材还要结合观察径向切面和纵向切面。
>
> 双子叶植物草质茎次生构造大多不具备木栓形成层，但有形成层活动。髓部和髓射线发达。
>
> 双子叶植物根状茎表面有周皮产生，皮层常有根迹或叶迹维管束斜向通过，髓部发达，薄壁细胞中常含淀粉粒等后含物。
>
> 单子叶植物茎表面为表皮，表皮内为基本组织，其中散生有限维管束。
>
> 单子叶植物根状茎表面为表皮，表皮下有时存在木栓细胞，大多数有内皮层，皮层中存在叶迹维管束，内皮层之内为基本薄壁组织，散生多数有限维管束；有时无内皮层，有限维管束散生在表皮之内的基本薄壁组织中。

目标检测

一、名词解释

1. 初生韧皮纤维　2. 周维纤维　3. 落皮层　4. 年轮
5. 后生皮层

二、简答题

1. 说出根尖和茎尖内部构造的主要区别是什么？
2. 区分出早材和晚材、边材和心材。
3. 比较茎和根的初生构造的主要区别。
4. 简述双子叶植物草质茎、根状茎的构造特点。

三、思考题

1. 在根状茎横切面上如何分辨根迹和叶迹维管束？
2. 厚朴、黄柏等树皮类药材的显微构造包括哪些部分？

(刘春生)

第19章 叶的内部构造

学习目标

1. 说出双子叶植物叶片的一般构造
2. 区别双子叶植物和单子叶植物叶肉构造的不同
3. 比较栅栏组织和海绵组织的特点
4. 理解叶的构造与形态及功能的关系

叶是由茎尖生长锥(点)后方的叶原基发育而来。叶通过叶柄与茎相连,叶柄的构造和茎的构造很相似,但叶片是一个较薄的扁平体,在构造上与茎有显著不同之处。

第1节 双子叶植物叶片的构造

一般双子叶植物叶片的构造可分为表皮、叶肉和叶脉3部分(图19-1)。

1. 表皮 包被着整个叶片的表面,在叶片上面(腹面)的表皮称上表皮;在叶片下面(背面)的表皮称下表皮。

表皮通常由1层排列紧密的生活细胞构成,也有由多层细胞组成的,称为复表皮,如夹竹桃的表皮由2~3层细胞组成。叶片的表皮细胞中一般不具叶绿体。顶面观表皮细胞一般形状不规则,侧壁(垂周壁)多呈波浪状,彼此互相嵌合,紧密相连,无间隙;横切面观表皮细胞近方形,外壁常较厚,常具角质层,有的还具有蜡被、毛茸等附属物。气孔多分布在下皮层,也有分布在上皮层,气孔的数目、形状因植物种类不同而异。

2. 叶肉 位于上下表皮之间,由含有叶绿体的薄壁细胞组成,是绿色植物进行光合作用的主要场所。叶肉通常分为栅栏组织和海绵组织两部分。

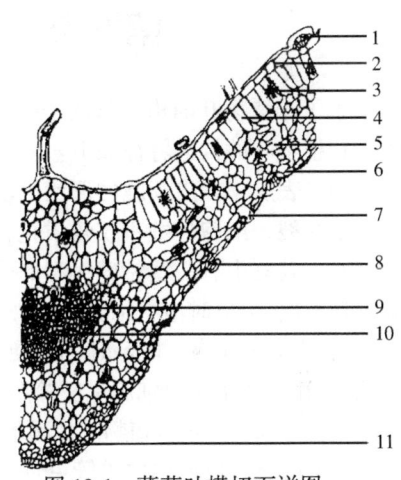

图19-1 薄荷叶横切面详图
1. 腺鳞 2. 上表皮 3. 橙皮苷结晶 4. 栅栏组织 5. 海绵组织 6. 下表皮 7. 气孔 8. 腺毛 9. 木质部 10. 韧皮部 11. 厚角组织

(1)栅栏组织 位于上表皮之下,细胞呈圆柱形,排列紧密,其细胞的长轴与上表皮垂直,形如栅栏。细胞内含有大量叶绿体,光合作用效能较强。因而大多数叶的上表面颜色较深。栅栏组织在叶片内通常排成1层,也有排列成2层或2层以上的,如冬青、枇杷叶。栅栏组织的层数随植物种类而异,可作为叶类药材的鉴别特征。

(2)海绵组织 位于栅栏组织下方,与下表皮相接,由一些近球形或不规则长球形的薄壁细胞构成,排列疏松,细胞间隙显著,如海绵状,细胞中含有少量叶绿体,所以大多数叶片下表面的颜色比上表面淡。

在上下表皮的气孔内侧,形成一较大的空隙,叫做孔下室,有利于内外气体的交换。

叶肉中具有栅栏组织和海绵组织明显分化的叶称两面叶,如薄荷叶等;若上下表皮内侧均有栅栏组织,或没有栅栏组织和海绵组织分化的叶称为等面叶,如番泻叶、桉叶等。在叶肉中,有些植物含有油室,如桉叶、橘叶等;有的含有晶体,如桑叶、枇杷叶、薄荷叶等;有的还含有石细胞,如茶叶。

3. 叶脉 是叶片中维管束存在的部位,具有输导和支持叶片的作用。主脉和各级侧脉构造不完全相同。

(1) 主脉和较大侧脉的构造 主脉和较大的侧脉是由维管束和机械组织组成,维管束的构造和茎的大致相同,由木质部和韧皮部组成,木质部位于向茎面,韧皮部位于背茎面。在木质部和韧皮部之间还常有形成层,但分生能力很弱,活动时间很短,只产生少量的次生组织。在维管束的上下方,常具厚壁或厚角组织,这些机械组织在叶的背面最为发达,因此主脉和大的侧脉在叶片背面常成显著的隆起。叶片主脉部位的上下表皮内方,一般为厚角组织和薄壁组织,无叶肉组织。但有些植物如番泻叶、石楠叶等叶在主脉的上方有1层或几层栅栏组织,与叶肉中的栅栏组织相连接。

(2) 较小侧脉的构造 侧脉越分越细,构造也越趋简化。最初消失的是形成层和机械组织,其次是韧皮部细胞,木质部的构造也趋于简单,其组成成分的数目也减少。到了叶脉的末端韧皮部中则只有短而狭的筛管分子和增大的伴胞,木质部中只留下1~2个短的螺纹管胞。

第2节 单子叶植物叶片的构造

单子叶植物叶的构造与双子叶植物叶的构造类似,同样是由表皮、叶肉和叶脉三部分组成。禾本科植物叶的构造特征如下:

(1) 表皮 表皮细胞的形状比较规则,常为长方形和方形,其长轴与叶的伸长方向一致,因而易于纵裂。细胞外壁不仅角质化,并含有硅质,在表皮上常形成乳头状突起,因而叶片比较粗糙。在上表皮中有一些特殊大型的薄壁细胞,称泡状细胞,在横切面上排列呈扇形,这些细胞具有大型液泡,干旱时泡状细胞容易失水收缩,故干旱时禾本科植物的叶片常卷曲成筒,可减少水分蒸发,水分充足时,能吸水膨胀,使叶片展开,因此也叫做运动细泡。表皮上下两面都分布有气孔,气孔的两个保卫细胞呈哑铃形,每个保卫细胞的外侧各有1个略呈三角形的副卫细胞。

(2) 叶肉 禾本科植物叶属于等面叶类型,叶肉一般没有栅栏组织和海绵组织的明显分化。

(3) 叶脉 叶脉内的维管束近平行排列,为有限外韧型,主脉粗大。主脉维管束的上下两方常有厚壁组织分布,并与表皮层相连,增强了机械支持作用。维管束的外围常有1至数层细胞包围构成维管束鞘。

> **小结**
>
> 叶是由茎尖生长锥后方的叶原基发育而来。其叶柄的构造和茎的构造很相似,但叶片的构造与茎有显著不同之处。
>
> 双子叶植物叶片可分为表皮、叶肉和叶脉3部分。叶肉通常分化为栅栏组织和海绵组织两部分,栅栏组织细胞中含有大量叶绿体。叶肉中具有栅栏组织和海绵组织明显分化的叶称为两面叶,上下表皮内侧均有栅栏组织或没有栅栏组织和海绵组织分化的叶称为等面叶。叶脉维管束为外韧型,木质部位于向茎面,韧皮部位于背茎面。
>
> 一般单子叶植物叶片的构造也可分为表皮、叶肉和叶脉3部分,但与双子叶植物结构有所区别。

目标检测

一、名词解释
1. 复表皮 2. 叶肉 3. 栅栏组织 4. 两面叶
5. 等面叶 6. 运动细胞

二、简答题
1. 双子叶植物叶肉构造由哪几部分组成？各部分特点如何？
2. 单子叶植物叶片(禾本科植物)在构造上与双子叶植物叶片有何不同？

三、思考题
你如何理解叶的构造与形态及功能的一致性。

(敖冬梅)

第四篇
药用植物学实验指导

实验 1　根、茎、叶的形态

目 的 要 求

1. 记住根、茎、叶的外形特征和根系的形态
2. 辨认根和茎的变态类型及其特征
3. 学习植物器官形态图的绘制方法

材 料 与 用 品

（1）实验材料　荠菜或桔梗、麦冬或葱、何首乌、麦冬或百部、薏苡或玉米、吊兰、常春藤或络石、菟丝子等的根；接骨木或玉兰或紫玉兰、仙人掌或天门冬、山楂或皂荚或枸橘、丝瓜或葡萄等的枝条、黄精或玉竹或姜、马铃薯、荸荠或慈姑、洋葱等的地下茎；桃或天竺葵、酢浆草、茅莓、月季、槐、决明、合欢、南天竹等的叶。

（2）实验用品　放大镜、镊子、刀片等。

内 容 与 步 骤

（一）根的形态

1. 根系的类型

（1）观察荠菜或桔梗的根系特征，可见主根粗大，主根与侧根的界限非常明显，即为直根系。注意分辨其中的主根、侧根和纤维根。

（2）观察麦冬或葱的根系特征，可见无明显主根，由许多粗细、长短相仿的根组成根系，即为须根系。

2. 根的变态类型　观察何首乌、麦冬或百部、薏苡或玉米、吊兰、常春藤或络石、菟丝子等的变态根类型，注意何首乌的块根是由主根和侧根部分膨大形成，而麦冬和百部的块根则由不定根局部膨大形成。

（二）茎的形态

1. 茎的外形　取接骨木或玉兰或紫玉兰的枝条，观察茎的节和节间、不同部位的芽、叶痕、皮孔的形态。

2. 茎的变态

（1）地上茎的变态　取仙人掌或天门冬、山楂或皂荚或枸橘、丝瓜或葡萄等的枝条，分别观察叶状茎、刺状茎和茎卷须等变态类型及其特征。

（2）地下茎的变态　观察黄精或玉竹或姜、马铃薯、荸荠或慈姑、洋葱等的地下部分，辨别

225

根状茎、块茎、球茎和鳞茎等变态类型及其特征并记录。

(三) 叶的形态

(1) 完全叶的组成　取桃或天竺葵等的叶,观察叶片、叶柄、托叶的形态,注意其叶片的形状、叶尖、叶基、叶缘、叶脉的特征。

(2) 复叶类型　观察酢浆草、茅莓、月季、槐、决明、合欢、南天竹等的叶,辨别三出复叶、掌状复叶、羽状复叶及其特征并记录。

作业与思考

1. 填写根的变态类型于下表。

标 本 名 称	根的变态类型	主 要 特 征

2. 填写地下茎的变态类型于下表。

标 本 名 称	地下茎的变态类型	主 要 特 征

3. 填写复叶类型于下表。

标 本 名 称	复叶的类型	主 要 特 征

4. 绘根系形态图。
5. 绘地下茎变态类型的形态图。
6. 说出根和茎在外形上的主要区别。
7. 如何区别单叶与复叶。

实验 2　花 的 形 态

目 的 要 求

1. 熟悉被子植物花的组成及其外部形态特征
2. 辨别花冠、雄蕊、雌蕊的类型
3. 记住被子植物花序的主要类型及其特点
4. 学习花的解剖程序以及记录花程式

材 料 与 用 品

（1）实验材料：油菜、紫藤、木槿或蜀葵、金丝桃、益母草或夏枯草、向日葵、桔梗或党参、皱皮木瓜或梨、百合或萱草、玉兰或乌头等植物的花；油菜或荠菜、女贞或南天竹、车前草或马鞭草、小麦或玉米、杨树或柳树、半夏或天南星或马蹄莲、山楂或苹果、五加或菝葜、柴胡或野胡萝卜、向日葵或旋覆花、无花果或薜荔等植物的花序。（可用浸渍标本，或于实验前一天采摘新鲜标本，装在塑料袋内保持一定湿度，并存放于 4~5℃ 的冰箱中保鲜，备用。）

（2）实验用品：解剖镜、放大镜、镊子、刀片等。

内 容 与 步 骤

（一）花的组成

1. 完全花的组成　具有花萼、花冠、雄蕊群、雌蕊群四部分的花称完全花。

取油菜花置于装有少量水的培养皿中，用解剖针和镊子仔细地由下向上、由外向内地逐层剥离花的各组成部分，边剥离边观察：花梗长短；花托的形状；花萼和花冠的数目、大小、形状、颜色和排列方式；雄蕊的数目及其类型；雌蕊的形状、花柱和柱头的数目、子房的位置等情况。然后将子房横切或纵切，在放大镜或解剖镜下观察其胎座的类型和胚珠的数目。（油菜花为完全花；辐射对称花；花梗明显；花托稍隆起，上有与萼片对生的蜜腺；萼片 4 枚，绿色，分离；花瓣 4 枚，黄色，分离，十字形排列；雄蕊 6 枚，4 长 2 短，为四强雄蕊；子房上位，由 2 心皮组成，因形成假隔膜而分为 2 室，胚珠多数。）

2. 雄蕊群　取木槿或蜀葵、紫藤、金丝桃、益母草或夏枯草、油菜的花和向日葵的管状花，分别观察其雄蕊的数量、花丝和花药的离合、花丝的长短，辨别这些花的雄蕊类型并记录。

3. 雌蕊群

（1）取紫藤、金丝桃、玉兰或乌头的花，分别观察其组成雌蕊的心皮数、心皮的离合，辨别这些花的雌蕊是单雌蕊、复雌蕊还是离生雌蕊。

（2）取油菜或金丝桃、桔梗或党参、贴梗海棠或梨的花，剥离花萼和花冠，沿花的中央做纵切，分别观察其子房的位置，辨别这些花的子房是上位、下位、还是半下位。

(3) 取紫藤、金丝桃、桔梗或皱皮木瓜等的花,剥离花萼和花冠,沿子房的中部做横切,分别观察并辨别这些花的胎座是属于哪种类型并记录。

(二) 花序类型

取油菜或荠菜、女贞或南天竹、车前草或马鞭草、小麦或玉米、杨树或柳树、半夏或天南星或马蹄莲、山楂或苹果、五加或菝葜、柴胡或野胡萝卜、向日葵或旋覆花、无花果或薜荔等的花序。观察并辨别这些植物的花序分别属于何种类型并记录。

作业与思考

1. 填写雄蕊群类型于下表。

标 本 名 称	雄 蕊 类 型	主 要 特 征

2. 填写雌蕊群类型于下表。

标 本 名 称	雌 蕊 类 型	子 房 位 置	胎 座 类 型

3. 填写花序类型于下表。

标 本 名 称	花 序 类 型	标 本 名 称	花 序 类 型

4. 绘完全花的组成。
5. 写出油菜、桔梗、玉兰、贴梗海棠的花程式。
6. 说出雄蕊和雌蕊的组成及其类型。
7. 辨别所观察花的花冠以及所观察花的类型。

实验 3　果实和种子

目 的 要 求

1. 熟悉果实和种子的形态结构
2. 辨别果实的类型及其特征
3. 记住种子的类型

材 料 与 用 品

(1) 实验材料　番茄或枸杞、橙或橘、杏或桃或李、黄瓜或南瓜、蚕豆、油菜、荠菜、蓖麻、虞美人、益母草或野芝麻、板栗、杜仲或槭树、小茴香或野胡萝卜、金樱子、八角茴香、莲、桑椹、无花果或薜荔等的果实；蓖麻、蚕豆种子。

(2) 实验用品　解剖镜、放大镜、镊子、刀片等。

内 容 与 步 骤

(一) 果实的组成

果实由果皮和种子组成，果皮常分为外果皮、中果皮、内果皮。

取桃或杏的成熟果实观察，可见果皮分层明显，外果皮较薄而韧，容易剥离；中果皮肉质，为食用部分；内果皮坚硬木质，形成果核。敲破果核，可见内有 1 枚种子。

(二) 果实的类型

取番茄或枸杞、橙或橘、杏或桃或李、黄瓜或南瓜、蚕豆、油菜、荠菜、蓖麻、虞美人、益母草或野芝麻、板栗、杜仲或槭树、小茴香或野胡萝卜、金樱子、八角茴香、莲、桑椹、无花果或薜荔等的果实，观察并辨别这些果实分别属于何种类型及其特征并记录。

(三) 种子的结构

1. 有胚乳种子　取蓖麻种子观察下列各部分：

(1) 种皮　蓖麻外种皮坚硬，表面具有花纹。种子下端有一海绵状的种阜，覆盖于种孔之外。种子背面的中央有 1 纵棱，是种脊。种脊和种阜的交合点为种脐。剥去外种皮，可见内方的白色薄膜状的内种皮。

(2) 胚乳　剥去种皮后，可见乳白色的胚乳，占种子的绝大部分体积。

(3) 胚　破开胚乳，可见其中的胚，其胚根在下端，呈锥形；胚根上方为胚芽，呈白色的叶状体;连接胚根和胚芽的部分为胚轴;子叶 2 枚着生在胚轴上,紧贴胚乳,呈白色膜质,其上有明显的脉纹。

2. 无胚乳种子 取蚕豆种子观察,其种皮厚而革质,淡褐色,种子上端有 1 条眉条状的种阜,剥去种阜可见凹下的瘢痕即种脐;种脐的一端有种孔;另一端有短的隆起部分为种脊;剥去种皮,可见 2 片肥厚的子叶(俗称豆瓣);掰开子叶,可见子叶着生在胚轴上,胚根靠近种孔端;胚芽位于下方,胚芽上常可见 2 枚幼叶。

作业与思考

1. 填写果实类型于下表。

标 本 名 称	果 实 类 型	主 要 特 征

2. 绘蚕豆种子外形和剖面图,标明各部分。
3. 说出肉质果的类型和特征。

实验 4 植物细胞的基本构造

目 的 要 求

1. 熟悉显微镜的使用方法及注意事项
2. 记住植物细胞的基本构造
3. 学会制作新鲜标本片
4. 学习绘制植物显微构造图的方法

材 料 与 用 品

(1) 实验材料 洋葱鳞叶、藓叶、红辣椒或番茄果实。
(2) 实验用品 光学显微镜；镊子、刀片、解剖针、载玻片、盖玻片、培养皿、吸水纸、擦镜纸；蒸馏水、碘-碘化钾试液等。

内 容 与 步 骤

(一) 光学显微镜的使用方法及其使用注意事项

1. 光学显微镜的基本构造和使用方法 学生使用的光学显微镜一般是单筒或双筒的复式显微镜。显微镜可分为机械装置和光学系统两部分。

(1) 机械部分

镜座、镜柱和镜臂：镜座是显微镜的底座，用以固定和支持整个镜体。镜座上方有一直立的短柱称镜柱。镜柱的顶端为一弯曲的镜臂，是取放显微镜时的手握部分。直筒显微镜在镜臂下方与镜柱相连处有一倾斜关节，可使镜筒在一定范围内后倾，方便使用。

镜筒：为显微镜上部的圆形中空长筒，其上端置放目镜，下端与物镜转换器相连，使目镜和物镜的配合保持一定的距离，并保护成像的光路和亮度。

物镜转换器：是位于镜筒下端的可自由转动的圆盘，盘上有3~4个安装物镜的螺旋孔，转动转换器并定位在中央位置，可保证物镜和目镜的光线合轴。

载物台：是放置标本片的平台，中央有一用以通过光线的圆孔。载物台可通过手动或机械移动器前后左右移动，便于观察。

调焦螺旋：一般在镜柱下端或镜臂上方装有粗、细两对调焦螺旋，旋转时可使镜筒在一定距离内升降，以调节物镜和标本片之间的距离。

聚光器调节螺旋：在镜柱下端一侧装有聚光器调节螺旋，旋转时可使聚光器上下移动，以调节光线的强弱。

(2) 光学部分

物镜：位于镜筒下端的物镜转换器上，可将被观察物体做第一次放大。常有低倍镜(刻有5×

字样)、高倍镜(刻有10×字样)、油镜(刻有100×字样),其放大倍数分别为5倍、10倍和100倍。

目镜:位于镜筒上端,可将物镜所成的像进一步放大,将物镜和目镜的放大倍数相乘即为被观察物体的放大倍数。

反光镜:为安装在镜座中央的一个圆形双面镜,分平凹面,用于汇集光线。

聚光器:位于载物台下方,由聚光器和虹彩光圈组成,它的作用是将平行的光线聚集成束,集中在一点上,可增强被观察物体的照明。通过拨动虹彩光圈的操纵杆可以调节进光强度。

2. 显微镜的使用步骤和注意事项

(1) 取镜和放置　拿取显微镜时应做到右手握紧镜臂,左手托平镜座,行走时注意避免碰撞。显微镜应放置在实验者桌子的左侧,以方便观察。

(2) 对光　将低倍镜转到中央并定位,从目镜向下注视,同时转动反光镜使镜面对向光源,使视野内的光线明亮而均匀。

(3) 放置标本片　将标本片用压片夹或移动器固定于载物台中央,使被观察材料正对透光孔。注意标本片一定要盖有盖玻片,并将有盖玻片的一面向上。

(4) 观片　低倍镜观察　两眼由侧面注视物镜,慢慢转动粗调节螺旋,使目镜降至距离标本片约5mm处,然后在目镜中注视观察视野,徐徐上升镜筒,直到被观察材料清晰为止。如一次未看到材料,则重新放正材料,重复以上过程,直至看清。此时可以移动载物台上的移动器并轻微转动细调节螺旋,直至应观察的部位完全达到观察要求。

高倍镜观察　在低倍镜下观察的标本的基本结构以后,可以根据实验要求,将欲进一步仔细观察其结构的部分移至视野中央(因高倍镜只能将视野中心的一部分放大),转动物镜转换器,将高倍镜转至中央并定位。此时视野中的被观察材料可能不很清晰,需微微转动细调节螺旋,直至清晰。

注意由低倍镜转入高倍镜后,一般无须再重新调焦,因为显微镜的低倍镜和高倍镜的观察焦距在出厂时已调整好,只要稍加微调即可观察。由于在高倍镜下观察时视野的亮度变暗,应根据被观察材料透光程度适当调大进光强度。

(5) 取片　观察结束后应使镜筒上升,并将高倍镜转离透光孔,方可取出标本片。不可在高倍镜下直接放取标本片。

(6) 清洁显微镜　实验结束时,用擦镜纸擦拭镜头,用纱布或绸布擦净显微镜的机械部分,将低倍镜和高倍镜转离透光孔,并将反光镜还原与镜座垂直。最后罩上防尘罩,按取镜的要求将显微镜放回存放处。

(二) 洋葱鳞叶表皮细胞的构造

1. 制作新鲜表皮标本片　取洋葱鳞叶1片,在其内表面用锋利刀片刻画纵横的平行线若干,使成3~4mm见方的小方格。用镊子仔细揭取1小片表皮,注意不要挖到叶肉。在载玻片中央滴加1滴蒸馏水,将表皮置于水滴中,用镊子轻压表皮,使其充分湿润。然后用镊子夹住盖玻片1边,使其另一边接触水滴,慢慢放下盖玻片,以避免气泡的产生。如盖玻片下的水过多,可用吸水纸从1侧吸去多余的水。即制成水装片。

2. 观察细胞的基本构造　将制好的洋葱鳞叶表皮水装片置于低倍镜下观察,可见其表皮细胞多为长方形,排列紧密而整齐,没有细胞间隙。移动标本片,选择数个较清晰的细胞于视野中央,转换高倍镜并调节焦距至清晰,可见有以下结构:

(1) 细胞壁　是每个细胞的四周壁,此时见到的是细胞的侧壁。

(2) 细胞质　在细胞壁的内侧,有一圈半透明的薄层,即为细胞质。表皮细胞是成熟细胞,由于中央液泡的形成,细胞质被挤压到贴近细胞壁处。

(3) 细胞核　位于细胞的中央或靠近细胞壁的细胞质中,在细胞中央的多为圆球形,靠近细胞壁的多为扁球形或半圆形。如加碘化钾碘试液染色,细胞核被染成黄褐色。转动细调节螺旋,可见在细胞核中有1至数个圆球形较亮的小球形体,即是核仁。

(4) 液泡　位于细胞中央,比细胞质更为透明,其内充满细胞液。如加碘化钾碘试液染色,液泡不被染色,仍是透明无色的。

(三) 叶绿体和有色体的形态

(1) 叶绿体　在载玻片上滴一滴水,取1片藓叶放在水中,湿润后盖上盖玻片,观察。在细胞中有多数扁球形的颗粒,即叶绿体。

(2) 有色体　在载玻片上滴一滴水,切1小块红辣椒或成熟番茄果实,挖取少量果肉,置于水滴中,搅匀,观察。在细胞中可见多数颗粒状或不规则形状的橙色小体,即有色体。

作业与思考

1. 绘洋葱表皮细胞构造图,并注明细胞的各组成部分名称。
2. 植物细胞主要由哪几部分组成?
3. 记住显微镜的使用方法和注意事项。
4. 说出制作新鲜水装片的要点。

实验 5　植物细胞的后含物和细胞壁

目 的 要 求

1. 记住淀粉粒和草酸钙结晶的形态特征和类型
2. 熟悉细胞壁的特化类型及其鉴别方法
3. 学会制作药材粉末透化片

材料与用品

（1）实验材料　马铃薯块茎、夹竹桃嫩茎,药材半夏、甘草、地骨皮、大黄、何首乌、人参、黄柏的粉末或切片。

（2）实验用品　光学显微镜;镊子、单面刀片、解剖针、载玻片、盖玻片、酒精灯、吸水纸、擦镜纸;蒸馏水、稀碘液、水合氯醛试液、稀甘油、间苯三酚试液、浓盐酸试液、苏丹Ⅲ试液等。

内容与步骤

（一）淀粉粒

切取1小块马铃薯块茎,用刀片轻轻刮取少许,置于载玻片上,加水制成水装片,观察。在低倍镜下可见到许多类圆形的颗粒即淀粉粒,转入高倍镜,仔细观察脐点和层纹,注意分辨单粒、复粒和半复粒。也可以加稀碘液进一步观察。

（二）草酸钙结晶

制作药材粉末透化片　取药材粉末少许(体积约绿豆大小),置于载玻片中央,滴加2~3滴水合氯醛试液(透化剂,可使组织细胞透明),在酒精灯上用文火慢慢加热,边加热边搅动,待稍干时离火冷却,再加水合氯醛重复以上过程(如粉末颜色较淡,可以只加热1次)。稍干后冷却,滴加2滴稀甘油,盖上盖玻片,即成水合氯醛透化片。

（1）针晶　取半夏粉末少许,制成水合氯醛透化片,观察。视野中可见到散在或成束存在的针晶。或取半夏根茎横切片观察,在大型的黏液细胞中可见到针晶束存在。

（2）方晶　取黄柏或甘草粉末少许,制成水合氯醛透化片,观察。在整齐排列于纤维束周围的薄壁细胞中可见到方形或类方形的方晶。或取黄柏或甘草纵切片观察晶鞘纤维上的方晶。

（3）簇晶　取大黄或何首乌粉末少许,制成水合氯醛透化片,观察。可见在许多薄壁细胞有呈花朵状的簇晶存在。

（4）砂晶　取地骨皮粉末少许,制成水合氯醛透化片,观察。可见到在薄壁细胞中充满许多细小的三角形或不规则颗粒状的砂晶。或取地骨皮横切片观察,在薄壁细胞或细胞间隙中有大量砂晶存在。

(三) 细胞壁特化反应

1. 细胞壁木质化 制作徒手切片、取夹竹桃幼茎(其他木本植物幼茎亦可),截取2~3cm长的小段,端部切平,用左手的拇指、食指和中指捏紧(或用拇指和食指捏住材料,中指托住材料下端),右手拇指和食指捏住单面刀片刀背一端,将材料上端和刀口蘸水湿润,两臂夹住身体两侧,刀口向内平放于材料上端,运用臂力从材料的左前方向右后方左水平方向的快速连续拉切,将切片迅速放入盛有水的培养皿中。

选较薄的切片置于载玻片中央,滴加间苯三酚和浓盐酸或浓硫酸试液,盖上盖玻片,观察。可见在茎髓外侧的许多细胞的细胞壁被染成樱红色或紫红色,即是木质化细胞壁。

2. 细胞壁角质化 取夹竹桃幼茎的横切片,置于载玻片中央,滴加苏丹Ⅲ试液,在酒精灯上用文火稍稍加热,放冷后滴加1滴稀甘油,盖上盖玻片,观察。可见切片外侧有1条与表皮细胞相连的橙色亮带,即是由表皮细胞壁角质化并向外分泌角质而形成的角质层。

3. 细胞壁木栓化 取马铃薯块茎(带皮)一小块,做徒手切片,取较薄者置于载玻片中央,滴加苏丹Ⅲ试液,在酒精灯上用文火稍稍加热,放冷后滴加1滴稀甘油,盖上盖玻片,观察。可见块茎皮部的数层细胞均被染成橙红色,即是木栓化的细胞壁。

作业与思考

1. 绘马铃薯淀粉粒形态图。
2. 绘四种草酸钙结晶的形态图。
3. 说出细胞壁特化的类型及其鉴别方法和结果。

实验6　保护组织和机械组织

目 的 要 求

1. 记住表皮细胞及其附属物(毛茸、气孔)的特征和类型
2. 熟悉周皮的特征并学会分辨其各部分
3. 掌握机械组织细胞的基本特征

材 料 与 用 品

(1) 实验材料　天竺葵、菊、胡颓子、石韦、蜀葵、忍冬、薄荷、菘蓝、栌兰、毛茛、桑等植物的叶或表皮装片；接骨木或桑或椴树茎横切片；薄荷茎或芹菜叶柄；梨果实、黄柏粉末。

(2) 实验用品　光学显微镜；镊子、刀片、解剖针、载玻片、盖玻片、酒精灯、吸水纸、擦镜纸；蒸馏水、稀碘液溶液、66%硫酸溶液、水合氯醛试液、稀甘油溶液、间苯三酚试液、浓盐酸试液等。

内 容 与 步 骤

1. 表皮及其附属物　取天竺葵或忍冬或薄荷等植物的叶，撕取1小块叶片表皮，制成水装片。可见到表皮细胞的垂周壁多为不规则波状，彼此紧密嵌合，无细胞间隙，细胞多不含叶绿体。注意观察表皮上的毛茸类型和特征，区分非腺毛和腺毛。

取薄荷、菘蓝、毛茛、栌兰等或同科属植物的叶或表皮装片，观察其气孔的类型和特征，尤其注意气孔的保卫细胞和副卫细胞的形态特征以及排列方式。其中薄荷叶的气孔为直轴式，栌兰叶的气孔为平轴式，菘蓝叶的气孔为不等式，毛茛叶的气孔为不定式。

2. 周皮和皮孔　取接骨木或桑或椴树茎横切片观察，可见其最外方为多层切向延长的扁方形细胞，排列紧密，无细胞间隙，细胞壁稍厚并木栓化，具皮孔，即是木栓层；在木栓层内方有1~2层颜色较淡的扁平细胞是木栓形成层；木栓形成层内方有数层类圆形薄壁细胞，大小不一，排列疏松，具细胞间隙，细胞内常含叶绿体，即是栓内层。木栓层、木栓形成层、栓内层三部分形成的整体结构称周皮。

3. 厚角组织　取薄荷茎或芹菜叶柄，制成徒手切片，观察。可见在其棱角处的表皮下方，有数层多角形细胞组成的厚角组织，细胞的角隅处呈不均匀增厚，使细胞腔略呈棱形。在高倍镜下可见细胞内有原生质体，用稀碘液和66%硫酸溶液染色，这些细胞壁被染成淡蓝色，证明是纤维素细胞壁，说明厚角组织细胞是生活细胞。

4. 厚壁组织　用镊子挑取少量梨果肉中的淡黄色小硬粒，置于载玻片上，再将其压碎，滴加蒸馏水或水合氯醛试液，搅拌均匀，盖上盖玻片观察。可见有许多类圆形、不规则形状的石细胞成团或散在，细胞壁很厚，壁上有增厚的层纹和纹孔道(沟)，细胞腔很小。用间苯三酚和浓盐酸染色，细胞壁被染成樱红色或紫红色。

另取黄柏粉末制成水合氯醛透化片,显微镜下可见有许多细长、两端尖锐的、周围薄壁细胞含草酸钙方晶的晶鞘纤维,也可见多数类圆形或具不规则分枝的石细胞。用间苯三酚和浓盐酸染色,纤维和石细胞的细胞壁被染成樱红色或紫红色。

作业与思考

1. 绘观察到的非腺毛和腺毛图。
2. 绘黄柏的纤维和石细胞图。
3. 说出非腺毛和腺毛、纤维和石细胞的异同点。
4. 说出厚角组织与厚壁组织细胞特征的区别。

实验 7　输导组织和分泌组织

目 的 要 求

1. 熟悉导管的类型及其特征
2. 记住分泌组织的类型及其特征
3. 学习制作植物解离组织装片

材料与用品

（1）实验材料　黄豆芽或向日葵茎纵切片、松茎纵切片、南瓜茎纵切片和横切片；姜根茎、明党参或当归根横切片。

（2）实验用品　光学显微镜；镊子、刀片、解剖针、载玻片、盖玻片、酒精灯、吸水纸、擦镜纸；蒸馏水、水合氯醛试液、稀甘油、间苯三酚试液、浓盐酸试液等。

内容与步骤

（一）导管和管胞

1. 导管　选取生长健壮的黄豆芽，在芽的中部横切，截取约 0.5cm 长的小段，然后沿芽的纵轴切取 1 薄片，置于载玻片中央，直接滴加间苯三酚和浓盐酸试液染色，稍放置后观察。可见多数管状细胞以端壁相连接形成的导管，导管壁增厚并木质化，增厚的部分形成各种纹理。注意分辨不同类型的导管，在高倍镜下仔细观察环纹导管、螺纹导管、梯纹导管、网纹导管、孔纹导管的特征。

另取向日葵茎纵切片观察，在木质部位置可以清楚看到细胞壁被染成红色的导管，主要有环纹、梯纹、网纹和孔纹导管，偶见梯纹导管。

2. 管胞　取松茎纵切片观察，可见到木质部主要由管胞组成，这些细胞呈纺锤形，两端斜尖，相互紧密嵌合，侧壁上可见许多排列整齐的具缘纹孔（顶面观呈 3 个同心圆），管胞即是通过侧壁上的纹孔输导水分。

（二）筛管和伴胞

取南瓜茎纵切片观察，在韧皮部中可见许多轴向延长的管状细胞相连形成的筛管，其细胞壁较薄，高倍镜下能见到端壁上有许多小孔即筛孔，细胞内偶见有联络索与上下端壁相连。筛管旁边狭长的小型细胞即是伴胞。

另取南瓜茎横切片观察，在韧皮部中可见许多呈多边形的筛管，旁边有小型的、三角形或长方形的伴胞存在。在高倍镜下仔细观察，有时可见具有筛孔的端壁即筛板。

(三) 油细胞和油室

(1) 油细胞　取姜根茎按徒手切片法切薄片,选取最薄者制成水装片,观察。在薄壁组织中,可见一些大型的类圆形细胞,充满淡黄色油滴,即为油细胞。

(2) 油室　取明党参或当归根横切片,观察。可见众多类圆形腔穴,周围有一圈扁圆形分泌细胞围绕,即是分泌腔,由于其分泌和储藏的物质是挥发油,又称油室。

作业与思考

1. 绘各种类型的导管图。
2. 绘所观察的油室构造图。
3. 说出导管和筛管的细胞特征。

实验 8　根和叶的构造

目 的 要 求

1. 记住根的初生构造特点
2. 熟悉双子叶植物根的次生构造特点
3. 熟悉单子叶植物根的构造特点
4. 记住双子叶植物叶的构造特点
5. 学习绘制植物器官横切面显微构造图

材 料 与 用 品

（1）实验材料　毛茛幼根横切片；防风根或当归根或人参根横切片；百部根或麦冬根横切片；薄荷叶或穿心莲叶横切片。
（2）实验用品　光学显微镜。

内 容 与 步 骤

（一）双子叶植物根的初生构造

取毛茛幼根横切片，在显微镜下由外而内可见依次为表皮、皮层、维管柱。

1. 表皮　为1列类方形的表皮细胞，排列整齐，无细胞间隙。有时可见少数由表皮细胞壁突起形成的根毛，但多数是在制片过程中被损坏的根毛残体。

2. 皮层　皮层位于表皮以内，占根的大部分体积，由多层大型的薄壁细胞组成。自外向内依次观察：

外皮层：紧靠表皮，为1列类方形或多角形的薄壁细胞，细胞排列稍整齐，无细胞间隙。

中皮层（皮层薄壁组织）：由多层类圆形的薄壁细胞组成，细胞排列疏松，具有明显的细胞间隙，高倍镜下能观察到细胞内含有淀粉粒。

内皮层：由一列切向延长的细胞组成，细胞排列整齐而紧密，无细胞间隙，在细胞的径向壁上可以看到增厚并被染成红色的点状结构，即凯氏点。

3. 维管柱　维管柱位于内皮层以内，整体为类圆形。高倍镜下观察以下部分：

中柱鞘：由1~2列薄壁细胞组成，细胞排列较紧密，无明显细胞间隙。侧根、木栓形成层和形成层的一部分都发生在中柱鞘。

初生木质部和初生韧皮部：初生木质部排列为4束的星芒状，一直分化到根的中央。靠近中柱鞘的导管孔径较小，是原生木质部，靠近根中央的导管孔径较大，染色较浅甚至不显红色，是后生木质部。这种导管发育顺序说明根的初生木质部是外始式。初生韧皮部位于2个初生木质部辐射角之间，为细胞排列紧密的团状结构，由筛管、伴胞等组成。这种维管束类型为辐射型。

在初生木质部与初生韧皮部之间由几层薄壁细胞,这是根进行次生生长前形成形成层的部位。

(二) 单子叶植物根的构造

取蔓生百部根横切片,自外向内观察:
(1) 根被 由3~4列多角形细胞组成,高倍镜下可见细胞壁上有木栓化增厚的纹理,有的可木质化,被染成红色。
(2) 皮层 也分化为外皮层、皮层薄壁组织和内皮层,占根的大部分体积。内皮层具有明显的凯氏点。
(3) 维管柱 最外为中柱鞘包围。初生木质部和初生韧皮部常为多束(19~27束),呈辐射型排列。木质部导管呈类多角形,韧皮部内侧有少数非木质化纤维。中央为薄壁细胞组成的髓部,偶见单个散在或2~3成束的细小纤维。

(三) 双子叶植物根的次生构造

取防风根横切片,自外向内观察:
(1) 周皮 为最外方的数层细胞,转入高倍镜依次观察:
木栓层:为8~12列排列整齐而紧密的扁方形细胞组成,细胞壁木栓化,被染成浅棕色。
木栓形成层:为1层比木栓层细胞更扁的细胞,有时不甚明显。
栓内层:为2~3列生活的薄壁细胞组成,其中分布着不规则长圆形的油管。
(2) 次生维管组织 次生韧皮部:位于周皮以内,细胞多层,包括筛管、伴胞和韧皮薄壁细胞,其中可见多数大小不等的不规则裂隙。韧皮射线弯曲,为1~2列径向延长的薄壁细胞组成,韧皮部中散有多数类圆形油管。
形成层:形成层为1列细胞,但是由于刚产生不久的细胞尚未分化成熟,所以在次生韧皮部内方可见数列排列紧密、整齐的扁方形细胞,称形成层区。
次生木质部:位于根的中央,细胞被染成红色,包括导管、管胞和木薄壁细胞。导管孔径大小不一,呈放射状排列,其间有木射线,由1~2列径向延长的薄壁细胞组成,与韧皮射线相连,合称维管射线。最中央为初生木质部,导管孔径细小,类圆形。

(四) 双子叶植物叶的构造

取薄荷叶横切片,在显微镜下依次观察:
(1) 表皮 分为上表皮和下表皮,均为1层扁方形细胞,被由角质层,具气孔。表皮上可见多细胞非腺毛和单细胞腺头、单细胞腺柄的腺毛,以及扁盘状的腺鳞。
(2) 叶肉 分为栅栏组织和海绵组织。栅栏组织为1列圆柱形细胞,紧靠上表皮,排列整齐而紧密,细胞内含多数叶绿体,至主脉处断开;海绵组织为4~5列类圆形细胞,在下表皮与栅栏组织之间,排列疏松,具有发达的细胞间隙,细胞内叶绿体较少。
(3) 主脉 在上下表皮内方均可见数列厚角组织细胞。维管束为上弯的类圆形,木质部靠近上表皮(向茎面),导管多列,放射状;木质部下方为数层扁平细胞,即束中形成层;形成层下方为较窄的韧皮部,细胞为多角形或类方形,排列紧密。韧皮部与下表皮之间具有发达的薄壁组织和机械组织细胞,使叶的中脉向下突出。

作业与思考

1. 绘毛茛根和防风根横切面简图并标明各部分。
2. 说出双子叶植物根的次生构造特点。
3. 比较双子叶植物根的初生构造与单子叶植物根的构造的异同点。
4. 双子叶植物叶的构造特点是什么?

实验 9　茎 的 构 造

目 的 要 求

1. 掌握双子叶植物木质茎和草质茎的次生构造特点
2. 掌握双子叶植物根茎的构造特点
3. 掌握单子叶植物茎的构造特点

材 料 与 用 品

（1）实验材料　3~4年生椴树茎横切片、薄荷或马兜铃茎横切片、黄连或苍术根茎横切片、石斛茎横切片。
（2）实验用品　显微镜等。

内 容 与 步 骤

（一）双子叶植物木质茎的次生构造

取3~4年生椴树茎横切片，由外向内依次观察：
1. 周皮　具有明显的木栓层、木栓形成层、栓内层分化，木栓层有多列细胞，最外方常保留有1列残存的表皮细胞，栓内层细胞仅2~3列。
2. 皮层　由数列类圆形薄壁细胞组成，有些细胞中可见簇晶。
3. 维管柱　木质茎的次生维管组织较发达，分为维管束、髓射线和髓等。
（1）维管束　为无限外韧型，多个呈环状排列。自外向内分别可见：
次生韧皮部：呈梯形，其中被染成红色的韧皮纤维与被染成绿色的筛管、伴胞和韧皮薄壁细胞呈横条状相间排列。次生韧皮部内可见韧皮射线。初生韧皮部通常被破坏而分辨不出。
束中形成层：为4~5层的扁平的薄壁细胞组成形成层区。
次生木质部：占有较大体积，由导管、木纤维和木薄壁细胞等组成，被染成红色。可见明显的年轮，每1轮环中靠近内方的木质部染色较浅，是早材；靠近内方的木质部染色较深，是晚材，两者之间没有明显的界限。木质部内可见单列细胞的木射线，与韧皮射线相连，合称维管射线。初生木质部已被挤压到靠近髓部的周围，导管孔径较小。
（2）髓　位于茎的中央，由薄壁细胞组成，有的细胞含有簇晶或单宁等物质，所以染色较深。靠近木质部的1列小型且壁较厚的细胞是环髓带。
（3）髓射线　位于维管束之间，由薄壁细胞组成，其中经过韧皮部的部分形成漏斗状，通向皮层；经过木质部部分为1~2列细胞。

(二) 双子叶植物草质茎的次生构造

取薄荷茎横切片,可见呈类方形,自外向内观察:
(1) 表皮　为1列类方形细胞,外被角质层,可见腺毛、腺鳞和非腺毛。
(2) 皮层　为数列类圆形排列疏松的薄壁细胞,细胞中有时可见扇形的橙皮苷结晶。在4个棱角处可见多列厚角组织细胞,细胞的角隅处明显增厚。内皮层明显,可见凯氏点。
(3) 维管束　由4个大型维管束和其间较小的维管束成环状排列,均为无限外韧型。4个棱角处的大型维管束的木质部较为发达,数行导管纵向排列,导管之间为木射线;韧皮部为数列多角形细胞;束中形成层与束间形成层连接成环。
(4) 髓射线　维管束之间的薄壁组织区域即髓射线,其宽窄不一。
(5) 髓　位于中央,较发达,由大型的薄壁细胞组成。

(三) 观察双子叶植物根茎的构造

取黄连根茎横切片,自外向内观察:
(1) 木栓层　为数列扁方形木栓细胞组成,表皮细胞多残留,有时可见外侧附有鳞叶组织。
(2) 皮层　较发达,由薄壁细胞组成,其中可见被染成红色的厚壁细胞,单个或成群分布。常可见根迹维管束或叶迹维管束斜向通过皮层。
(3) 维管束　数个环状排列,无限外韧型,束中形成层明显,束间形成层不明显。韧皮部外侧有初生韧皮纤维束,其间夹有石细胞。
(4) 髓　位于中央,发达,均为大型的薄壁细胞,细胞中含有多数淀粉粒。
(5) 髓射线　位于维管束之间,为薄壁细胞组成,宽窄不一。

(四) 单子叶植物茎的构造

取石斛茎横切片,自外向内观察:
(1) 表皮　为1列类方形细胞,细胞外壁稍厚,被有发达的角质层。
(2) 基本组织　表皮内由大型薄壁细胞组成的部分,无皮层与髓部之分,其间散在分布着维管束。有的薄壁细胞中可见草酸钙针晶。
(3) 维管束　散列于基本组织中,为有限外韧型。韧皮部半圆形,细胞数个;木质部由2~3个较大、数个较小的导管组成。在韧皮部外侧或维管束两端有半圆形的厚壁细胞围绕。

作业与思考

1. 绘薄荷茎和黄连根茎横切面简图。
2. 比较双子叶植物茎与根茎的构造特点。
3. 记住单子叶植物茎的构造特点。
4. 何为年轮?在木质茎的横切面上如何分辨年轮?

实验 10　孢 子 植 物

目 的 要 求

1. 记住孢子植物的主要特征
2. 了解藻类、真菌、地衣、苔藓及蕨类植物的主要特征
3. 认识常见的药用藻类、真菌和蕨类植物

材 料 与 用 品

(1) 实验材料　（各校根据实际情况自行选择）

新鲜植物或腊叶标本：红藻门的甘紫菜 *Porphyra tenera* Kjellm.、褐藻门的海带 *Laminaria japonica* Aresch 等；真菌门的香菇 *Lentinu edodes* (Berk.) Sing.、茯苓 *Poria cocos* (Schw.) Wolf.、猪苓 *Polyporus umbellatus* (Pers.) Fr.、灵芝 *Ganoderma lucidum* (Leyss ex Fr.) Karst.等；地衣门的石耳 *Umbilicaria esculenta* (Miyoshi) Minks、松萝 *Usnea diffracta* Vain.等；苔藓植物门的地钱 *Marchantia polymorpha* L.、葫芦藓 *Funaria hygrometrica* Hedw.等；蕨类植物门的石松 *Lycopodium japonicum* Thunb.、卷柏 *Selaginella tamariscina* (Beauv.) Spring、木贼 *Equisetum hiemale* L.、紫萁 *Osmunda japonica* Thunb.、海金沙 *Lygodium japonicum* (Thunb.) Sw.、凤尾草 *Pteris multifida* Poir.、金毛狗脊 *Cibotium barometz* (L.) J. Smith、贯众 *Cyrtomium fortunei* J. Smith、绵马鳞毛蕨 *Dryopteris crassirhizoma* Nakai、石韦 *Pyrrosia lingua* (Thunb.) Farwell、有柄石韦 *P. petiolosa* (Christ.) Ching、槲蕨 *Drynaria fortunei* (Kze.) J. Smith 等。

药材：真菌门的冬虫夏草 *Cordyceps sinensis* (Berk.) Sacc.

玻片标本：绿藻门的水绵 *Spirogyra nitida* (Dillow.) Link.，冬虫夏草子座横切制片。

(2) 实验用品　光学显微镜、解剖镜或放大镜、解剖器材等。

内 容 与 步 骤

(一) 藻类

(1) 绿藻门　取水绵的玻片标本，置显微镜下观察，可见植物体由圆筒形细胞构成，内有一条或多条螺旋状叶绿体。

(2) 红藻门　观察甘紫菜标本，可见藻体呈薄膜状，遇水后手摸有黏滑感，紫红或淡紫红色。

(3) 褐藻门　观察海带标本，可见植物体(孢子体)分三部分：呈假根状的固着器、茎状的柄及带片。

(二) 真菌类

1. 子囊菌亚门 观察冬虫夏草药材,可见本品由虫体和真菌子座相连而成。下端"虫"的部分是蝙蝠蛾幼虫感染菌丝后,冬天潜入土中越冬,虫体内充满菌丝而成僵死的幼虫体(内部成为菌核)。夏天,通常从虫的头部长出所谓"草"的部分,是菌柄和子座。头部膨大呈棒状的部分称子座,基部柄状。

取子座横切面玻片标本,在镜下可见子座周围长有许多子囊壳(子实体),每个子囊壳中产生许多子囊,每子囊中通常有2枚针状的子囊孢子(不易分清)。

2. 担子菌亚门

(1) 伞菌类的子实体 观察香菇,分清菌盖、菌柄,菌盖下有多数放射状细条称菌褶。注意菌柄上有无菌环和菌托。

(2) 多孔菌科真菌 观察茯苓、猪苓、灵芝等标本。灵芝子实体木栓质,菌柄生于菌盖侧面,菌盖半圆形至肾形,上面红褐色,有光泽,具环状横纹,下面白色,有许多小孔即管孔,内藏担孢子;茯苓菌核常为不规则块状,表面有瘤状皱褶,淡灰至黑褐色,断面白色;猪苓菌核常为不规则块状,表面凹凸不平,棕黑至灰黑色,有光泽,断面白色。

(三) 地衣类

(1) 叶状地衣 观察石耳,植物体呈扁平状,仅由菌丝形成的假根或脐紧贴基物上,容易剥离。

(2) 枝状地衣 观察松萝,可见植物体丝状,成二叉式分枝,先端分枝较多。

(四) 苔藓类

(1) 苔纲 观察地钱的植物体(配子体),是扁平绿色二叉状分枝的叶状体。注意上面(背面)有孢芽杯,呈杯状突起,其内产生的孢芽可萌发成新的配子体,下面(腹面)有鳞片和假根。

(2) 藓纲 观察葫芦藓的植物体(配子体),有茎叶分化。茎直立,下部具假根。雌雄同株(但不同枝),雄枝苞叶顶生,宽大,外翻,呈花朵状,内生精子器;雌枝生于雄苞下的短侧枝上,苞叶稍狭,包紧成芽状,内生颈卵器。受精卵在颈卵器内发育成胚,由胚长成孢子体,寄生在植物体(配子体)顶端。

(五) 蕨类

1. 小型叶蕨类

(1) 石松 取石松标本观察,茎有直立茎和匍匐茎,叶线状钻形,螺旋状排列,直立茎顶端着生孢子囊穗。

(2) 卷柏 取卷柏标本观察,可见植株主茎较长,根系密集成茎干状,小枝丛生在主茎顶端,干旱时内卷成球状,营养叶鳞片状,二型,侧叶(背叶)二行较大,长卵圆形,中叶(腹叶)二行较小,孢子叶集生茎顶成孢子叶穗,四棱形。

(3) 木贼 观察木贼标本,可见茎直立,不分枝或仅基部有少数直立侧枝,棱脊上有2行瘤状突起,鞘齿早落。孢子叶穗生于茎顶,长圆形,孢子同型。

2. 大型叶蕨类

(1) 紫萁 观察紫萁标本,根状茎斜升,有残存叶柄,叶丛生,二型,营养叶二回羽状,孢子叶羽片狭窄,卷缩成条形,沿主脉两侧背面密生孢子囊。

(2) 海金沙　观察海金沙标本,藤本,叶柄具缠绕性,叶二型,营养叶生于叶下部,孢子叶生于叶上部,二至三回羽状,孢子囊穗生于孢子叶羽片边缘,排列成流苏状。

(3) 贯众　观察贯众标本,根状茎短,叶簇生,一回羽状,羽片镰状披针形。孢子囊群圆形,散生于羽片上,置放大镜下观察可见囊群盖圆盾形。

(4) 有柄石韦　观察有柄石韦标本,可见根状茎横走,密生鳞片,叶远生,厚革质,下面密被灰棕色星状毛。叶二型,营养叶叶柄与叶片等长,孢子叶叶柄远长于叶片。孢子囊群布满叶片下面。

(5) 其他药用蕨类植物　观察凤尾草、金毛狗脊、绵马鳞毛蕨、石韦、槲蕨等标本,了解它们的形态特征。

作业与思考

1. 列表记录观察到的常用药用孢子植物并填写下表。

植物名	拉丁学名	所属分类群 (门或亚门)	常用 药用部位	入药名称	主要功效

2. 孢子植物中哪些是低等植物？哪些是高等植物？
3. 观察蕨类植物标本,描述每种植物的孢子囊或孢子囊群的形态。

实验 11　裸 子 植 物

目 的 要 求

1. 掌握裸子植物的主要特征。
2. 了解松科、柏科、麻黄科的主要特征及代表种的特征。
3. 观察并认识常见的药用裸子植物,了解它们的药用部位及功效。

材料与用品

(1) 实验材料　新鲜植物或腊叶标本:苏铁 *Cycas revoluta* Thunb.、银杏 *Ginkgo biloba* L.、马尾松 *Pinus massoniana* Lamb.、金钱松 *Pseudolarix amabilis* (Nelson) Rehd.、侧柏 *Platycladus orientalis* (L.) Franco、榧树 *Torreya grandis* Fort.、三尖杉 *Cephalotaxus fortunei* Hook. f.、草麻黄 *Ephedra sinica* Stapf、买麻藤 *Gnetum montanum* Markgr.等。

(2) 实验用品　放大镜或解剖镜、解剖器材及光学显微镜等。

内容与步骤

(一) 松科

观察马尾松的主要特征。

(1) 取马尾松新鲜带花果枝条或腊叶标本观察　注意植物体为木本,叶 2 针一束,细软,两面有不明显的气孔线(带),雄球花生于新枝基部,雌球花 2 个,生于新枝顶端。

(2) 取雄球花(小孢子叶球)观察　穗状,由多数螺旋状排列的雄蕊(小孢子叶)组成。用镊子取一个雄蕊置放大镜或解剖镜下观察,可见一双并列的长形花粉囊(小孢子囊),药隔扩大成鳞片状。用解剖针刺破花粉囊使花粉粒(小孢子)散出,做成水装片,置显微镜下观察花粉粒的形状,有无气囊。

(3) 取雌球花(大孢子叶球)观察　由多数螺旋状排列的珠鳞(心皮,大孢子叶)组成。剥开一片完整的珠鳞,在放大镜下可见其腹面基部具 2 枚胚珠。

(4) 观察马尾松成熟松果　注意此时珠鳞已长大并木质化,称为种鳞,近长方形,其顶端加厚成菱形,称鳞盾,鳞盾中央为鳞脐,微凹陷,胚珠已发育成种子。取出种子,是否一侧具翅?

(二) 柏科

观察侧柏的主要特征。

(1) 取侧柏的新鲜带花果枝条或腊叶标本观察　注意小枝扁平,排成一平面,鳞叶对生,叶背中脉有槽,花单性同株。

(2) 取雄球花观察 卵圆形,黄色。取雄蕊置放大镜或解剖镜下,可见花药2~6枚。用解剖针刺破花药,取出少许花粉粒制成水装片,置显微镜下观察花粉粒的形状,有无气囊?
(3) 取雌球花观察 近球形,蓝绿色,有4对交互对生的珠鳞。用镊子取一位于中间的1枚珠鳞置放大镜下观察,可见其腹面基部有1~2枚胚珠。
(4) 取成熟球果观察 卵圆形,开裂,种鳞4对,注意种鳞背部近顶端是否有反曲的尖头?取出种子观察有无翅。

(三) 麻黄科

观察草麻黄的主要特征。
(1) 取草麻黄标本观察 小灌木,具明显节与节间,节间具细纵沟槽,叶退化成膜质鳞片状,下部合生,上部2裂,花单性异株。
(2) 取雄球花序观察 每雄球花序有苞片2~5对,每一苞片中雄花1朵,雄蕊基部是否有膜质假花被,有几个雄蕊。
(3) 取雌球花序观察 有苞片4~5对,注意最上1对苞片各有1雌蕊,每雌蕊外有革质的假花被包围,胚珠1,具1层膜质珠被,珠被上端延长成珠孔管。种子成熟时假花被发育成红色肉质的假种皮,珠被管发育成膜质种皮。纵切观察假花被和种子。

(四) 其他裸子植物

观察苏铁、银杏、金钱松、榧树、三尖杉、买麻藤等植物的新鲜枝条或腊叶标本,了解它们的形态特征。

作业与思考

1. 选择已认识的5种裸子植物,列出分种检索表。
2. 参考有关资料将观察的裸子植物按要求填入下表。

植物名	拉丁学名	科(中文及拉丁名)	常用药用部位	入药名称	主要功效

3. 比较松科与柏科的不同点。
4. 思考:裸子植物具有哪些比蕨类植物更适应陆生环境的特征?

实验 12　离瓣花植物之一

目 的 要 求

1. 掌握桑科、蓼科、木兰科、毛茛科、马兜铃科、十字花科等科的主要特征。
2. 熟悉植物形态的描述方法、花的解剖及记录方法、科属检索表的编制。
3. 观察并认识上述各科中的一些主要药用植物,了解它们的药用部位及功效。

材 料 与 用 品

(1) 实验材料　新鲜植物或腊叶标本:桑科桑 *Morus alba* L.、无花果 *Ficus carica* L.、构树 *Broussonetia papyrifera* (L.) Vent.等;蓼科掌叶大黄 *Rheum palmatum* L.、红蓼 *Polygonum orientale* L.、何首乌 *P. multiflorum* Thunb.、拳参 *P. bistorta* L.、虎杖 *P. cuspidatum* Sieb. et Zucc.等;木兰科玉兰 *Magnolia denudata* Desr.、厚朴 *M. officinalis* Rehd. et Wils.、五味子 *Schisandra chinensis* (Tursz.) Baill.等;毛茛科乌头 *Aconitum carmichaeli* Debx.、毛茛 *Ranunculus japonicus* Thunb.、黄连 *Coptis chinensis* Franch.、白头翁 *Pulsatilla chinensis* (Bge.) Regel、天葵 *Semiaquilegia adoxoides* (DC.) Makino、威灵仙 *Clematis chinensis* Osbeck 等;马兜铃科细辛 *Asarum sieboldii* Miq.、马兜铃 *Aristolochia debilis* Sieb. et Zucc.、绵毛马兜铃 *A. mollissima* Hance.等;十字花科油菜 *Brassica campestris* L.、莱菔 *Raphanus sativus* L.、菘蓝 *Isatis indigotica* Fort.、播娘蒿 *Descurainia sophia* (L.) Webb ex Prantl 等。

(2) 实验用品　放大镜、镊子、解剖针和解剖刀等。

内 容 与 步 骤

1. 桑科　观察桑带花果枝条:木本,有乳汁;单叶互生;花单性异株,葇荑花序;聚花果。解剖花:从雄株和雌株的花序上各取一朵花,置放大镜下观察,可见花为单被花,雄花中雄蕊与花被片同数且对生,雌花花被片果时肉质,子房上位,2心皮。注意顶生胎座的特点,几室几胚珠?

桑科植物中还有无花果、构树等可供观察选用。

2. 蓼科　观察红蓼带花果植株,可见植物体为草本,全体具毛;茎节膨大;托叶鞘筒状,上有绿色草质环边;圆锥花序;花被片呈花瓣状,5裂;瘦果,包于宿存花被内。解剖花:注意观察有无花萼、花瓣之分,花被片及雄蕊数目,子房上下位及雌蕊心皮数,了解基生胎座的特点,几室几胚珠?瘦果是否具棱,有几棱?

蓼科植物中还有掌叶大黄、虎杖、何首乌、拳参等可供观察选用。

3. 木兰科　取玉兰带花植株观察:植物体木本;叶大,叶揉碎后有香气;具托叶痕;花大,单生;聚合蓇葖果。取花由外向内观察,注意花被片每轮是否3片,排成几轮;摘去花被片,观察雌蕊和雄蕊的数目,是否离生;除去所有雌蕊和雄蕊,观察花托形状,从痕迹上可否看出雌蕊与雄蕊螺旋状分别排列于伸长花托的上半部与下半部;聚合蓇葖果如何开裂。

木兰科植物中还有厚朴、五味子等可供观察选用。

4. 毛茛科　观察乌头带花果植株:草本;地下块根倒圆锥形;叶基生或互生,叶片3全裂;花两侧对称;聚合蓇葖果。解剖花:花萼5,花瓣状,蓝紫色,最上一萼片呈盔状,花瓣2。取毛茛花观察比较:花辐射对称,花萼5,花瓣5。除去毛茛花与乌头花的花萼、花瓣,注意雄蕊、雌蕊均多数,离生,螺旋状排列于膨大的花托上是否为它们的共同特点。

毛茛科植物中还有天葵、黄连、白头翁、威灵仙等可供观察选用。

5. 马兜铃科　观察马兜铃带花果植株:草质藤本;叶互生;花单生叶腋;单被花,花被花瓣状,合生,基部膨大成球状,中部管状,上部逐渐扩大成偏斜的舌片;蒴果椭圆形至球形,室间6瓣裂;种子三角形,有宽翅。解剖花:注意雄蕊数目、有无花丝及子房上下位。

马兜铃科植物中还有细辛、绵毛马兜铃等可供观察选用。

6. 十字花科　观察菘蓝带花果植株:草本;主根长圆柱形;叶互生,基生叶有长柄,茎生叶半抱茎,叶基部垂耳圆形或箭形;圆锥花序;花黄色;长角果顶端圆或平截,边缘翅状。解剖花:注意是否花瓣4,排成十字,有无蜜腺;雄蕊为何种类型。横切子房,用放大镜观察心皮数目、子房室数及胎座类型。

十字花科植物中还有油菜、莱菔、播娘蒿等可供观察选用。

作业与思考

1. 选择2种植物的花进行解剖并写出花程式。
2. 列出本次实验的6个科植物的分科检索表。
3. 参考有关资料将观察到的植物按要求填入下表。

植物名	拉丁学名	科 (中文及拉丁名)	常用 药用部位	入药名称	主要功效

4. 思考:如何区分木兰科和毛茛科?

实验13　离瓣花植物之二

目 的 要 求

1. 掌握蔷薇科、豆科、大戟科、五加科、伞形科等科的主要特征
2. 熟悉植物形态的描述方法、花的解剖及记录方法、科属检索表的编制
3. 观察并认识上述各科中的一些主要药用植物,了解它们的药用部位及功效

材 料 与 用 品

(1) 实验材料　新鲜植物或腊叶标本:蔷薇科绣线菊 *Spiraea salicifolia* L.、金樱子 *Rosa laevigata* Michx.、龙牙草 *Agrimonia pilosa* Ledeb.、地榆 *Sanguisorba officinalis* L.、郁李 *Cerasus japonica* (Thunb.) Lois.、山楂 *Cratargus pinnatifida* Bunge、皱皮木瓜 *Chaenomeles speciosa* (Sweet) Nakai 等;豆科合欢 *Albizia jubibrissin* Durazz.、决明 *Cassia obtusifolia* L.、望江南 *C. occidentalis* L.、苦参 *Sophora flavescens* Ait.、膜荚黄芪 *Astragalus membranaceus* (Fisch.) Bunge、甘草 *Glycyrrhiza uralensis* Fisch.、野葛 *Pueraria lobata* (Willd.) Ohwi.等;大戟科大戟 *Euphorbia pekinensis* Rupr.、泽漆 *E. helioscopia* L.、地锦 *E. humifusa* Willd.、蓖麻 *Ricinus communis* L.等;五加科细柱五加 *Acanthopanax gracilistylus* W. W. Smith、刺五加 *A. senticosus* (Rupr. et Maxim.) Harms、人参 *Panax ginseng* C. A. Mey.、三七 *P. notoginseng* (Burk.) F. H. Chen、通脱木 *Tetrapanax papyrifera* (Hook.) K. Koch 等;伞形科白花前胡 *Peucedanum praeruptorum* Dunn、明党参 *Changium smyrnioides* Wolff、杭白芷 *Angelica dahurica* "Hangbaizhi"、防风 *Saposhnikovia divaricata* (Turcz.) Schischk.、野胡萝卜 *Daucus carota* L.、柴胡 *Bupleurum chinense* DC.等。

(2) 实验用品　放大镜、镊子、解剖针和解剖刀等。

内 容 与 步 骤

1. 蔷薇科　取金樱子带花果枝条观察:攀援灌木,有刺;羽状复叶,小叶3,具托叶;花大,白色,单生;蔷薇果外有直刺,顶端具宿存萼片。解剖花观察蔷薇科花的特点,注意花托形状,花萼、花瓣、雄蕊数目及它们是否都着生在托杯(被丝托)边缘。取郁李、山楂花观察比较,注意它们的子房上下位、雌蕊数目及果实类型有何区别。

蔷薇科植物中还有绣线菊、龙牙草、地榆、皱皮木瓜等可供观察选用。

2. 豆科　观察苦参带花果枝条:落叶灌木;根圆柱状;羽状复叶,互生,具托叶;总状花序顶生,花冠淡黄色;荚果。解剖花:两侧对称;花瓣覆瓦状排列,花冠蝶形,最上一瓣(旗瓣)在最外方;雄蕊10,茎部稍合生。取决明花观察比较:花冠假蝶形,最上一瓣(旗瓣)在最内方,雄蕊7~10,分离。分清蝶形花与假蝶形花。注意雌蕊心皮数为1,边缘胎座,果实荚果是否为它们的共同特征。

豆科植物中还有合欢、望江南、膜荚黄芪、甘草、野葛等可供观察选用。

3. 大戟科 观察大戟带花果植株 草本,有乳汁;根圆锥形;叶互生,矩圆状披针形;杯状聚伞花序(大戟花序);蒴果表皮有疣状突起,形成3分果。取一杯状聚伞花序纵剖开,可见由总苞、中央的1朵雌花和周围的多朵雄花组成。将雌花与雄花置放大镜下观察,雌花仅1雌蕊,无花被;每朵雄花仅1雄蕊,雄花有关节,关节以上为花丝,关节以下为花柄,雄花成不规则的聚伞状排列,故称杯状聚伞花序。横切子房,注意心皮数、子房室数及胎座类型。

大戟科植物中还有地锦、蓖麻、泽漆等可供观察选用。

4. 五加科 观察细柱五加带花果植株 灌木,无刺或在叶柄基部单生扁平的刺;掌状复叶,互生或簇生,小叶多5;伞形花序常腋生;花黄绿色;果扁球形,上有宿存花柱。解剖花,观察花萼、花瓣数目,是否分离;雄蕊数目及着生位置。注意雄蕊生于花盘边缘;子房下位,花柱2裂。横切子房,观察心皮数及胎座类型。

五加科植物中还有刺五加、人参、三七、通脱木等可供观察选用。

5. 伞形科 观察白花前胡带花果植株 草本,具芳香气;茎常中空,有纵棱;复叶,二至三回羽状分裂,叶柄基部扩大成鞘状;复伞形花序;花白色;双悬果。在放大镜下观察花:5基数,花萼、花瓣、雄蕊5;具上位花盘,子房下位;雌蕊2心皮,2室;果实双悬果,每分果外有主棱。注意复伞形花序如何形成,果实为何被称为双悬果?

伞形科植物中还有野胡萝卜、明党参、杭白芷、防风、柴胡等可供观察选用。

作业与思考

1. 选择2种植物的花进行解剖并写出花程式。
2. 列出本次实验的6个科植物的分科检索表。
3. 参考有关资料将观察到的植物按要求填入下表。

植物名	拉丁学名	科 (中文及拉丁名)	常用 药用部位	入药名称	主要功效

4. 说出蔷薇科不同亚科及豆科的不同亚科之间的鉴别要点。
5. 伞形科具有哪些特征?为什么置于离瓣花亚纲的最后?

实验 14　合瓣花植物

目 的 要 求

1. 掌握唇形科、茄科、玄参科、桔梗科、菊科等科的主要特征
2. 熟悉植物形态的描述方法、花的解剖及记录方法、科属检索表的编制
3. 观察并认识上述各科中的一些主要药用植物,了解它们的药用部位及功效

材 料 与 用 品

（1）实验材料　新鲜植物或腊叶标本:唇形科益母草 *Leonurus heterophyllus* Sweet、丹参 *Salvia miltiorrhiza* Bunge、紫苏 *Perilla frutescens* (L.) Britt.、薄荷 *Mentha haplocalyx* Briq.、地瓜儿苗 *Lycops lucidus* Turcz.、黄芩 *Scutellaria baicalensia* Georgi、半枝莲 *S. barbata* D. Don 等；茄科枸杞 *Lycium chinense* Mill.、酸浆 *Physalis alkekengi* L.、龙葵 *Solanum nigrum* L.、白花曼陀罗 *Datura metel* L.等；玄参科玄参 *Scrophularia ningpoensis* Hemsl.、地黄 *Rehmannia glutinosa* (Gaertn.) Libosch. ex Fish. et Mey.、蚊母草 *Veronica peregrina* L.等；桔梗科桔梗 *Paltycodon grandiflorum* (Jacq.) A. DC.、沙参 *Adenophora stricta* Miq.、党参 *Codonopsis pilosula* (Franch.) Nannf.、半边莲 *Lobelia chinensis* Lour.等；菊科大蓟 *Cirsium japonicum* DC.、红花 *Carthamus tinctorius* L.、牛蒡 *Arctium lappa* L.、苍术 *Atractylodes lancea* (Thunb.) DC.、菊花 *Dendranthema morifolium* (Ramat.) Tzvel.、旋覆花 *Inula japonica* Thunb.、鳢肠 *Eclipta prostrata* L.、蒲公英 *Taraxacum monglicum* Hand.-Mazz.等。

（2）实验用品　放大镜、镊子、解剖针和解剖刀等。

内 容 与 步 骤

1. 唇形科　取益母草带花果植株观察　草本；方茎；叶对生,基生叶叶片近圆形,边缘浅裂,中部及上部叶菱形至线形,深裂；轮伞花序腋生；花冠唇形,淡红紫色；4 枚小坚果。理解何为轮伞花序,是否由聚伞花序轮状排列而形成。解剖花:花萼 5 裂,宿存；唇形花冠；二强雄蕊；子房深 4 裂,形成假 4 室。注意上下唇各有几裂? 什么类型雄蕊? 看清花柱如何着生,柱头几裂,心皮多少?

唇形科植物中还有紫苏、丹参、薄荷、地瓜儿苗、黄芩、半枝莲等可供观察选用。

2. 茄科　观察龙葵带花果植株　草本,无刺；茎多分枝；单叶,互生；短蝎尾状花序,常生于腋外枝叉之间；花萼 5 裂,宿存并在果时增大,花冠辐状,白色；浆果球状,成熟时紫黑色。解剖花:雄蕊 5,花药贴生成圆锥体围绕花柱,注意花药开裂类型,是否顶端有孔。横切子房观察心皮数目及胎座类型。

茄科植物中还有酸浆、枸杞、白花曼陀罗等可供观察选用。

3. 玄参科　观察玄参带花果枝条　高大草本；支根数条,纺锤形；茎方形；下部叶对生,上部叶有时互生,单叶,叶片卵形至披针形；聚伞花序合成圆锥状；花两侧对称,常为唇形花冠,二强

雄蕊;蒴果。横切子房注意观察心皮数、子房室数及胎座类型。

玄参科植物中还有地黄、益母草等可供观察选用。

4. 桔梗科 观察桔梗带花果植株 草本,有乳汁;根肉质,长圆锥状;单叶,对生、互生或轮生;花单生或数朵生于枝顶;花冠阔钟状,蓝色。解剖花:注意花萼、花瓣和雄蕊的数目,子房位置。横切子房,观察心皮数及胎座类型,果实如何开裂?另取半边莲带花果植株观察比较,可见后者为匍匐茎;花两侧对称,花冠裂片偏向一侧,花丝分离而花药合生,子房下位,2心皮,2室;蒴果。

桔梗科植物中还有沙参、党参等可供观察选用。

5. 菊科 观察菊花带花果植株 草本,全体被白色绒毛;单叶互生,叶缘有锯齿或羽裂;头状花序,花序外具多层总苞片;缘花舌状,盘花管状;瘦果,无冠毛。观察头状花序:是由许多小花集生于花序托上组成;认识何为一朵小花,并区分;掌握聚药雄蕊的特点是花药连合成筒状,而花丝彼此分离。解剖花序及小花,观察有无特化成冠毛的花萼。另外观察大蓟及蒲公英的头状花序,注意为舌状花还是管状花,它们的心皮数目、子房室数、胎座及果实类型是否一致,有何异同点;并注意何种植物有乳汁,属于哪个亚科?

菊科植物中还有红花、苍术、牛蒡、旋覆花、鳢肠等可供观察选用。

作业与思考

1. 选择2种植物的花进行解剖并写出花程式。
2. 列出本次实验的6个科植物的分科检索表。
3. 参考有关资料将观察到的植物按要求填入下表。

植物名	拉丁学名	科 (中文及拉丁名)	常用 药用部位	入药名称	主要功效

4. 唇形科与玄参科的鉴别要点是什么?说出菊科管状花亚科及舌状花亚科之间的区别。
5. 菊科具有哪些特征?为何位于合瓣花亚纲最后?

实验 15　单子叶植物

目 的 要 求

1. 掌握百合科、鸢尾科、天南星科、姜科、兰科等科的主要特征
2. 熟悉植物形态的描述方法、花的解剖及记录方法、科属检索表的编制
3. 观察并认识上述各科中的一些主要药用植物,了解它们的药用部位及功效

材 料 与 用 品

(1) 实验材料　新鲜植物或腊叶标本:百合科百合 *Lilium brownii* F. E. Brown var. *viridulum* Baker、浙贝母 *Fritillaria thunbergii* Miq.、黄精 *Polygonatum sibiricum* Delar. ex Red.、玉竹 *P. odoratum*（Mill.）Druce、麦冬 *Ophiopogon japonicus*（L. f.）Ker-Gowl.、菝葜 *Smilax china* L.等;鸢尾科射干 *Belamcanda chinensis*（L.）DC.、马蔺 *Iris lactea* Pall. var. *chinensis*（Fisch.）Koidz.等;天南星科半夏 *Pinellia ternata*（Thunb.）Breit.、掌叶半夏 *P. pedatisecta* Schott、天南星 *Arisaema erubescens*（Wall.）Schott、石菖蒲 *Acorus tatarinowii* Schott 等;姜科姜 *Zingiber officinale* Rosc.、姜黄 *Curcuma longa* L.、砂仁 *Amomum villosum* Lour.、大高良姜 *Alpinia galanga*（L.）Willd.等;兰科白及 *Bletilla striata*（Thunb.）Reichb. f.、天麻 *Gastrodia elata* Bl.、石斛 *Dendrobium nobile* Lindl.等。

(2) 实验用品　放大镜、镊子、解剖针和解剖刀等。

内 容 与 步 骤

1. 百合科　观察百合带花果植株:草本;地下鳞茎白色,具多数肉质鳞片;叶互生,倒披针形至倒卵形;花大,喇叭状,1~3 朵生于茎顶,花被片 6;蒴果长圆形,具棱。解剖花:注意花被片与雄蕊的数目及排列方式,是否为 6,2 轮排列;观察子房上下位及心皮数。横切子房可见几室,何种类型胎座?

百合科植物中还有黄精、浙贝母、玉竹、麦冬、菝葜等可供观察选用。

2. 鸢尾科　取射干带花果植株观察:草本;根状茎横生;茎光滑,略显"之"字形;叶剑形,基部叶鞘互相套叠而排成 2 列;聚伞花序顶生;花橙黄色,散生暗红色斑点;蒴果。解剖花:两性,花被片 6,基部合生成短管,注意雄蕊数目、子房上下位及柱头几裂。横切子房可见中轴胎座,3 室。

鸢尾科植物中还有马蔺等可供观察选用。

3. 天南星科　观察半夏带花果植株:草本;具球形地下块茎;一年生植株叶为单叶,成年植株叶掌状 3 全裂,叶柄下部内侧常有一珠芽;肉穗花序,外具佛焰苞;浆果。解剖花序,注意半夏为雌雄同株,雄花在花序上部,雌花位于下部。分别取雄花及雌花,置放大镜下观察雄蕊、雌蕊数目,横切子房观察子房室数及胚珠数。另取天南星肉穗花序观察,比较与半夏肉穗花序的区别。

天南星科植物中还有掌叶半夏、石菖蒲等可供观察选用。

4. 姜科 观察姜带花果植株:草本,有辛辣味;具根状茎;叶常2列,叶片披针形;穗状花序从根状茎抽出;花两性,两侧对称,黄绿色,花萼、花瓣区分明显;蒴果。解剖花:花萼管状,较短;花冠漏斗状,上部3裂片;侧生退化雄蕊花瓣状,与花丝合生;唇瓣大而美丽,长圆状倒卵形,有紫色条纹和淡黄色斑点;能育雄蕊1;子房下位。横切子房观察几心皮组成几室,何种胎座。

姜科植物中还有姜黄、砂仁、大高良姜等可供观察选用。

5. 兰科 取白及带花果植株观察:草本;地下块茎肉质肥厚,短三叉状,有环节;叶披针形,叶鞘抱茎;总状花序顶生;花紫色,两侧对称;蒴果圆柱状;种子极多且小。观察花:花被片6,外轮为萼片,上方1片称上萼片,侧方2片称侧萼片;内轮侧生的2瓣称花瓣,中间的一片称唇瓣,3裂,上有5条纵皱褶;子房花梗状,下位,常扭转。理解何为合蕊柱:是否雌蕊的花柱与雄蕊合生为一体组成合蕊柱? 花粉是否结合成花粉块? 横切子房观察心皮数目、胚珠数目及胎座类型。

兰科植物中还有石斛、天麻等可供观察选用。

作业与思考

1. 选择2种植物的花进行解剖并写出花程式。
2. 列出本次实验的5个科植物的分科检索表。
3. 参考有关资料将观察到的植物按要求填入下表。

植物名	拉丁学名	科 (中文及拉丁名)	常用 药用部位	入药名称	主要功效

4. 说出百合科、石蒜科与鸢尾科的鉴别要点。
5. 思考:为何兰科在恩格勒分类系统中位于最后? 它具哪些进化特征?

(谈献和 张 瑜 张 珂)

附录　常见药用植物分科检索表

药用蕨类植物分科检索表

1. 水生植物。
   2. 复叶,小叶四片 ………………………………………………………… 蘋科 Marsileaceae
   2. 单叶。
      3. 叶条形 …………………………………………………………………… 水韭科 Isoetaceae
      3. 叶非条形。
         4. 三叶轮生细长茎上,上面2枚矩圆形,下面1枚细裂成须根状 ……… 槐叶蘋科 Salviniaceae
         4. 叶微小为鳞片,呈二列覆瓦状排列 ………………………………… 满江红科 Azollaceae
1. 陆生或附生,少为湿生。
   5. 树型蕨类 …………………………………………………………………… 桫椤科 Cyatheaceae
   5. 草本蕨类。
      6. 有发达的地上茎。
         7. 无绿色叶。
            8. 节明显,茎中空 …………………………………………………… 木贼科 Equisetaceae
            8. 节不明显,茎不中空 ……………………………………………… 松叶蕨科 Psilotaceae
         7. 叶绿色。
            9. 茎扁平,叶鳞片状 ………………………………………………… 卷柏科 Selaginellales
            9. 茎辐射对称,叶钻形或披针形
               10. 茎直立或斜升,孢子叶与营养叶相似 ……………………… 石杉科 Huperziaceae
               10. 茎匍匐,着生孢子的茎直立,孢子叶干膜质 ……………… 石松科 Lycopodiaceae
      6. 地下茎发达。
         11. 缠绕植物 ……………………………………………………………… 海金沙科 Lygodiaceae
         11. 非缠绕植物。
            12. 孢子囊壁厚,由多层细胞组成。
               13. 孢子叶与营养叶异型 …………………………………………… 阴地蕨科 Botrychiaceae
               13. 孢子叶与营养叶同型 …………………………………… 观音座莲蕨科 Angiopteridaceae
            12. 孢子囊壁薄,由一层细胞组成。
               14. 植物体无鳞片和真正的毛,幼时有黏质腺体状绒毛,不久消失 ………………………………………………………………………………… 紫萁科 Osmundaceae
               14. 植物体具鳞片或真正的毛。
                  15. 孢子囊群生于叶缘。
                     16. 叶脉扇形,多回二叉 ……………………………………… 铁线蕨科 Adiantaceae
                     16. 叶脉非扇形二叉分枝。
                        17. 叶柄禾秆色,少为棕色,孢子囊群在叶缘连续。
                           18. 根状茎长而横走,被柔毛 ……………………………… 蕨科 Pteridiaceae
                           18. 根状茎短而直立或斜升,有鳞片 ……………………… 凤尾蕨科 Pteridaceae
                        17. 叶柄栗棕色或深褐色,孢子囊群在叶缘不连续 ……………………………………………………………………………… 中国蕨科 Sinopteridaceae

15. 孢子囊群生于叶缘以内。
　　19. 囊群盖呈蚌壳形,根状茎密被金黄色长软毛………… 蚌壳蕨科 Dicksoniaceae
　　19. 非以上特征。
　　　　20. 囊群盖生于叶缘内的囊托上,两侧多少与叶肉融合。
　　　　　　21. 叶柄或羽片以关节着生。
　　　　　　　　22. 叶簇生,一回羽状,羽片以关节着生于叶轴……………………………………………………………… 肾蕨科 Nephrolepidaceae
　　　　　　　　22. 叶远生,2~3 回羽状细裂,叶柄基部以关节着生于根状茎上………………………………………… 骨碎补科 Davalliaceae
　　　　　　21. 叶柄或羽片不以关节着生。
　　　　　　　　23. 孢子囊群单生于小脉顶端,囊群盖碗形或近圆肾形 ……………………………………………… 碗蕨科 Dennseaedtiaceae
　　　　　　　　23. 孢子囊为叶缘生的汇生囊群,通常生于几条小脉顶端的结合脉上,或单生于脉顶,囊群盖长圆形、线形或杯状 ……………………………………………………………… 鳞始蕨科 Lindsaeaceae
　　　　20. 孢子囊群生于小脉背面,远离叶缘,或布满叶下面。
　　　　　　24. 孢子囊群圆形。
　　　　　　　　25. 孢子囊群有盖。
　　　　　　　　　　26. 囊群盖为圆肾形或圆盾形。
　　　　　　　　　　　　27. 植物体有淡灰色的针状刚毛或疏长毛 ……………………………………………………………… 金星蕨科 Thelypteridaceae
　　　　　　　　　　　　27. 植物体有棕色阔鳞片,无针状毛 ………………………………………………………………… 鳞毛蕨科 Dryopteridaceae
　　　　　　　　　　26. 囊群盖卵形 …………… 蹄盖蕨科 Athyriaceae
　　　　　　　　25. 孢子囊群无盖。
　　　　　　　　　　28. 叶为二至多回的等位二叉分枝,叶背常灰白色 ……………………………………………………… 里白科 Gleicheniaceae
　　　　　　　　　　28. 叶为单叶或羽状分裂,叶背不为灰白色。
　　　　　　　　　　　　29. 叶柄基部以关节着生于根状茎上 ………………………………………………………………… 水龙骨科 Polypodiaceae
　　　　　　　　　　　　29. 叶柄基部无关节。
　　　　　　　　　　　　　　30. 植物体有针状毛………… 金星蕨科 Thelypteridaceae
　　　　　　　　　　　　　　30. 植物体有鳞片,无针状毛 ……………………
　　　　　　　　　　　　　　　　31. 叶二型 ……………… 槲蕨科 Drynariaceae
　　　　　　　　　　　　　　　　31. 叶一型 ……………… 蹄盖蕨科 Athyriaceae
　　　　　　24. 孢子囊群长形或线形。
　　　　　　　　32. 孢子囊群生于主脉两侧的狭长网眼内,贴近中脉并与之平行 ………………………………………………… 乌毛蕨科 Blechnaceae
　　　　　　　　32. 孢子囊群生于中脉两侧的斜出分离小脉上,与中脉斜交。
　　　　　　　　　　33. 囊群盖长形或线形,单生于小脉向轴的一侧 ……………………………………………………………… 铁角蕨科 Aspleiaceae
　　　　　　　　　　33. 囊群盖长形、线形、腊肠形、马蹄形,生于小脉的一侧或两侧 ……………………………………………… 蹄盖蕨科 Athyriaceae

药用裸子植物分科检索表

1. 花无假花被,乔木或灌木。
  2. 茎常不分枝;叶大型羽状 ………………………………………………………… 苏铁科 Gycadaceae
  2. 茎或树干常分枝,叶小、单生。
    3. 叶扇形,二叉叶脉 ……………………………………………………………… 银杏科 Ginkgoaceae
    3. 叶非扇形。
      4. 雌球花发育成球果状,种子无肉质假种皮。
        5. 雌球花的珠鳞与苞鳞互相分离 …………………………………………… 松科 Pinaceae
        5. 雌球花的珠鳞与苞鳞互相半合生或全合生。
          6. 种鳞与叶螺旋状排列 ………………………………………………… 杉科 Taxodiaceae
          6. 种鳞与叶均对生或轮生 ……………………………………………… 柏科 Cupressaceae
      4. 雌球花发育为单粒种子,不形成球果,种子有肉质假种皮。
        7. 雄蕊有 2 花药 ……………………………………………………………… 罗汉松科 Podocadraceae
        7. 雄蕊有 3~9 花药。
          8. 雌球花具长梗 ………………………………………………………… 三尖杉科 Cephalotaxaceae
          8. 雌球花无梗或近无梗 ………………………………………………… 红豆杉科 Taxaceae
1. 花具假花被,木质灌木或亚灌木。
  9. 木质灌木,阔叶 ………………………………………………………………… 买麻藤科 Gnetaceae
  9. 亚灌木,叶退化或膜质 ………………………………………………………… 麻黄科 Ephedraceae

药用被子植物离瓣花亚纲分科检索表

1. 花具被丝托 …………………………………………………………………………… 蔷薇科 Rosaceae
1. 花无被丝托。
  2. 叶心形或盾状,有长柄,花单生于无叶花葶上 ………………………………… 睡莲科 Nymphaeceae
  2. 叶与花非上述形态。
    3. 聚花果或聚合果。
      4. 聚花果 ……………………………………………………………………… 桑科 Moraceae
      4. 聚合果。
        5. 聚合瘦果。
          6. 被肉质果托所包 ……………………………………………………… 蜡梅科 Calycanthaceae
          6. 无果托包被 …………………………………………………………… 毛茛科 Ranunculaceae
        5. 聚合浆果或聚合蓇葖果。
          7. 具托叶 ………………………………………………………………… 木兰科 Magnoliaceae
          7. 不具托叶。
            8. 聚合浆果。
              9. 单叶 ……………………………………………… 木兰科(五味子族)Trib. Schisandreae
              9. 复叶 ……………………………………………………………… 木通科 Lardizablaceae
            8. 聚合蓇葖果。
              10. 木本植物 ……………………………………………… 木兰科(八角族)Trib. Illicieae
              10. 草本植物或亚灌木。
                11. 肉质草本 ………………………………………………………… 景天科 Crassulaceae
                11. 非肉质植物。
                  12. 花大,单生顶端 ……………………………………………… 芍药科 Paeoniaceae
                  12. 花多数,形成花序 …………………………………………… 毛茛科 Ranunculaceae

3. 单果。
    13. 胞果、角果、荚果、双悬果。
        14. 胞果。
            15. 苞片与花萼膜质 ················· 苋科 Amaranthaceae
            15. 苞片与花萼非膜质 ··············· 藜科 Chenopodiaceae
        14. 角果、荚果、双悬果。
            16. 角果 ··························· 十字花科 Cruciferae
            16. 荚果、双悬果。
                17. 荚果 ······················· 豆科 Leguminosae
                17. 双悬果 ····················· 伞形科 Umbelliferae
    13. 其他类型的单果。
        18. 寄生、半寄生、食虫植物。
            19. 寄生或半寄生植物。
                20. 肉质寄生植物 ················ 锁阳科 Cynomoriaceae
                20. 非肉质半寄生植物。
                    21. 藤本植物 ·············· 樟科(无根藤属)Lauraceae
                    21. 草本或木本植物。
                        22. 寄生于寄主植物根部,有独立的根 ········ 檀香科 Santalaceae
                        22. 寄生于寄主植物枝干部,无独立的根 ······· 桑寄生科 Loranthaceae
            19. 食虫植物。
                23. 花单性,单被 ················ 猪笼草科 Nepenthaceae
                23. 花两性,重被 ················ 茅膏菜科 Droseraceae
        18. 自养植物。
            24. 肉质植物。
                25. 叶变态为刺 ·················· 仙人掌科 Cactaceae
                25. 叶不变态。
                    26. 藤本植物 ················· 落葵科 Basellaceae
                    26. 草本植物。
                        27. 单性花。
                            28. 子房上位 ············ 大戟科 Euphorbiaceae
                            28. 子房下位 ············ 秋海棠科 Begoniaceae
                        27. 两性花。
                            29. 节膨大 ············· 凤仙花科 Baksaminaceae
                            29. 节不膨大 ············ 马齿苋科 Portulacaceae
            24. 非肉质植物。
                30. 子房下位或半下位。
                    31. 无花被或单被花。
                        32. 羽状复叶。
                            33. 单性花 ············· 胡桃科 Juglandaceae
                            33. 两性花 ············· 虎耳草科 Saxifragaceae
                      32. 单叶。
                        34. 无花被 ············· 金粟兰科 Chloranthaceae
                        34. 单花被。
                            35. 花三基数 ··········· 马兜铃科 Aristolochiaceae
                            35. 花非三基数。

　　　　　　36. 叶有棕色或白色鳞片状毛 ················· 胡颓子科 Elaeagnaceae
　　　　　　36. 叶不具以上类型毛。
　　　　　　　　37. 有托叶 ····························· 金缕梅科 Hamamelidaceae
　　　　　　　　37. 无托叶 ····························· 虎耳草科 Saxifragaceae
31. 重被花。
　　38. 药隔具附属物或下部有距 ··························· 野牡丹科 Melastomataceae
　　38. 药隔无上述特征。
　　　　39. 萼筒钟状,肉质肥厚 ····························· 石榴科 Punicaceae
　　　　39. 萼筒无上述特征。
　　　　　　40. 全株有星状毛,木质蒴果 ····················· 金缕梅科 Hamamelidaceae
　　　　　　40. 无星状毛,其他类型果实。
　　　　　　　　41. 草本植物。
　　　　　　　　　　42. 子房半下位,坚果有刺 ··············· 菱科 Trapaceae
　　　　　　　　　　42. 子房下位,果无刺。
　　　　　　　　　　　　43. 子房1～6室,每室胚珠多枚 ········· 柳叶菜科 Onagraceae
　　　　　　　　　　　　43. 子房1～4室,每室胚珠1枚 ········· 小二仙草科 Haloragidaceae
　　　　　　　　41. 木本植物。
　　　　　　　　　　44. 叶具透明腺点,雄蕊多数 ············· 桃金娘科 Myrtaceae
　　　　　　　　　　44. 叶无透明腺点,雄蕊与花瓣同数或倍数。
　　　　　　　　　　　　45. 叶掌状分裂或复叶。
　　　　　　　　　　　　　　46. 叶掌状分裂,花瓣4～10枚,线形 ···················
　　　　　　　　　　　　　　　　 ······················· 八角枫科 Alangiaceae
　　　　　　　　　　　　　　46. 复叶,花瓣5或10枚,非线形 ·····················
　　　　　　　　　　　　　　　　 ······················· 五加科 Araliaceae
　　　　　　　　　　　　45. 单叶全缘,花瓣4～5枚,非线形。
　　　　　　　　　　　　　　47. 萼管与子房合生并延伸成管状 ··················
　　　　　　　　　　　　　　　　 ······················· 使君子科 Combretaceae
　　　　　　　　　　　　　　47. 花萼无以上特征。
　　　　　　　　　　　　　　　　48. 雄蕊与花瓣同数互生 ······· 山茱萸科 Cornaceae
　　　　　　　　　　　　　　　　48. 雄蕊是花瓣的2倍 ········· 蓝果树科 Nyssaceae
30. 子房上位。
　　49. 花无被或单被。
　　　　50. 菜荑花序 ····································· 杨柳科 Salicaceae
　　　　50. 其他类型花序。
　　　　　　51. 花单性,蒴果 ······························ 大戟科 Euphrobiaceae
　　　　　　51. 花单性,非蒴果;或花两性。
　　　　　　　　52. 有托叶。
　　　　　　　　　　53. 托叶成鞘,包茎 ···················· 蓼科 Polygonaceae
　　　　　　　　　　53. 托叶不呈鞘状。
　　　　　　　　　　　　54. 无花被。
　　　　　　　　　　　　　　55. 心皮离生或合生,每室胚珠多数 ··· 三白草科 Saururaceae
　　　　　　　　　　　　　　55. 心皮合生,胚珠1枚 ··········· 胡椒科 Piperaceae
　　　　　　　　　　　　54. 花单被。
　　　　　　　　　　　　　　56. 花萼花瓣状 ················· 大风子科 Flacourtiaceae
　　　　　　　　　　　　　　56. 花萼非花瓣状。

　　　　　57. 翅果、核果或坚果 …………………………………… 榆科 Ulmaceae
　　　　　57. 瘦果 …………………………………………………… 荨麻科 Urticaceae
　　52. 无托叶。
　　　　58. 翅果 ……………………………………………………… 杜仲科 Eucommiaceae
　　　　58. 其他类型果实。
　　　　　59. 花萼花瓣状,具花萼筒。
　　　　　　60. 苞片花萼状,有时带鲜艳的颜色 …………… 紫茉莉科 Nyctaginaceae
　　　　　　60. 苞片早落或无苞片 …………………………… 瑞香科 Thymelaeaceae
　　　　　59. 花萼不形成筒状。
　　　　　　61. 草本或藤本植物。
　　　　　　　62. 总状花序 …………………………………… 商陆科 Phytolaccaceae
　　　　　　　62. 穗状花序 …………………………………… 胡椒科 Piperaceae
　　　　　　61. 木本植物。
　　　　　　　63. 种子有假种皮 ……………………………… 肉豆蔻科 Myristicaceae
　　　　　　　63. 种子无假种皮 ……………………………… 黄杨科 Buxaceae
49. 花重被,或多层花被。
　64. 植株具透明腺点,或乳汁。
　　65. 植株具透明腺点 ………………………………………… 芸香科 Rutaceae
　　65. 植物具乳汁。
　　　66. 肉质浆果 …………………………………………… 番木瓜科 Caricaceae
　　　66. 蒴果或核果。
　　　　67. 核果 ……………………………………………… 漆树科 Anacardiaceae
　　　　67. 蒴果。
　　　　　68. 中轴胎座,有托叶 …………………………… 大戟科 Euphorbiaceae
　　　　　68. 侧膜胎座,无托叶 …………………………… 罂粟科 Papaveraceae
　64. 植株不具透明腺点或乳汁。
　　69. 单体雄蕊或多体雄蕊。
　　　70. 叶对生,多体雄蕊 …………………………………… 藤黄科 Guttiferae
　　　70. 叶互生,单体雄蕊。
　　　　71. 花有副萼 ………………………………………… 锦葵科 Malvaceae
　　　　71. 花无副萼。
　　　　　72. 复叶 …………………………………………… 楝科 Meliaceae
　　　　　72. 单叶。
　　　　　　73. 有托叶 …………………………………… 梧桐科 Sterculiaceae
　　　　　　73. 无托叶。
　　　　　　　74. 花两侧对称,花丝合生 ……………… 远志科 Polygalaceae
　　　　　　　74. 花辐射对称,花丝基部连合 ………… 亚麻科 Linaceae
　　69. 雄蕊分离。
　　　75. 藤本植物。
　　　　76. 有卷须。
　　　　　77. 卷须与叶对生 ………………………………… 葡萄科 Vitaceae
　　　　　77. 卷须与叶互生 ………………………………… 西番莲科 Passifloraceae
　　　　76. 无卷须。
　　　　　78. 种子具假种皮 ………………………………… 卫矛科 Celastraceae
　　　　　78. 种子不具假种皮。

79. 核果。
  80. 核果,两侧均匀发育 ………………………………… 鼠李科 Rhamnaceae
  80. 核果,一侧发育较快 ……………………………… 防己科 Menispermaceae
79. 浆果或蒴果 …………………………………………… 猕猴桃科 Actinidiaceae
75. 木本植物或草本植物。
 81. 蒴果有刺或成熟时由基部向上裂开卷曲。
  82. 托叶刺状宿存,蒴果常有刺 …………………………… 蒺藜科 Zygophyllaceae
  82. 托叶无刺,蒴果无刺 …………………………………… 牻牛儿苗科 Geraniaceae
 81. 果实非以上类型。
  83. 特立中央胎座 ……………………………………… 石竹科 Caryophyllaceae
  83. 其他类型胎座。
   84. 花瓣延伸成距 ……………………………………… 堇菜科 Violaceae
   84. 花瓣不延伸成距。
    85. 花三基数。
     86. 单叶全缘或无刺,叶缘无刺 ………………………… 樟科 Lauraceae
     86. 复叶或单叶分裂,叶缘往往有刺 ………… 小檗科 Berberidaceae
    85. 花非三基数。
     87. 单叶。
      88. 有托叶。
       89. 植株有星状毛,木质蒴果 ………………………… 金缕梅科 Hamamelidaceae
       89. 不具备以上特征。
        90. 花单性 ………………………………………… 冬青科 Aquifoliaceae
        90. 花两性。
         91. 雄蕊与花瓣互生,种子多具橙红色假种皮 ………… 卫矛科 Celastraceae
         91. 雄蕊与花瓣对生,种子不具假种皮 …………… 鼠李科 Rhamnaceae
      88. 无托叶。
       92. 叶片小,鳞片状 ……………………………………… 柽柳科 Tamaricaceae
       92. 叶片非鳞片状。
        93. 雄蕊多数 ……………………………………… 山茶科 Theaceae
        93. 雄蕊有定数,多与花瓣同数或倍数。
         94. 双翅果 ……………………………………… 槭树科 Aceraceae
         94. 其他类型果实。
          95. 叶互生 ……………………………………… 虎耳草科 Saxifragaceae
          95. 叶对生 ……………………………………… 千屈菜科 Lythraceae
     87. 复叶。
      96. 有托叶。
       97. 花五基数 ……………………………………… 酢浆草科 Oxalidaceae
       97. 花各部不定数 ………………………………… 大戟科 Euphorbiaceae
      96. 无托叶。
       98. 有假种皮 ……………………………………… 无患子科 Sapindaceae
       98. 无假种皮。
        99. 掌状复叶 …………………………………… 七叶树科 Hippocastanaceae
        99. 其他类型复叶。
         100. 有花盘。
          101. 花盘环状 ……………………………… 苦木科 Simaroubaceae

101. 花盘杯状,盘状或坛状 ················· 橄榄科 Burseraceae
100. 无花盘或花盘不显 ················· 虎耳草科 Saxifragaceae

药用被子植物合瓣花亚纲分科检索表

1. 有托叶。
    2. 托叶退化为线状痕,子房上位 ················· 马钱科 Loganiaceae
    2. 托叶多样,子房下位 ················· 茜草科 Rubiaceae
1. 无托叶。
    3. 雄蕊与花冠裂片同数对生。
        4. 特立中央胎座。
            5. 草本植物 ················· 报春花科 Primulaceae
            5. 木本植物 ················· 紫金牛科 Myrsinaceae
        4. 顶生或中轴胎座 ················· 白花丹科 Plumbaginaceae
    3. 雄蕊与花冠裂片不同数,或不对生。
        6. 果实为瘦果、瓠果。
            7. 茎有卷须;瓠果 ················· 葫芦科 Cucurbitaceae
            7. 茎无卷须;瘦果。
                8. 舌状花或管状花;雄蕊5,聚药雄蕊 ················· 菊科 Compositae
                8. 花非舌状或管状;雄蕊少于5,离生。
                    9. 头状花序;瘦果包于小总苞内 ················· 川续断科 Dipsacaceae
                    9. 聚伞花序;翅果状瘦果 ················· 败酱科 Valerianaceae
        6. 果实为其他类型。
            10. 植株有乳汁。
                11. 子房上位。
                    12. 叶对生;边缘胎座,蓇葖果。
                        13. 花丝或花药合生,有花粉块 ················· 萝藦科 Asclepiadaceae
                        13. 花丝和花药分离,无花粉块 ················· 夹竹桃科 Apocynaceae
                    12. 叶互生;中轴胎座 ················· 旋花科 Convolvulaceae
                11. 子房下位 ················· 桔梗科 Campanulaceae
            10. 植株无乳汁。
                14. 雄蕊4枚,2强。
                    15. 轮伞花序;子房深4裂 ················· 唇形科 Labiatae
                    15. 非轮伞花序;子房完整。
                        16. 中轴胎座。
                            17. 植株有浓烈的气味;核果或浆果状核果 ················· 马鞭草科 Verbenaceae
                            17. 植株无明显气味;蒴果或浆果。
                                18. 苞片常大且有色彩;种子着生在种钩上 ················· 爵床科 Acanthaceae
                                18. 苞片不明显或缺;无种钩。
                                    19. 总状或聚伞花序 ················· 玄参科 Scrophulariaceae
                                    19. 花单生或簇生叶腋 ················· 胡麻科 Pedaliaceae
                        16. 侧膜胎座。
                            20. 寄生草本,叶退化成鳞片状 ················· 列当科 Orobanchaceae
                            20. 自养植物,单叶对生或近基部互生 ················· 苦苣苔科 Gesneriaceae
                14. 非2强雄蕊。
                    21. 花单性,异株 ················· 柿科 Ebenaceae

21. 花两性。
　　22. 雄蕊少于花冠裂片数,仅 2 枚 ………………………………… 木犀科 Oleaceae
　　22. 雄蕊与花冠裂片同数或更多。
　　　　23. 雄蕊是花冠裂片的倍数或多数。
　　　　　　24. 草本植物 ……………………………………………… 鹿蹄草科 Pyrolaceae
　　　　　　24. 木本植物。
　　　　　　　　25. 花药常有芒状附属物,顶端孔裂,花粉常为 4 分体 ……………………
　　　　　　　　　　………………………………………………………… 杜鹃花科 Ericaceae
　　　　　　　　25. 不是以上特征。
　　　　　　　　　　26. 植株有星状毛或鳞片;花丝常合生成筒 …………………………
　　　　　　　　　　　　………………………………………………… 安息香科 Styracaceae
　　　　　　　　　　26. 植株无星状毛或鳞片;花丝分离 ………… 山矾科 Symplocaceae
　　　　23. 雄蕊与花冠裂片同数且互生。
　　　　　　27. 叶对生。
　　　　　　　　28. 子房上位。
　　　　　　　　　　29. 花辐射对称 …………………………………… 龙胆科 Gentianaceae
　　　　　　　　　　29. 花两侧对称 …………………………………… 紫葳科 Bignoniaceae
　　　　　　　　28. 子房下位 ……………………………………… 忍冬科 Caprifoliaceae
　　　　　　27. 叶互生或基生。
　　　　　　　　30. 核果或小坚果 ………………………………… 紫草科 Boraginaceae
　　　　　　　　30. 浆果或蒴果。
　　　　　　　　　　31. 花冠裂片 5 ……………………………………… 茄科 Solanaceae
　　　　　　　　　　31. 花冠裂片 4 …………………………………… 车前科 Plantaginaceae

药用被子植物单子叶植物纲分科检索表

1. 子房上位。
　　2. 果实为瘦果、颖果、胞果。
　　　　3. 雌蕊多数分离,螺旋状排列在花托上,聚合瘦果 ………… 泽泻科 Alismataceae
　　　　3. 雌蕊不分离,颖果或胞果。
　　　　　　4. 茎称秆,节与节间明显,节间常中空,颖果 ……………… 禾本科 Gramineae
　　　　　　4. 植株为叶状体,仅 1 叶或数叶聚生,胞果 ……………… 浮萍科 Lemnaceae
　　2. 果实为其他类型。
　　　　5. 肉穗花序,具佛焰苞。
　　　　　　6. 草本或藤本植物 ……………………………………………… 天南星科 Araceae
　　　　　　6. 木本植物 ………………………………………………………… 棕榈科 Palmae
　　　　5. 非肉穗花序,不具佛焰苞。
　　　　　　7. 有花被。
　　　　　　　　8. 两性花。
　　　　　　　　　　9. 花被片 6。
　　　　　　　　　　　　10. 花被片革质 ……………………………………… 灯心草科 Juncaceae
　　　　　　　　　　　　10. 花被片非革质。
　　　　　　　　　　　　　　11. 雄蕊正常发育 …………………………………… 百合科 Liliaceae
　　　　　　　　　　　　　　11. 不育雄蕊 2 至数枚 ……………………… 鸭跖草科 Commelinaceae
　　　　　　　　　　9. 花被片 4,雄蕊 4 ………………………………………… 百部科 Stemonaceae
　　　　　　　　8. 单性花;头状花序,有总苞 ……………………………… 谷精草科 Eriocaulaceae

7. 无花被。

    12. 头状花序；坚果，具海绵状外果皮 ································ 黑三棱科 Sparganiaceae

    12. 其他花序；小坚果，不具海绵状外果皮。

        13. 茎三棱形 ·· 莎草科 Cyperaceae

        13. 茎圆柱形 ·· 香蒲科 Typhaceae

1. 子房下位。

  14. 花辐射对称。

    15. 草质藤本；花单性 ·· 薯蓣科 Dioscoreaceae

    15. 直立草本；花两性或单性。

        16. 直立大草本；雄蕊 6，1 枚退化 ·· 芭蕉科 Musaceae

        16. 直立草本；雄蕊 6 或 3 枚，不退化。

            17. 有副花冠，雄蕊 6 枚 ·· 石蒜科 Amaryllidaceae

            17. 无副花冠，雄蕊 3 枚 ·· 鸢尾科 Iridaceae

  14. 花两侧对称。

    18. 中轴胎座；不具合蕊柱，无花粉块。

        19. 能育雄蕊 1 枚，花丝具沟槽；种子具假种皮 ······················ 姜科 Zingiberaceae

        19. 能育雄蕊 1 枚，花丝无槽；种子不具假种皮 ······················ 美人蕉科 Cannaceae

    18. 侧膜胎座；合蕊柱，具花粉块 ·· 兰科 Orchidaceae

(王德群)

药用植物学教学基本要求

一、课程性质和任务

药用植物学是高等职业技术学院中药及药学类各专业的一门专业基础课程,与中药和天然药物关系密切。主要包括药用植物的器官形态、分类和显微结构三部分内容。其主要任务是使学生在具有一定科学文化素质的基础上通过学习达到高素质专门人才所必需的药用植物学基本知识和基本技能,为学生学习中药鉴定学、生药学、中药学、中药化学、天然药物化学等学科,提高全面素质,增强适应职业变化的能力和继续学习的能力打下坚实的基础。

二、课程教学目标

药用植物学的教学目标是:使学生具备高素质专门人才所必需的药用植物学基本知识、基本技能。培养学生运用学习的药用植物学知识分析问题和解决问题的能力,并注意教书育人并重,使学生具有良好的职业道德和严谨认真的工作作风。

1. 知识教学目标

(1) 掌握药用植物器官形态、分类和显微结构的知识。
(2) 理解中药的植物来源、形态、组织和粉末特征。
(3) 了解我国药用植物资源概况。

2. 能力培养目标

(1) 熟悉药用植物的分类、显微鉴定技术。
(2) 运用药用植物知识和理论观察药用植物的外部形态、生长发育和显微构造。
(3) 了解所做各基本实验的原理、设计和方法。

3. 思想教育目标

(1) 通过学习和接触大自然中的药用植物,树立热爱自然、热爱生命、实事求是的科学态度,自觉地保护药用植物资源以便永续利用。
(2) 通过学习和实践,培养学生严谨的科学作风、吃苦耐劳的精神和勤奋自学的习惯,以便将来更好地为人民卫生健康保健事业服务。
(3) 通过理论学习,培养学生的创新意识和创新思维;通过实践教学,培养学生的创新能力和原创意识。

三、教学内容和要求

本课程教学内容分为基础模块、实践模块和选学模块。基础模块和实践模块是本专业的必修内容,选学模块供各学校根据实际情况选择使用。

基 础 模 块

教 学 内 容	教 学 要 求		
	了 解	理 解	掌 握
第1章 绪论			
一、药用植物学的研究内容	√		

续表

教 学 内 容	了解	理解	掌握
二、药用植物学和相关学科关系	√		
三、学习药用植物学的方法	√		
第2章 根的形态			
第1节 根的形态			√
第2节 根的变态			√
第3章 茎的形态			
第1节 茎的外形		√	
第2节 芽的类型			
一、芽的位置类型		√	
二、芽的性质类型		√	
三、芽的鳞片类型		√	
四、芽的活动类型	√		
第3节 茎的类型			
一、茎的质地类型		√	
二、茎的生长习性类型		√	
第4节 茎的变态			
一、地上茎变态			√
二、地下茎变态			√
第4章 叶的形态			
第1节 叶的组成			
一、叶片		√	
二、叶柄		√	
三、托叶		√	
第2节 叶的类型			
一、单叶			√
二、复叶			√
第3节 叶序			
一、互生			√
二、对生			√
三、轮生			√
四、簇生			√
第4节 叶的变化			
一、异形叶性	√		
二、叶的变态	√		
第5章 花的形态			
第1节 花的组成和形态			
一、花梗		√	
二、花托		√	
三、花被			√
四、雄蕊群			√
五、雌蕊群			√
第2节 花的类型			
一、花完全程度的类型			√
二、花被存在与否的类型			√

续表

教学内容	教学要求		
	了解	理解	掌握
三、花性别的类型			√
四、花对称的类型			√
第3节 花程式和花图式			
一、花程式			√
二、花图式	√		
第4节 花序			
一、无限花序类			√
二、有限花序类			√
第5节 开花、传粉和受精			
一、开花	√		
二、传粉	√		
三、受精	√		
第6章 果实和种子的形态			
第1节 果实的形态			
一、果实的发育与组成	√		
二、果实的类型			√
第2节 种子的形态			
一、种子的组成	√		
二、种子的类型		√	
第7章 药用植物分类概述			
第1节 植物的分类单位			
一、植物的分类单位			√
二、种及种下分类单位			√
第2节 植物的命名			
一、植物种名的组成			√
二、植物种下等级的名称			√
三、栽培植物的名称		√	
四、学名的重新组合	√		
第3节 植物界的类别			√
第4节 植物分类检索表			
一、植物分类检索表的编制			√
二、植物分类检索表的应用		√	
第8章 藻类			
第1节 藻类的特征			
一、藻类形态构造与繁殖		√	
二、藻类生态习性与分布	√		
第2节 藻类的常用药用植物			
一、藻类的分类			√
二、藻类的常用药用植物		√	
第9章 真菌门			
第1节 真菌门的特征			
一、形态			√
二、繁殖	√		
第2节 真菌门的常用药用植物			
一、真菌门的分类			√
二、真菌门的常用药用植物		√	

续表

教 学 内 容	教 学 要 求		
	了解	理解	掌握
第10章 地衣门			
第1节 地衣门的特征			
一、形态			√
二、构造		√	
三、繁殖	√		
四、分布	√		
第2节 地衣门的常用药用植物			
一、地衣门的分类		√	
二、地衣门的常用药用植物		√	
第11章 苔藓植物门			
第1节 苔藓植物门的特征			
一、生活史		√	
二、配子体			√
三、孢子体		√	
四、原丝体	√		
五、苔藓植物的分布	√		
第2节 苔藓植物门的常用药用植物			
一、苔藓植物门的分类			√
二、苔藓植物门的常用药用植物		√	
第12章 蕨类植物门			
第1节 蕨类植物门的特征			
一、孢子体			√
二、配子体	√		
三、生活史	√		
第2节 蕨类植物门的常用药用植物			
一、蕨类植物门的分类			√
二、蕨类植物门的常用药用植物		√	
第13章 裸子植物门			
第1节 裸子植物门的特征			√
第2节 裸子植物门的分类			√
第3节 裸子植物门的常用药用植物			
一、苏铁科		√	
二、银杏科		√	
三、松科			√
四、柏科			√
五、红豆杉科		√	
六、麻黄科			√
第14章 被子植物门			
第1节 被子植物门的分类概述			
一、被子植物门的主要特征			√
二、被子植物门的分类系统简介	√		
三、被子植物门的分类			√
第2节 双子叶植物纲离瓣花亚纲的分类和常用药用植物			
五、桑科		√	
九、蓼科			√
十四、石竹科		√	

续表

教学内容	了解	理解	掌握
十八、木兰科			√
二十一、樟科			√
二十二、毛茛科			√
二十三、小檗科			√
三十一、马兜铃科		√	
三十二、芍药科			√
三十九、十字花科			√
四十三、蔷薇科			√
四十四、豆科			√
四十九、大戟科			√
五十、芸香科			√
七十七、葫芦科		√	
九十、五加科			√
九十一、伞形科			√
第3节　双子叶植物纲合瓣花亚纲的分类和常用药用植物			
九、木犀科		√	
十三、萝藦科			√
十四、茜草科			√
十七、马鞭草科		√	
十八、唇形科			√
十九、茄科			√
二十、玄参科			√
二十七、忍冬科		√	
三十、桔梗科			√
三十一、菊科			√
第4节　单子叶植物纲的分类和常用药用植物			
二、百合科			√
七、薯蓣科			√
八、鸢尾科		√	
十二、禾本科		√	
十四、天南星科			√
二十、姜科			√
二十二、兰科			√
第15章　植物的细胞			
第1节　植物细胞的基本结构			
一、原生质体	√		
二、细胞后含物和生理活性物质			√
三、细胞壁			√
第2节　植物细胞的分裂			
一、有丝分裂	√		
二、无丝分裂	√		
三、减数分裂	√		
四、染色体	√		
第16章　植物的组织			
第1节　植物组织的类型			
一、分生组织	√		

续表

教学内容	了解	理解	掌握
二、薄壁组织		√	
三、保护组织			√
四、机械组织			√
五、输导组织			√
六、分泌组织			√
第2节 维管束及其类型			
一、维管束的组成		√	
二、维管束的类型		√	
第17章 根的内部构造			
第1节 根尖的构造		√	
第2节 根的初生构造			√
第3节 根的次生构造			√
第4节 根的异常构造	√		
第18章 茎的内部构造			
第1节 茎尖的构造		√	
第2节 双子叶植物茎的构造			
一、双子叶植物茎的初生构造			√
二、双子叶植物茎的次生构造			√
三、双子叶植物茎和根茎的异常构造			√
第3节 单子叶植物茎和根状茎的构造			
一、单子叶植物茎的构造特点			√
二、单子叶植物根状茎的构造特点			√
第19章 叶的内部构造			
第1节 双子叶植物叶片的构造		√	
第2节 单子叶植物叶片的构造		√	

实 践 模 块

序号、单元题目 (对应基础模块单元序号)	教学内容	会	掌握	熟练掌握
第2章 根的形态	第1节 根系	√		
	第2节 根的变态类型		√	
第3章 茎的形态	第1节 茎的外形	√		
	第2节 茎的变态		√	
第4章 叶的形态	第1节 叶的组成	√		
	第2节 复叶类型	√		
第5章 花的形态	第1节 花的组成			√
	第2节 花序类型		√	
第6章 果实和种子的形态	第1节 果实的构造	√		
	第2节 果实的类型		√	
	第3节 种子的结构	√		
第8章 藻类	第1节 药用藻类的观察	√		

续表

序号、单元题目（对应基础模块单元序号）	教学内容		教学要求		
			会	掌握	熟练掌握
第9章 真菌门	第1节	药用真菌的观察	√		
第12章 蕨类植物门	第1节	蕨类植物的孢子囊群形态	√		
	第2节	药用蕨类植物观察	√		
第13章 裸子植物门	第1节	药用裸子植物观察	√		
第14章 被子植物门	第1节	双子叶植物纲药用植物观察		√	
	第2节	单子叶植物纲药用植物观察		√	
第15章 植物的细胞	第1节	光学显微镜的使用			√
	第2节	表皮细胞观察	√		
	第3节	叶绿体和有色体观察	√		
	第4节	细胞内含物观察		√	
	第5节	细胞壁特化类型观察			√
第16章 植物的组织	第1节	初生保护组织和次生保护组织	√		
	第2节	机械组织			√
	第3节	输导组织		√	
	第4节	分泌组织		√	
第17章 根的内部构造	第1节	双子叶植物根的初生构造			√
	第2节	单子叶植物根的构造		√	
	第3节	双子叶植物根的次生构造			√
第18章 茎的内部构造	第1节	双子叶植物茎的次生构造			√
	第2节	双子叶植物草质茎的次生构造	√		
	第3节	双子叶植物根茎的构造	√		
	第4节	单子叶植物茎的构造			√
第19章 叶的内部构造	第1节	双子叶植物叶片的构造	√		

选学模块

教学内容	教学要求		
	了解	理解	掌握
第14章 被子植物门			
第2节 双子叶植物纲离瓣花亚纲的分类和常用药用植物			
1. 胡桃科		√	
2. 杨柳科		√	
3. 榆科		√	
4. 杜仲科		√	
6. 荨麻科		√	
7. 檀香科		√	
8. 桑寄生科		√	
10. 商陆科		√	
11. 紫茉莉科		√	
12. 马齿苋科		√	
13. 落葵科		√	
15. 藜科		√	
16. 苋科		√	
17. 仙人掌科	√		

续表

教学内容	教学要求		
	了解	理解	掌握
19. 肉豆蔻科	√		
20. 蜡梅科	√		
24. 木通科	√		
25. 大血藤科	√		
26. 防己科	√		
27. 睡莲科	√		
28. 三白草科	√		
29. 胡椒科	√		
30. 金粟兰科	√		
33. 猕猴桃科	√		
34. 山茶科	√		
35. 藤黄科	√		
36. 猪笼草科	√		
37. 茅膏菜科	√		
38. 罂粟科	√		
40. 金缕梅科	√		
41. 景天科	√		
42. 虎耳草科	√		
45. 酢浆草科	√		
46. 牻牛儿苗科	√		
47. 蒺藜科	√		
48. 亚麻科	√		
51. 苦木科	√		
52. 橄榄科	√		
53. 楝科	√		
54. 远志科	√		
55. 漆树科	√		
56. 槭树科	√		
57. 无患子科	√		
58. 七叶树科	√		
59. 凤仙花科	√		
60. 冬青科	√		
61. 卫矛科	√		
62. 省沽油科	√		
63. 黄杨科	√		
64. 鼠李科	√		
65. 葡萄科	√		
66. 锦葵科	√		
67. 梧桐科	√		
68. 瑞香科	√		
69. 胡颓子科	√		
70. 大风子科	√		
71. 堇菜科	√		
72. 旌节花科	√		
73. 西番莲科	√		
74. 番木瓜科	√		
75. 秋海棠科	√		

续表

教学内容	教学要求		
	了解	理解	掌握
76. 柽柳科	√		
77. 葫芦科	√		
78. 千屈菜科	√		
79. 菱科	√		
80. 使君子科	√		
81. 桃金娘科	√		
82. 石榴科	√		
83. 野牡丹科	√		
84. 柳叶菜科	√		
85. 小二仙草科	√		
86. 锁阳科	√		
87. 八角枫科	√		
88. 蓝果树科	√		
89. 山茱萸科	√		
第3节 双子叶植物纲合瓣花亚纲的分类和常用药用植物			
1. 鹿蹄草科	√		
2. 杜鹃花科	√		
3. 紫金牛科	√		
4. 报春花科	√		
5. 白花丹科	√		
6. 柿树科	√		
7. 安息香科	√		
8. 山矾科	√		
10. 马钱科	√		
11. 龙胆科	√		
12. 夹竹桃科	√		
15. 旋花科	√		
16. 紫草科	√		
21. 紫葳科	√		
22. 爵床科	√		
23. 胡麻科	√		
24. 苦苣苔科	√		
25. 列当科	√		
26. 车前科	√		
27. 败酱科	√		
29. 川续断科	√		
第4节 单子叶植物纲的分类和常用药用植物			
1. 泽泻科	√		
3. 百部科	√		
4. 龙舌兰科	√		
5. 石蒜科	√		
6. 仙茅科	√		
9. 灯心草科	√		
10. 鸭跖草科	√		
11. 谷精草科	√		
13. 棕榈科	√		

续表

教学内容	教学要求		
	了解	理解	掌握
15. 浮萍科	√		
16. 黑三棱科	√		
17. 香蒲科	√		
18. 莎草科	√		
19. 芭蕉科	√		
21. 美人蕉科	√		

四、说　　明

1. 本教学大纲适用于中药、药学专业。

2. 本课程教学基本要求采用模块结构表述,其中:

(1) 选修模块的学习可使用机动学时,第二课堂或学生自学,也可不选。

(2) 机动学时可用于学习选修模块中的内容,也可结合本地情况另选其他内容,或根据学生情况组织其他有益完成、拓展本课程教学目标的教学活动,提高学生的综合职业能力。

(3) 教学过程中应采用教具、模型、实物标本和现代教育技术,注意理论联系实际,以增强学生的感性认识,启迪学生的科学思维。

(4) 注重改革考核手段和方法,可以通过课堂提问、学生作业、平时测验、实验及考试等综合评价学生成绩,对在学习和应用上有创新的学生应给予鼓励。

在教学中要积极改进教学方法,按照高职专业学生的学习规律和特点,从学生实际出发,以学生为主题,充分调动学生的学习主动性和积极性。

药用植物学课时安排

共 72 学时。

章序号	教学内容	理论	实践	合计
第1章	绪论	1		1
第2章	根的形态	1		1
第3章	茎的形态	1		1
第4章	叶的形态	1		1
第5章	花的形态	4	3	7
第6章	果实和种子的形态	2	1	3
第7章	药用植物分类概述	2		2
第8章	藻类	1		1
第9章	真菌门	1	1	2
第10章	地衣门	0.5		0.5
第11章	苔藓植物门	0.5		0.5
第12章	蕨类植物门	2	1	3
第13章	裸子植物门	2	1	3
第14章	被子植物门	14	4	18
第15章	植物的细胞	4	4	8
第16章	植物的组织	4	4	8
第17章	根的内部构造	2	2	4
第18章	茎的内部构造	3	3	6
第19章	叶的内部构造	1	1	2
合计		47	25	72